大中型拖拉机驾驶员读本

全国大中型拖拉机驾驶员培训
教材编审委员会　编

中国农业科学技术出版社

图书在版编目(CIP)数据

大中型拖拉机驾驶员读本/全国大中型拖拉机驾驶员培训教材编审委员会编. —北京：中国农业科学技术出版社，2005
ISBN 978-7-80167-787-7

Ⅰ. 大... Ⅱ. 全... Ⅲ. ①大型拖拉机—驾驶员—技术培训—教材②中型拖拉机—驾驶员—技术培训—教材 Ⅳ. S219

中国版本图书馆 CIP 数据核字(2005)第 025662 号

责任编辑	梅红
责任校对	马丽萍
出版发行	中国农业科学技术出版社 (北京市海淀区中关村南大街 12 号 邮编:100081 电话:010-62189012)
经　　销	新华书店北京发行所
印　　刷	北京建宏印刷有限公司
开　　本	850mm×1168mm 1/32 印张:12.25
字　　数	360 千字
版　　次	2005 年 4 月第 1 版 2020 年 6 月第 21 次印刷
定　　价	32.00 元

全国大中型拖拉机驾驶员培训教材编审委员会

前　言

为了加强拖拉机驾驶培训机构教学管理，督促驾驶培训机构严格落实教学培训要求，保证教学质量，根据《中华人民共和国道路交通安全法》、《拖拉机驾驶培训管理办法》（农业部令第41号）和《拖拉机驾驶证申领和使用规定》（农业部令第42号）的有关规定，农业部制定了《大中型拖拉机驾驶员培训教学计划、教学大纲》。为在全国范围内深入细致地实施《拖拉机驾驶培训管理办法》和新的教学计划和大纲，农业部农业机械化管理司委托《中国农机安全报》社组织有关专家编写了《大中型拖拉机驾驶员读本》一书。

本书系统地介绍了大中型拖拉机及配套机具的基本构造、工作原理、使用调整、维护保养、常见故障及排除方法、驾驶技术等。在文字叙述上力求简明扼要、通俗易懂，并配有大量插图，注重实用效果。本书内容丰富，讲解清楚，可作为农机管理部门对驾驶员进行安全教育、拖拉机管理培训机构对驾驶员进行技术培训的教材，也适合具有初中以上文化程度的拖拉机驾驶员及维修人员使用。

全书的主要编写者为西北农林科技大学的专家，其中主编为席新明，副主编为党革荣、朱新华。全书共分四章，其中第一章由上海市农机监理所的朱增有、范纪坤编写，第二～四章由西北农林科技大学席新明、党革荣、朱新华、张军昌编写。实习部分由周敏姑编写。

这本教材是经过编写者与审定专家共同努力完成的，在编写过程中还得到了西北农林科技大学师帅兵、朱瑞祥、杨中平等老师的热情支持和帮助，在此一并表示感谢！

编写工作虽然告一段落，但大中型拖拉机驾驶员培训工作却要长期进行。因此，热忱欢迎读者批评指正，以便我们在今后的工作中不断改进。

编　者

2005年3月

目　录

第一章　道路交通安全法律、法规和规章

第一节　道路交通安全法规

一、《中华人民共和国道路交通安全法》

《中华人民共和国道路交通安全法》第一条规定:“为了维护道路交通秩序,预防和减少交通事故,保护人身安全,保护公民、法人和其他组织的财产安全及其他合法权益,提高通行效率,制定本法。”该条明确了道路交通安全立法的目的。

道路交通安全法立法目的的这几方面之间,存在着内在的有机联系。维护道路交通秩序是整个道路交通安全法立法的总出发点。交通运输关系到国民经济发展的一个重要方面,而道路交通则是交通运输体系中的重要组成部分。通过依法管理,维护良好的道路交通秩序,对于国民经济和社会主义现代化建设事业的顺利进行具有十分重要的意义。一般来说,一个良好的道路交通秩序可以从道路交通是否安全和畅通便捷两个方面来衡量。保障安全是良好的道路交通秩序的基本要求。如果缺乏安全保障,那么整个交通活动也就失去了意义。影响道路交通安全最直接的因素就是道路交通事故,做好道路交通事故预防工作,最大限度地减少交通事故,也就解决了道路交通的安全保障问题。保障道路交通安全的首要内容,就是要保护人身安全。人的生命是最为重要的,道路交通安全工作把保护广大人民群众的人身安全放在头等重要的位置。道路交通安全法的很多规定充分体现了这种以人为本的精神。保障交通安全的另一个重要内容就是要保护广大人民群众的财产安全和其他合法权益。从本条的规定可以看出,保障交通安全是整个道路交通安

全法的基本指导思想。当然,强调道路交通安全的重要性,并不意味着不要效率。安全与效率二者既存在一定的对立性,又是辩证统一的,是一个良好的道路交通秩序的不可分割的两个方面。再安全的道路交通,如果通行效率低下,也是无法适应国民经济和社会发展的需要。因此,在确保安全的前提下,通过依法管理、科学管理,保证道路交通的畅通有序,提高通行效率也是道路交通立法的重要目的之一。通过对道路交通安全工作的依法管理,预防和减少交通事故,提高通行效率,维护一个良好的道路交通秩序,是立法机关制定本法的目的所在,是道路交通安全管理机关整个管理工作的目标所在,更是广大人民群众的根本利益所在。因此可以说,保护公民、法人和其他组织的人身安全、财产安全和其他合法权益,是道路交通安全立法的最终目的。

从我国目前道路交通安全的总体情况看,近几年交通基础设施建设取得了长足进展,道路交通管理机关通过建设平安大道、开展畅通工程等活动,道路交通秩序有了很大改善。但是还存在一些比较突出的问题:一方面交通安全形势十分严峻,道路交通事故,特别是群死群伤的重特大交通事故逐年上升。另一方面,大中城市交通拥挤日趋严重,通行效率降低,严重影响了人民群众的出行和生活。此外,公安机关交通管理部门及其交通警察执法行为不规范,乱执法、滥执法的现象时有发生等,人民群众意见比较大。这些问题说明,我国目前的道路交通秩序无论是安全可靠性,还是畅通有序性,都离国民经济的发展和人民群众的要求还有很大差距。

立法机关制定道路交通安全管理法的目的,就是要适应道路交通安全管理的需要,建立健全交通管理法律制度。以法律手段保证道路交通安全、畅通。针对道路交通事故特别是重特大交通事故逐年上升的情况,道路交通安全法从三个方面作了严格规定:第一,防止存在安全隐患的车辆上道路行驶。在机动车登记环节,对上道路行驶的机动车实行严格的准入制度,规定准予登记的机动车应当符合机动车国家安全技术标准。对登记后投入使用的机动车,按照国家规定,根据车辆用途、载客载货数量、使用年限等不同情况,定期接受安全技术检验。建立机动车强制报废制度,规定达到报废标准的机动车应及时办理注销登记,并不得上道路行驶。第二,防止超载运输。规定机动车装载应当符合核定的载人数、载质量。对于超载车辆除予以处罚外,必须滞留至违法状态消除为止。不允许罚款后放行的错误做法。第三,强化了对机动车驾驶人,尤其是营运机动车驾驶人的安全管理。针对大中城市交通堵塞严重,通行效率低下的情况,道路交通安全法从两个方面作了规定:第一,规定道路基础设施建设与经济和社会发展同步。县级以上地方各级人民政府应当制定道路交通安全管理规划并保证实施;道路、停车场和道路配套设施的规划、设计、建设等应符合道路交通安全畅通的要求等。第二,规定快速处理交通事故。简化轻微交通事故的处理程序,实行机动车交通事故第三者责任险强制保险制度。针对一些公安机关交通管理部门及其交通警察执法行为不规范的问题,道路交通安全法从两个方面作了规定:第一,明确了关于执法程序的规定。第二,专门规定了执法监督一章,对公安机关交通管理部门加强队伍建设,规范执法活动作了严格规定,并在法律责任一章中明确规定了违反规定的法律责任。

《中华人民共和国道路交通安全法》在立法过程中,考虑到多数拖拉机既从事农田作业又从事运输,不论对其技术性能的检验,还是对驾驶人的考试,都需要兼顾两个方面。因此《中华人民共和国道路交通安全法》第一百二十一条规定:"对上道路行驶的拖拉机,由农业(农业机械)主管部门行使本法第八条、第九条、第十三条、第十九条、第二十三条规定的公安机关交通管理部门的管理职权。"第八条、第九条、第十三条、第十九条、第二十三条规定,主要是机动车的登记、机动车定期检验和驾驶证的考核、核发以及定期审验的规定。凡是涉及上道路行驶的拖拉机,由农业(农业机械)主管部门行使管理职权,从多年的实践看,这是有利于农业生产和方便农民的规定。

二、《中华人民共和国道路交通安全法实施条例》

《中华人民共和国道路交通安全法实施条例》是根据《中华人民共和国道路交通安全法》的授权，对有关道路通行的其他具体规定，由国务院进一步作了明确规定。综合两个道路交通安全的法律、法规，有关道路的通行主要有以下规定。

（一）交通信号、交通标志、标线等安全设施

《中华人民共和国道路交通安全法》（以下简称《道路交通安全法》）规定：全国实行统一的道路交通信号。交通信号包括交通信号灯、交通标志、交通标线和交通警察的指挥。原则规定：交通信号灯由红灯、绿灯、黄灯组成。红灯表示禁止通行，绿灯表示准许通行，黄灯表示警示。

《中华人民共和国道路交通安全法实施条例》（以下简称《实施条例》）对交通信号灯、交通标志、标线等安全设施进一步作了具体规定：

交通信号灯分为：机动车信号灯、非机动车信号灯、人行横道信号灯、车道信号灯、方向指示信号灯、闪光警告信号灯、道路与铁路平面交叉道口信号灯。

1. 机动车信号灯和非机动车信号灯

（1）绿灯亮时，准许车辆通行，但转弯的车辆不得妨碍被放行的直行车辆、行人通行；

（2）黄灯亮时，已越过停止线的车辆可以继续通行；

（3）红灯亮时，禁止车辆通行；

（4）在未设置非机动车信号灯和人行横道信号灯的路口，非机动车和行人应当按照机动车信号灯的表示通行；

（5）红灯亮时，右转弯的车辆在不妨碍被放行的车辆、行人通行的情况下，可以通行。

2. 人行横道信号灯

（1）绿灯亮时，准许行人通过人行横道；

（2）红灯亮时，禁止行人进入人行横道，但是已经进入人行横道的，可以继续通过或者在道路中心线处停留等候。

3. 车道信号灯

（1）绿色箭头灯亮时，准许本车道车辆按指示方向通行；

（2）红色叉形灯或者箭头灯亮时，禁止本车道车辆通行。

4. 方向指示信号灯

方向指示信号灯的箭头方向向左、向上、向右分别表示左转、直行、右转。

5. 闪光警告信号灯

闪光警告信号灯为持续闪烁的黄灯，提示车辆、行人通行时注意瞭望，确认安全后通过。

6. 道路与铁路平面交叉道口信号灯

信号灯有两个红灯交替闪烁或者一个红灯亮时，表示禁止车辆、行人通行；红灯熄灭时，表示允许车辆、行人通行。

交通标志分为：指示标志、警告标志、禁令标志、指路标志、旅游区标志、道路施工安全标志和辅助标志。

道路交通标线分为：指示标线、警告标线、禁止标线。

交通警察的指挥分为：手势信号和使用器具的交通指挥信号。

（二）道路通行规定

1. 行驶的基本原则

《道路交通安全法》规定：机动车、非机动车实行右侧通行。

车辆、行人应当按照交通信号通行；遇有交通警察现场指挥时，应当按照交通警察的指挥通行；在没有交通信号的道路上，应当在确保安全、畅通的原则下通行。

2. 分道行驶的规定

《道路交通安全法》规定：根据道路条件和通行需要，道路划分为机动车道、非机动车道和人行道的，机动车、非机动车、行人实行分道通行。没有划分机动车道、非机动车道和人行道的，机动车在道路中间通行，非机动车和行人在道路两侧通行。

道路划设专用车道的，在专用车道内，只准许规定的车辆通行，其他车辆不得进入专用车道内行驶。

在道路同方向划有 2 条以上机动车道的，变更车道的机动车不得影响相关车道内行驶的机动车的正常行驶。

《实施条例》规定：在道路同方向划有 2 条以上机动车道的，左侧为快速车道，右侧为慢速车道。在快速车道行驶的机动车应当按照快速车道规定的速度行驶，未达到快速车道规定的行驶速度的，应当在慢速车道行驶。摩托车应当在最右侧车道行驶。有交通标志标明行驶速度的，按照标明的行驶速度行驶。慢速车道内的机动车超越前车时，可以借用快速车道行驶。

3. 行驶速度

正常情况下的车速

《实施条例》规定：机动车在道路上行驶不得超过限速标志、标线标明的速度。在没有限速标志、标线的道路上，机动车不得超过下列最高行驶速度：

(1)没有道路中心线的道路，城市道路为每小时 30 公里，公路为每小时 40 公里；

(2)同方向只有 1 条机动车道的道路，城市道路为每小时 50 公里，公路为每小时 70 公里。

特殊情况下的车速

《实施条例》规定：机动车行驶中遇有下列情形之一的，最高行驶速度不得超过每小时30公里，其中拖拉机、电瓶车、轮式专用机械车不得超过每小时15公里：

（1）进出非机动车道，通过铁路道口、急弯路、窄路、窄桥时；

（2）调头、转弯、下陡坡时；

（3）遇雾、雨、雪、沙尘、冰雹，能见度在50米以内时；

（4）在冰雪、泥泞的道路上行驶时；

（5）牵引发生故障的机动车时。

在单位院内、居民居住区内，机动车应当低速行驶，避让行人；有限速标志的，按照限速标志行驶。

4. 会车

《实施条例》规定：在没有中心隔离设施或者没有中心线的道路上，机动车遇相对方向来车时应当遵守下列规定：

（1）减速靠右行驶，并与其他车辆、行人保持必要的安全距离；

（2）在有障碍的路段，无障碍的一方先行；但有障碍的一方已驶入障碍路段而无障碍的一方未驶入时，有障碍的一方先行；

（3）在狭窄的坡路，上坡的一方先行；但下坡的一方已行至中途而上坡的一方未上坡时，下坡的一方先行；

（4）在狭窄的山路，不靠山体的一方先行；

（5）夜间会车应当在距相对方向来车150米以外改用近光灯，在窄路、窄桥与非机动车会车时应当使用近光灯。

5. 超车

《实施条例》规定：机动车超车时，应当提前开启左转向灯、变换使用远、近光灯或者鸣喇叭。在没有道路中心线或者同方向只有1条机动车道的道路上，前车遇后车发出超车信号时，在条件许可的情况下，应当降低速度、靠右让路。后车应当在确认有充足的安全距离后，从前车的左侧超越，在与被超车辆拉开必要的安全距离后，开启右转向灯，驶回原车道。

《道路交通安全法》规定：有下列情形之一的，不得超车：

（1）前车正在左转弯、调头、超车的；

（2）与对面来车有会车可能的；

（3）前车为执行紧急任务的警车、消防车、救护车、工程救险车的；

（4）行经铁路道口、交叉路口、窄桥、弯道、陡坡、隧道、人行横道、市区交通流量大的路段等没有超车条件的。

6. 行车距离

《道路交通安全法》规定：同车道行驶的机动车，后车应当与前车保持足以采取紧急制动措施的安全距离。

7. 路口行驶

《道路交通安全法》规定：机动车通过交叉路口，应当按照交通信号灯、交通标志、交通标线或者交通警察的指挥通过；通过没有交通信号灯、交通标志、交通标线或者交通警察指挥的交叉路口时，应当减速慢行，并让行人和优先通行的车辆先行。

在车道减少的路段、路口，或者在没有交通信号灯、交通标志、交通标线或者交通警察指挥的交叉路口遇到停车排队等候或者缓慢行驶时，机动车应当依次交替通行。

《实施条例》规定：机动车通过有交通信号灯控制的交叉路口，应当按照下列规定通行：

（1）在划有导向车道的路口，按所需行进方向驶入导向车道；

（2）准备进入环形路口的让已在路口内的机动车先行；

（3）向左转弯时，靠路口中心点左侧转弯。转弯时开启转向灯，夜间行驶开启近光灯；

（4）遇放行信号时，依次通过；

（5）遇停止信号时，依次停在停止线以外。没有停止线的，停在路口以外；

（6）向右转弯遇有同车道前车正在等候放行信号时，依次停车等候；

(7)在没有方向指示信号灯的交叉路口，转弯的机动车让直行的车辆、行人先行。相对方向行驶的右转弯机动车让左转弯车辆先行。

《实施条例》又规定：机动车通过没有交通信号灯控制也没有交通警察指挥的交叉路口，除应当遵守第五十一条第(2)项、第(3)项的规定外，还应当遵守下列规定：

(1)有交通标志、标线控制的，让优先通行的一方先行；

(2)没有交通标志、标线控制的，在进入路口前停车瞭望，让右方道路的来车先行；

(3)转弯的机动车让直行的车辆先行；

(4)相对方向行驶的右转弯的机动车让左转弯的车辆先行。

机动车遇有前方交叉路口交通阻塞时，应当依次停在路口以外等候，不得进入路口。

机动车在遇有前方机动车停车排队等候或者缓慢行驶时，应当依次排队，不得从前方车辆两侧穿插或者超越行驶，不得在人行横道、网状线区域内停车等候。

机动车在车道减少的路口、路段，遇有前方机动车停车排队等候或者缓慢行驶的，应当每车道一辆依次交替驶入车道减少后的路口、路段。

8. 调头和停车

调头

《实施条例》规定：机动车在有禁止调头或者禁止左转弯标志、标线的地点以及在铁路道口、人行横道、桥梁、急弯、陡坡、隧道或者容易发生危险的路段，不得调头。

机动车在没有禁止调头或者没有禁止左转弯标志、标线的地点可以调头，但不得妨碍正常行驶的其他车辆和行人的通行。

停车

《道路交通安全法》规定：机动车应当在规定地点停放。禁止在人行道上停放机动车;但是,政府有关部门施划停车泊位的除外。

《实施条例》规定:机动车在道路上临时停车,应当遵守下列规定:

(1)在设有禁停标志、标线的路段,在机动车道与非机动车道、人行道之间设有隔离设施的路段以及人行横道、施工地段,不得停车;

(2)交叉路口、铁路道口、急弯路、宽度不足4米的窄路、桥梁、陡坡、隧道以及距离上述地点50米以内的路段,不得停车;

(3)公共汽车站、急救站、加油站、消防栓或者消防队(站)门前以及距离上述地点30米以内的路段,除使用上述设施的以外,不得停车;

(4)车辆停稳前不得开车门和上下人员,开关车门不得妨碍其他车辆和行人通行;

(5)路边停车应当紧靠道路右侧,机动车驾驶人不得离车,上下人员或者装卸物品后,立即驶离;

(6)城市公共汽车不得在站点以外的路段停车上下乘客。

9. 特殊道路行驶

铁路道口

《道路交通安全法》规定:机动车通过铁路道口时,应当按照交通信号或者管理人员的指挥通行;没有交通信号或者管理人员的,应当减速或者停车,在确认安全后通过。

《实施条例》规定:机动车载运超限物品行经铁路道口的,应当按照当地铁路部门指定的铁路道口、时间通过。

渡口

《实施条例》规定:机动车行经渡口,应当服从渡口管理人员指挥,按照指定地点依次待渡。机动车上下渡船时,应当低速慢行。

10. 机动车载物

《实施条例》规定:机动车载物不得超过机动车行驶证上核定的载质量,装载长度、宽度不得超出车厢,并应当遵守下列规定:

（1）重型、中型载货汽车，半挂车载物，高度从地面起不得超过4米，载运集装箱的车辆不得超过4.2米；

（2）其他载货的机动车载物，高度从地面起不得超过2.5米；

（3）摩托车载物，高度从地面起不得超过1.5米，长度不得超出车身0.2米。两轮摩托车载物宽度左右各不得超出车把0.15米；三轮摩托车载物宽度不得超过车身。

载客汽车除车身外部的行李架和内置的行李箱外，不得载货。载客汽车行李架载货，从车顶起高度不得超过0.5米，从地面起高度不得超过4米。

11. 其他有关法律、法规规定

机动车行经人行横道

《道路交通安全法》规定：机动车行经人行横道时，应当减速行驶；遇行人正在通过人行横道，应当停车让行。

机动车行经没有交通信号的道路时，遇行人横过道路，应当避让。

灯光使用规定

《实施条例》规定：机动车应当按照下列规定使用转向灯：

（1）向左转弯、向左变更车道、准备超车、驶离停车地点或者调头时，应当提前开启左转向灯；

（2）向右转弯、向右变更车道、超车完毕驶回原车道、靠路边停车时，应当提前开启右转向灯。

机动车在夜间没有路灯、照明不良或者遇有雾、雨、雪、沙尘、冰雹等低能见度情况下行驶时，应当开启前照灯、示廓灯和后位灯，但同方向行驶的后车与前车近距离行驶时，不得使用远光灯。机动车雾天行驶应当开启雾灯和危险报警闪光灯。

机动车在夜间通过急弯、坡路、拱桥、人行横道或者没有交通信号灯控制的路口时，应当交替使用远、近光灯示意。

行驶中发生故障时应遵守的规定

《道路交通安全法》规定：机动车在道路上发生故障，需要停车排除故障时，驾驶人应当立即开启危险报警闪光灯，将机动车移至不妨碍交通的地方停放；难以移动的，应当持续开启危险报警闪光灯，并在来车方向设置警告标志等措施扩大示警距离，必要时迅速报警。

《实施条例》规定：机动车在道路上发生故障或者发生交通事故，妨碍交通又难以移动的，应当按照规定开启危险报警闪光灯并在车后 50 米至 100 米处设置警告标志，夜间还应当同时开启示廓灯和后位灯。

倒车时应遵守的规定

《实施条例》规定：机动车倒车时，应当察明车后情况，确认安全后倒车。不得在铁路道口、交叉路口、单行路、桥梁、急弯、陡坡或者隧道中倒车。

牵引故障车规定

《实施条例》规定：牵引故障机动车应当遵守下列规定：

（1）被牵引的机动车除驾驶人外不得载人，不得拖带挂车；

（2）被牵引的机动车宽度不得大于牵引机动车的宽度；

（3）使用软联接牵引装置时，牵引车与被牵引车之间的距离应当大于 4 米小于 10 米；

（4）对制动失效的被牵引车，应当使用硬联接牵引装置牵引；

（5）牵引车和被牵引车均应当开启危险报警闪光灯。

汽车、吊车和轮式专用机械车不得牵引车辆。摩托车不得牵引车辆或者被其他车辆牵引。

转向或者照明、信号装置失效的故障机动车，应当使用专用清障车拖曳。

拖拉机的规定

《道路交通安全法》规定：高速公路、大中城市中心城区内的道路，禁止拖拉机通行。其他禁止拖拉机通行的道路，由省、自治区、直辖市人民政府根据当地实际情况规定。

在允许拖拉机通行的道路上，拖拉机可以从事货运，但是不得用于载人。

《实施条例》规定：拖拉机只允许牵引1辆挂车。

驾驶机动车八不准

《实施条例》规定：驾驶机动车不得有下列行为：

(1)在车门、车厢没有关好时行车；

(2)在机动车驾驶室的前后窗范围内悬挂、放置妨碍驾驶人视线的物品；

(3)拨打接听手持电话、观看电视等妨碍安全驾驶的行为；

(4)下陡坡时熄火或者空挡滑行；

(5)向道路上抛撒物品；

(6)驾驶摩托车手离车把或者在车把上悬挂物品；

(7)连续驾驶机动车超过4小时未停车休息或者停车休息时间少于20分钟；

(8)在禁止鸣喇叭的区域或者路段鸣喇叭。

三、公安部道路交通违法及事故处理相关规定

(一)交通违法行为

《中华人民共和国道路交通安全法》规定：公安机关交通管理部门及其交通警察对道路交通安全违法行为，应当及时纠正。公安机关交通管理部门及其交通警察应当依据事实和本法的有关规定对道路交通安全违法行为予以处罚。对于情节轻微，未影响道路通行的，指出违法行为，给予口头警告后放行。

对道路交通安全违法行为的处罚种类包括：警告、罚款、暂扣或者吊销拖拉机驾驶证、拘留。同时规定公安机关交通管理部门对机动车驾驶人违反道路交通安全法律、法规的行为，除依法给予行政处罚外，实行累积记分制度。公安机关交通管理部门对累积记分达到规定分值的机动车驾驶人，扣留机动车驾驶证，对其进行道路交通安全法律、法规教育，重新考试；考试合格的，发还其机动车驾驶证。对遵守道路交通安全法律、法规，在一年内无累积记分的机动车驾驶人，可以延长机动车驾驶证的审验期。

《中华人民共和国道路交通安全法实施条例》规定，记分周期为12个月。对在一个记分周期内记分达到12分的，公安机关交通管理部门扣留其机动车驾驶证，该机动车驾驶人应当按照规定参加驾驶证核发地公安机关交通管理部门或农机监理机构组织的道路交通安全法律、法规的学习并接受考试。考试合格的，记分予以清除，发还机动车驾驶证；考试不合格的，继续参加学习和考试。

交通违法行为的处罚、记分对照见附录。

附　录

交通违法行为处罚、记分对照表

违法行为	违法条款	处罚条款	记分	罚款/元
逆向行驶的	《交通法》第35条	《交通法》第90条	3	200
机动车不在机动车道内行驶的	《交通法》第36条第1种行为	《交通法》第90条		200
在没有划分机动车道和人行道的道路上、下不按规定行驶的	《交通法》第36条第2种行为	《交通法》第90条	2	50
违反规定使用专用车道的	《交通法》第37条	《交通法》第90条		50
绿灯时转弯妨碍被放行的直行车辆、行人通行的	《交通法实施条例》第38条第1款第1项	《交通法》第90条	3	50
黄灯时未越过停止线的车辆继续通行的	《交通法实施条例》第38条第1款第2项	《交通法》第90条	3	100
在红灯、红色叉形灯或箭头灯禁行时继续通行的	《交通法实施条例》第38条第1款第3项、第40条第2项、第43条	《交通法》第90条	3	200
右转弯的车辆，遇有红灯亮时，妨碍被放行的车辆、行人通行的	《交通法实施条例》第38条第3款第3项	《交通法》第90条		50
不服从交警指挥的	《交通法》第38条	《交通法》第90条		200

续表

违法行为	违法条款	处罚条款	记分	罚款/元
醉酒后驾驶机动车的	《交通法》第22条第2款	《交通法》第91条第1款第2种行为	12	酒精含量1.5以下的10天以下拘留，暂扣3个月驾驶证，罚款1000元；酒精含量1.5以上的15天以下拘留，暂扣6个月驾驶证，罚款2000元
驾驶证被暂扣期间驾驶机动车的	《交通法实施条例》第28条	《交通法》第99条第1款	12	一般处罚款1000元；情节严重的罚款2000元，可以并处15日以下拘留
造成交通事故后逃逸，尚不构成犯罪的	《交通法》第99条第3项	《交通法》第99条第3款	12	一般处罚款1000元；情节严重的罚款2000元，可以并处15日以下拘留
违反交通管制规定强行通行，不听劝阻的	《交通法》第38条	《交通法》第99条第6项	12	一般处罚款1000元；情节严重的罚款2000元，可以并处15日以下拘留
饮酒后驾驶机动车的	《交通法》第22条第2款	《交通法》第91条第1款第1种行为	6	酒精含量0.8以下，暂扣1个月驾驶证，罚款300元；酒精含量0.8以上暂扣3个月驾驶证，罚款500元
机动车行驶超过规定时速50%的	《交通法》第42条第1款	《交通法》第99条第1款第4项	6	一般处罚款1000元；情节严重的罚款2000元，可以并处吊销驾驶证
驾驶与驾驶证载明的准驾车型不相符合的车辆	《交通法》第19条第4款	《交通法》第99条第1款第1项		500
驾驶安全设施不全或者机件不符合技术标准等具有安全隐患的机动车	《交通法》第21条	《交通法》第90条		200
不按规定车道行驶的	《交通法实施条例》第44条第1款	《交通法》第90条		100
变更车道时影响正常行驶的机动车	《交通法实施条例》第44条第2款	《交通法》第90条		50

续表

违法行为	违法条款	处罚条款	记分	罚款/元
机动车行驶超过规定时速50%以下的	《交通法实施条例》第44条、第46条、《交通法》第42条第1款	《交通法》第90条	3	200
不按规定超车的	《交通法》第43条、《交通法实施条例》第47条	《交通法》第90条	3	200
行经交叉路口,不按规定让行的	《交通法》第42条第2种行为、《交通法实施条例》第51条、第52条	《交通法》第90条	3	100
机动车违反牵引、挂车规定的	《交通法实施条例》第56条	《交通法》第90条	3	200
车辆在道路上发生故障或事故后,妨碍交通又难以移动的,不按规定使用灯光或设置警告标志的	《交通法》第52条、《交通法实施条例》第60条	《交通法》第90条	3	100
驾车下坡时熄火、空挡滑行的	《交通法实施条例》第62条第4项	《交通法》第90条	3	100
故意遮挡、污损或不按规定安装机动车牌号的	《交通法》第95条第2款	《交通法》第90条	3	100
连续驾驶机动车超过4小时未停车休息或停车休息少于20分钟的	《交通法实施条例》第62条第7款	《交通法》第90条	2	200
行经交叉路口,不按规定行车或停车的	《交通法实施条例》第51条	《交通法》第90条	2	100
驾车时拨打、接听手持电话、观看电视等妨碍安全驾驶行为的	《交通法实施条例》第62条第3项	《交通法》第90条	2	200
在同车道行驶中,不按规定与前车保持必要安全距离的	《交通法》第43条	《交通法》第90条	2	50
行经人行道,不按规定减速、停车、避让行人的	《交通法》第47条	《交通法》第90条	2	100

续表

违法行为	违法条款	处罚条款	记分	罚款/元
在实习期内驾驶公共汽车、营运客车或者执行任务的警车、消防车、救护车等的	《交通法实施条例》第22条第3款	《交通法》第90条	2	100
不按规定牵引故障机动车的	《交通法实施条例》第61条	《交通法》第90条	2	100
不按规定使用灯光的	《交通法实施条例》第47条、第48条、第51条、第58条、第81条	《交通法》第90条	1	50
驾驶人、乘坐人未按规定使用安全带的	《交通法》第51条第1种行为	《交通法》第90条	1	100
不按规定会车的	《交通法实施条例》第48条	《交通法》第90条	1	100
不按规定倒车的	《交通法实施条例》第50条	《交通法》第90条	1	100
在车门、车厢没有关好时行车的	《交通法实施条例》第62条第1项	《交通法》第90条		100
上道路行驶的机动车未悬挂机动车号牌、未放置检验合格或保险标志的	《交通法》第95条第1款第1种行为	《交通法》第90条		150
不按规定调头的	《交通法实施条例》第49条第1款	《交通法》第90条		150
调头时妨碍正常行驶的车辆和行人通过的	《交通法实施条例》第49条第2款	《交通法》第90条		200
路口遇有交通堵塞时未依次等候的	《交通法实施条例》第53条第1款	《交通法》第90条		200
遇前方机动停车排队等候或者缓慢行驶时，从前方车辆两侧穿插或者超越行驶的	《交通法实施条例》第53条第2款、《交通法》第45条第1款	《交通法》第90条		200
在车道减少的路口、路段，遇前方车辆停车排队或者缓慢行驶时未依次交替驶入车道减少后的路口、路段的	《交通法》第45条第2款、《交通法实施条例》第53条第3款	《交通法》第90条		200

续表

违法行为	违法条款	处罚条款	记分	罚款/元
行经铁路道口，不按规定通车的	《交通法》第46条	《交通法》第90条		100
机动车未按规定使用转向灯的	《交通法实施条例》第57条	《交通法》第90条	1	50
机动车未按规定鸣喇叭示意的	《交通法实施条例》第59条	《交通法》第90条		50
在机动车驾驶室的前后窗范围内悬挂、放置妨碍安全驾驶的物品的	《交通法实施条例》第62条第2项	《交通法》第90条		50
驾驶时向道路上抛撒物品的	《交通法实施条例》第62条第5项	《交通法》第90条		200
在禁止鸣喇叭的区域或者路段鸣喇叭的	《交通法实施条例》第62条第8项	《交通法》第90条		50
机动车违反规定临时停车且驾驶人不在现场或者驾驶人虽在现场拒绝立即驶离的	《交通法》第56条第1款、《交通法实施条例》第63条	《交通法》第93条第2款 《交通法》第90条		200 100
机动车在单位院内、居民居住区内不低速行驶或不避让行人的	《交通法实施条例》第67条	《交通法》第90条		50
服用国家管制的精神药品或者麻醉药品、患有妨碍安全驾驶疾病的	《交通法》第22条	《交通法》第90条		200
不避让执行任务的特种车辆的	《交通法》第53条第1款	《交通法》第90条		200
不避让正在作业的道路养护车、工程作业车的	《交通法》第54条第1款	《交通法》第90条		150
机动车不在规定地点停放的，并妨碍其他车辆、行人通行的	《交通法》第56条第1款	《交通法》第93条第2款		200

续表

违法行为	违法条款	处罚条款	记分	罚款/元
未随车携带行驶证、驾驶证的	《交通法》第19条第4款 《交通法》第11条第1款	《交通法》第95条第1款第2种行为	1	50
驾驶拼装或已达报废标准的机动车上道路行驶的	《交通法》第14条第3款(报废)《交通法》第16条第1项(拼装);	《交通法》第100条第1款、第2款		罚款1000元,并处吊销驾驶证
高速公路上不按规定停车的	《交通法实施条例》第82条第1项	《交通法》第90条	6	200
在高速公路上倒车、逆行、穿越中央分隔带调头的	《交通法实施条例》第82条第1项	《交通法》第90条	6	200
在高速公路上试车、学习驾驶机动车的	《交通法实施条例》第82条第5项	《交通法》第90条	6	200
在高速公路正常情况下,驾驶低于规定最低时速行驶的	《交通法实施条例》第78条	《交通法》第90条	3	150
在高速公路上行驶的载货汽车车厢载人的	《交通法实施条例》第83条第1种行为	《交通法》第90条	3	150
低能见度气象条件下,在高速公路上不按规定行驶的	《交通法实施条例》第81条	《交通法》第90条	3	150
驾驶禁止进入高速公路的机动车驶入高速公路的	《交通法》第67条	《交通法》第90条	3	150
在高速公路上车辆发生故障后不按规定设置警告标志的	《交通法》第68条第1款	《交通法》第90条	3	150
机动车从匝道进入高速公路时妨碍已在高速公路内的机动车正常行驶的	《交通法实施条例》第79条	《交通法》第90条		100

续表

违法行为	违法条款	处罚条款	记分	罚款/元
在高速公路上不按规定保持安全行车间距的	《交通法》第43条、《交通法实施条例》第80条	《交通法》第90条	2	100
在高速公路匝道、加速车道、减速车道上超车的	《交通法实施条例》第82条第2项	《交通法》第90条	2	100
在高速公路上骑、轧车行道分界线或在路肩上行驶的	《交通法实施条例》第82条第3项	《交通法》第90条	3	150
非紧急情况下在高速公路应急车道上行驶或停车的	《交通法实施条例》第82条第4项	《交通法》第90条	停车6	200
逾期3个月未缴纳罚款或连续两次逾期未缴纳罚款的	《交通法》第108条第1项	《交通法》第109条第1项	12	3%加处
使用伪造、变造的机动车登记证书、号牌、行驶证、检验合格标志、保险标志、驾驶证的	《交通法》第16条第3项、第19条	《交通法》第96条第1款第1种行为		1000
使用其他车辆的机动车登记证号、号牌、行驶证、检验合格标志、保险标志的	《交通法》第16条第4项	《交通法》第96条第1款第2种行为		1000
非法安装警报器、标志灯具的	《交通法》第15条第1款	《交通法》第97条第1款		对车主并处1000元；车主无过错的，处罚实施非法安装的行为人
不按规定投保机动车第三者责任险的	《交通法》第17条	《交通法》第98条第1款		对机动车所有人或管理人并处依照最低责任限额应交纳保费的二倍罚款

续表

违法行为	违法条款	处罚条款	记分	罚款/元
未取得机动车驾驶证、机动车驾驶证被吊销或者机动车驾驶证被暂扣期间驾驶机动车的	《交通法》第19条	《交通法》第99条第1项	机动车驾驶证被暂扣期间驾驶机动车的12	一般处1000元;情节严重的处2000元,可以并处15日以下拘留
将机动车交由未取得机动车驾驶证或者机动车驾驶证被吊销、暂扣人驾驶的	《交通法》第22条第3款	《交通法》第99条第2项		一般处1000元;情节严重的处2000元,可以并处15日以下拘留
指使、强迫驾驶人违反道路交通安全法律、法规和机动车安全驾驶要求驾驶机动车,造成交通事故,尚不构成犯罪的	《交通法》第22条第3款	《交通法》第99条第5项		一般处1000元;情节严重的处2000元,可以吊销驾驶证
故意损毁、移动、涂改交通设施,造成危害后果,尚不构成犯罪的	《交通法》第28条	《交通法》第99条第7项		一般处1000元;情节严重的处2000元,可以并处15日以下拘留
非法拦截、扣留机动车辆,不听劝阻,造成交通严重阻塞、较大财产损失的	《交通法》第99条第8项	《交通法》第99条第8项		一般处1000元;情节严重的处2000元,可以并处15日以下拘留
出售已达到报废标准的机动车的	《交通法》第100条第3款	《交通法》第100条第3款		没收违法所得,处销售金额等额罚款
违反道路交通安全法律、法规的规定,发生重大交通事故,构成犯罪的	《交通法》第101条第1款	《交通法》第101条第1款		吊销驾驶证
造成交通事故后逃逸,构成犯罪的	《交通法》第101条第2款	《交通法》第100条第2款		吊销驾驶证,且终生不得重新取得驾驶证

续表

违法行为	违法条款	处罚条款	记分	罚款/元
驾驶人被扣留机动车驾驶证后，无正当理由逾期未接受处理的	《交通法》第 110 条第 2 款	《交通法》第 110 条第 2 款		吊销驾驶证
车辆被扣留后，经公告三个月后，仍不来接受处理的	《交通法》第 112 条第 3 款	《交通法》第 112 条第 3 款		依法处理
12 个月内违法记分累积达到 12 分的	《交通法实施条例》第 23 条第 1 款	《交通法实施条例》第 23 条第 1 款		扣留驾驶证，参加学习、考试
12 个月内累积记分 2 次以上达到 12 分的	《交通法实施条例》第 24 条第 2 款	《交通法实施条例》第 24 条第 2 款		扣留驾驶证，参加学习、考试
12 个月内累积记分达到 12 分拒不参加学习也不接受考试的	《交通法实施条例》第 25 条	《交通法实施条例》第 25 条		停止使用驾驶证
机动车运载超限的不可解体物品未悬挂明显标志的	《交通法》第 48 条第 2 款	《交通法》第 90 条		50
机动车载运物遗洒、飘散道路上的	《交通法》第 48 条第 1 款	《交通法》第 90 条		100
机动车其他违反交通信号通行的	《交通法》第 38 条	《交通法》第 90 条		100
驾驶未经登记且未取得临时通行牌证的机动车上道路行驶的	《交通法》第 90 条	《交通法》第 90 条		200
机动车在高速公路上发生故障，自行牵引故障车的	《交通法》第 68 条第 2 款	《交通法》第 90 条		200
机动车行经渡口不服从渡口管理人员指挥，不按照指定地点依次待渡的	《交通法实施条例》第 65 条	《交通法》第 90 条		50

（二）交通事故处理

1. 交通事故的定义和构成要素

交通事故的定义是什么？这个问题目前在国际和国内都有不同的说法。但为了研究交通事故，必须对交通事故下个简要的定义，以便能较为准确地掌握其内涵。根据近年来对这个问题的研究和具体执行的情况，可以将交通事故定义为，是指车辆驾驶人员、行人、乘车人以及其他在道路上进行与交通有关活动的人员，因违反道路交通管理法律、法规的行为，过失或者意外造成人身伤亡或者财产损失的交通事件，均为交通事故。对这个定义，可以理解构成交通事故需要具备四个要素和二个常规条件。

四个要素

（1）事故必须有使用车辆。当事人各方中至少有一方使用车辆。

（2）事故必须发生在道路上。

（3）有损害后果。即事故必须有造成人员伤亡或财产损失。

（4）当事人主观上必须是过失或者意外。所谓过失是指行为人应当预见自己的行为可能发生危害社会的结果，因为疏忽大意而没有预见，或者已经预见而轻率地自信能够避免，以至发生这种结果的，构成道路交通事故。

二个常规条件

（1）至少一方车辆在运动中。如果行人自己撞在停止的车辆上，则不认为是交通事故。

（2）必须具有交通性质。非交通性质造成的事故，如军事演习、体育竞赛等活动发生的事故，均不属于道路交通事故。

在道路以外通行时发生的事故，虽然不属于道路交通事故，但《中华人民共和国道路交通安全法》规定，公安机关交通管理部门接到报案的，参照本法有关规定办理。

2. 交通事故现场处理

（1）立即停机。拖拉机驾驶人在已知或者怀疑发生交通事故后，必须立即停机，不准驾机逃逸。

（2）保护现场。就是保护事故发生后的原始状态，使其不受人为因素的破坏。因抢救受伤人员变动现场的，应当标明位置。

（3）抢救伤者。交通事故造成的死亡有80%以上是在事故发生的瞬间和伤害后的1～2小时内，因此及时地进行正确的入院前急救，能挽救许多伤员生命。

（4）迅速报告。事故发生后，当事人在采取各种措施后，必须将事故发生的时间、地点、肇事车辆情况及伤亡情况，用电话或委托过往车辆行人报告附近的公安机关交通管理部门，听候处理。在交通警察到来之前绝不允许随便离开现场。

3. 交通事故责任认定

（1）交通事故责任认定原则：

交通事故责任认定原则，根据当事人的违法行为与交通事故之间的因果关系，以及违法行为在交通事故中的作用，认定当事人的交通事故责任。

交通事故责任认定中因果关系的主要形式有：独立的因果关系、竞合的因果关系和参与的因果关系三种。

独立的因果关系是指在交通事故中，只有一方当事人的交通违法行为和交通事故之间存在着因果关系，即是由单方当事人的过错所造成的交通事故。独立的因果关系又可分为一因一果的因果关系和多因多果的因果关系。在认定交通事故责任的实践中，负交通事故全部责任当事人的违法行为与交通事故之间的因果关系，一般都属于独立的因果关系。

竞合的因果关系是指在交通事故中，双方当事人都有违反交通法律、法规的行为存在，而且违法行为和交通事故的发生都存在着直接的因果关系，即事故当事人的过错共同造成的交通事故。竞合的因果关系有重复竞合和相互竞合两种。竞合的因果关系在交通事故中是比较常见的，一般负交通事故的大部、主要、同等和次要责任的交通违法行为与交通事故的因果关系，都属于竞合的因果关系。

参与的因果关系是指在交通事故中，一方当事人的交通违法行为情节严重，和交通事故的发生有着直接、必然的因果关系；而另一方当事人的交通违法行为和交通事故发生也存在着一定的关系，但这种关系是间接的、偶然的，和其他因素发生关系以后，才能起到作用。在认定交通事故责任认定工作中，承担交通事故一定责任当事人的违法行为与交通事故之间的因果关系，一般都属于参与的因果关系。

(2)交通事故责任划分：

《中华人民共和国道路交通安全法》规定：机动车之间发生交通事故的，由有过错的一方承担责任；双方都有过错的，按照各自过错的比例分担责任。这一规定对于机动车之间发生交通事故是采用过错原则分担责任。

对于机动车与非机动车驾驶人、行人之间发生交通事故的，《中华人民共和国道路交通安全法》规定："由机动车一方承担责任；但是，有证据证明非机动车驾驶人、行人违反道路交通安全法律、法规，机动车驾驶人已经采取必要处置措施的，减轻机动车一方的责任。"同时规定："交通事故的损失是由非机动车驾驶人、行人故意造成的，机动车一方不承担责任。"这是根据民法通则的规定，机动车作为高速运输工具，对行人、非机动车驾驶人的生命财产安全具有一定危险性，发生交通事故时，应当实行无过失原则。实际上我国对机动车与非机动车驾驶人、行人之间发生的交通事故已仿照有些国家采用过错推定原则。这些条款充分体现了人的生命高于一切的法理精神，凸现了立法者对生命的尊重，也彰显了交通管理以人为本的基本准则。

《实施条例》还规定：公安机关交通管理部门应当根据交通事故当事人的行为对发生交通事故所起的作用以及过错的严重程度，确定当事人的责任。

发生交通事故后当事人逃逸的，逃逸的当事人承担全部责任。但是，有证据证明对方当事人也有过错的，可以减轻责任。

当事人故意破坏、伪造现场、毁灭证据的，承担全部责任。

公安部2004年4月30日第70号令发布的《交通事故处理程序规定》中规定：公安机关交通管理部门经过调查后，应当根据当事人的行为对发生交通事故所起的作用以及过错的严重程度，确定当事人的责任：

因一方当事人的过错导致交通事故的，承担全部责任；当事人逃逸，造成现场变动、证据灭失，公安机关交通管理部门无法查证交通事故事实的，逃逸的当事人承担全部责任；当事人故意破坏、伪造现场、毁灭证据的，承担全部责任；

因两方或者两方以上当事人的过错发生交通事故的，根据其行为对事故发生的作用以及过错的严重程度，分别承担主要责任、同等责任和次要责任；

各方均无导致交通事故的过错，属于交通意外事故的，各方均无责任；

一方当事人故意造成交通事故的，他方无责任。

（3）交通事故的调解和损害赔偿：

公安部2004年4月30日第70号令发布的《交通事故处理程序规定》第七章中损害赔偿调解规定：参加机动车第三者责任强制保险的机动车发生交通事故，损失未超过强制保险责任限额范围的，当事人可以直接向保险公司索赔，也可以自行协商处理损害赔偿事宜。

交通事故损害赔偿权利人、义务人一致请求公安机关交通管理部门调解损害赔偿的，可以在收到交通事故认定书之日起十日内向公安机关交通管理部门提出书面调解申请，公安机关交通管理部门应予调解。当事人在申请中对检验、鉴定或者交通事故认定有异议的，公安机关交通管理部门应当书面通知当事人不予调解。

公安机关交通管理部门调解交通事故损害赔偿的期限为十日。造成人员死亡的，从规定的办理丧葬事宜时间结束之日起开始；造成人员受伤的，从治疗终结之日起开始；因伤致残的，从定残之日起开始；造成财产损失的，从确定损失之日起开始。

参加调解时当事一方不得超过三人。交通事故调解参加人包括：交通事故当事人及其代理人；交通事故车辆所有人或者管理人；公安机关交通管理部门认为有必要参加的其他人员。委托代理人应当出具由委托人签名或者盖章的授权委托书。授权委托书应当载明委托事项和权限。

公安机关交通管理部门应当指派2名交通警察主持调解。调解采取公开方式进行，调解时间应当提前公布，调解时允许旁听，但是当事人要求不予公开的除外。

调解交通事故损害赔偿争议，按照下列程序实施：

(1)介绍交通事故的基本情况；

(2)宣读交通事故认定书；

(3)分析当事人的行为对发生交通事故所起的作用以及过错的严重程度，并对当事人进行教育；

(4)根据交通事故认定书认定的当事人责任以及《中华人民共和国道路交通安全法》第七十六条的规定，确定当事人承担的损害赔偿责任；

(5)计算人身损害赔偿和财产损失总额，确定各方当事人分担的数额。造成人身损害的，按照《最高人民法院关于审理人身损害赔偿案件适用法律若干问题的解释》规定的赔偿项目和标准计算。修复费用、折价赔偿费用按照实际价值或者评估机构的评估结论计算；

(6)确定赔偿方式。

对交通意外事故造成损害的，按公平、合理、自愿的原则进行调解。

经调解达成协议的，公安机关交通管理部门制作调解书，各方当事人签名，分别送交各方当事人。

调解书应当载明以下内容：交通事故简要情况和损失情况；各方的损害赔偿责任；损害赔偿的项目和数额；当事人自愿协商达成一致的意见；赔偿方式和期限；调解终结日期。赔付款由当事人自行交接，当事人要求交通警察转交的，交通警察可以转交，并在调解书上附记。

经调解未达成协议的，公安机关交通管理部门应当制作调解终结书送交各方当事人，调解终结书应当载明未达成协议的原因。当事人无正当理由不参加调解或者调解过程中放弃的，公安机关交通管理部门应当终结调解。

调解书生效后，赔偿义务人不履行的，当事人可以向人民法院提起民事诉讼。

第二节　农机安全监理规定

一、拖拉机驾驶证申领及使用规定

农业部根据《中华人民共和国道路交通安全法》及其实施条例的有关规定，于2004年9月21日发布《拖拉机驾驶证申领和使用规定》（第42号令），于2004年10月1日起施行。

规章明确规定，拖拉机驾驶人准予驾驶的机型分为：大中型轮式拖拉机（发动机功率在14.7千瓦以上），驾驶证准驾机型代号为“G”；小型轮式拖拉机（发动机功率不足14.7千瓦），驾驶证准驾机型代号为“H”；手扶式拖拉机，驾驶证准驾机型代号为“K”。

1. 拖拉机驾驶证申请条件规定

申请拖拉机驾驶证的人，应当符合下列规定：

（1）年龄：在18周岁以上，60周岁以下；

（2）身高：不低于150厘米；

（3）视力：两眼裸视力或者矫正视力达到对数视力表4.9以上；

（4）辨色力：无红绿色盲；

（5）听力：两耳分别距音叉50厘米能辨别声源方向；

（6）上肢：双手拇指健全，每只手其他手指必须有三指健全，肢体和手指运动功能正常；

（7）下肢：运动功能正常。下肢不等长度不得大于5厘米；

（8）躯干、颈部：无运动功能障碍。

有下列情形之一的，不得申请拖拉机驾驶证：

（1）有器质性心脏病、癫痫、美尼尔氏症、眩晕症、癔病、震颤麻痹、精神病、痴呆以及影响肢体活动的神经系统疾病等妨碍安全驾驶疾病的；

(2)吸食、注射毒品、长期服用依赖性精神药品成瘾尚未戒除的；

(3)吊销拖拉机驾驶证或者机动车驾驶证未满二年的；

(4)造成交通事故后逃逸被吊销拖拉机驾驶证或者机动车驾驶证的；

(5)驾驶许可证依法被撤销未满三年的；

(6)法律、行政法规规定的其他情形。

2. 申请、考试和发证

初次申领拖拉机驾驶证，应当向户籍地或者暂住地农机监理机构提出驾驶申请，填写《拖拉机驾驶证申请表》，并提交以下证明：申请人的身份证明及其复印件；县级或者部队团级以上医疗机构出具的有关身体条件的证明。

申请增加准驾机型的，应当向所持拖拉机驾驶证核发地农机监理机构提出申请，除填写《拖拉机驾驶证申请表》，提交申请人的身份证明及其复印件和县级或者部队团级以上医疗机构出具的有关身体条件的证明外，还应当提交所持拖拉机驾驶证。

农机监理机构对符合拖拉机驾驶证申请条件的，应当受理，并在申请人预约考试后30日内安排考试。拖拉机驾驶人考试科目共分四个科目，科目一（包括交通、农机安全法律、法规、规章和机械常识、操作规程等相关知识）、科目二（场地驾驶技能考试）、科目三（包括挂接机具和田间作业技能考试二项）、科目四（道路驾驶技能考试）。

考试科目内容和合格标准全国统一。其中，科目一考试试题库的结构和基本题型由农业部制定，省级农机监理机构可结合本地实际情况增加本省（自治区、直辖市）的考试试题库。

考试顺序按照科目一、科目二、科目三、科目四依次进行，前一科目考试合格后，方准参加后一科目考试。其中科目三的挂接机具和田间作业技能考试，可根据机型实际选考一项。

初次申请拖拉机驾驶证或者申请增加准驾机型的，经农机监理机构对科目一考试合格后,应当在3日内核发拖拉机驾驶技能准考证明,拖拉机驾驶技能准考证明的有效期为2年。申领人应当在有效期内完成科目二、科目三、科目四考试。初次申请拖拉机驾驶证或者申请增加准驾机型的,申请人在取得拖拉机驾驶技能准考证明满20天后预约科目二、科目三、科目四考试。每个科目考试一次,可以补考一次。补考仍不及格的,本科目考试终止。申请人可以重新申请考试,但科目二、科目三、科目四的考试日期应当在10日后预约。在拖拉机驾驶技能准考证明有效期内,已考试合格的科目成绩有效。

增考项目:持有准驾大中型轮式拖拉机或小型轮式拖拉机驾驶证申请增驾手扶拖拉机的,考试项目为:科目二、科目四;持有准驾小型轮式拖拉机驾驶证申请增驾大中型轮式拖拉机的,考试项目为:科目三、科目四;持有准驾手扶拖拉机驾驶证申请增驾大中型或小型轮式拖拉机的,考试项目为:科目二、科目三、科目四。

初次申请拖拉机驾驶证或者申请增加准驾机型的申请人经全部考试科目合格后,农机监理机构应当在5日内核发拖拉机驾驶证。获准增加准驾机型的,应当收回原拖拉机驾驶证。

3. 换证

拖拉机驾驶人应当于拖拉机驾驶证有效期满前90日内,向拖拉机驾驶证核发地农机监理机构申请换证。申请换证时应当填写《拖拉机驾驶证申请表》,并提交以下证明、凭证:

(1)拖拉机驾驶人的身份证明及其复印件;

(2)拖拉机驾驶证;

(3)县级或者部队团级以上医疗机构出具的有关身体条件的证明。

4. 补证

拖拉机驾驶证遗失的,驾驶人应当向拖拉机驾驶证核发地农机监理机构申请补发。申请时应当填写《拖拉机驾驶证申请表》,并提交以下证明、凭证:

(1)拖拉机驾驶人的身份证明；

(2)拖拉机驾驶证遗失的书面声明。

符合规定的，农机监理机构应当在3日内补发拖拉机驾驶证。

5. 审验

农机监理机构接到公安机关交通管理部门通报的拖拉机驾驶人道路交通安全违法行为的记分处理，在一个记分周期内累积记分达到12分的，通知拖拉机驾驶人在15日内到拖拉机驾驶证核发地农机监理机构接受为期7日的道路交通安全法律、法规和相关知识的教育。拖拉机驾驶人接受教育后，农机监理机构应当在20日内对其进行场地驾驶技能考试。

拖拉机驾驶人在一个记分周期内两次以上达到12分的，农机监理机构还应当在场地驾驶技能考试合格后十日内对其进行道路驾驶技能考试。

拖拉机驾驶人在拖拉机驾驶证的6年有效期内，每个记分周期均未达到12分的，换发10年有效期的拖拉机驾驶证；在拖拉机驾驶证的10年有效期内，每个记分周期均未达到12分的，换发长期有效的拖拉机驾驶证。换发拖拉机驾驶证时，农机监理机构对拖拉机驾驶证进行审验。

拖拉机驾驶人年龄在60周岁以上的，应当每年进行一次身体检查，按拖拉机驾驶证初次领取月的日期，30日内提交县级或者部队团级以上医疗机构出具的有关身体条件的证明，签注驾驶证。

二、拖拉机登记规定

农业部根据《中华人民共和国道路交通安全法》及其实施条例的有关规定，于2004年9月21日发布《拖拉机登记规定》(第43号令)，于2004年10月1日起施行。

规章明确规定，拖拉机的登记，分为注册登记、变更登记、转移登记、抵押登记和注销登记。

1. 注册登记

初次申领拖拉机号牌、行驶证的，应当在申请注册登记前，对该拖拉机进行安全技术检验，取得安全技术检验合格证明。拖拉机所有人应当向住所地的农机监理机构申请注册登记，填写《拖拉机注册登记/转入申请表》，提交法定证明、凭证，并交验拖拉机。农机监理机构应当自受理之日起5日内，对拖拉机的类型、厂牌型号、颜色、发动机号码、机身（底盘）号码或者挂车架号码，以及主要特征和技术参数进行确认，核对拖拉机机身（底盘）或者挂车架号码的拓印膜，对提交的证明、凭证进行审查，核发拖拉机登记证书、号牌、拖拉机行驶证和检验合格标志。

2. 变更登记

已注册登记的拖拉机有：改变拖拉机车身颜色的、更换发动机的、更换车身或者车架的、因质量有问题制造厂更换整车的、拖拉机所有人的住所迁出或者迁入农机监理机构管辖区域等情形之一的，拖拉机所有人应当填写《拖拉机变更登记申请表》，向登记该拖拉机的农机监理机构申请变更登记。

申请拖拉机变更登记，应当提交：拖拉机所有人的身份证明；拖拉机登记证书；拖拉机行驶证。属于改变拖拉机车身颜色的或者更换发动机的或者更换车身、车架的或者因质量有问题制造厂更换整车的，还应当交验拖拉机；属于更换发动机的或者更换车身或者车架的，还应当同时提交拖拉机安全技术检验合格证明。

拖拉机所有人的住所在农机监理机构管辖区域内迁移、拖拉机所有人的姓名（单位名称）或者联系方式变更的，应当向登记该拖拉机的农机监理机构备案。

3. 转移登记

已注册登记的拖拉机所有权发生转移的，应当及时办理转移登记。申请拖拉机转移登记，当事人应当填写《拖拉机转移登记申请表》,向登记该拖拉机的农机监理机构交验拖拉机,并提交当事人的身份证明,拖拉机所有权转移的证明、凭证,拖拉机登记证书,拖拉机行驶证等证明、凭证。

4. 抵押登记

拖拉机所有人将拖拉机作为抵押物抵押的,拖拉机所有人应当填写《拖拉机抵押/注销抵押登记申请表》,持抵押人和抵押权人的身份证明,拖拉机登记证书,抵押人和抵押权人依法订立的主合同和抵押合同等证明、凭证,向登记该拖拉机的农机监理机构申请抵押登记。

5. 注销登记

已达到国家强制报废标准的拖拉机,拖拉机所有人申请报废注销时应当填写《拖拉机停驶、复驶/注销登记申请表》,向农机监理机构提交拖拉机号牌、拖拉机行驶证、拖拉机登记证书。

因拖拉机灭失,拖拉机所有人应当向农机监理机构申请注销登记,填写《拖拉机停驶、复驶/注销登记申请表》。农机监理机构应当办理注销登记,收回拖拉机号牌、拖拉机行驶证和拖拉机登记证书。

6. 补领、换领拖拉机牌证

拖拉机登记证书、号牌、行驶证丢失或者损毁,拖拉机所有人向农机监理机构申请补发的,应当填写《补领、换领拖拉机牌证申请表》,并提交拖拉机所有人的身份证明和申请材料。农机监理机构经与拖拉机登记档案核实后,在收到申请之日起15日内补发。

三、拖拉机违章及事故处理相关规定

拖拉机驾驶人驾驶拖拉机在道路上行驶的违法行为及其处罚,包括《道路交通安全法》及其实施条例中都已作了明确的规定。由于拖拉机驾驶人的违法行为或者意外而发生事故应如何应对,是拖拉机驾驶人必须了解的。

1. 拖拉机事故的概念

拖拉机是农业机械中的主要动力机械，是农业机械的组成部分。农业部在起草农业机械的有关规章草案中曾明确把农机事故定义为："农业机械的驾驶、操作人员以及其他在田间、场院、道路外进行与农业机械作业有关活动的人员，因违反农机安全管理法规、规章的行为，过失或意外造成人身伤亡或者财产损失的，称为农机事故。"根据这个定义，农机事故与道路交通事故的四要素相比较，其区别在于第一个要素农机事故必须有农业机械，第二个要素农机事故必须是发生在田间、场院、道路外。第三、第四个要素与交通事故的构成要素相同，即有损害后果和当事人主观上必须是过失或者意外。交通事故构成的两个常规条件中，第一个必须有一方是在运动中的构成条件，在农机事故中不是必须的构成条件；而第二个条件是农机事故必须具有农业机械作业性质。这是农机事故在构成要素和常规条件上与交通事故的根本区别。

2. 拖拉机事故的分类

农机事故分为轻微事故、一般事故、重大事故和特大事故四类。

轻微事故：轻伤 1 至 2 人或直接经济损失不足 500 元的；

一般事故：重伤 1 至 2 人，或轻伤 3 至 10 人，或者直接经济损失在 500 元以上不足 5000 元的；

重大事故：死亡 1 至 2 人，或重伤 3 至 10 人，或轻伤 11 人以上，或直接经济损失在 5000 元以上不足 20000 元的；

特大事故：死亡 3 人以上，或重伤 11 人以上，或直接经济损失在 20000 元以上。

3. 拖拉机事故的报告

快速报告：发生重大、特大事故时，县（市、区）级农机监理机构应立即报告上级农机监理机构，并填写农业机械重大、特大事故快速报告表。省、自治区、直辖市农机监理机构应及时报告农业部，结案后要报文字材料。

各级农机监理机构应按规定统计每月、半年、全年的事故情况，填写事故报表，并及时逐级上报。

4. 拖拉机事故的处理

根据《中华人民共和国道路交通安全法》第七十七条的规定："车辆在道路以外通行时发生的事故，公安机关交通管理部门接到报案的，参照本法有关规定办理。"过去，拖拉机在道路外发生的事故，各地根据地方性法规或者规章进行处理。或者当事人就非"道路"上发生的有关事故引起的损害赔偿纠纷向人民法院提起民事诉讼，符合民事诉讼法第一百零八条规定的起诉条件的，人民法院应当受理。在处理拖拉机非"道路"发生的事故中，主要存在以下问题：(1)对于拖拉机在非"道路"上发生的事故，缺乏明确的处理机关，不利于事故现场的处理和问题的及时解决。(2)难以有效地收集证据，并对事故现场、事故成因作出准确的判断，即使进行诉讼，人民法院在审判中也面临许多困难，不利于对当事人合法权利的保护。鉴于上述考虑，《中华人民共和国道路交通安全法》明确规定了对于车辆(包括拖拉机)在道路以外通行时发生的事故，公安机关交通管理部门接到报案的，具有处理职责，应当参照处理交通事故等相关规定处理。

农机部门对发生的农机事故，着重要抓好四个不放过工作，即事故原因不查清不放过；责任人员不处理不放过；整改措施不落实不放过；有关人员不受到教育不放过。把被动的事故处理，变为主动落实整改措施和加强安全宣传教育的行动，防微杜渐，防止事故的再次发生。

四、《中华人民共和国农业机械化促进法》等其他相关法规

《中华人民共和国农业机械化促进法》是我国第一部有关农业机械化的法律。农业机械化是一个动态的过程，即不断将先进适用的农业机械和技术运用于农业生产的过程。农业机械化，一方面改善了农

民的生产经营条件，更重要的是不断提高农业的生产技术水平和经济效益、生态效益。农村实行家庭承包经营以来，随着经济的发展，越来越多的农民自主购买和使用农业机械。实践证明，以农民和农业生产经营组织为发展农业机械化的主体，采取市场机制加国家扶持引导的办法，能够更好地调动他们增加对农业机械化投入的积极性，加快农业机械化的步伐。因此，《农业机械化促进法》规定：县级以上人民政府应当把推进农业机械化纳入国民经济和社会发展计划，逐步提高对农业机械化的资金投入。采取扶持措施，充分发挥市场机制的作用，引导、支持农民和农业生产经营组织自主选择先进适用的农业机械，提高农业机械化水平。

目前，我国农业机械产品的质量问题较多，影响了机械作业的效率和质量，严重制约了农业机械化的发展。为解决农业机械产品质量问题，保护农民利益，结合农业机械化发展的实际和现行法律、行政法规的有关规定，《农业机械化促进法》作出了有针对性的规定：国家加强农业机械化标准体系建设，制定和完善农业机械产品质量、维修质量和作业质量等标准。对农业机械产品涉及人身安全、农产品质量安全和环境保护的技术要求，应当按照有关法律、行政法规的规定制定强制执行的技术规范。

为加强农业机械的安全使用，《农业机械化促进法》规定，国务院农业行政主管部门和县级以上地方人民政府主管农业机械化工作的部门，应当按照安全生产、预防为主的方针，加强对农业机械安全使用的宣传、教育和管理。农业机械使用者作业时，应当按照安全操作规程操作农业机械，在有危险的部位和作业现场设置防护装置或者警示标志。同时强调国家鼓励跨行政区域开展农业机械作业服务。各级人民政府及其有关部门应当支持农业机械跨行政区域作业，维护作业秩序，提供便利和服务，并依法实施安全监督管理。

《农业机械化促进法》通过法律的形式，还制订了许多为促进农业机械化发展的扶持政策。如规定：中央财政、省级财政应当分别安排专项资金，对农民和农业生产经营组织购买国家支持推广的先进适用的农业机械给予补贴。补贴资金的使用应当遵循公开、公正、及时、有效的原则，可以向农民和农业生产经营组织发放，也可以采用贴息方式支持金融机构向农民和农业生产经营组织购买先进适用的农业机械提供贷款。具体办法由国务院规定。从事农业机械生产作业服务的收入，按照国家规定给予税收优惠。国家根据农业和农村经济发展的需要，对农业机械的农业生产作业用燃油安排财政补贴。燃油补贴应当向直接从事农业机械作业的农民和农业生产经营组织发放。具体办法由国务院规定。地方各级人民政府应当采取措施加强农村机耕道路等农业机械化基础设施的建设和维护，为农业机械化创造条件。县级以上地方人民政府主管农业机械化工作的部门应当建立农业机械化信息搜集、整理、发布制度，为农民和农业生产经营组织免费提供信息服务等。

为了加强对拖拉机驾驶人的技术培训，规范驾驶培训学校农业部发布了《拖拉机驾驶培训管理办法》(第41号令)，规定拖拉机驾驶培训机构应当具备与其培训活动相适应的场地、设备、人员、规章制度等条件，取得省级人民政府农机主管部门颁发的《中华人民共和国拖拉机驾驶培训许可证》，方可从事相关培训活动。并规定，拖拉机驾驶培训机构应当严格执行农业部颁发的教学大纲，按照许可的范围和规模培训，保证培训质量。

第三节　典型案例分析

杜绝无牌无证作业　消除事故隐患

无牌无证作业，是拖拉机造成事故的重要原因之一。拖拉机在注册登记前，必须经安全技术检验，符合国家的运行安全技术条件，方能登记领取号牌和行驶证。并且每年进行一次安全检验，确保拖拉机的安全技术状态经常保持完好，是安全行车的基本保障。未经登记领取牌证的拖拉机，其技术状态难以保证符合安全使用的要求，极有可能发生机械事故，造成人身伤亡。拖拉机驾驶人未经严格的驾驶学习和考试，其驾驶的技能很难达到安全驾驶的水平。拖拉机驾驶人经过考试合格，领取了拖拉机驾驶证，说明拖拉机驾驶人已熟悉了交通法规等安全知识和机械常识,掌握了安全驾驶的基本技能。领取驾驶证是保证拖拉机驾驶人技术资质和资格的最基本也是最重要的要求。《道路交通安全法》明确规定了:"驾驶机动车,应当依法取得机动车驾驶证。"这是在国内外血的教训上的经验总结。同时在违法行为的处罚上,无证驾驶或者驾驶无牌证拖拉机,其处罚是最重的,一旦发生事故,承担的责任也最大,甚至还要追究刑事责任。客观分析事故和违法行为的因果关系。但在多数事故中,由于驾驶中的违法行为造成事故所占的比重极大。因此,通常我们强调在驾驶中的违法行为是发生事故的先导,教育驾驶人员严格遵法守纪,杜绝驾驶中的违法行为,对保障安全驾驶,减少事故发生是十分必要的。

严禁酒后驾驶　杜绝事故先导

酒后驾驶机动车,造成机毁人亡的事故屡见不鲜。因此,酒后驾驶,常常是发生事故的先导。所以,国内外的交通法规都制定了严格的禁止酒后驾驶的规定。

饮酒对驾驶机能的影响很大,拖拉机驾驶人饮酒后驾车,容易造成交通事故。从目前世界上的情况来看,饮酒后驾驶车辆而造成的交通事故有增无减。因此,严禁酒后驾车,已成为各个国家的法律。拖拉机驾驶人必须严格遵守,以防事故的发生。

(1)酒精对人体的危害。酒中含有一定量的酒精成分,酒精对人体有麻醉作用,如脑的其他神经组织内的酒精浓度增高,大脑中枢神经活动就会变得迟钝,而且可以蔓延到机体神经。这时人的判断能力发生障碍,手脚活动比较迟缓。在初期,因为中枢神经中毒,削弱了对运动神经的束缚能力,因此在人的心理上会产生轻松感,这时手脚的活动反而有些敏捷,但是思维能力和判断能力却是迟钝的。

饮酒过多产生醉的现象,一般可分为微醉、轻醉、深醉和泥醉四种程度。对拖拉机驾驶人来说,主要是轻醉和微醉影响较大,因为这时反应迟钝,动作不协调,容易发生事故。深醉和泥醉,因为完全失去驾驶能力,不存在驾驶安全问题。

(2)体内酒精浓度对驾驶机能的影响。饮酒量与体内的酒精浓度因人而异。酒精浓度又因个人的饮酒习惯不同而高低不等。所以每个人酒精浓度存在着很大的差异。此外,饮酒后体内的酒精浓度与体重、性别也有一定的关系。体内酒精浓度比较高时,对驾驶人影响较大,当体内酒精浓度达 0.8% 时,驾驶机能就开始下降。酒精浓度达 1% 时,驾驶机能下降 15%,酒精浓度达 1.5% 时,驾驶机能下降 30%。同时驾驶人的注意力也会受到一定影响,容易分散而偏向一方。随着浓度增高,对驾驶机能的影响也越来越大,出现事故的概率也越来越大。因此,严禁驾驶人酒后驾车是为了保证行车安全。

有些驾驶人因疾病或其他原因,会服用些药品。其中有些药品直接作用于中枢神经系统,而产生各种效应。这些因素都可使驾驶人知觉迟钝,反应失常,驾驶动作不协调,影响安全行车,也应引起注意。

防止疲劳驾驶　确保安全行驶

所谓驾驶疲劳,是指驾驶人在行车中,由于驾驶作业使生理上、心理上发生某种变化,而在客观上出现驾驶机能低落的现象。驾驶人在行车中,在身体负荷上除了与一般的劳动有相同点之外,还由于长时间思想高度集中,坐在座位上动作受到一定限制,又忙于判断处理车外刺激信息,精神状态格外紧张,从而出现驾驶疲劳。当驾驶疲劳出现以后,注意力容易分散,甚至因为困倦而打瞌睡,无法正常接受和处理外界的信息,使驾驶操作失误或完全失去驾驶能力。因此,疲劳驾驶是发生交通事故的一个潜在原因。

(1)驾驶疲劳分为急性疲劳和慢性疲劳。急性疲劳是指驾驶人意识过于劳累而造成的疲劳。慢性疲劳也叫积蓄疲劳,就是没有恢复过来的前几天积蓄至今,并作用于当天驾驶作业中疲劳。疲劳的症状可分为身体症状、精神症状和神经症状。驾驶人行车开始时,先有一个适应阶段,然后转入心理、体力正常发挥状态,过后到一定时候就会出现疲劳。一般情况下,如果连续驾驶在 9 ~ 12 小时以上,神经感觉症状就会出现。身体疲劳除了影响动作之外,还会出现精力涣散,动作迟缓,甚至精神不振等。

(2)造成驾驶疲劳的因素很多,也可能是几个因素同时造成的,但主要有以下三方面原因:

第一，驾驶人生活上的原因。主要是睡眠不足和生活环境的影响。造成驾驶人睡眠不足的情况很多，如连续工作过量，参加文娱体育活动过度，家务劳动太多，社会交际太广，以及其他生活波折等。

第二，驾驶人生理和心理上的一些原因。主要是指身体条件、经验条件、年龄条件、性别条件、有无疾病以及性格、气质等对疲劳带来的影响。

第三，驾驶人工作条件的原因。驾驶人工作条件主要是指行车时刻、行车速度、天气条件、道路条件、路线条件、交通条件以及安全设施条件等。其中对产生驾驶疲劳影响较大的是道路交通环境，因为道路交通条件差，车辆不易控制，驾驶人疲于应付，排除险情能力降低，精神紧张，加上视线盲区多，发生事故的可能性也大，驾驶人极易产生疲劳。此外，驾驶人连续行驶时间过长，长距离行车，也会使驾驶人过度疲劳。

（3）注意劳逸结合，防止疲劳驾驶。驾驶人出现驾驶疲劳时，会对操作产生较大的影响，驾驶人的生理、心理状况都会趋向于对操作的不利。如情绪懒散，对外界交通信息反应迟钝，对处理险情力不从心等，从而表现在驾驶操作的各种失误现象。疲劳程度越严重，操作失误也会越多。从驾驶操作的失误时机分析，一般情况下，开始行车和行车将要结束时操作失误较多。原因是开始时情况不太适应，而结束时由于驾驶疲劳及其积累。在一天之中，驾驶操作失误的现象，多发生在深夜、凌晨和午后容易困倦的时候，在行车中应特别注意。

防止驾驶疲劳的主要措施首先必须保证驾驶人有充足、必要的睡眠时间。一般情况下应保证驾驶人每日睡眠 8 小时，白天睡眠还要适当增加时间，因为夜间睡眠的效果要比白天好。在驾驶时间上，《中华人民共和国道路交通安全法实施条例》规定驾驶人不得连续驾驶机动车超过 4 小时未停车休息或者停车休息时间少于 20 分钟。驾驶人一天驾驶或作业总时间以不超过 10 小时为好。深夜行车不要连续超过 2 天，以确保行车安全。

第四节　伤员急救常识

一、常见外伤

道路交通事故常见的外伤有车祸伤、颅脑外伤、脊柱伤和脊髓伤、胸部外伤、腹部外伤、四肢骨折。

(一)车祸伤

随着现代工农业、交通运输业及高速公路的迅速发展,由交通事故引起的死亡和病残发生率日趋增加。车祸伤是指车辆交通事故引起的人体损伤,它具有以下特点:

(1)发病率高,且有上升趋势。

(2)伤残者大都为有劳动能力的青壮年。

(3)车祸伤常常是一种多发性的损伤,损伤涉及多部位、多脏器,病情重、变化快。往往在一次车祸中,一个伤员可以有单独的某一部位或脏器的损伤,也可以同时有颅脑、胸、腹、脊柱和四肢的外伤。

(4)由于车祸伤伤及人体多部位、多脏器,急救人员或医务人员有时会被显性的大出血或严重的错位骨折畸形所吸引,因此很容易遗漏一些症状和体征不明显的,但却常常是严重威胁生命的损伤的诊断,如内脏破裂出血等。

(5)车祸伤的治疗有时会遇到不同部位的损伤,有不同的治疗要求,造成治疗方案相互抵触,从而造成顾此失彼。

(6)车祸伤并发症多,死亡率高。最常见的并发症有休克、感染和多脏器衰竭等,死亡率可达20%~50%。

(7)车祸伤要求急救人员和医务人员有广博的知识和熟练的处理能力,否则会延误抢救时间,增加伤员的死亡率和病残率。

临床表现

车祸伤涉及不同部位、不同脏器的同时受伤,因此临床表现错综复杂,不尽一致。详细询问病史和仔细体格检查,了解受伤机制,可帮助发现一些隐蔽部位的创伤。如撞车的司机常有头部(撞在车前窗玻璃上)、胸部(顶在方向盘上)和膝部(撞在车前部挡板上)的多处损伤,如只见面部伤口,而不检查胸、膝部,就有可能遗漏诊断。

(1)疼痛。各种皮肤、软组织及骨的损伤均可引起疼痛,最痛处经常是创伤暴力处。

(2)出血。外露显性的出血,如四肢、头面部伤口的出血易被发现,而内在隐匿的出血易被忽视或遗漏,如闭合性骨折和内脏出血等。

(3)休克。有面色苍白、表情冷漠、四肢湿冷、脉搏细数症状,这在创伤病人中,常提示为失血性休克。

(4)呼吸困难。见于上呼吸道损伤、肋骨骨折、血、气胸等情况。

(5)意识障碍。存在脑外伤时,常有不同程度的意识障碍。而意识障碍程度往往与颅脑创伤的严重程度有关。

(6)不同部位及脏器损伤时的临床表现。肾脏损伤可有肾区叩痛及压痛,并见血尿;腹部实质性脏器破裂和空腔脏器的穿孔,可出现腹部压痛、反跳痛及肌紧张腹膜炎体征;脊髓损伤可出现受损节段平面以下运动和感觉的部分或全部的丧失;四肢骨折时,可出现肢体疼痛、肿胀、畸形和反常活动(指在肢体没有关节部位骨折后可有不正常的活动)。

急救与处理

车祸伤的处理复杂、变化多,处理必须按不同具体情况进行。车祸伤的院前现场急救处理相当关键,处理及时、正确、有效,就可减少伤残及死亡,给院内处理创造条件。因此车祸伤的救治工作实际上在院前即已开始。院前急救的主要目的是去除正在威胁伤员生命安全的各种因素,并使伤员能耐受运送的“创伤”负担。

(1)伤口的止血、包扎、骨折固定和伤员的运送。

(2)抗休克。大量失血后,应及时补充有效循环血量,这是抢救成功的关键。有条件时,一面紧急处理创面,控制出血,一面立即建立畅通的输液通道,快速补充血容量;无条件建立静脉通道的,应在现场急救处理后,就近送医院,以争取最短时间内使伤员得到处理。

(3)保持呼吸道通畅。窒息是严重多发伤最引人注目的紧急症状,如不及时处理,会迅速致死。呼吸困难的伤员,应及时清除呼吸道梗阻物(血块、脱落牙齿、呕吐食物等)或采取仰头举频姿势,保持呼吸道通畅,亦可插入口咽通气管,必要时可做气管切开。

(4)胸部损伤的处理。胸部损伤伴有呼吸困难时,常提示有多发肋骨骨折、血胸、气胸、肺挫伤等。此时应及时作胸腔穿刺排气、抽液或放置引流管,必要时做开胸手术。伤员胸部出现反常呼吸时,应用厚棉垫压住“浮动”的胸壁处,用胸带或胶布固定。

(5)颅脑损伤的处理。为预防和治疗脑水肿,可采用高渗葡萄糖或甘露醇进行脱水治疗,并适当限制输入液量,如一旦明确有颅内血肿,应及时采取手术治疗。

(6)腹部外伤的处理。腹部外伤在现场往往无明显的症状与体征。如有明显的内脏破裂或穿孔,随时间推移而逐渐出现症状与体征,并渐渐加剧。因此对腹部外伤的伤员,必须不断地进行症状与体征的随访,一旦明确或怀疑内脏破裂出血或穿孔,即应早期剖腹探查。

(7)颈、脊髓损伤的处理。高位脊髓损伤会累及呼吸肌功能,虽然呼吸道通畅,伤员仍有口唇及肢端的紫绀,胸壁运动微弱或消失,此时应及时作气管插管行人工呼吸或气管切开。

(8)骨折的处理。多发伤中90%以上合并有骨折,其中半数以上合并有2处以上骨折。

尽早固定四股长骨骨折来解除伤员疼痛,控制休克,防止闭合性骨折变为开放性骨折,及防止神经、血管的损伤。

注意事项

(1)现场抢救工作应突出“急”字,威胁生命的窒息、创面大出血、胸部反常呼吸等应优先处理。

(2)四肢外伤后出血,止血带止血效果明显,但在现场急救中必须严格掌握使用指征,不合理或不正确使用,会使出血控制不满意,甚至会加重出血。一般在现场急救中,伤口加压包扎均能得到满意的止血效果。但在伤员运送中,如路途远,伤口出血量大,可使用止血带止血。

(3)切忌在伤员全身状况极差时,未经初步纠正而仓促运送医院。

(4)避免现场慌乱而造成骨折未作固定或固定无效即行运送。

(5)在运送意识障碍的伤员时,应保证呼吸道通畅,仰头举颏,清除呼吸道异物,头侧向一方或侧卧,防止呕吐物误吸。

(二)颅脑外伤

颅脑外伤是一种严重的外伤,发生率约占全身伤的10% ~15%,然而因颅脑损伤致死者,居各部位创伤之首。

无论何种原因造成颅脑外伤,均称为颅脑外伤。它可以造成头部软组织、颅骨、脑膜、血管、脑组织以及颅神经等损伤。有时合并有颈椎、脊髓等有关器官的损伤。

颅脑外伤造成颅内出血或严重脑挫裂伤,可迅速导致脑水肿、脑血肿、颅内压增高和继发性脑疝,这些都将造成严重后果或致死。所以颅脑外伤的防治、抢救工作,应引起高度重视。

颅脑损伤严重程度的分类,对其治疗和预后判断有重要意义。

(1)轻型为单纯脑震荡,一般无颅骨骨折。昏迷时间在半小时之内,或只有轻度头痛、头晕等自觉症状,或神经系统和腰椎穿刺检查均正常。

(2)中型为轻度脑挫伤,有或无局限性颅骨骨折,蛛网膜下腔有出血现象,无脑压迫症状。昏迷时间不超过12小时,或有轻度神经系统阳性体征,或体温、脉搏、呼吸、血压有轻度改变。

(3)重型为广泛颅骨骨折、严重脑挫裂伤。深昏迷或昏迷在12小时以上,或清醒后又昏迷,或有明显神经系统体征,如偏瘫等,或有明显的体温、脉搏、呼吸和血压的改变。

(4)特重型主要有两种,一种为脑原发伤重,伤后深昏迷,有去大脑僵直或伴有其他部位脏器伤,休克等。另一种为已有晚期脑疝,包括双侧瞳孔散大,生命体征严重紊乱或呼吸停止。

临床表现

(1)意识变化。表现为朦胧、半昏迷、昏迷。

朦胧:对各种刺激有反应,能回答问题,但有时不切题。

半昏迷:对疼痛刺激四肢稍有活动,或出现逃避反应,通常瞳孔缩小,有极微弱的对光反应。

昏迷:对所有强烈刺激均无反应,瞳孔缩小或散大,对光反应消失,反射消失。

伤员受伤后出现明显的意识障碍、偏瘫、失语等,均属重型颅脑损伤。出现昏迷—清醒—昏迷的中间清醒,常提示可能有颅内血肿。

(2)瞳孔变化。在颅脑外伤发生意识障碍时,观察瞳孔形态、大小、反应和有无伴随的神经症状,是了解和判断病情和变化的主要方法。正常时瞳孔呈圆形,双侧等大,直径在2.5~4.5毫米之间,过大或过小在无局部损伤因素时,均提示病态,如一侧瞳孔散大,对光反应障碍则提示有颅内血肿可能。

(3)呼吸变化。在脑干损伤中呼吸变化最为突出。延髓直接损伤者,呼吸功能可发生急性衰竭,继后自主呼吸停止。严重脑挫裂伤、颅内血肿或脑水肿有颅内压增高时,呼吸弱而慢,每分钟只有10次左右。

(4)血压、脉搏变化。出现呼吸慢、脉搏慢和血压高的二慢一高症状时,提示可能有颅内压增高或颅内血肿。

(5)体温改变。脑干与下丘脑受到损伤时,由于体温中枢调节功能失调,可立即出现持续性高热,体温可达40摄氏度以上,同时伴有意识障碍,一般伴有脑性高热,预后不佳。颅脑外伤后期出现的高热,提示吸收热或合并有感染。

(6)呕吐。频繁呕吐,持续时间较长,伴有头痛,应考虑可能有蛛网膜下腔出血、颅内血肿或颅内压增高。

(7)癫痫发作。小儿颅脑外伤后,在24小时内出现全身抽搐,如抽搐时间长、意识障碍加深,预后不佳。外伤后出现局限性癫痫时,提示脑局部受伤。

(8)局部症状。脑挫裂伤后出现偏瘫、失语提示大脑半球的损伤;出现共济失调,去大脑僵直,提示中小脑的损伤;出现尿崩症或中枢性高热,提示下丘脑受损。

(9)头皮伤口出血。出血量多,可致休克。

(10)耳、鼻孔流血或脑脊液流出。颅底前颅窝骨折时,可经鼻孔流出;后颅窝骨折时,可经耳道流出。

(11)伤口内可见脑膜或脑组织。见于开放性颅脑外伤。

急救与处理

(1)伤口的止血包扎。一般头皮出血经加压包扎均可止血,有时虽经加压包扎仍不易止血,此时必须找到出血点,用血管钳钳夹后才能止血。

(2)维持正常的循环功能。休克时由于脑灌流下降,导致脑缺血、缺氧,继之出现脑水肿、颅内压增高,病情恶化。因此对休克的病人,应立即施行抗休克治疗,并找到导致休克的因素,立即采取措施,如有脾破裂,应作脾切除术等。

(3)解除呼吸道梗阻和改善呼吸困难。针对病因处理,如由多根肋骨骨折引起呼吸困难的,可在胸壁"浮动"处盖上厚棉垫。如有面部粉碎性骨折而影响呼吸道通畅的,应尽早施行气管切开。

(4)脱水治疗。重症颅脑外伤必然继发急性脑水肿,尤其在颅内出血时,会加重脑水肿,脱水治疗是有效的对症治疗。在伴有血容量不足的病人,必须在补足血容量的同时进行脱水治疗。高渗葡萄糖、甘露醇、速尿、激素、尼莫地平等药物均可用于防治脑水肿。

(5)脑营养疗法。虽有多种药物用于帮助病人清醒,但在临床实践中,未见通过药物而使意识恢复的。

(6)抗感染。及时投以广谱抗生素,以预防肺部、尿路及开放伤口感染。

注意事项

(1)在开放性颅脑外伤伤口内见到脑组织时,须用碗等容器,罩盖于伤口再行包扎,以免造成脑组织进一步损伤。

(2)颅底骨折见有鼻孔、外耳道流血或脑脊液流出时,切忌用纱布或棉花进行填塞。

(三)脊柱伤和脊髓伤

脊柱伤和脊髓伤是一种严重的外伤,有时常合并颅脑、胸、腹和四肢的损伤,伤情严重而复杂。在交通事故中时有所见。脊柱骨折占全身骨折的5% ~6%,在合并脊髓损伤时,出现不同程度的截瘫,有的留下终身残疾,有的甚至死亡。

按受伤时暴力作用方向来分有:屈曲型、伸直型、屈曲旋转型和垂直压缩型脊柱损伤四种。其中以屈曲型脊柱损伤最为多见,约占90%。

按损伤后的稳定度来分有:稳定型骨折和不稳定型骨折两类。后者未及时采取治疗会进一步造成损伤,加重病情。

(1)脊髓震荡,又称脊髓休克。脊髓未发生器质性损伤,只有功能抑制,表现为弛缓型瘫痪,3 ~4 周后逐渐恢复。

(2)不完全性脊髓损伤。受伤后出现截瘫,数周后脊髓功能逐渐恢复或部分恢复,一般不遗留明显的神经功能缺陷。

(3)完全性脊髓损伤。受伤后出现截瘫,功能丧失,不可恢复。

(4)脊髓受压。骨折脱位移位、小骨片、突出的椎间盘及血肿等压迫脊髓。早期呈松弛型瘫痪。及时解除压迫后,脊髓功能可部分或全部恢复。如若压迫时间过久,瘫痪则不能恢复。

(5)脊髓缺血性损伤。缺血严重且时间长,脊髓发生缺血性坏死导致截瘫,不可恢复。缺血时间短而轻,血供改善后,脊髓功能可望恢复。

临床表现

(1)单纯性脊柱骨折。有外伤史,如塌方、交通事故、坠楼或重物砸伤;局部表现为疼痛、压痛和叩击痛,或局部畸形、皮下出血、软组织肿胀;全身表现为不能站立或不能翻动,或伴有其他部位、脏器损伤时,可有休克、呼吸困难等病症存在。

(2)脊柱损伤合并脊髓损伤。具有单纯性脊柱骨折的临床表现;脊髓损伤节段平面以下的运动和感觉的部分或全部丧失;排尿、排便障碍,大小便不能自主;呼吸困难常发生在高位截瘫支配呼吸肌的神经受损时,如在颈4 以上的节段受损时,可累及膈肌神经而危及生命。

(3)影像学检查。X 片检查是确定脊柱骨折和脱位最基本、最可靠的方法,只有在 X 片显示不满意时,才考虑作 CT 或核磁共振检查。

椎间盘及脊髓损伤作 CT 和核磁共振检查能显示损伤表现和程度。

(4)诱发电位改变能确定截瘫程度。

急救与处理

脊柱损伤是一种严重的创伤,救治工作始于事故现场,而现场救治的关键是保护脊髓免受进一步损伤,因此须及时发现和迅速处理危及生命的合并症和并发症。

(1)在现场迅速检查和明确诊断,包括脊柱伤、脊髓伤和合并伤。

(2)开放性脊柱、脊髓伤,应迅速包扎及伤口止血,尽量减少失血和污染,并尽快转送进行清创术。

(3)防治休克和其他部位的合并症。

(4)高位截瘫伤员,要注意保持呼吸道通畅,如有呼吸困难,应及时清除口腔内异物、分泌物、痰、血块和脱落的牙齿等。必要时须作气管切开。

(5)及时复位,解除脊髓受压,保持脊柱的稳定性,防止再移位。复位方法有手法、牵引和手术复位。可采用牵引、石膏或支具外固定和器械内固定等方法防止再移位。

(6)手术治疗。主要有植骨融合术、复位和内固定椎板减压术。

(7)防治并发症。如尿路感染、肺部感染、胃肠胀气和褥疮等。

(8)加强主动和被动的功能锻炼,以促进功能和体力的恢复。

注意事项

(1)脊柱骨折病人的正确搬运十分重要,保持伤员脊柱的相对平直,不可随意屈伸脊柱。搬运工具应配有平直木板或其他硬物板的担架,不能用软担架。具体方法参阅四项急救技术。搬运脊柱损伤伤员时,要绝对禁止 1 人背或 2 人抬送,以免造成或加重脊柱畸形和神经损伤。

(2)对疑有脊柱骨折的伤员,不可让病员活动脊柱来证实脊柱骨折,这样容易引起或加重脊髓损伤。

(四)胸部外伤

胸部外伤是一种较为严重的外伤,由于病情变化发展快,呼吸循环功能影响明显，不及时、正确、有效地处理，常危及生命。近年来道路交通事故造成胸部外伤的发生率明显增高。

胸部外伤是指胸部皮肤、软组织、骨骼、胸膜、胸内脏器及大血管的损伤。

胸部外伤分为开放性和闭合性损伤两大类。前者是指胸膜腔与外界相通，常由利器、刀锥或火器弹片所致。后者是指外伤未造成胸膜腔与外界相通，通常由挤压、撞击和钝器等暴力直接作用于胸部所造成。轻者只有胸壁软组织挫伤或单纯肋骨骨折，重者多伴有胸腔脏器或血管损伤，导致血、气胸、心脏损伤。

临床表现

(1)有明确的外伤史。

(2)受伤局部疼痛，且常随呼吸、咳嗽、转动体位而加剧。

(3)受伤胸壁处有压痛、肿胀；肋骨骨折时，可扪及骨擦音；肋骨骨折伴有气胸时，可有皮下捻发音。

(4)呼吸困难。见于严重血、气胸、肺受压明显时。在多根肋骨有两处骨折时，可造成反常呼吸，从而严重影响呼吸循环功能。如若反常呼吸幅度超过 3 厘米，未能及时处理，会加速死亡。

(5)痰中带血或咯血。见于肺挫伤或支气管损伤。

(6)皮下瘀血点。胸部受强力挤压产生创伤性窒息时，见于面部、颈部及上胸部的皮肤瘀血点。

(7)休克。胸部损伤后的失血及连枷胸均能导致休克的发生。

急救与处理

(1)给氧、确保呼吸道通畅，以防窒息，及时清除呼吸道分泌物及异物，必要时作气管插管或气管切开。

(2)抗休克。建立静脉通道，快速补液、输血及输注血浆代用品。

(3)伤口的止血包扎，有条件作彻底清创术。

(4)止痛。可用杜冷丁、吗啡类药物止痛或作肋间神经阻滞，但在全身伤情未查清之前，不能随便使用止痛剂，否则会延误病情。

(5)如呼吸困难是由血、气胸引起的，需及时作胸腔穿刺、排气、排液或置胸腔引流管排气、排液。

(6)开放性气胸须立即封闭胸壁开放伤口。

(7)连枷胸所致反常呼吸,须用大块棉垫覆盖子浮动处,并加压包扎。

(8)心包填塞者须立即作心包穿刺抽液。

(9)胸腔内脏器破裂,不能自止的出血,须作剖胸手术。

(10)使用抗生素预防感染。

(11)有咯血和出血者,须用止血剂,如维生素 K_1、安络血、止血敏等。

注意事项

(1)优先处理严重威胁生命的张力性气胸、颅内血肿及腹内大出血等紧急情况。

(2)不能为了明确诊断,在伤员全身情况尚未得到改善或仍处在不稳定情况下时,作各种检查,使伤员来回往返,从而丧失了有效的抢救时间,加速伤员死亡。

(3)在胸部利器刺伤时,部分利器尚露在体表外,在现场急救时不能轻易拔出利器,否则有可能造成大出血,而在运送途中丧命。

(五)腹部外伤

腹部外伤是一种常见的严重外科急诊。近年来随着车祸的骤增,腹部损伤的发生率亦逐年增加。腹部外伤常常与其他外伤同时存在,如胸部外伤、颅脑外伤等。由于腹部外伤伤情隐匿,在多发外伤时极易忽视或漏诊。死亡率可高达 10% ~40%。致死原因是休克、内出血、严重的腹膜炎症和腹腔感染。早期给以正确诊断和合理的治疗,是降低死亡率的关键。

腹部外伤可分为开放性和闭合性损伤两大类。开放性腹部外伤由外伤暴力致使腹腔与外界相通,有时可在伤口处见到腹腔内容物,如大网膜和肠段等。闭合性腹部外伤多由挤压或钝器暴力所致。

临床表现

腹部外伤在不同暴力下,其伤情、严重程度亦不同,因此损伤后的临床表现也有很大的差异，从无明显症状、体征到出现严重休克。

（1）单纯腹壁损伤时，有局限性的腹壁肿痛或皮下淤斑。

（2）严重腹部外伤时，开放性损伤可在腹部伤口处见到大网膜或肠段；面色苍白、四肢湿冷、表情淡漠、脉搏细数、血压下降，提示可能有腹内脏器破裂出血；腹内实质性脏器破裂、出血和空腔脏器的穿孔均能引起同程度的腹痛；压痛、反跳痛、肌紧张，严重的有腹式呼吸受限（该体征见于严重的腹腔内炎症和空腔脏器的穿孔）；损伤并发腹膜炎之后有恶心呕吐，腹部体征肠鸣音明显减弱；腹胀，有移动性浊音，见于腹腔内大量液体，应考虑有出血或炎性渗出；肝浊音界消失，常提示有腹内空腔脏器穿孔。

急救与处理

（1）严密观察。腹部外伤病员在受伤即刻或稍后进行检查可无明显异常，但经过一段时间后可出现明显的症状和体征。如忽视未被观察到的腹腔内出血、腹内空腔脏器穿孔等，可造成伤员严重后果。

（2）确保呼吸道通畅。

（3）抗休克。建立静脉通道、补液、输血及输注血浆代用品。

（4）及时控制伤口创面大出血。

（5）优先处理危及生命的合并伤，如张力性气胸、开放性气胸、颅内肿等。

（6）应考虑早期剖腹探查。

注意事项

（1）腹部外伤合并其他部位或脏器损伤时，应掌握优先处理严重威胁生命的合并伤。

（2）必须在伤员伤情改善或稳定后再作进一步检查和辅助检查。绝不能为了要明确诊断而做各种检查，以致丢失了抢救时间，加重病情而导致死亡。

（3）在开放性腹部损伤伤口见到腹腔内容物（肠段、大网膜等）时，现场人员不能随意将其回纳入腹腔。此时须用消毒纱布垫或清洁的碗之类容器扣于伤口处，再行运送。

(4)刺入腹膜内的利器，虽有部分留于体外，在现场亦不宜急于拔除，此时须手扶固定，否则会造成腹腔大出血或严重污染，甚至容易造成肠腔被刺伤口的漏诊。

(六)四肢骨折

1. 定义

骨的连续性中断为骨折。

2. 分类

(1)按病因分有外伤性骨折和病理性骨折，这里只说外伤性骨折。外伤性骨折系外力作用在肢体上造成的骨折。

直接暴力：外伤暴力直接打击在骨折部位。

间接暴力：骨折部位不在暴力打击处，而是通过杠杆作用传导至骨折处。如跌倒时手撑地引起肱骨外科颈骨折。

撕脱暴力：在直接、间接暴力协同作用下引起的骨折。如突然改变体位与肌肉强烈收缩等造成肌肉和韧带附着处较小骨片的撕脱。

(2)按骨折断端是否与外界沟通来分：

开放性骨折：骨折局部皮肤、黏膜破裂，骨折断端与外相通。

闭合性骨折：骨折局部皮肤、黏膜完整，骨折断端与外不相通。

(3)按骨折后复位是否稳定来分：

稳定型骨折：骨折经手法复位或无须复位经适当外固定即可维持，不易再移位。

不稳定骨折：骨折断端易移位或整复后再移位。

(4)按骨折程度来分有完全性和不完全性骨折。

(5)骨折的愈合。骨折后经过血肿机化、原始骨痂形成和骨痂改造塑型三期后达到愈合。上肢一般须4～8周、下肢须8～12周才能愈合。

临床表现

(1)有外伤病史，包括受伤原因、伤后时间和功能影响。

（2）全身表现多发骨折或伴有严重出血的骨折，均有休克表现：表情冷漠、四肢湿冷、脉搏细速、面色苍白、血压下降等。伤后有体温上升和白血球增高，须考虑有感染或血肿吸收。

（3）局部表现有疼痛、压痛、肿胀和淤斑；完全性骨折时，可出现肢体畸形，骨擦音和反常活动；开放性骨折可有创口出血，伤口内有时可见到骨折断端；有神经和肌腱合并损伤时，可有运动和感觉的障碍；由于肢体内部骨骼支架的断裂或疼痛，使肢体丧失部分或全部的活动功能。

（4）X 线检查能显示骨折部位、范围、程度、移位以及复位和愈合情况。

急救与处理

（1）首先处理危及生命的紧急情况，如窒息、大出血、开放性气胸及休克等，待伤员全身情况平稳后，再行骨折的处理。

（2）多发伤伴有骨折的伤员应优先处理头、胸、腹等重要脏器的损伤。

（3）及时、正确和有效的现场伤口止血、包扎、固定和转送，是减少伤员痛苦和进一步损伤的关键，具体方法参阅四项急救技术有关内容。

（4）止痛。疼痛可加重休克，对剧痛的伤员可适当使用止痛剂，如吗啡、杜冷丁等。但四股骨折伴有其他部位、其他脏器损伤或有颅脑外伤时需慎用或忌用。

（5）预防感染。抗生素在创伤后越早使用效果越好。

（6）彻底清创。开放性骨折必须做到早期、彻底清创。

（7）骨折的后续治疗。复位、固定和功能锻炼。

注意事项

（1）现场急救处理务必正确、有效，否则在运送途中容易发生出血，固定松动，增加伤员痛苦和进一步损伤（见四项急救技术）。

（2）经固定的肢体，必须在其远端留出可供观察皮肤色泽的区域，以防肢体缺血造成不良后果。

二、四项急救技术

(一)出血与止血

人体受到外伤后,往往先见出血。通常成人的血液总量占其体重的8%来计,如一个体重为50千克的人,血液总量约为4000毫升。当失血总量达血液总量20%以上时,便会出现头晕头昏、脉搏增快、血压下降、出冷汗、皮肤苍白、尿量减少等症状。当失血总量超过血液总量的40%时,就会有生命危险。因此,止血是救护中极为重要的一项措施,实施迅速、准确、有效地止血,对抢救伤员生命具有重要意义。

1. 出血种类及判断

(1)内出血。主要从两方面来判断:一是从吐血、咯血、便血、尿血来判断胃肠、肺、肾、膀胱等有无出血;二是根据出现的症状如面色苍白、出冷汗、四肢发冷、脉搏快而弱,以及胸、腹部有否肿、胀疼痛等来判断肝、脾、胃等重要脏器有无出血。

(2)外出血。外伤所致血管破裂使血液从伤口流出体外。它可分为动脉出血、静脉出血和毛细血管出血。区别和判断何种血管出血的方法是:A. 动脉出血:血液鲜红色,出血呈喷射状,速度快、量多;B. 静脉出血:血液暗红色,出血呈涌出状或徐徐外流,速度稍缓慢、量中等;C. 毛细血管出血:血液从鲜红色变为暗红色,出血从伤口向外渗出,量少。

判断伤员出血种类和出血多少,在白天和明视条件下比较容易,而夜间或视度不良的情况下就比较困难。因此,必须掌握视度不良情况下判断伤员出血的方法。凡脉搏快而弱、呼吸浅促、意识不清、皮肤凉湿、衣服浸湿范围大,提示伤员伤势严重或有较大出血。

2. 止血方法

(1)指压止血法。用手指压迫出血的血管上部(近心端),用力压向骨方,以达到临时止血目的。这种简便、有效的紧急止血法,适用于头、面、颈部和四肢的外出血。

（2）勒紧止血法。在伤口上部用三角巾折成带状或就便器材作勒紧止血。方法是将折成带状的三角巾绕肢一圈做垫，第二圈压在前圈上勒紧打结。如有可能，在出血伤口近心端的动脉上放一个敷料卷或纸卷做垫，再行上述方法勒紧，止血效果更可靠。

（3）绞紧带止血法。把三角巾折成带状，在出血肢体伤口上方绕肢一圈，两端向前拉紧，打一个活结，取绞棒插在带状的扑圈内，提起绞棒绞紧，将绞紧后的棒的另一端插入活结小圈内固定。

（4）橡皮止血带止血法。常用的止血带是一条3米长的橡皮管。止血方法：一手掌心向上，手背贴紧股体，止血带一端用虎口夹住，留出10厘米，另一手拉紧止血带绕股体2圈后，止血带由贴于肢体一手的食、中两指夹住末端，顺着股体用力拉下，将余头穿入压住，以防滑脱。

使用止血带应掌握使用适应症，止血带止血法只适用于四肢血管出血，能用其他方法临时止血的，不轻易使用止血带。

（二）创伤与包扎

人们在从事各种活动中，身体某些部位受到外力作用，使体表组织结构遭到破裂，破坏了皮肤的完整性，就形成了开放性伤口。平时多见创伤伤口，战时多见战伤伤口。对伤口进行急救包扎有利于保护伤口，为伤员的运送和救治打下良好的基础。

1. 包扎的目的与要求

（1）目的是保护伤口、减少感染、压迫止血、固定敷料等，有利于伤口的早期愈合。

（2）要求：伤口封闭要严密，防止污染伤口，松紧适宜、固定牢靠，做到“四要”、“五不”。四要是快、准、轻、牢。即包扎伤口动作要快；包扎时部位要准确、严密，不遗漏伤口；包扎动作要轻，不要碰撞伤口，以免增加伤员的疼痛和出血；包扎要牢靠，但不宜过紧，以免妨碍血液流通和压迫神经。“五不”是不摸、不冲、不取、不送、不上药。即不准用手和脏物触摸伤口；不准用水冲洗伤口（化学伤除外）；不准轻易取出伤口内异物;不准送回脱出体腔的内脏;不准在伤口上用消毒剂或消炎粉。

2. 包扎材料

常用的包扎材料有三角巾、绷带及就便器材,如毛巾、头巾等。

(三)骨折的固定

骨骼在人体起着支架和保护内脏器官的作用,周围伴行血管和神经。当骨骼受到外力打击发生完全或不完全断裂时,称为骨折。

1. 骨折的判断

(1)受伤部位疼痛和压痛明显,搬动时疼痛加剧。

(2)受伤部位明显肿胀,有时伤肢不能活动。

(3)受伤部位或伤肢变形,如伤肢比健肢短,明显弯曲,或手、脚转向异常方向。

(4)伤肢功能障碍,搬运时可听到嘎吱嘎吱的骨擦音。但不能为了判断有无骨折而做这种试验,以免增加伤员痛苦或导致刺伤血管、神经。

2. 骨折固定的目的

对骨折进行临时固定,可避免骨折部位加重损伤,减轻伤员痛苦,便于运送伤员。

3. 骨折固定的材料

骨折临时固定材料分为夹板和敷料两部分。夹板有铁丝夹板、木制夹极、塑料制品夹板和充气夹板;就便器材有木板、木棒、树枝、竹杆等。敷料有三角巾、棉垫、绷带、腰带和其他绳子等。

4. 骨折固定时的注意事项

骨折固定时的注意事项可归纳为:止血包扎再固定,就地取材要记牢;骨折两端各一道,上下关节固定牢;贴紧适宜要加垫,功能位置要放好。

(四)搬运伤(病)员

伤(病)员进行初步救护后,从急救现场向医疗机构转送的过程,称为搬运。

1. 搬运伤员的要求

搬运伤员的要求:搬运前应先进行初步的急救处理;根据伤员病情灵活地选用不同的搬运工具和方法;根据伤情采取相应的搬运体位和方法;动作要轻而迅速,避免震动,尽量减少伤员痛苦,并争取在短时间内将伤员送到医疗机构进行抢救治疗。

2. 搬运方法

(1)徒手搬运。

扶持法——救护人员站在伤员一侧,一手将伤员手拉放在自己肩部,另一手扶着伤员,同步前进。

抱持法——救护人员将伤员抱起行进。

背负法——救护人员将伤员背起行进。此法对胸腹部负伤者不宜采用。

椅托式(座位)搬运法——将伤员放在椅子上,救护员甲乙 2 人,甲面向前方,两手分别抓住椅子的前腿上部,乙面向伤员双手抬起椅子靠背,2 人同步前进。

双人拉车式——救护员甲乙 2 人,甲面向前方双手分别插入伤员腋下,抱入怀内;乙站在伤员前面,面向前方,两手抓住伤员膝关节下窝迅速抬起,两人呈拉车式同步前进。

3 人搬运法——救护员 3 人同站伤员一侧,分别将伤员颈部、背部、臀部、膝关节下、踝关节部位呈水平托起前进,或放入担架搬运。

多人搬运法——救护员 4 人以上,每边 2 人面对面托住伤员的颈、肩、背、臀、腿部,同步向前运动。

(2)器械搬运法,适用于病情较重又不宜徒手搬运的伤病员。

担架搬运法——先将担架展开，并放置在伤员对侧。担架员同站伤员一侧跪下右腿，双人将伤员呈水平状托起，将其轻放入担架上。伤员脚朝前、头在后，担架员同时抬起担架，肘关节略弯曲，两人同步前进。遇到坡陡时，上坡时脚放低，头抬高；下坡时，脚抬高，头部放低，尽可能保持水平。

就便器材搬运法——在没有制式担架的情况下，因地制宜，就地采取简便的制作担架，如用椅子、门板、毯子、衣服、大衣、绳子、竹杆等。

车辆运送——现场救护后，尽可能利用车辆运送伤员，既快又稳，也省力。常用的车辆有救护车、卡车、轿车等。如果利用卡车载运伤员，最好在车厢内垫上垫子或放上担架，也可将伤员抱入护送人员身上，以减少震荡、减轻伤员痛苦和避免伤情恶化。应教育司机发扬救死扶伤精神，只要急救需要，应无条件地投入救护工作中去，并协同其他人员共同完成急救任务。

第二章　大中型拖拉机基础知识

第一节　概　述

一、拖拉机的分类

拖拉机可分为农业用和工业用两大类，而农业用拖拉机按其用途又可分为：

一般用途拖拉机：用于一般农田作物的田间耕地、耙地、播种、收割等作业。

特殊用途拖拉机：为了满足特殊的农业工作条件需要而设计的拖拉机，如中耕拖拉机、棉田高地隙拖拉机、集材拖拉机等。

图 2-1　履带式拖拉机外形图

另外，拖拉机从外观结构可分为四种：手扶拖拉机、轮式拖拉机、履带式拖拉机和船式拖拉机（图 2-1 ~ 图 2-4）；按驱动方式可分为两轮驱动和四轮驱动拖拉机；按功率大小可分为大型拖拉机（36.78 千瓦以上)、中型拖拉机(14.71~36.78千瓦)和小型拖拉机(14.71千瓦以下)。

图2-2　轮式拖拉机外形图

图2-3　手扶拖拉机外形图

拖拉机还可分为带驾驶室的拖拉机和不带驾驶室的拖拉机,国外对拖拉机驾驶室的设计和研究很重视,拖拉机驾驶室向舒适、自动化方向发展。大中型拖拉机一般采用安全或全封闭式驾驶室,在驾驶座下装有可根据驾驶员体重自动调节的弹性减震装置,采用一些有效的隔音设施,有的还装有湿度和温度调节装置,使驾驶员有一个舒适、安全的工作环境。

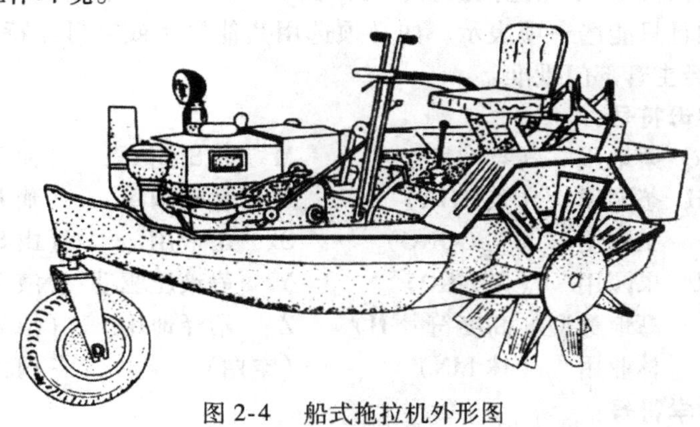

图 2-4　船式拖拉机外形图

我国大型拖拉机多带有驾驶室,虽然同国外相比有一定的差距,但也不断向舒适、安全的方向发展。

二、大中型拖拉机的型号

我国拖拉机的型号是根据 1979 年 12 月原农业机械部发布的《NJ189-79 拖拉机型号编制规则》确定的,根据该标准规定,拖拉机的型号由功率代号和特征代号两部分组成,必要时加注区别标志。特征代号又分为字母符号和数字符号,其排列顺序如下:

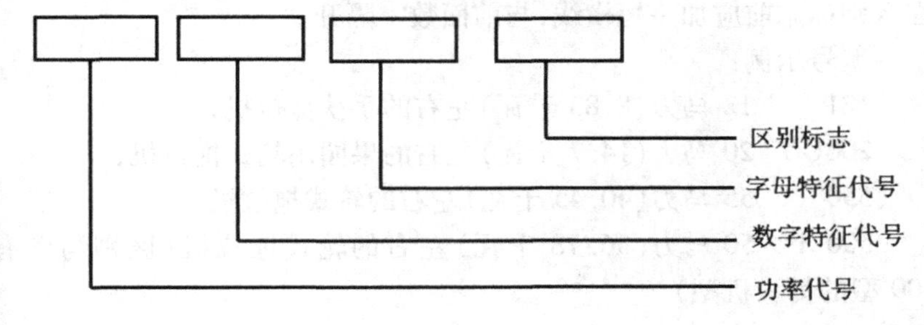

功率代号:用发动机标定功率值的整数部分表示。由于当时我国尚未颁布法定计量单位,功率的值仍用“马力”,现在我国规定使用法定计量单位,拖拉机的功率用“千瓦”表示。(1 马力 =0.7355 千瓦)

特征代号:根据拖拉机机型特征在下列数字符号和字母符号中各选一项且只能选一项表示。如必须选用其他数字或字母作特征代号时,应经主管部门批准。

字母符号:

Ca	菜地用	(菜 CAI)	M	棉田用	(棉 MIAN)
CH	茶园用	(茶 CHA)	P	葡萄园用	(葡 PU)
G	工业用	(工 GONG)	S	山地用	(山 SHAN)
GU	果园用	(果 GUO)	Y	静液压驱动	(液 YE)
H	高地隙型	(高度符号 H)	Z	沼泽地用	(沼 ZHAO)
L	林业用	(林 LIN)	(空白)		一般农业用

数学符号:

0 一般轮式(两轮驱动)

1 手扶式 (单轴式)

2 履带式

3 三轮式、双前轮并置式

4 四轮驱动型

…………

9 机耕船

区别标志:用 1 ~ 2 位数字表示,以区别不适宜用功率代号、特征代号相区别的机型。凡特征代号以数字结尾的,如一般农用拖拉机,在区别标志前应加一短横线,与前面数字隔开。

型号示例:

121　12 马力(8.83 千瓦)左右的手扶拖拉机;

200GU　20 马力(14.7 千瓦)左右的果园用轮式拖拉机;

550　55 马力(40.45 千瓦)左右的轮式拖拉机;

500-1　50 马力(36.78 千瓦)左右的轮式拖拉机(区别与已有500 型的另一机型)。

500H1　50 马力(36.78 千瓦)左右的高地隙轮式拖拉机(区别与已有 500H 型的另一机型)。

三、大中型拖拉机的基本组成

拖拉机主要由发动机、底盘和电气设备三大部分组成。

发动机

发动机是整个拖拉机的动力装置,也是拖拉机的心脏,为拖拉机提供动力。凡是把某种形式的能量转变为机械能的装置都称为发动机,发动机因能源不同可分为风力发动机、水力发动机和热力发动机等。

大中型拖拉机的发动机一般是直列式、水冷、多缸四冲程柴油发动机。

底盘

底盘是拖拉机的骨架或支撑,是拖拉机上除发动机和电气设备外的所有装置的总称,它主要由传动系统、转向系统、行走系统、制动系统和工作装置组成。

传动系统的功用是将发动机的动力传给拖拉机的驱动轮,使拖拉机获得行驶的速度和牵引力,推动拖拉机前进、倒退和停车。

转向系统用于控制和改变拖拉机的行驶方向。

行走系统的功用是支撑拖拉机的全部重量,并通过行走装置使拖拉机产生移动。拖拉机的行走装置有履带式和轮式两大类,履带式行走装置与地面的接触面积大,在松软或潮湿的土壤上面下陷较少并不容易打滑。轮式行走装置与地面的接触面积小,在松软或潮湿的土壤上面下陷较深,容易打滑。为增大接触面积、减少打滑现象,驱动轮直径常常选的较大,而轮胎的气压也较低。轮式行走装置又有橡胶充气轮胎和各种特制的铁制行走轮之分。

制动机构用来降低拖拉机的行驶速度和停车。

工作装置用于牵引、悬挂农具或通过动力输出轴向作业机具输出动力,以便完成田间作业、运输作业或农产品的加工等固定场所的作业，以扩大拖拉机的作业范围。工作装置包括液压悬挂装置、牵引装置和动力输出轴，有的拖拉机只配有液压悬挂装置和牵引装置，没有动力输出轴。

电气系统

主要用来解决拖拉机的照明、信号及发动机的启动等，由发电设备、用电设备和配电设备三部分组成。

发电设备包括蓄电池、发电机及调节器。

用电设备包括点火装置、启动电机、照明灯、信号灯及各种仪表等。

配电设备包括配电器、导线、接线柱、开关和保险装置等。

第二节　发动机

一、柴油发动机的基本构造和工作原理

发动机是一种将燃料燃烧的热能转化为机械能的装置，燃料在汽缸内部燃烧的发动机叫内燃机。内燃机按所用燃料，可分为汽油机和柴油机；按汽缸数可分为单缸和多缸；按每个工作循环冲程数，可分为二冲程和四冲程两种。大中型拖拉机的发动机一般采用多缸四冲程柴油机。

为便于生产管理和使用，国家对内燃机的名称和型号规定了统一的编制方法。柴油机型号中前面的字母表示系列代号或企业代号，第一个数字表示汽缸数，后面的数字表示汽缸直径，单位为毫米，最后的字母为用途特征代号。如 495Q 柴油机表示缸径为 95 毫米的四缸四冲程水冷车用柴油机。

1. 构造和名词术语

基本构造

柴油机的一般结构如图 2-5 所示。汽缸顶部由汽缸盖密封，通过

汽缸盖上的进气门吸进新鲜空气、排气门排出工作废气。柴油的燃烧和作功是在由活塞、汽缸、汽缸盖组成的封闭空间内进行的。活塞通过连杆与曲轴联接,曲轴上固定有飞轮。活塞在汽缸内作直线往复运动,通过连杆变成曲轴的旋转运动。活塞上下往复一次,曲轴旋转一圈。

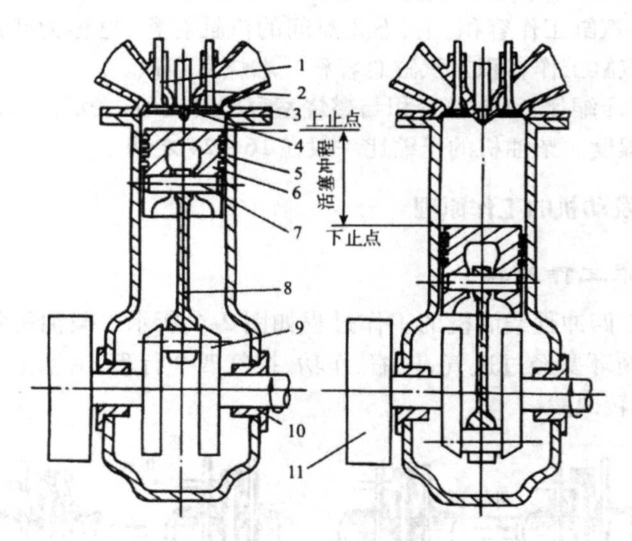

图 2-5　柴油机的结构

1. 排气门　2. 进气门　3. 汽缸盖　4. 喷油器　5. 汽缸　6. 活塞
7. 活塞销　8. 连杆　9. 曲轴　10. 主轴承　11. 飞轮

柴油机是由很多机构和部件组成的,按其功用可分为主系统和辅助系统。

主系统包括:曲柄连杆机构和机体零件、配气机构和进、排气系统、燃油供给系统。

辅助系统包括:润滑系统、冷却系统、启动系统。

常用术语

(1)上止点和下止点:活塞在汽缸中往复运动的两个极限位置叫做止点,活塞离曲轴中心最远的位置,叫上止点;活塞离曲轴中心最近的位置，叫下止点。

（2）活塞行程：也叫冲程，是指活塞从一个止点到另一个止点所移动的距离。如图2-5所示，活塞行程是曲柄半径的2倍。

（3）燃烧室容积：活塞在上止点时，活塞顶以上的汽缸容积。

（4）汽缸总容积：活塞在下止点时，活塞顶以上的汽缸容积。

（5）汽缸工作容积：上、下止点间的汽缸容积，也称为柴油机单缸排量。汽缸工作容积＝汽缸总容积－燃烧室容积。

（6）压缩比：汽缸总容积与燃烧室容积的比值，表示汽缸内气体被压缩的程度。柴油机的压缩比一般在16～24之间。

2. 柴油发动机的工作原理

基本工作原理

单缸四冲程柴油机的工作过程如图2-6所示。柴油机每完成一个工作循环要经过进气、压缩、作功、排气四个行程，活塞上下往复两次，曲轴转两圈。

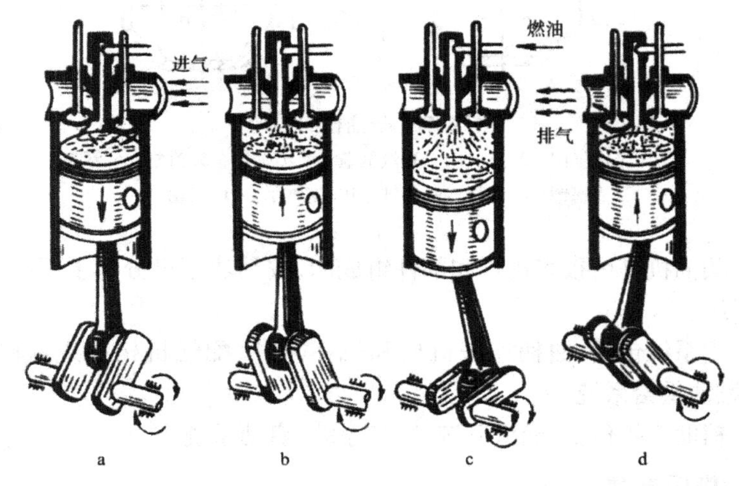

图2-6　单缸四冲程柴油机的工作过程

a. 进气　b. 压缩　c. 作功　d. 排气

(1)进气行程:曲轴靠飞轮惯性力旋转,带动活塞由上止点向下止点运动,这时排气门关闭,进气门打开,由于汽缸容积增大,形成内外压力差,新鲜空气就被吸入汽缸。

(2)压缩行程:曲轴靠飞轮惯性力继续旋转,带动活塞从下止点向上止点运动,这时进、排气门都关闭,汽缸内形成密封的空间,由于气体受到压缩,压力和温度不断升高,在活塞到达上止点前,喷油器将高压柴油喷入燃烧室。

(3)作功行程:进、排气门仍然关闭,汽缸内温度达到柴油自燃温度,使柴油燃烧放出热能,高温、高压的气体急剧膨胀,推动活塞从上止点向下止点移动作功,并通过连杆带动曲轴旋转,向外输出动力。

(4)排气行程:在飞轮惯性力作用下,旋转的曲轴带动活塞从下止点向上止点运动,这时进气门关闭、排气门打开。由于废气压力高于外界大气压,同时在活塞的推动下,将工作废气从排气门排出机外。

完成排气行程后,曲轴继续旋转,又开始下一循环的进气过程。如此周而复始,使柴油机不断地转动、产生动力。在四个行程中,只有作功行程是气体膨胀推动活塞作功,其余三个行程都要消耗能量,靠飞轮的转动惯性来完成。因此作功行程中曲轴转速比其他行程快,使柴油机运转不平稳。

由于单缸机转速不均匀,且提高功率较难,因此可采用多缸。在多缸柴油机上,通过一根多曲柄的曲轴向外输出动力,曲轴转两圈,每个缸都要作一次功。为保证转速均匀,各缸作功行程应均匀分布于一个工作循环中,因此多缸机各汽缸是按照一定顺序工作的,其工作顺序与汽缸排列和各曲柄的相互位置有关,还需要配气机构和供油系统配合。

多缸机工作顺序

二缸四冲程柴油机曲轴上两个曲柄处在同一平面内,但方向相反,即夹角为180°(图2-7),两缸作功间隔角为720° ÷ 2 = 360°。当第一缸作功时,若第二缸压缩,则工作顺序为1-2-0-0;而当第一缸作功时,若第二缸排气,则工作顺序为1-0-0-2。由于受曲轴结构限制,二缸四冲程柴油机在曲轴旋转两圈内，其中一圈连续作功两次，作功间隔并不相等，因而曲轴转动也就不均匀。

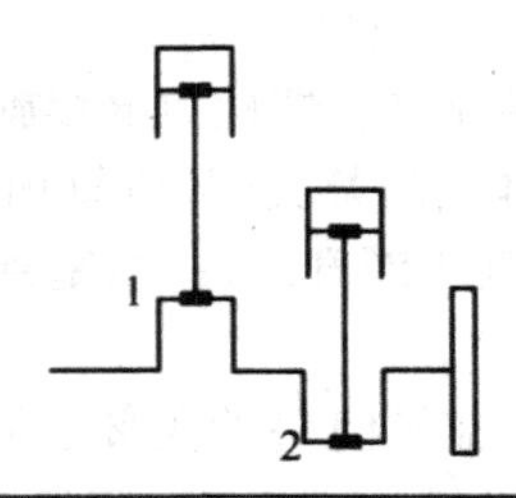

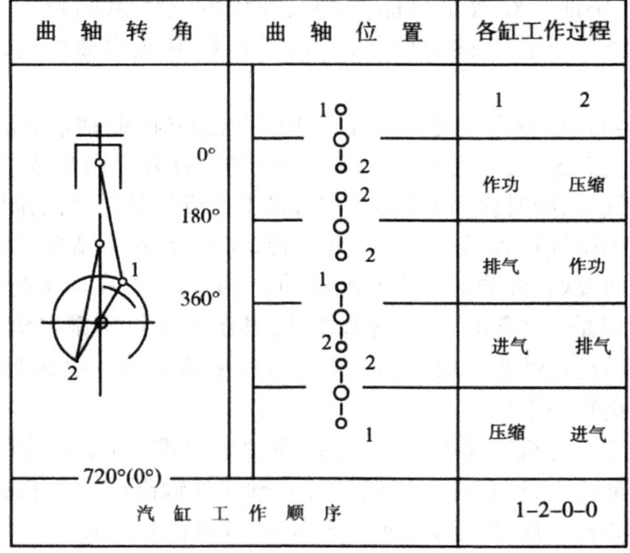

曲轴转角	曲轴位置	各缸工作过程	
		1	2
0°		作功	压缩
180°		排气	作功
360°		进气	排气
		压缩	进气
720°(0°)			
汽缸工作顺序		1-2-0-0	

图 2-7　二缸发动机的工作顺序

四缸柴油机的曲轴结构如图 2-8 所示，曲轴上各曲柄处于同一平面内，其中一、四缸在同一方向，二、三缸在另一方向，作功间隔角为 $720° \div 4 = 180°$。在一、四缸活塞上行时，二、三缸活塞下行。当一缸作功时，四缸进气，此时若二缸排气，则工作顺序为 1-3-4-2；若二缸压缩，则工作顺序为 1-2-4-3。这样，当曲轴旋转两圈时，每个缸都完成四个行程，且四个缸的作功行程互相错开，均匀分布于 720°转角内，使曲轴在任何位置都有一个汽缸在作功，曲轴旋转的均匀性大大改善。四缸四冲程柴油机的工作过程如图 2-9 所示。

三缸发动机的工作顺序是 1-3-2；六缸发动机的工作顺序是 1-5-3-6-2-4。

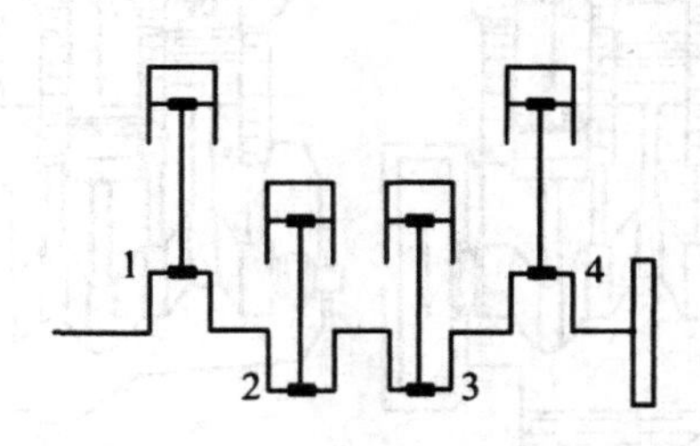

曲轴转角	曲轴位置	各缸工作过程			
		1	2	3	4
0°	1 4 / 2 3	作功	排气	压缩	进气
180°	2 3 / 1 4	排气	进气	作功	压缩
360°	1 4 / 2 3	进气	压缩	排气	作功
540°	2 3 / 1 4	压缩	作功	进气	排气
720°(0°)					
汽缸工作顺序		1–3–4–2			

图 2-8　四缸发动机的工作顺序

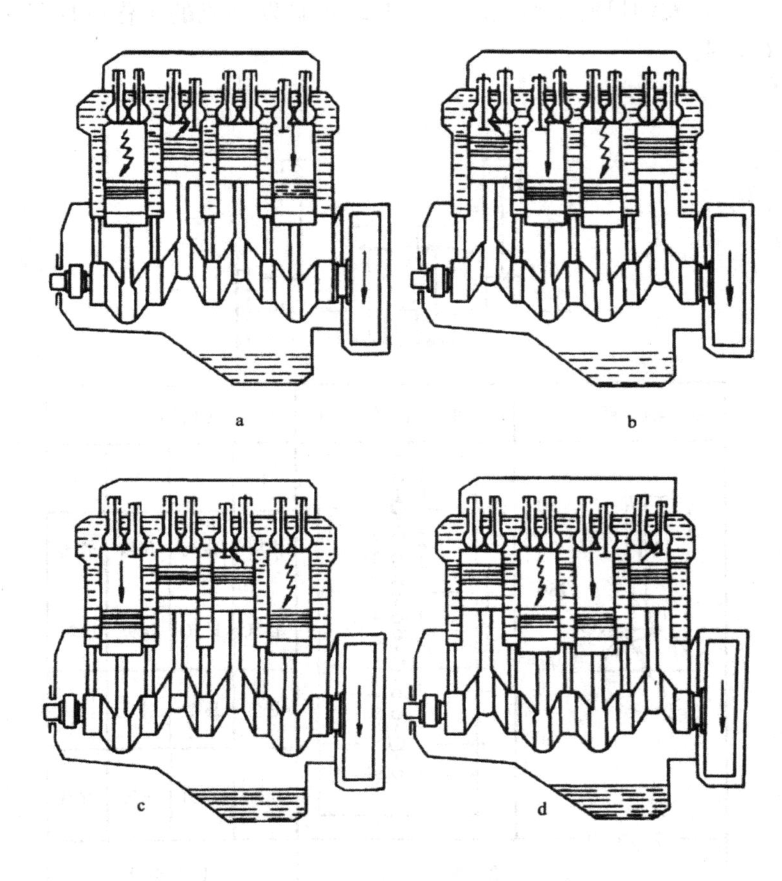

图 2-9　四缸四冲程柴油机的工作过程

a. 曲轴第一个半圈一缸作功　b. 曲轴第二个半圈三缸作功

c. 曲轴第三个半圈四缸作功　d. 曲轴第四个半圈二缸作功

二、曲柄连杆机构和机体零件

1. 曲柄连杆机构的功能和组成

组成及工作原理

曲柄连杆机构是发动机实现工作循环、完成能量转换的机构，主要包括活塞、连杆、曲轴及飞轮等。

（1）活塞直接承受汽缸中的气体压力，并经连杆将作用力传给曲轴作功。此外，它还受曲轴、连杆带动，完成其他行程。

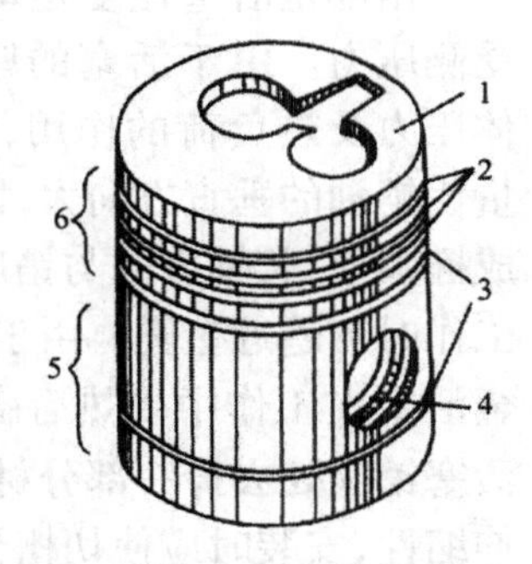

图 2-10　活塞的结构

1. 顶部　2. 气环槽　3. 油环槽　4. 活塞销孔　5. 裙部　6. 防漏部

活塞可分为活塞顶、防漏部、活塞销座和裙部四个部分(图 2-10)。

活塞顶部是燃烧室的组成部分，根据发动机及燃烧室型式做成不同形状，最简单的是平顶活塞(图 2-11a)，由于加工方便和工作时受热较少，因此广泛用于汽油机。凸顶活塞(图 2-11b)主要用于二冲程汽油机。

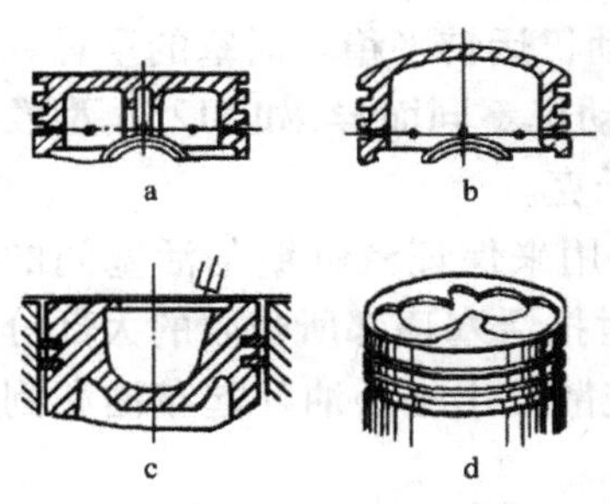

图 2-11　活塞顶部

a. 平顶活塞　b. 凸顶活塞　c. 盆形燃烧室活塞　d. 4125A 柴油机活塞

柴油机的活塞顶部，根据燃烧要求常被加工成各种凹坑，以加速柴油与空气的混合及雾化(图 2-11d和图 2-11c)。

防漏部指第一道活塞环槽到活塞销孔以上部分，主要用来安装活塞环，起密封作用，防止高压气体泄露。由于活塞上部受热温度高、热膨胀量大，因此，活塞常制成上小下大的锥形，而工作时上下直径可趋于相等。活塞环槽的数目主要与发动机型式有关,柴油机一般为5~6个,汽油机则只有3~4个。上面的环槽安装气环,下面的安装油环。有两道油环槽时,一般分置于活塞销孔的两边。

活塞销座位于活塞中部,用来安装活塞销,其两端各有一卡环槽,用来安装活塞销挡圈,防止活塞销轴向窜动。

图2-12　活塞裙部切槽

裙部是活塞往复运动的导向部分,并承受侧压力。由于活塞的厚度不均匀,还受气体压力及热负荷的作用,沿销轴方向的变形量比销轴的垂直方向大,因此,活塞裙部常做成椭圆形,长轴方向与销座相垂直,而活塞在工作时可趋近正圆。由于活塞裙部与汽缸壁之间的间隙较小,而铝合金活塞在工作中受热后膨胀量较大,为了防止活塞在汽缸内卡死,在活塞销座处去掉一部分材料,或在裙部铣出斜槽(图2-12),以增加其伸缩性,安装时应使切槽位于工作冲程中受侧压力较小的一边(一般为从前端看的右侧)。

活塞有分组,顶部打有记号,与相应的汽缸配合,多缸柴油机各缸活塞不能互换,同时各缸活塞的重量不能相差太大,否则应去掉裙部末端部分内圆来减轻重量,以保证发动机运转平稳。活塞的重量数字打在顶部,各组允许的重量偏差随发动机不同而异,如4125A型发动机为10千克,495A型发动机则为8千克。

(2)活塞环分气环和油环。气环用来保证汽缸壁与活塞间的密封,防止高压气体泄漏到曲轴箱,同时把活塞顶部所吸收的大部分热量(约80%)传给汽缸壁,经冷却系统散发出去。油环起布油和刮油作用。

气环:是一种具有切口的弹性环,在自由状态下,其外径大于汽缸直径。装入汽缸后,依靠自身的弹性紧贴在汽缸壁上,形成良好的密封面。柴油机上一般采用三道气环,造成“迷宫式”的密封效果。

为了加强密封效果,缩短磨合时间,延长其使用寿命,气环常制成特殊的断面形状,如图2-13所示。

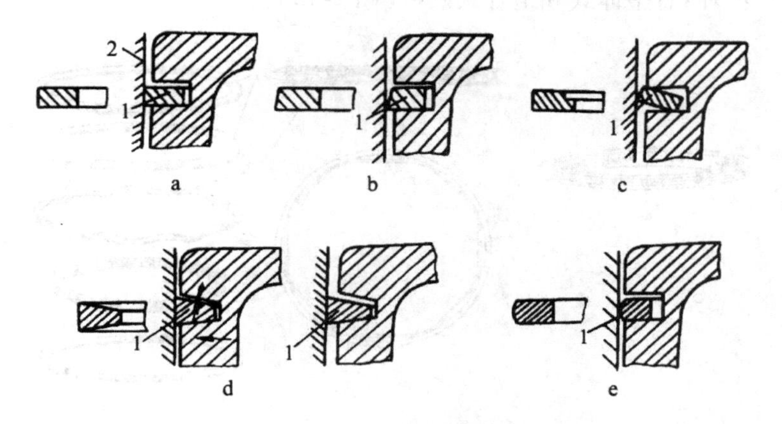

图 2-13　气环断面形状

1. 气环　2. 汽缸壁

a. 矩形环　b. 锥形环　c. 扭曲环　d. 梯形环　e. 桶面环

根据工作条件,三道气环一般采取不同结构。由于第一道环靠近活塞顶部,温度高、润滑条件差,为了增加其耐磨性,一般采用外圆发亮的镀铬平环或桶面环。第二、三道可采用锥形环,安装时小端应朝上(小端侧面切口附近打有“上”字标志)。大端的锥角有利于刮油和磨合,同时具有“油楔”作用,可减少磨损。

有些柴油机上采用扭曲环,其内圆或外圆倒角或切槽,使断面呈不对称形状,装入汽缸后发生扭曲变形,具有锥形环的效果,而且使活塞环在环槽中不能上下跳动,提高了气密性,并可减少泵入燃烧室的机油。安装时内切环的切口应朝上,外切环的切口应朝下(图 2-14)。

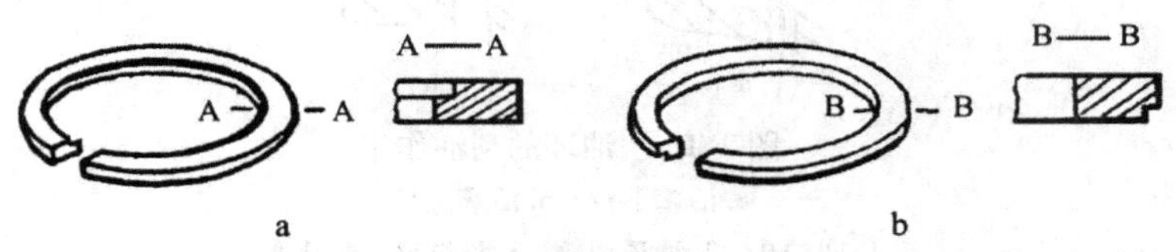

图 2-14　扭曲环安装方向

a. 内切环　b. 外切环

油环:有整体式和组合式两种(图2-15)。

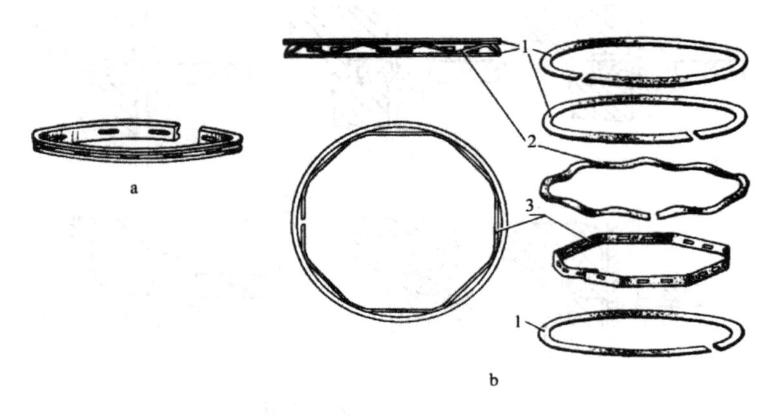

图2-15　油环

1. 扁平环　2. 轴向波形环　3. 径向衬环

a. 整体式油环　b. 组合式油环

整体式油环(图2-15a)的外圆柱面中间加工有凹槽,槽中开有小孔,活塞环槽的相应位置也钻有回油孔,当活塞上下移动时,油环使机油均布于汽缸壁,同时可将多余的机油刮掉,通过回油孔流回曲轴箱(图2-16)。

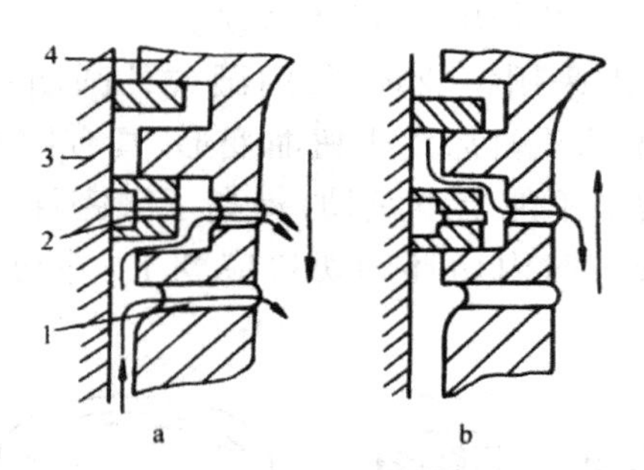

图2-16　油环的刮油作用

a. 活塞下行　b. 活塞上行

1. 回油孔　2. 油环切槽　3. 汽缸壁　4. 活塞

组合式油环(图2-15b)由三个扁平环(上面两片,下面一片)、一个轴向波形环和一个径向衬环组成。这种环的刮油能力强，且密封性良好。

（3）活塞销用来联接活塞和连杆，并将活塞承受的气体压力传给连杆，一般为空心的圆柱体（图2-17）。拖拉机的活塞销都采用“浮式”安装方法，即在工作时与销座和连杆小头之间都有间隙，这样活塞销在其孔内都能自由转动，可使磨损均匀。多缸机活塞销与其销座也是分组配合，不能互换，装配时应注意活塞销内孔和销座凸台的染色应相同。

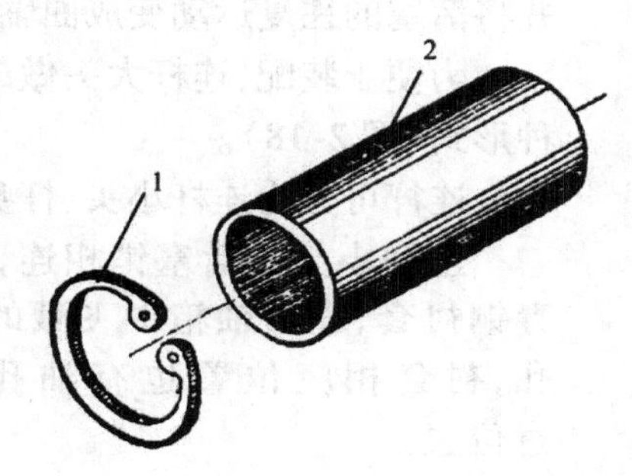

图2-17　活塞销与卡簧

1. 卡簧　2. 活塞销

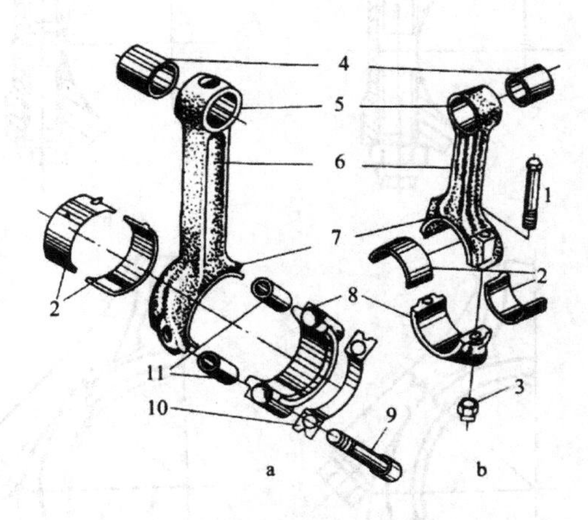

图2-18　连杆组件

a. 斜切口　b. 平切口

1、9. 连杆螺栓　2. 连杆轴瓦　3. 连杆螺母　4. 青铜衬套　5. 连杆小头　6. 杆身　7. 连杆大头　8. 连杆盖　10. 锁片　11. 定位销套

(4)连杆用来联接活塞和曲轴,将活塞承受的气体压力传给曲轴,并将活塞的往复运动变成曲轴的旋转运动。

为便于装配,连杆大头做成分开式。剖分面有平切口和斜切口两种形式(图2-18)。

连杆可分为连杆小头、杆身与连杆大头三部分。

连杆小头与活塞销相连,为环形整体式结构,孔内压有耐磨的青铜衬套,靠曲轴箱中飞溅的油雾润滑,因此,连杆小头开有集油孔,衬套相应位置也有油孔,并在内表面开布油槽,安装时注意位置。

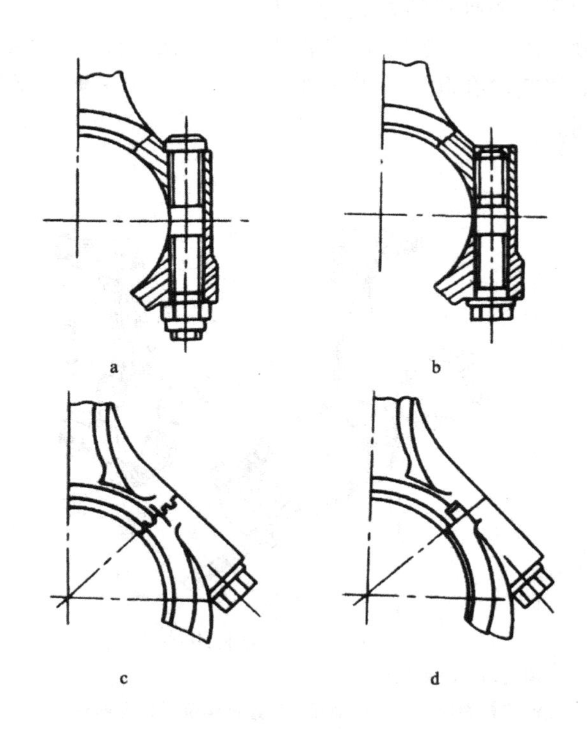

图2-19　连杆大头定位方式

a、b. 螺栓定位带定位　c. 锯齿定位　d. 舌槽定位连杆大头与曲轴的曲柄销(连杆轴颈)联接,为剖分式结构,被分开部分叫连杆盖,用螺栓螺母联接紧固。连杆与连杆盖配对加工,同侧打有记号,并设有定位装置(图2-19),装配时不能互换或装反。由于定位方式不同,连杆螺栓的结构也不同(图2-20)。连杆螺栓必须按规定扭矩,分2~3次均匀拧紧,并用开口销、铅丝或锁片等加以锁紧。

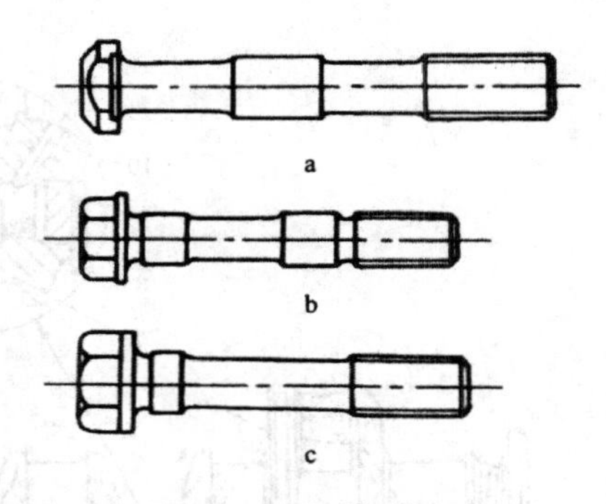

图2-20 连杆螺栓结构型式

a. 定位带定位 b. 定位带——螺纹定位 c. 锯齿或舌槽定位

(5)连杆轴瓦装在连杆大头孔内,由两个半圆形钢片组成,钢片内表面镀有减磨合金,以减少连杆轴颈的磨损。轴瓦钢背上有凸键,安装时要卡入连杆大头相应的凹槽中,以防轴瓦窜动。

(6)曲轴可将活塞的往复运动转变为旋转运动,并把连杆传来的切向力转变为扭矩,对外输出功率和驱动各辅助系统。

曲轴由主轴颈、连杆轴颈、曲柄、曲轴平衡块及曲轴前、后端组成(图2-21)。

曲轴由前、后两个主轴颈支承在主轴承上,多缸机的主轴承一般采用轴瓦形式(也有的用滚动轴承),上瓦片带油槽和油孔,装在机体的轴承座内,下瓦片则装在轴承盖内。曲轴必须轴向定位,有的采用一道带翻边的主轴瓦(4125A型柴油机,图2-22),装在最后一道轴承上;有的则在中间主轴承上装有止推片(图2-23)。发动机工作时,主轴承和主轴承座受力很大,因此安装主轴承盖时,要以规定扭矩拧紧主轴承螺栓,而且要用锁片等锁紧。

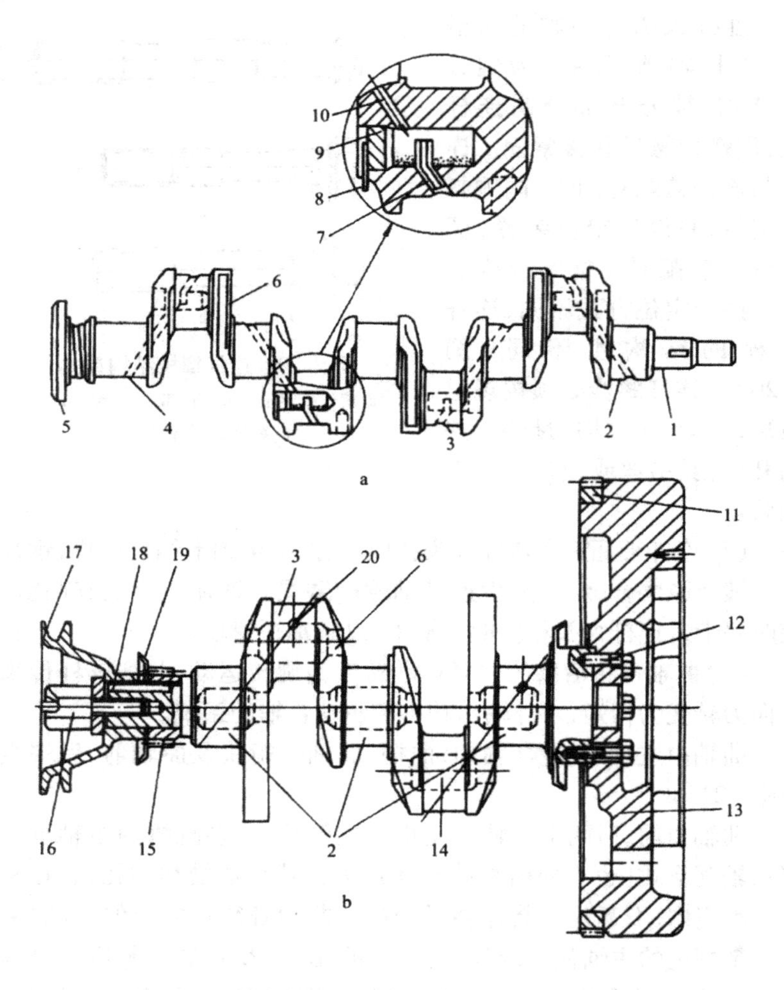

图 2-21　柴油机曲轴与飞轮

a. 4125A 型柴油机　b. 295 型柴油机

1. 曲轴前端　2. 主轴颈　3. 曲柄销(连杆轴颈)　4. 润滑油道　5. 飞轮接盘　6. 曲柄　7. 油管　8. 开口销　9. 螺塞　10. 油道　11. 飞轮齿圈　12. 定位销　13. 飞轮　14. 机油腔　15. 曲轴齿轮　16. 启动爪　17. 三角皮带轮　18. 平键　19. 挡油盘　20. 润滑油道

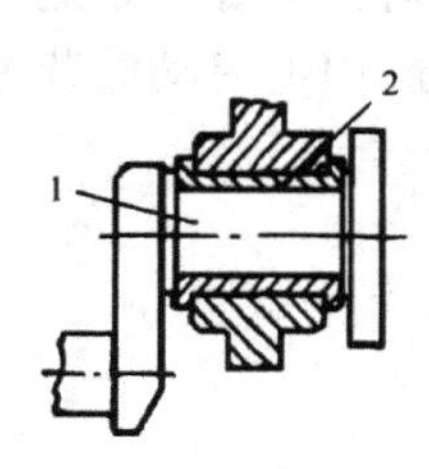

图 2-22　曲轴主轴承与轴向定位

1. 曲轴　2. 主轴承

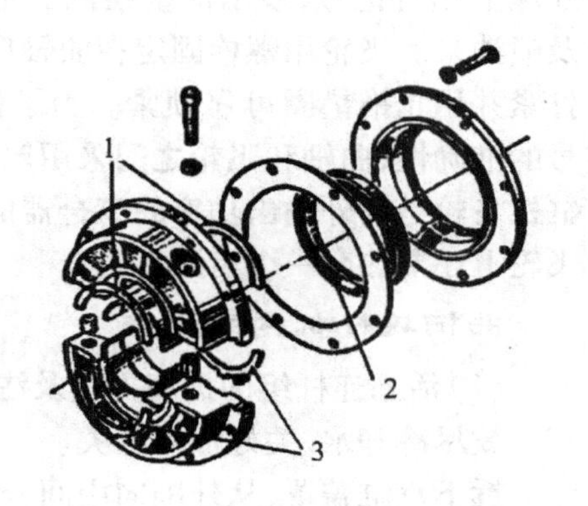

图 2-23　曲轴轴向定位用止推片

1. 上止推片　2. 曲轴后油封　3. 下止推片

主轴颈和连杆轴颈都靠压力油润滑,机油从机体上的主油道压送至主轴颈表面,再通过主轴颈与连杆轴颈之间的斜油道送到连杆轴颈表面。连杆轴颈内有圆柱形空腔,两边用油塞堵住,工作时可对机油进行离心净化。工作一定时期后,空腔会沉积大量杂质,必须定期加以清除。

曲柄是主轴颈与连杆轴颈的联接部分,其下端设曲轴平衡块,用来平衡连杆轴颈等旋转时所产生的离心力,减轻柴油机的振动,延长轴承的寿命。

曲轴前端装有曲轴正时齿轮,用来驱动正时齿轮室中其他齿轮转动,以完成配气、调速、平衡等作用。多缸机的曲轴前端还装有带动水泵及风扇的三角皮带轮和启动爪。曲轴后端与飞轮联接。在曲轴前后端都设置挡油盘,并在前端正时齿轮室盖处和后端主轴承盖外侧都装有油封,防止曲轴箱内的机油外漏。为了保证和曲轴同轴,油封座或回油挡板与机体都有定位销定位。曲轴后端的密封装置有的采用回油螺纹,如4125A 型柴油机。

(7)飞轮用来贮存和放出能量,帮助曲柄连杆机构完成辅助行程,使曲轴旋转均匀,还能克服短时间的超负荷。飞轮是一个铸铁圆盘,外缘上刻有记号,表示活塞在汽缸中的特定位置,以便调整配气机构及喷油泵。飞轮用螺栓固定在曲轴后端的凸缘上,螺栓要按规定力矩拧紧并用止推垫圈可靠锁紧。为了保证发动机运转平稳以及飞轮记号的准确性,曲轴和飞轮之间采用定位销或不对称的螺孔来定位。多缸机飞轮是向外输出功率的离合器的主动部分,用电启动的柴油机在飞轮上还要热套一个齿圈。

曲柄连杆机构的拆装

(1)活塞连杆组的拆装方法及注意事项:

放尽冷却水,关好油箱开关。

拆下汽缸盖罩,从外围向中间分几次拧松缸盖螺母,卸下汽缸盖,取掉缸垫。

用木板或铜丝刷清除缸套上边缘的积炭。

拆下机体后盖或缸体左右侧盖板,转动飞轮使连杆盖处于易拆卸位置(下止点附近),去掉保险铁丝,交替拧下连杆螺栓,取下连杆盖,注意不要碰伤连杆轴瓦。各缸连杆盖及轴瓦应配对存放,不得互换。

转动飞轮,使活塞处于上止点附近,用木棒顶住连杆大头,推出活塞连杆组。

用活塞环卡箍取下活塞环(图 2-24)。按各缸顺序和在活塞上的位置分别放好。

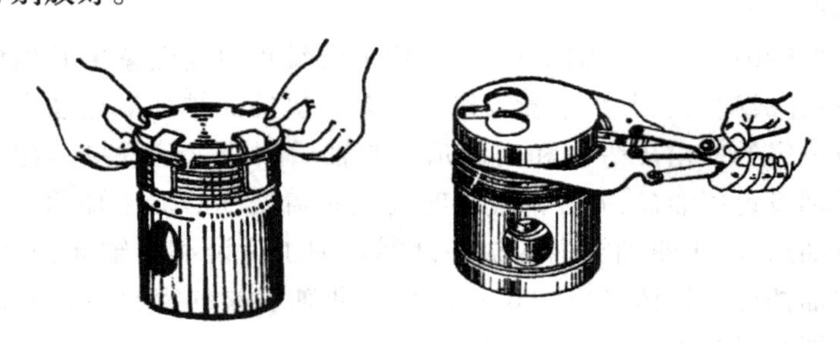

图 2-24　活塞环的拆卸

用柴油浸泡活塞环和活塞,再用木片或竹片刮除积炭。

拆卸活塞销时，应先用尖嘴钳取出挡圈，再用木棒顶出活塞销。若感觉较紧，需将活塞在开水中煮泡10分钟左右，使活塞销孔受热膨胀，再用冲销压出活塞销(图2-25)。

检查连杆小头的销孔尺寸，若超出规定极限则应更换衬套。将连杆小头在机油中加热，在新衬套外表面涂上机油，压入连杆小头，衬套油孔和连杆小头油孔要对准。

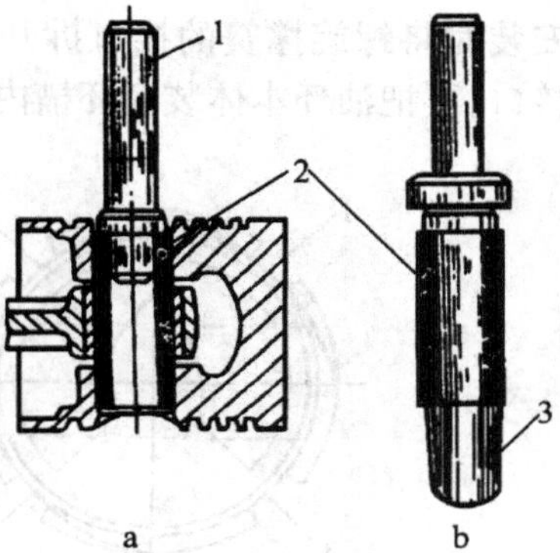

图2-25　活塞销的拆装

a. 活塞销的拆卸　b. 活塞销的安装

1. 铳头　2. 活塞销　3. 导向套

活塞销的安装：

常温下，活塞销在连杆小头衬套孔中能轻松转动和移动，而与销座孔之间紧密配合，在工作时才能相对运动。

在活塞销座孔内用尖嘴钳装上一边的挡圈。

把活塞和连杆小头在开水中煮泡10分钟左右。

迅速取出活塞，手持连杆，使连杆小头置于两销座之间，将事先涂好机油的活塞销轻轻推入销孔及连杆小头孔中。放置连杆小头时，应使集油孔与活塞燃烧室的喷口在同一侧。

装入另一边的挡圈。检查挡圈与活塞销间隙是否在0.1～0.25毫米之间。

活塞连杆组装入汽缸的方法及注意事项：

将缸套表面、活塞连杆组等清洗干净，并在缸套表面涂一层机油。将连杆轴瓦装入连杆和连杆盖内，注意方向和配对记号，并将轴瓦背面定位唇与连杆大头孔的切槽相对。

将活塞连杆组装入汽缸时，使活塞顶部燃烧室凹坑或箭头对着喷油器方向。各缸活塞不得互换。

放好活塞环，使各环开口错开120°以上，并使开口错开活塞销座方向(图2-26)所示。有些柴油机的活塞取消了活塞销孔下的油环槽，只设一道油环，为增加弹性，采用螺旋撑簧油环，如图2-27所示。

安装时将螺旋撑簧的接口拆开，卷放在第四道活塞环槽中，联接撑簧接口，再把油环本体装到环槽内，环的开口必须在撑簧接头的对面。

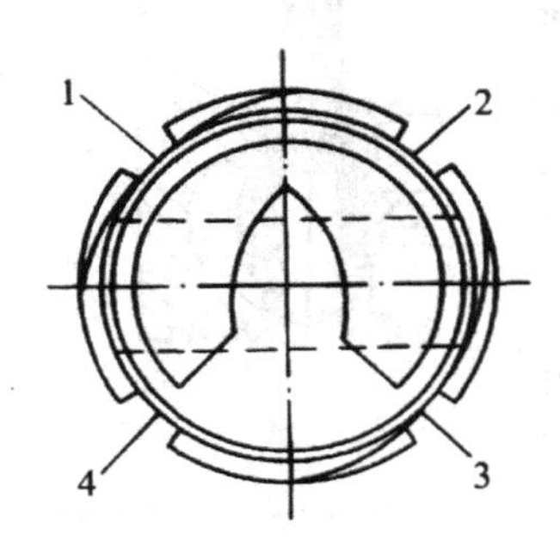

图 2-26　活塞环开口分布位置

1. 第一道油环开口处　2. 第一道气环开口处

3. 第三道气环、第二道油环开口处　4. 第二道气环开口处

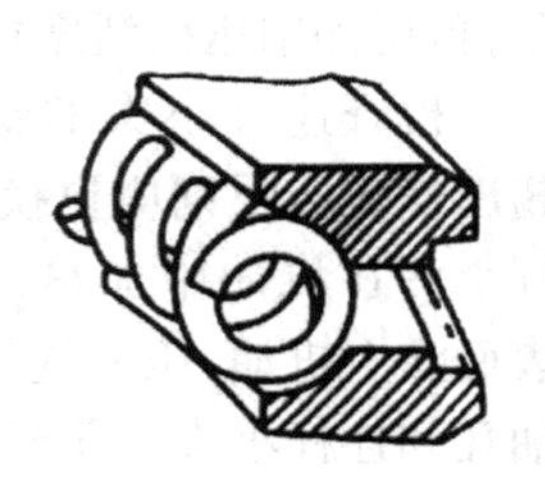

图 2-27　螺旋撑簧油环

先装入活塞裙部，再用铁片圈将活塞环抱紧在活塞上，用锤柄轻轻推入（图 2-28）。与此同时将曲轴转到上止点附近，使连杆大头及装好的瓦片准确落座在连杆轴颈上。

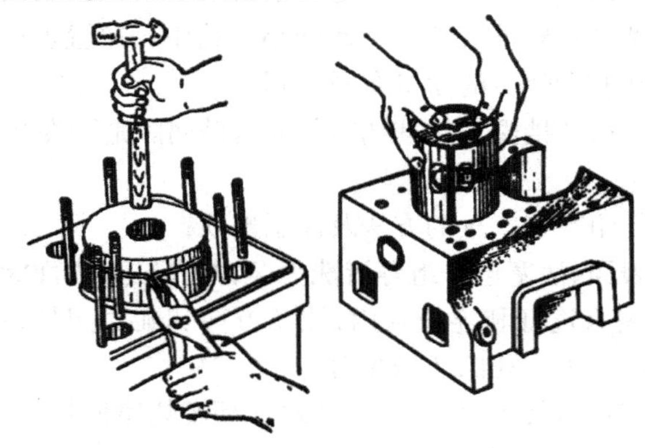

图 2-28　活塞连杆组的正确安装

边推活塞边转动飞轮，使连杆大头与连杆轴颈一起转到便于安装

连杆盖的位置，转动过程中不能使连杆大头脱离连杆轴颈，以防瓦片掉入曲轴箱。

装上连杆盖，按要求拧紧连杆螺栓（表2-1），转动飞轮，检查曲轴转动是否灵活，再按图2-29装上保险铁丝，多余的要剪掉，千万不要将铁丝头留在油底壳中。

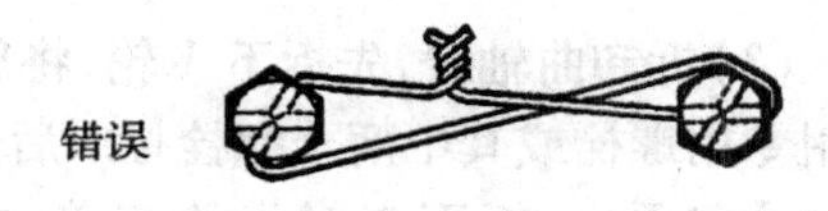

图2-29　连杆螺栓保险铁丝的正确锁定

表2-1　连杆螺栓的拧紧力矩值

发动机型号	连杆螺栓拧紧力矩（牛·米）
4125A	186～206（19～21千克力·米）
4115T	137～157（14～16千克力·米）
4100A	98～118（10～12千克力·米）
495A	98～118（10～12千克力·米）

（2）飞轮的拆装：

飞轮安装前，应清洗曲轴的锥体部分、飞轮锥孔及平键等零件，并涂少许清洁机油。有定位销的应先装上定位销，再用飞轮扳手拧紧螺母，并用铁锤敲打扳手的柄部，直到螺母不再转动为止，然后将止推垫圈翻边锁紧。

拆卸飞轮时，将飞轮螺母敲松拧下，再用图2-30所示的拔轮器拉出飞轮：用两根螺栓穿过飞轮端面的拆卸孔拧入压板中，压板杆头部顶在曲轴中心孔内，然后用扳手交替旋进螺栓，即可平稳拉出飞轮，再用M6螺钉顶出平键。

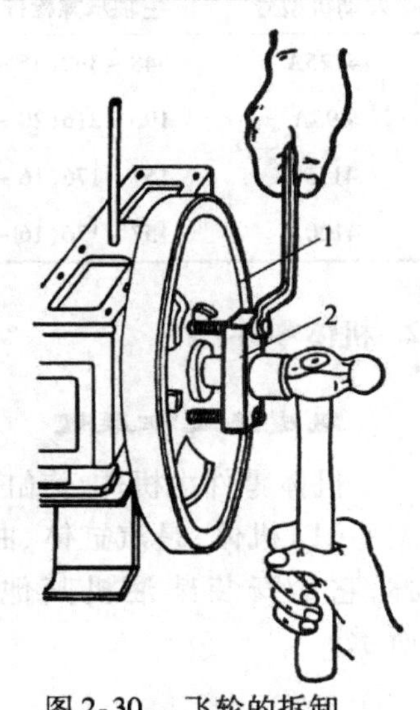

图2-30　飞轮的拆卸

1. 飞轮　2. 飞轮拉模

(3)拆卸曲轴时,先拆下飞轮,将后主轴承盖上的螺栓全部拧下,再用专用螺栓或其中两个螺栓拧入后主轴承盖上有螺纹的孔中,将后主轴承盖顶出,拆下正时齿轮室盖、曲轴齿轮、调速盘等,最后抽出曲轴。

安装曲轴前,应清洗曲轴的润滑油道,彻底清除连杆轴颈内腔的杂质,牢靠拧紧油塞。安装曲轴后端的自紧油封时应使有标记字样的一面朝外。在曲轴主轴颈上涂以机油装入机体,并按号装上主轴承盖。按规定值(表2-2)由中间向外对称地分几次均匀上紧主轴承盖螺母后,转动并前后推拉曲轴,检查调整曲轴的轴向间隙(曲轴应转动自如,且无明显的轴向窜动),最后用锁片锁紧螺母。安装时,可先不装垫片,装上主轴承盖,拧紧固定螺钉到曲轴转动较紧时(轴向间隙消除),用塞尺测量机体平面与主轴承盖之间的间隙,此间隙加正常轴向间隙值,即为应装垫片的厚度。

表2-2　主轴承螺栓及飞轮螺栓的拧紧力矩

发动机型号	主轴承螺栓拧紧力矩(牛·米)	飞轮螺栓拧紧力矩(牛·米)
4125A	348~392(35~40千克力·米)	—
495A	196~216(20~22千克力·米)	69~88(7~9千克力·米)
4115T	157~176(16~18千克力·米)	98~118(10~12千克力·米)
4100A	157~176(16~18千克力·米)	98~118(10~12千克力·米)

2. 机体零件

组成及工作原理

机体零件由机体、汽缸套、汽缸盖及汽缸垫等组成。

(1)机体:是汽缸体、曲轴箱、油底壳、主轴承盖等固定零件的总称,它是安装柴油机其他零部件的骨架。汽缸体结构如图2-31所示。

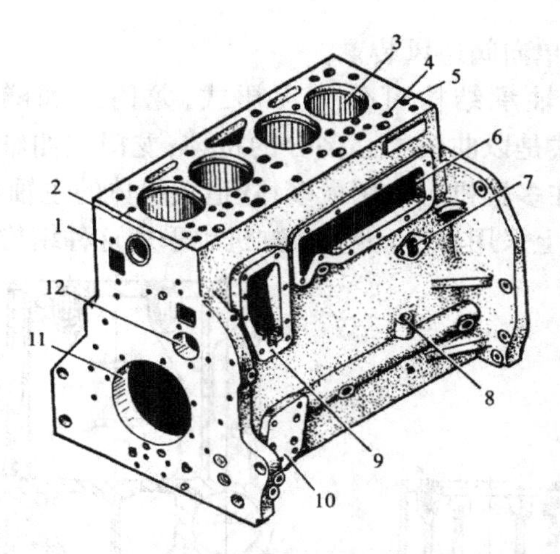

图 2-31　485 型柴油机汽缸体

1. 汽缸　2. 汽缸盖螺栓孔　3. 汽缸套安装孔　4. 推杆孔　5. 至汽缸盖的润滑油孔
6. 挺柱检视孔　7. 输油泵座　8. 油尺孔　9. 喷油泵传动齿轮室
10. 机油滤清器座　11. 曲轴轴承座　12. 凸轮轴轴承座

柴油机下部曲轴支承与回转的空间称为曲轴箱，其下半部主要用于贮存润滑油，故又称油底壳。曲轴箱侧壁或后盖上设有加油口，油位高低由机油尺显示。油底壳最低处有磁性放油螺塞，可放出废机油，还可以吸附机油中的铁屑。

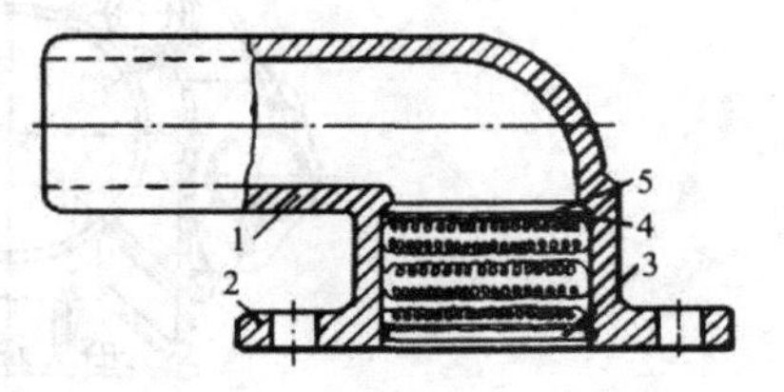

图 2-32　4125A 型柴油机的通气管

1. 外壳　2. 固定凸缘　3. 卡环
4. 带孔隔板　5. 钢丝填料

柴油机工作时，总会有少量燃气漏入曲轴箱，使曲轴箱压力和温度升高，引起机油泄漏，同时燃气中的杂质也会使机油变质；当活塞下行时，曲轴箱内的容积变小，气体受压缩，会增加活塞的运动阻力，因此曲轴箱必须和大气相通。图 2-32 为 4125A 型柴油机汽缸盖上的通气管，管内装有细钢丝，以防灰尘进入和机油跑出。有些柴油机曲轴箱上盖的通气管与进气管相通，既能保证通风，又可以防尘。也有的在曲轴箱上安装单向阀通风装置。

机体按主轴承结构可分为无裙式、龙门式和隧道式三种(图2-33)。无裙式是以曲轴中心剖分的机体;龙门式曲轴箱剖分面低于曲轴中心线,在多缸机上应用最多;隧道式机体的主轴承座为整体式,在卧式单缸机上采用较多,少量二缸机也采用这种结构。

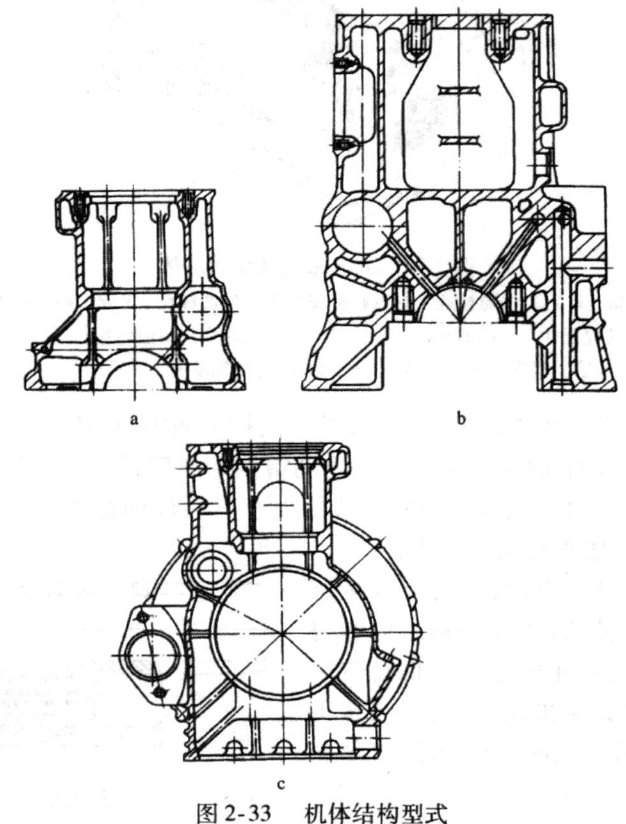

图2-33　机体结构型式

a. 无裙式　b. 龙门式　c. 隧道式

机体主轴承盖和主轴承座配对加工,拆装时要编号配对,并使主轴承盖上的箭头指向机体前端。另外要注意主轴承盖的定位(图2-34)。

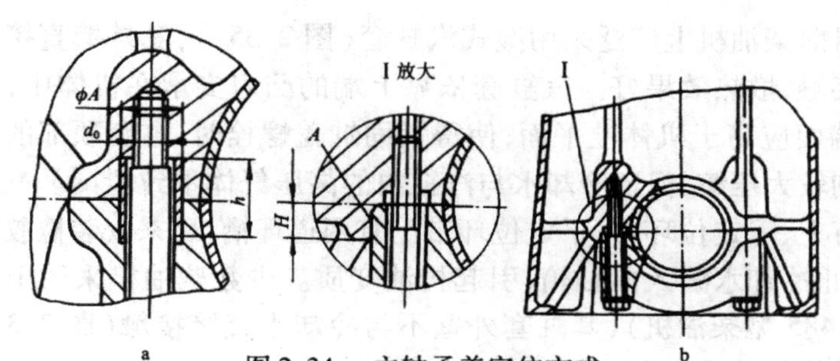

图 2-34　主轴承盖定位方式

a. 套筒定位　b. 侧面定位

（2）汽缸套：汽缸是燃烧室的组成部分，并对活塞的运动起导向作用。为了降低成本、延长使用寿命，方便加工和维修，柴油机的汽缸一般做成分开式结构，即在机体中镶入耐磨的汽缸套。

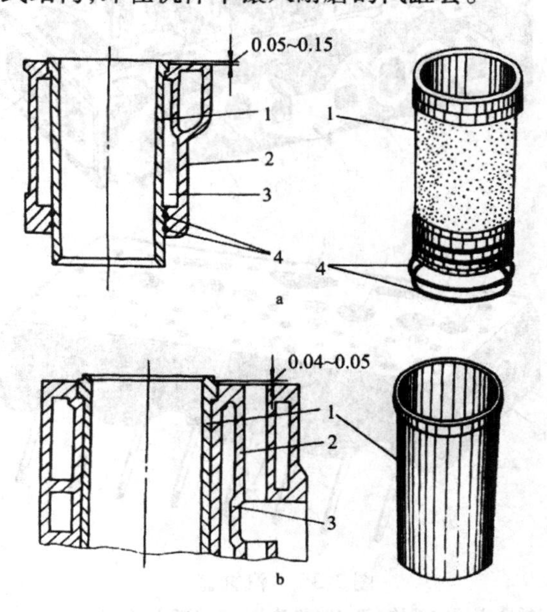

图 2-35　柴油机汽缸套

a. 湿式汽缸套　b. 干式汽缸套

1. 汽缸套　2. 汽缸体　3. 冷却水套　4. 橡胶阻水圈

目前柴油机上广泛采用湿式汽缸套(图 2-35a),其外壁直接与冷却水接触,散热效果好。汽缸套依靠上端的凸肩支承在机体中,凸肩的上端面应高于机体上平面,使得紧固缸盖螺栓时,缸套顶部的汽缸垫受到较大压缩,保证冷却水与汽缸内的高压气体不致泄漏。汽缸套外壁有上、下定位环带,下定位环带上有两道环槽,用来安装橡胶阻水圈,防止冷却水漏入曲轴箱,引起机油变质。少数柴油机采用干式缸套(如 485 型柴油机),其缸套外壁不与冷却水直接接触(图 2-35b),散热性能较差,但不会漏水。

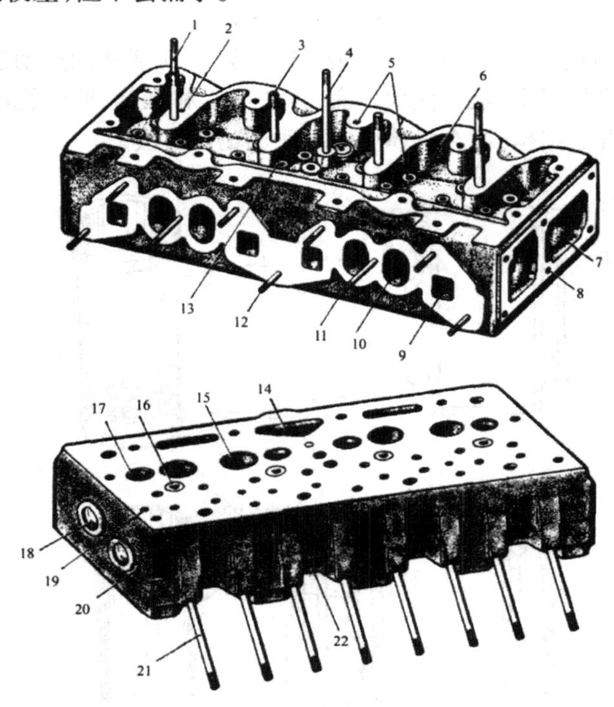

图 2-36　汽缸盖

1. 气门室盖与摇臂座固定螺栓　2、19. 机油孔　3. 摇臂固定螺栓　4. 气门室盖固定螺栓　5. 汽缸盖螺栓孔　6. 推杆孔　7、14. 水套　8. 螺孔　9. 排气道　10. 进气道　11. 进气管固定螺栓　12. 排气管固定螺栓　13. 气门导管　15. 进气门座　16. 燃烧室　17. 排气门座　18. 水道堵头　20. 油道堵头　21. 喷油器固定螺栓　22. 喷油器安装孔

(3)汽缸盖总成包括汽缸盖、汽缸垫、汽缸盖罩等零件。如图2-36所示,汽缸盖为铸件,用螺栓固定在汽缸体上,用来密封汽缸,并与活塞顶部和汽缸组成燃烧室。汽缸盖上装有喷油器、进排气门、气门摇臂总成及减压机构等,两侧装有进排气管,内腔布有进排气通道及冷却水道、润滑油道等。

柴油机的燃烧室常见的有涡流室式和直喷式两种(图2-37)。涡流室式燃烧室由布置在缸盖里的圆球形涡流室和主燃烧室组成,针阀式喷油嘴在涡流室内,通过缸盖上的切向小孔和主燃烧室相通,主要用于高速柴油机。直喷式燃烧室的活塞顶一般为深坑,是一个统一的燃烧室,采用多孔式喷油嘴,适用于冬季和寒冷地区。

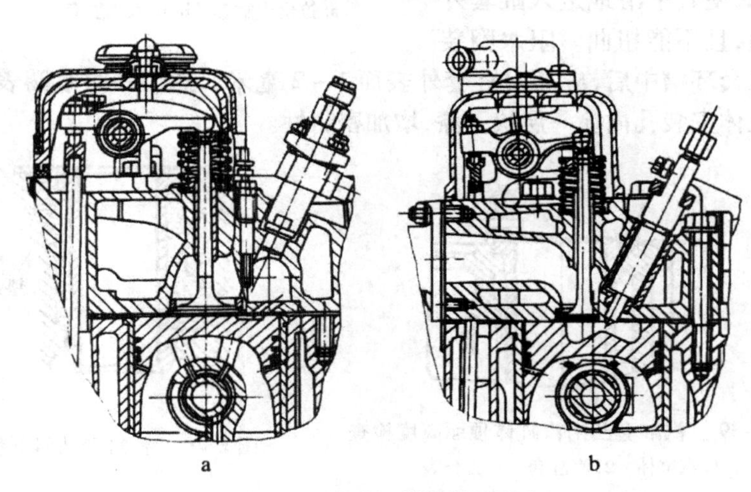

图2-37　柴油机燃烧室的形式

a. 涡流室式　b. 直喷式

汽缸垫装在汽缸盖与汽缸体之间,保证接触面的密封,防止燃气泄漏和冷却水渗入。

汽缸盖罩用螺栓装在汽缸盖上部,用来封闭气门摇臂机构,另外还装有减压机构。

机体零件的拆装

(1)汽缸套的拆装,如缸套磨损需换新时,要将阻水圈一起更换。拆卸汽缸套时可用拉缸器拉出(图2-38a)。

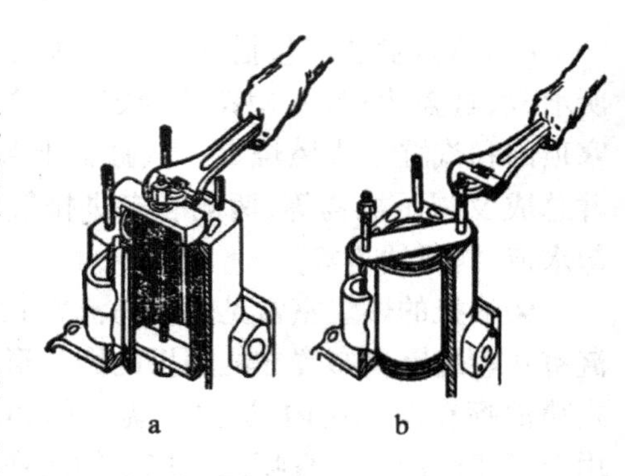

图2-38　汽缸套的拆装

a.拉出汽缸套　b.压入汽缸套

汽缸套的安装过程:

彻底清洗缸套和缸体安装孔,选择尺寸合适、弹性好、粗细均匀的阻水圈,并涂以肥皂水,使其平滑地进入缸套外槽内,且不能扭曲。阻水圈装入缸套环槽中后,应高出缸套外表面1~2毫米。然后在阻水圈表面和缸体安装孔内涂一层快干漆,增加密封性。

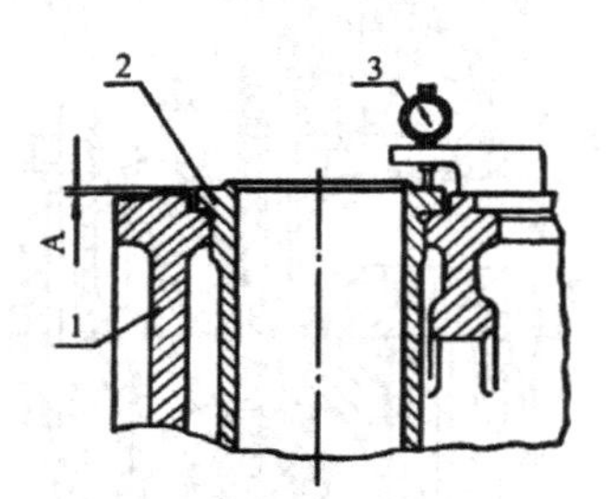

图2-39　汽缸套凸出汽缸体顶面高度检查

1.汽缸体　2.汽缸套　3.百分表

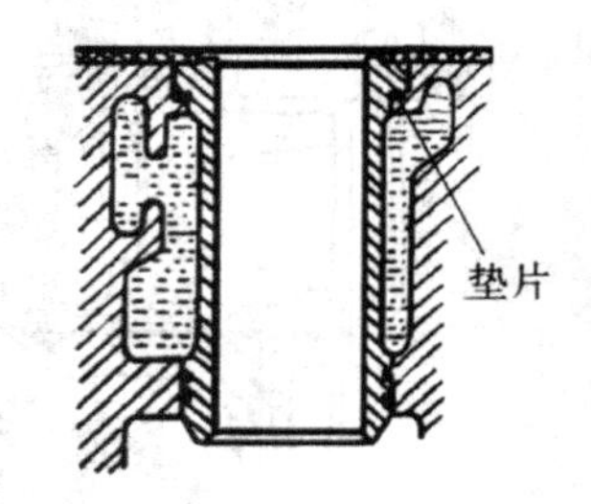

图2-40　汽缸套凸肩下垫片

将汽缸套扶正,用专用工具将缸套平稳压入缸体安装孔内(图2-38b)。缸套压入缸体后,凸肩上平面应高出缸体平面0.06~0.16毫米,多缸机各缸的凸出高度要尽量相同(不超过0.05毫米),以保证汽缸垫的密封性。此高度可用深度尺或百分表测量(图2-39)所示。干式缸套上端面同样要高出缸体上平面(如485柴油机在0.02~0.10毫米之间),且各缸高度差不超过0.05毫米。若尺寸不符合要求,可修刮缸体凹槽的上端面或垫紫铜片,如图2-40所示。

缸套安装后用内径百分表测量圆柱度、椭圆度,不得超过0.05毫米。否则应卸下缸套,查明原因并清除故障后重新安装,并在专门的试验台上进行水压试验,不得漏水。

(2)汽缸盖的拆装:

拆卸汽缸盖时,应先放净冷却水,并从外围向中间分几次逐步拧松缸盖螺母。

安装汽缸盖时,应从中间向两头分三次将汽缸盖螺母拧到规定力矩(表2-3),以防汽缸盖变形而漏气、漏水(图2-41)。

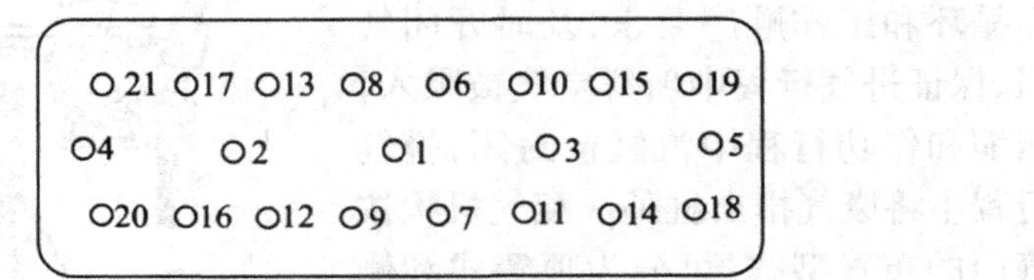

a

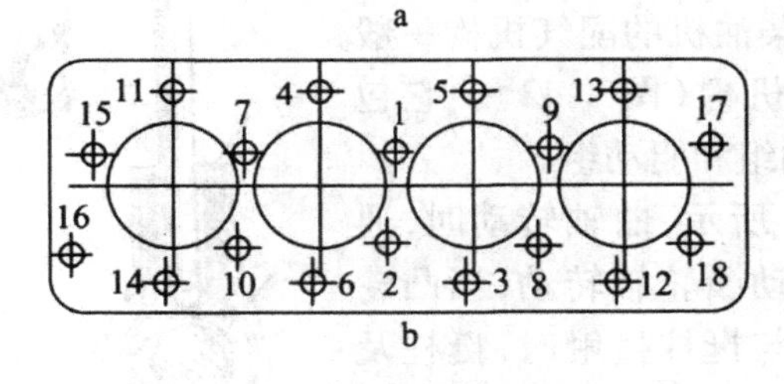

b

图2-41 缸盖螺栓的拧紧顺序及力矩

a. 4125A 柴油机 b. 495A 柴油机

表2-3 汽缸盖螺母拧紧力矩

柴油机型号	汽缸盖螺母的拧紧力矩(牛·米)
4125A	176.6~206
4115T	147~167
4100A	176~196
495A	176~196

(3)汽缸垫安装时的注意事项：

汽缸垫不得破损、皱折或老化变硬，也不能过厚或过薄，否则应更换，安装时应使有卷口的一边朝向汽缸盖。

三、配气机构与进、排气系统

1. 配气机构的功用与组成

配气机构的作用是根据柴油机工作循环和工作顺序要求，及时开闭气门，保证进气行程中新鲜空气被吸入，压缩和作功行程中汽缸被封闭，排气行程中将废气排出缸外。配气机构按气门的布置型式，可分为顶置式和侧置式。中小型柴油机的配气机构一般为顶置式气门机构（图 2-42）。它包括气门组、传动组和驱动组。

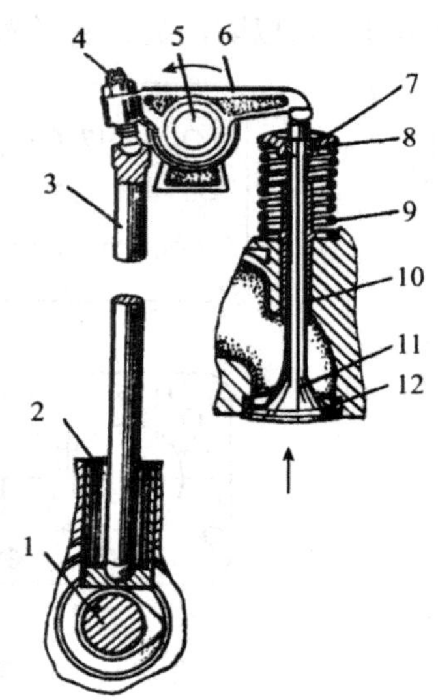

图 2-42　配气机构的组成

1. 凸轮轴　2. 挺柱　3. 推杆
4. 调整螺钉　5. 摇臂轴　6. 摇臂
7. 气门锁片　8. 弹簧座　9. 弹簧
10. 气门导管　11. 气门　12. 气门座圈

如图 2-43 所示，曲轴转动时，通过正时齿轮带动凸轮轴转动，当凸轮的非凸起部分与挺柱接触时，挺柱及气门推杆在最低位置，气门在弹簧力作用下处于关闭状态。当凸轮的凸起部分与挺柱接触时，则挺柱、推杆被逐渐顶起，使摇臂的长端向下压缩气门弹簧，将气门打开。

气门组

主要包括气门、气门座、气门导管、气门弹簧和弹簧座及气门锁片等零件（图 2-44）。

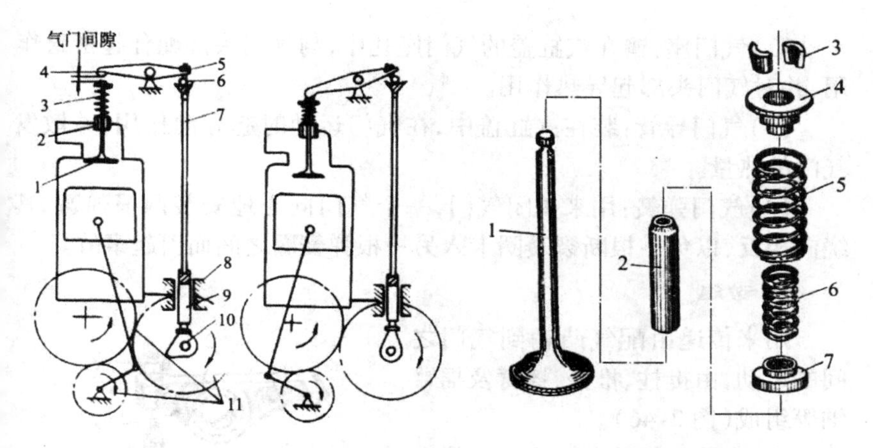

图 2-43　配气机构工作示意图

1. 气门　2. 导管　3. 弹簧　4. 摇臂　5. 锁紧螺母　6. 调整螺钉　7. 推杆　8. 挺柱导管　9. 挺柱　10. 凸轮轴　11. 传动齿轮

图 2-44　气门组件

1. 气门　2. 气门导管　3. 锁片　4. 弹簧上座　5. 外弹簧　6. 内弹簧　7. 弹簧下座

(1)气门:分头部和杆身,气门头部为平顶圆盘形,靠其圆锥面贴合在气门座上起密封作用。为增大进气量,进气门头部比排气门大。气门杆在气门导管中滑动,确保气门直线运动,在其尾部制成锥形和环槽(图 2-45),用以安装锁片并固定弹簧座,环槽中安装挡圈,以防锁片脱落或弹簧折断时气门落入汽缸而造成严重事故。气门头部打有记号,装配时按号入座。

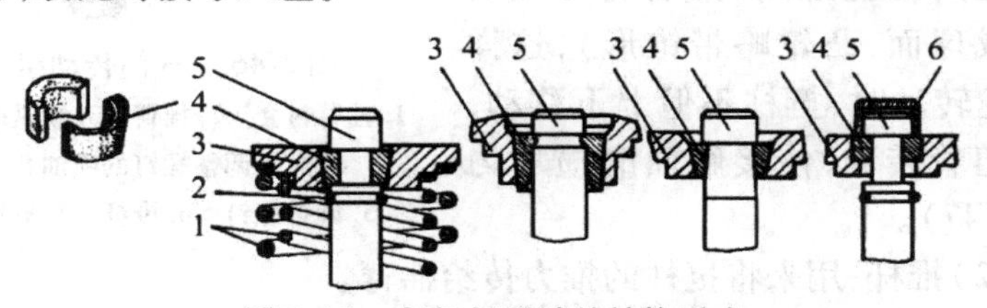

图 2-45　气门杆尾端的结构形式

1. 气门弹簧　2. 挡圈　3. 弹簧座　4. 锁片　5. 气门杆　6. 压罩

气门装配后,头部平面应缩进缸盖底面(气门下沉量),以保证在柴油机工作时,气门开启而不碰撞活塞顶部。

(2)气门座:镶在汽缸盖的气门座孔中,与气门头部配合起密封作用,并对气门头部起导热作用。

(3)气门导管:装在汽缸盖中,在气门运动时起导向作用,并散发气门的热量。

(4)气门弹簧:用来关闭气门,一个气门同心地安装两根弹簧,其绕向相反,以免一根断裂簧圈卡入另一根弹簧圈之间而引起事故。

传动组

用来传递由配气凸轮到气门之间的运动,由挺柱、推杆、摇臂及摇臂轴等组成(图2-46)。

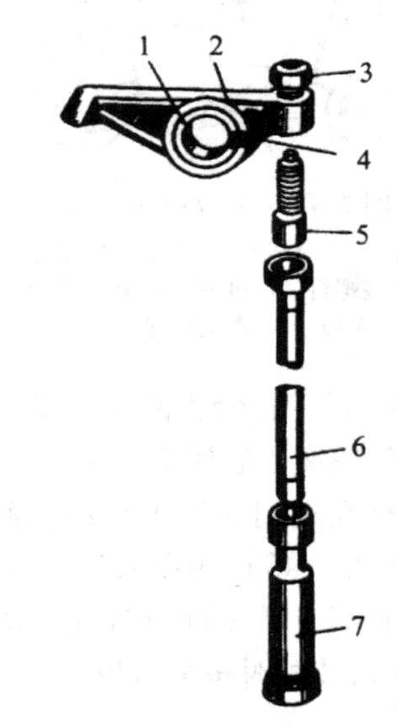

图2-46 气门传动组

1. 摇臂衬套 2. 摇臂 3. 锁紧螺母
4. 润滑调整螺钉的喷油孔
5. 调整螺钉 6. 推杆 7. 挺柱

(1)挺柱:又称随动柱,安装在缸体的座孔中或挺柱导管中,用来将凸轮的运动传给推杆。其底面为圆盘形与凸轮接触,顶部为球形凹坑与推杆接触。在气门弹簧的作用下,挺柱始终与凸轮保持接触,当凸轮转动时,挺柱也随着凸轮升程的变化做直线往复运动。

挺柱中心线与凸轮中心线之间有一定的偏置距离(或者将挺柱底面做成球面,凸轮略带锥形),这样当凸轮转动时,挺柱不但上下移动,还能随着转动,使接触面磨损均匀(图2-47)。

(2)推杆:用来将挺柱的推力传给摇臂。

(3)摇臂:是一个双臂杠杆,用来将推杆的运动传给气门,并改变运动方向。其两臂长短不同,长臂与气门杆尾端接触,短臂装有调整螺钉和锁紧螺母而与推杆接触。摇臂装在摇臂轴上,其中心孔内镶有铜套,铜套的油孔与摇臂的油孔相通。

(4)摇臂轴和轴座：摇臂轴为空心轴，用来支承摇臂，并兼做润滑油道，它装在摇臂轴座上，其两端装有弹性卡环或弹簧，防止摇臂轴向移动。摇臂轴座用螺栓固定在汽缸盖上。

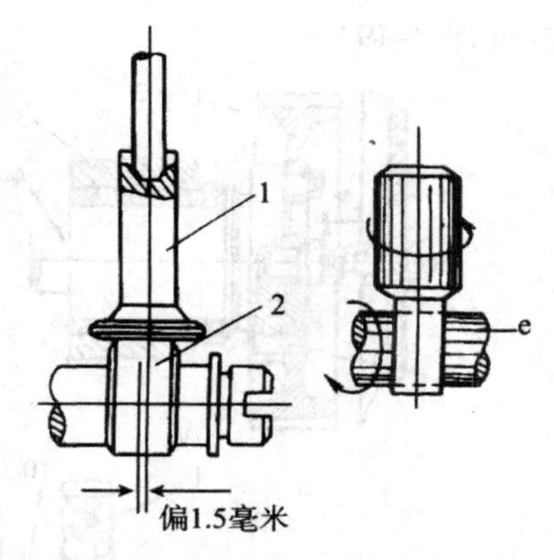

图2-47　挺柱与凸轮的相对位置

1. 挺柱　2. 凸轮

驱动组

包括凸轮轴和配气正时齿轮(图2-48)。

(1)凸轮轴：由曲轴通过正时齿轮来驱动，作用是按照柴油机工作次序控制气门的开闭。

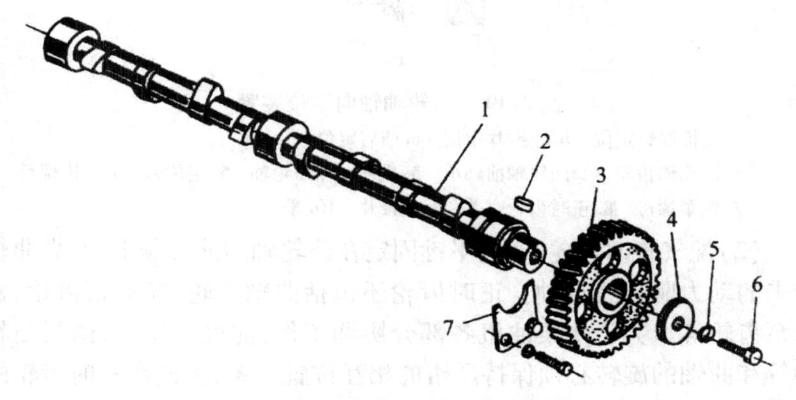

图2-48　凸轮轴与配气正时齿轮

1. 凸轮轴　2. 平键　3. 配气正时齿轮　4. 垫圈　5. 弹簧垫圈　6. 螺栓　7. 止推片

凸轮轴上制有进、排气凸轮和轴颈，通过凸轮衬套支承在机体的凸轮轴座孔内。每一个进、排气门分别由相应的进、排气凸轮来控制，气门的工作次序由各凸轮在轴上的相互位置来保证。凸轮轴用前端设置的止推片轴向定位，改变止推片的厚度，可调整凸轮轴的轴向间隙。也有的靠机体上的止推螺钉顶住凸轮轴前端来定位，或者靠凸肩定位(图 2-49)。

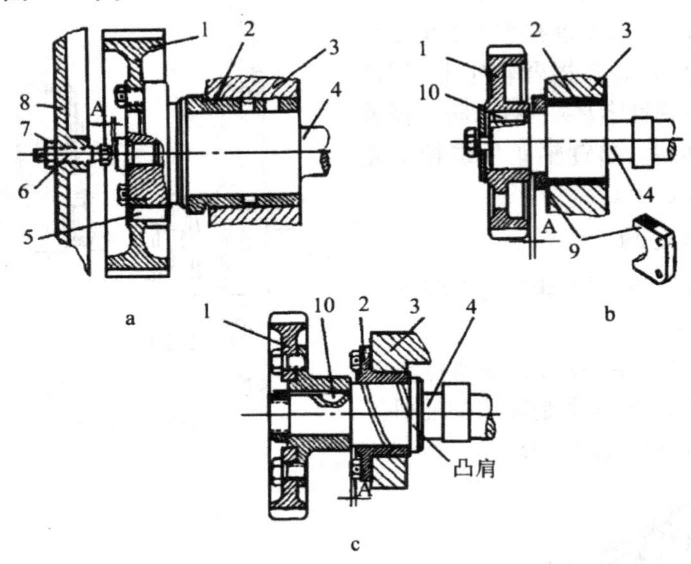

图 2-49 凸轮轴轴向限位装置

a. 止推螺钉定位 b. 止推片定位 c. 凸肩定位

1. 凸轮轴齿轮 2. 凸轮轴前轴承 3. 机体 4. 凸轮轴 5. 定位销 6. 止推螺钉 7. 锁紧螺母 8. 正时齿轮室盖 9. 止推片 10. 平键

(2)配气正时齿轮:通过平键固定在凸轮轴的前轴颈上,并靠曲轴传来的动力驱动凸轮轴。正时齿轮还包括曲轴齿轮、喷油泵齿轮、机油泵齿轮等。为了使柴油机各部分协调工作,配气凸轮轴、油泵凸轮轴等和曲轴的旋转必须保持严格的相互位置关系,因此在正时齿轮的端面上打有装配记号(图 2-50)。

2. 配气相位

在柴油机的实际工作过程中,进、排气门的开启与关闭并不是在活塞刚到达上止点或下止点才开始的,而是要提前打开、延迟关闭,因此进、排气门从打开到关闭所对应的曲轴转角都大于 180°。用曲轴转角表示的气门实际开闭时刻和持续时间叫配气相位,常用环形图来表示(图 2-51)。

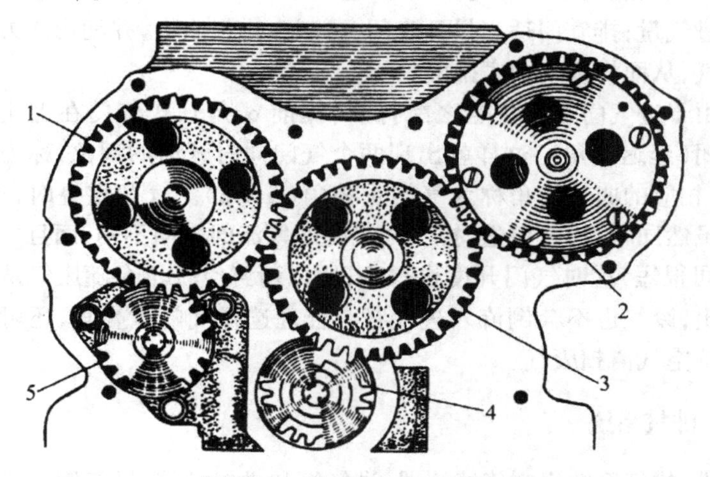

图 2-50　柴油机的正时齿轮

1. 凸轮轴齿轮　2. 喷油泵齿轮　3. 中间齿轮　4. 曲轴正时齿轮　5. 液压泵齿轮

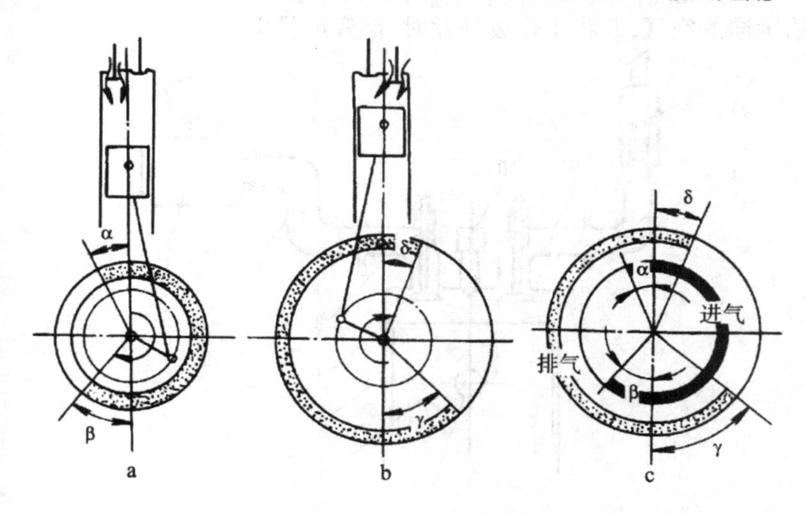

图 2-51　柴油机配气相位图

a. 进气相位　b. 排气相位　c. 配气相位

α. 进气门提前开启角　β. 进气门延迟关闭角　γ. 排气门提前开启角

δ. 排气门延迟关闭角　α + δ. 气门重叠角

进气门适当早开晚闭,可减少进气阻力,并利用惯性进气,从而增加总进气量;排气门适当早开晚闭,可减少排气阻力,并利用压力差自动排气,从而将废气彻底排出。

由于进气门在上止点之前打开(提前 α 角),排气门在上止点之后关闭(延迟 δ 角),这样就出现两个气门同时开启的现象,称为气门重叠,相应的曲轴转角称为气门重叠角(α + δ)。气门重叠时,进、排气门虽然同时打开,但进、排气两个高速气流的方向不同,而且气门重叠时间很短,这时气门开度也很小,所以新鲜空气不会随废气从排气门排出,废气也不会倒流入进气管。合理选择气门重叠角,还可以利用新鲜空气清扫废气。

3. 进、排气系统

进、排气系统由空气滤清器、进气管和进气歧管、排气管和排气歧管以及消声灭火器等组成(图 2-52),它的作用是及时充分地向汽缸供给干净的空气,并将工作废气及时、彻底地排出机外。

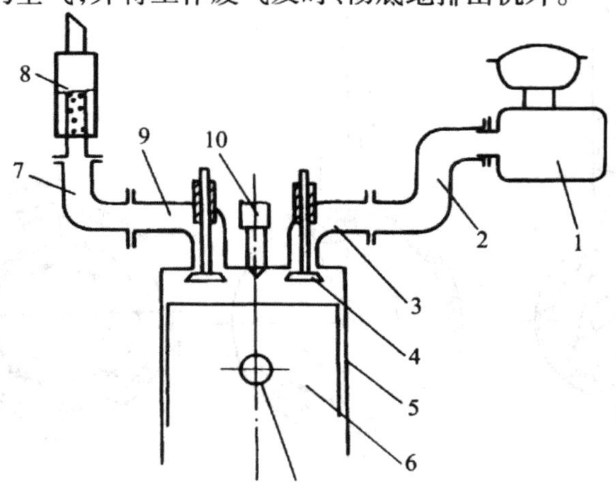

图 2-52　进、排气系统

1. 空气滤清器　2. 进气管　3. 进气歧管　4. 气门　5. 汽缸　6. 活塞
7. 排气管　8. 消声灭火器　9. 排气歧管　10. 喷油器

进、排气管

过滤后的空气经进气管及进气歧管进入汽缸，进气管用螺栓固定在汽缸盖上，并在结合面处装密封垫，防止漏气。多数进气管内装有电预热塞或火焰预热器，供冬季低温启动时预热空气之用。有些柴油机进气管上还有喷油器回油管接口及曲轴箱通气管接口。

排气管道结构类似于进气管道，一般与进气管分置在机体两侧，以避免空气受热而影响进气量。

空气滤清器

用来清除空气中的灰尘杂质，以减少汽缸、活塞和活塞环等零件的磨损。空气滤清器按滤清空气的方式，可分为惯性式、过滤式和综合式三种；按过滤过程中是否用油来增强滤清效果，又分为湿式和干式。柴油机上一般采用三级综合式空气滤清器。

湿式三级空气滤清器：其结构如图 2-53 所示。

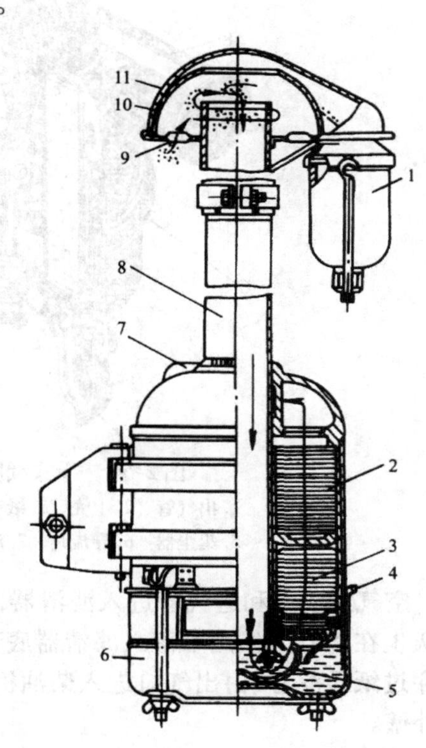

图 2-53　4125A 型湿式空气滤清器

1. 集尘杯　2. 上滤芯　3. 下滤芯　4. 托盘总成　5. 贮油盘　6. 底壳　7. 清洁空气出口　8. 吸气管　9. 导流片　10. 外壳　11. 集尘罩

柴油机工作时，由于汽缸内的真空吸力，空气以高速顺导流片进入，产生高速旋转运动，较大的尘土被甩向集尘罩上，然后落入集尘杯内。经过离心惯性过滤的空气，沿吸气管往下冲击贮油盘中的油面，并急剧改变方向向上流动，一部分尘土又因惯性较大而被粘附在油面上。空气再向上通过溅有机油的金属滤芯，细小的尘土又被粘附在滤芯上，而清洁空气则由进气管进入汽缸。

干式纸质惯性复合滤清器，如图 2-54 所示。

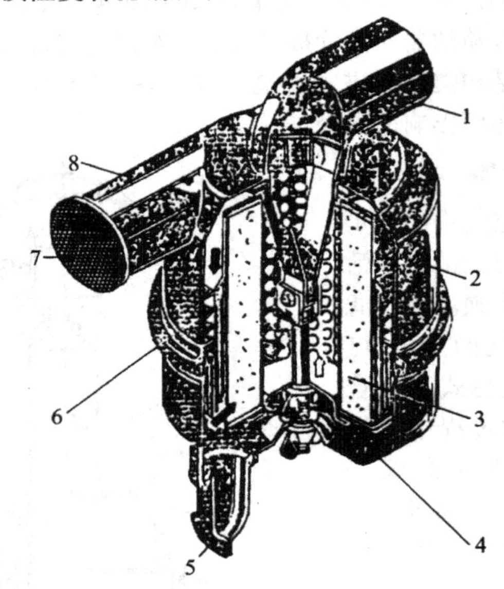

图 2-54　干式纸质滤清器

1. 出气管　2. 上壳　3. 纸质滤芯　4. 下壳
5. 集尘器　6. 导流片　7. 滤网　8. 进气管

空气经滤网和进气管进入滤清器，在导流片作用下高速旋转，大的灰尘在离心力作用下落入滤清器底部，可定时由集尘器排出；空气则穿过纸质滤芯，由出气口进入柴油机进气管，细小的灰尘被挡在滤芯外壁。

消声灭火器

用来减小排气噪声和消除废气中的火星，其结构如图 2-55 所示。内管端头封闭，与外壳不直接相通，废气由进口先进入外壳内腔，膨胀后再由内管壁上的小孔进入内管，压力和温度降低，振动减轻，最后从出口排出。

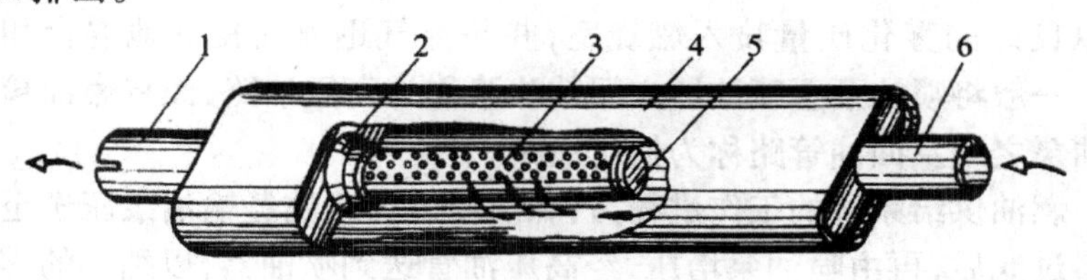

图 2-55　消声灭火器

1. 出口管　2. 隔板　3. 内管　4. 外壳　5. 堵头　6. 进口管

四、燃油供给系统

1. 燃油供给系统的功用与组成

燃油供给系统包括柴油箱、输油泵、柴油滤清器、喷油泵、喷油器以及高压油管和低压油管等(图 2-56),其功用是按柴油机各缸工作

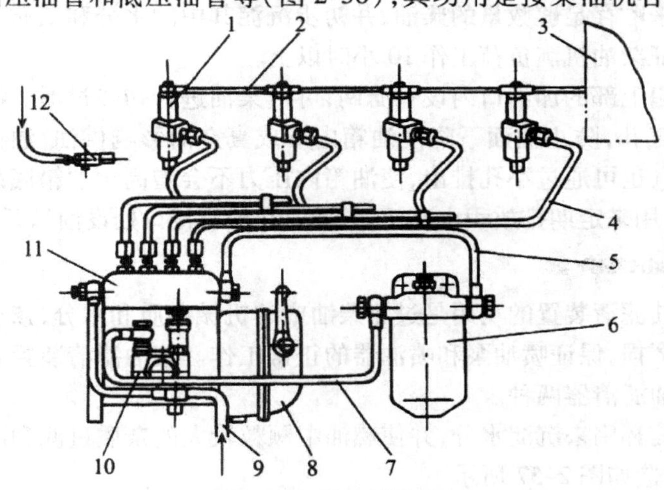

图 2-56　燃油供给系统

1. 喷油器　2. 回油管　3. 油箱　4. 高压油管　5. 喷油泵进油管
6. 柴油滤清器　7. 滤清器进油管　8. 调速器　9. 输油泵进油管
10. 输油泵　11. 喷油泵　12. 预热塞

顺序和工作过程要求，将具有一定压力的干净适量柴油，在规定时间内以良好的雾化质量喷入燃烧室，并与空气迅速而良好地混合和燃烧。一般将喷油泵至喷油器之间的油路称为高压油路，而将燃油箱到喷油泵之间及回油管路称为低压油路。

燃油供给系统的工作过程为：燃油箱内的柴油经输油泵压送至滤清器过滤后，再由喷油泵增压，经高压油管送到喷油器，以细小的雾状喷入燃烧室，与汽缸内的压缩空气混合燃烧，并推动活塞作功。从喷油器渗泄出的柴油经回油管流回燃油箱（也可回油至输油泵或滤清器）。由于输油泵的供油量比喷油泵的泵油量大，喷油泵中经低压油路送来的多余柴油便经过单向回油阀和油管回到输油泵入口或直接流回燃油箱。

2. 主要部件的功用与构造

油箱

用来贮存足够数量的柴油，并初步沉淀其中的水分和杂质。其容量应保证柴油机满负荷工作 10 小时以上。

油箱上部的加油口内设有滤网，可对柴油进行初步过滤。油箱盖上有通气孔，防止油面下降使油箱内形成真空而影响供油；油箱内柴油的蒸气也可通过小孔排出，使油箱内压力不会增高。油箱底部有放油螺塞，用来定期排放积水和污物，同时在油管接口处设油箱开关。

柴油滤清器

柴油滤清装置的功用是过滤柴油中的机械杂质和水分，减小精密偶件的磨损，保证喷油泵和喷油器的正常工作。柴油滤清装置有沉淀杯和柴油滤清器两种。

沉淀杯用来沉淀水分，并使燃油中颗粒较大的杂质过滤和沉淀下来，其构造如图 2-57 所示。

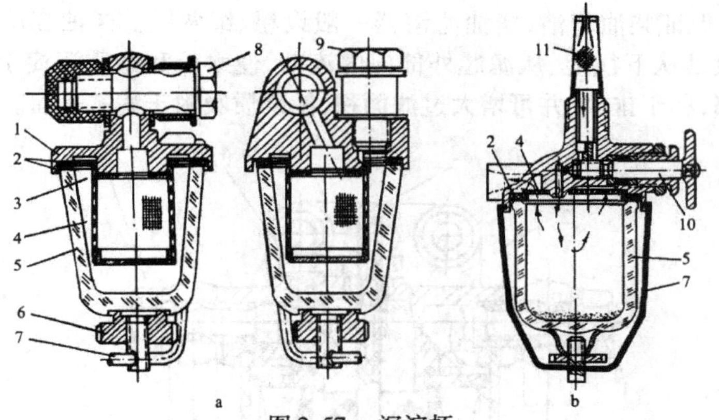

图 2-57 沉淀杯

a. 4115 型柴油机的沉淀杯 b. 485 型柴油机的沉淀杯

1. 壳体 2、3. 密封圈 4. 铜丝滤网 5. 玻璃杯 6. 紧固螺母 7. 卡箍圈 8. 出油管固定接头螺栓 9. 进油管接头 10. 油箱开关 11. 滤网

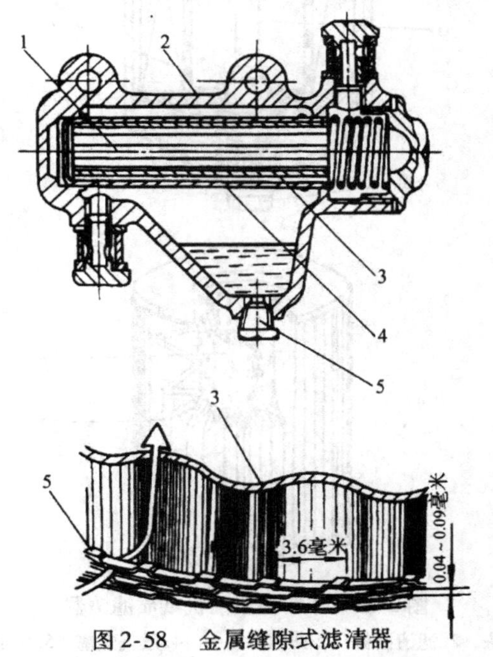

图 2-58 金属缝隙式滤清器

1. 金属带缝隙式滤芯 2. 外壳 3. 波纹筒 4. 黄铜带 5. 放油螺塞

为保证柴油清洁，柴油滤清器一般设粗、细两级。柴油在滤清器中一般是从下往上、从滤芯外部向内流动，使水分和杂质沉淀于滤清器底部，利于排放，并可增大过滤面积，使杂质吸附于滤芯表面。

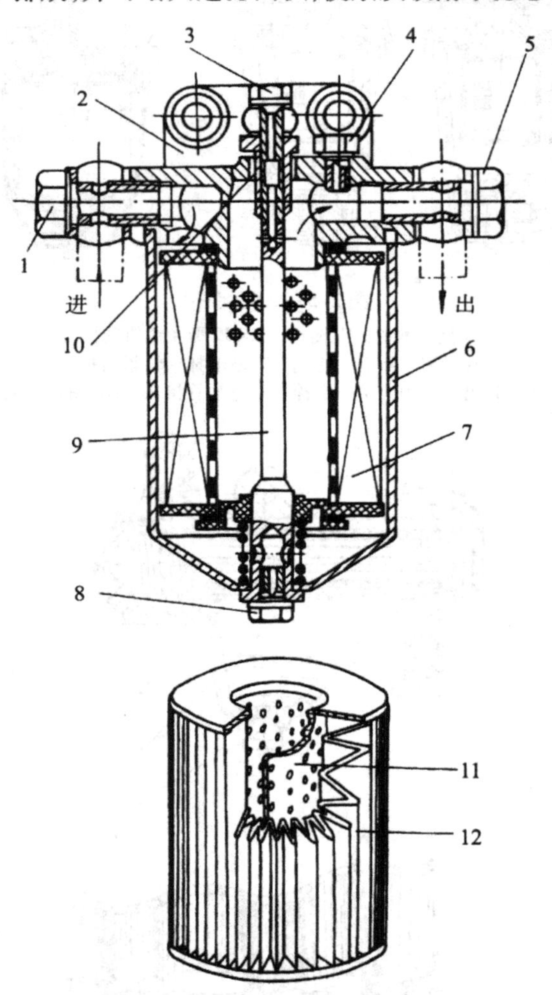

图 2-59　495 型柴油机纸质滤清器

1. 进油管接头　2. 滤清器盖　3. 回油管接头　4. 放气螺塞　5. 出油管接头　6. 外壳　7. 滤芯　8. 放油螺塞　9. 拉杆　10. 螺套　11. 中心管　12. 滤纸

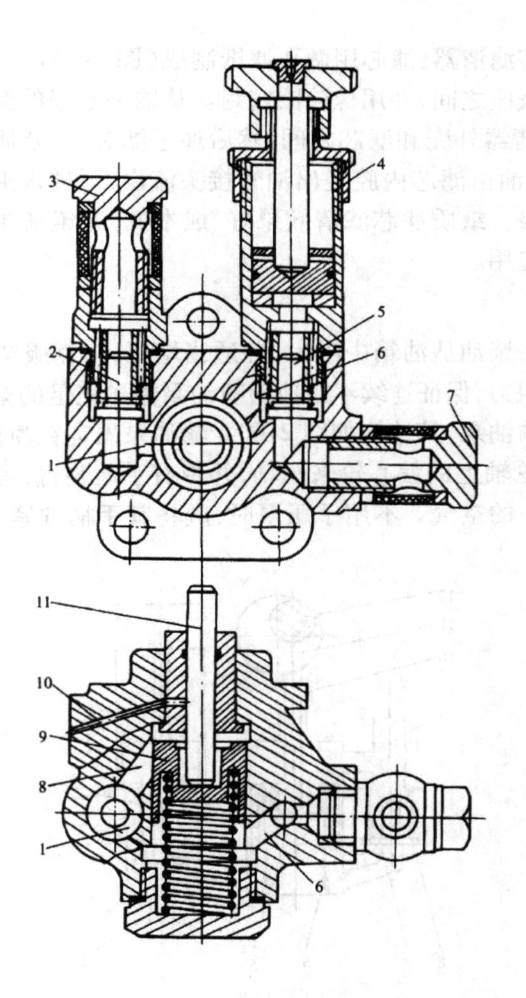

图 2-60　活塞式输油泵

1. 下出油道　2. 出油阀　3. 出油管接头　4. 手油泵　5. 进油阀　6. 进油道　7. 进油管接头　8. 上出油道　9. 活塞　10. 泄油道　11. 顶杆

缝隙式滤清器：粗滤器常采用这种型式（图 2-58），滤芯由黄铜丝或带绕在波纹筒上构成，形成 0.04 ~ 0.09 毫米的缝隙，可过滤大于该缝隙的杂质。

纸质滤芯滤清器:滤芯用微孔滤纸制成(图2-59),装在滤清器盖与底部的弹簧座之间,并用橡胶圈密封。从输油泵来的柴油从进油管接头进入滤清器外壳和滤芯之间,然后通过滤芯,使杂质留在滤芯外表面,清洁柴油由滤芯内腔经出油管接头流出,再进入第二级滤清器或进入喷油泵。纸质滤芯滤清效果好、成本低,近年来在柴油滤清器中得到广泛应用。

输油泵

功用是将柴油从油箱中吸出,并适当增压,以克服柴油通过滤清器和管路的阻力,保证连续不断地向喷油泵输送充足的柴油。最常用的是活塞式输油泵,其结构如图2-60。输油泵固定在喷油泵壳体上,靠喷油泵凸轮轴上的偏心轮来驱动,并带有手动装置,可在启动前排除低压油路中的空气。不用手压泵时,应将其手柄拧紧,防止漏油或吸入空气。

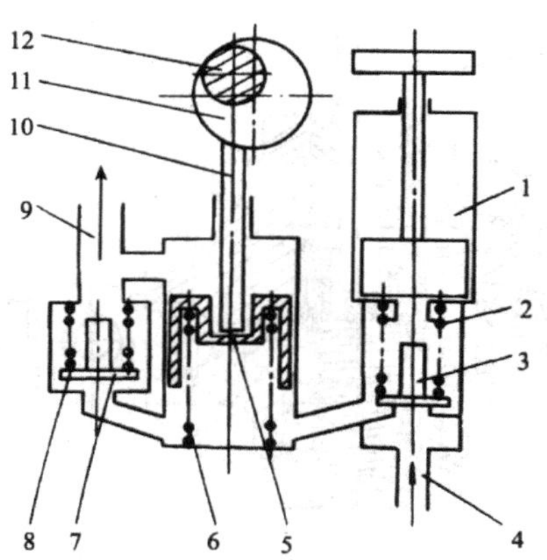

图2-61　活塞式输油泵工作原理图

1. 手油泵　2. 弹簧　3. 进油阀　4. 进油口　5. 活塞　6. 活塞弹簧　7. 出油阀　8. 弹簧　9. 出油口　10. 顶杆　11. 偏心轮　12. 喷油泵凸轮轴

活塞式输油泵的工作原理如图2-61,当喷油泵凸轮轴旋转时,活塞在顶杆和活塞弹簧的作用下往复运动。当偏心轮的凸起部分推动顶杆时,克服活塞弹簧力使活塞下行,活塞下腔的油压增高,进油阀被关闭，出油阀被推开，柴油从活塞下腔被压入活塞上腔。当偏心轮的凸起部分转过后，弹簧力使活塞向上运动，活塞上腔的油压增高，出油阀关闭，活塞上腔的柴油从出油口流向滤清器；与此同时，活塞下腔油压降低，进油阀被吸开，柴油从进油口进入活塞下腔。如此反复不断地将柴油吸入和压出。

喷油泵

用来提高柴油压力，并根据柴油机工作顺序和负荷大小，定时、定量地将高压柴油送到喷油器。常用的喷油泵有柱塞式和转子分配式两种。多缸柴油机上为组合泵，将各缸的泵油机构和调速器装配在一起，每组泵油机构称为分泵。

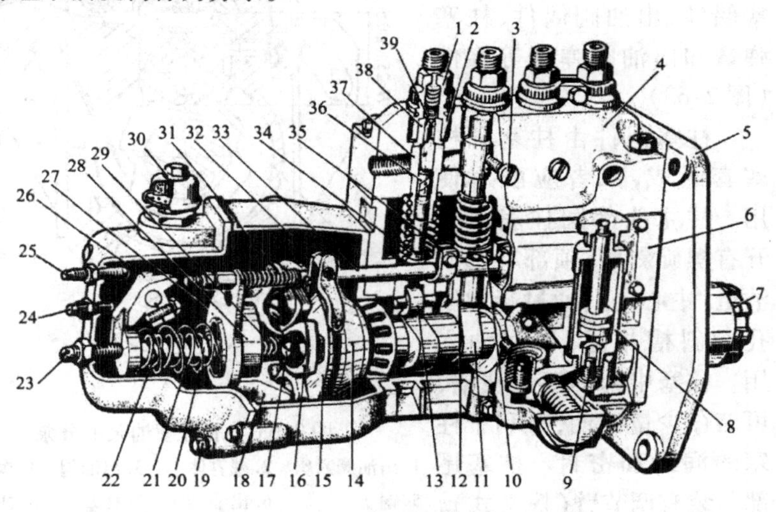

图 2-62　Ⅱ号喷油泵总成

1. 出油阀紧座　2. 铜垫　3. 定位螺钉　4. 上体　5. 固定板　6. 盖板　7. 花键轴套　8. 手油泵　9. 进油阀　10. 调节臂　11. 凸轮轴　12. 滚轮体　13. 滚轮　14. 传动盘　15. 飞球支架　16. 飞球座　17. 飞球　18. 推力盘　19. 防油螺钉　20. 启动弹簧　21. 调速弹簧　22. 怠速弹簧　23. 调节轴　24. 怠速限制螺钉　25. 高速限制螺钉　26. 调速叉　27. 传动板　28. 轴承　29. 校正弹簧　30. 通气帽总成　31. 拉杆弹簧　32. 停供杆　33. 供油拉杆　34. 柱塞弹簧下座　35. 调节叉　36. 柱塞　37. 柱塞套　38. 出油阀座　39. 出油阀

国产柱塞泵按汽缸直径分为Ⅰ、Ⅱ、Ⅲ系列泵。4125A和4115T型柴油机采用Ⅱ号系列喷油泵，其构造如图2-62所示，主要由分泵、泵体、传动机构、油量调节机构等部分组成。

分泵为泵油机构，其数量与汽缸数相同，各分泵的结构尺寸完全一样，包括柱塞偶件、出油阀偶件、柱塞弹簧和出油阀弹簧等零件（图2-63）。

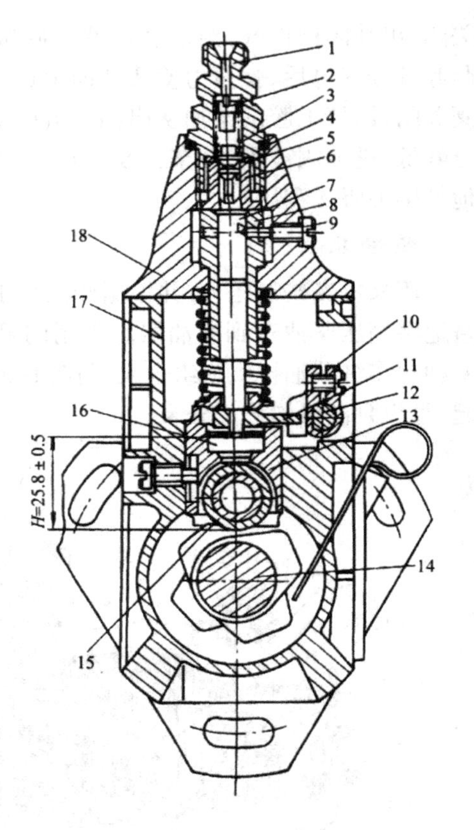

图2-63　Ⅱ号喷油泵的分泵

1.出油阀紧座　2.减容体　3.出油阀　4.橡胶圈　5.铜垫　6.出油阀座　7.柱塞　8.柱塞套　9.定位螺钉　10.调节叉　11.调节臂　12.供油拉杆　13.滚轮体　14.凸轮轴　15.滚轮　16.垫块　17.下体　18.上体

柱塞偶件由柱塞和柱塞套组成，二者应配对使用。柱塞头部圆柱表面上开有螺旋斜槽，顶部有轴向油道（中心孔），通过径向小孔与斜槽相通，作回油之用。柱塞中部的环形浅槽，可储存少量柴油，有利于柱塞的润滑和密封。柱塞尾部压装有调节臂（拨叉式），用来调节循环供油量的大小。柱塞套上部开有两个径向油孔，其中与柱塞斜槽相对的油孔，除用作进油外，还承担回油任务，叫回油孔，另一个只作进油用，叫进油孔。回油孔的外口有定位槽，上泵体上的定位螺钉即插入此槽中，以保证正确的安装位置，并防止工作中柱塞套发生转动。柱塞套上端面与出油阀相配合，以形成压油室。

出油阀偶件包括阀芯和阀座(图2-64),用来保证供油迅速和断油干脆,使喷油泵停止供油时无滴油现象,也要配对使用。出油阀为单向阀,安装在柱塞套顶端,由出油阀紧座压紧。阀芯上部的密封锥面在出油阀弹簧作用下,与阀座密封锥面贴合;中间的小圆柱面为减压环带,与阀座内孔紧配合;下部为导向部,断面为十字形,可使柴油通过。

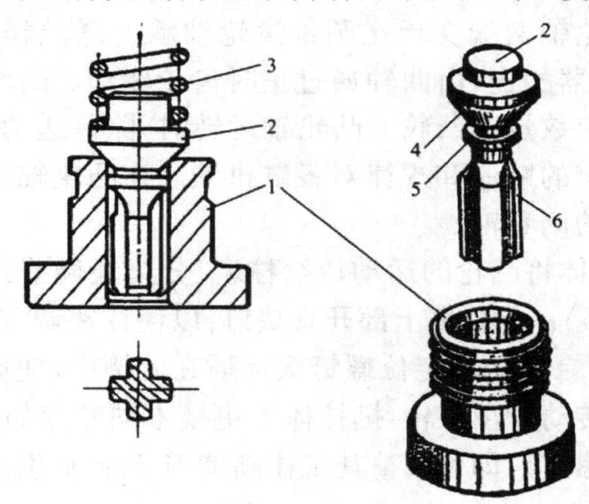

图2-64　出油阀偶件

1. 出油阀座　2. 出油阀芯　3. 出油阀弹簧　4. 密封锥面　5. 减压环带　6. 导向部分

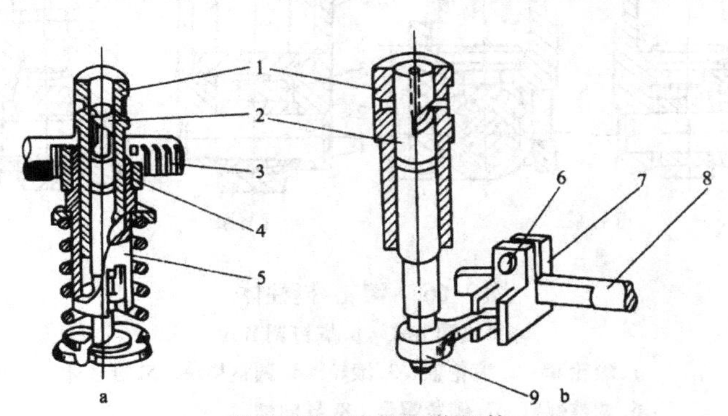

图2-65　油量调节机构

a. 齿条式　b. 拨叉式

1. 柱塞套　2. 柱塞　3. 调节齿杆　4. 调节齿轮　5. 调节套筒

6. 锁紧螺钉　7. 拨叉　8. 供油拉杆　9. 调节臂

油量调节机构的功用是根据工作负荷大小，转动柱塞改变循环供油量。按转动柱塞的机构可分为齿条式和拨叉式两种(图2-65)。Ⅱ号喷油泵采用拨叉式，调节拨叉用螺钉固定在供油拉杆上，柱塞调节臂的球头即插在拨叉的槽内，推动供油拉杆即可转动柱塞。

传动机构包括喷油泵凸轮轴、滚轮-挺柱体和油泵弹簧等。

喷油泵凸轮轴两端支承在圆锥滚轮轴承上，前端与正时齿轮相连，后端与调速器相连，由曲轴通过正时齿轮驱动。凸轮轴上按分泵的数目设有相应数量的凸轮。凸轮轴运转时，除传递动力外，还要保证喷油泵按一定的顺序和规律对各缸供油。在凸轮轴中部一般还设有驱动输油泵的偏心轮。

滚轮-挺柱体将凸轮的运动传给柱塞，分垫块调节式和螺钉调节式两种(图2-66)。挺柱体上部开有缺口，以便柱塞调节臂转动；下部开有导向槽，下泵体上的定位螺钉头部插在此槽中，使挺柱体只能往复运动而不能转动。在滚轮-挺柱体上更换不同厚度的垫块(螺钉调节式通过转动螺钉)，即可调整其工作高度H和各缸供油间隔角的均匀性。

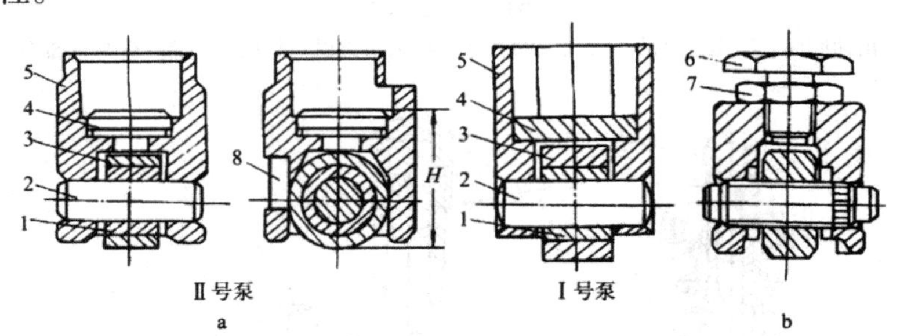

图2-66 滚轮-挺柱体

a. 垫块调节式 b. 螺钉调节式

1. 滚轮套 2. 滚轮轴 3. 滚轮 4. 调整垫块 5. 挺柱体 6. 调整螺钉 7. 锁紧螺母 8. 导向槽

泵体分为上、下两部分(图2-63)，用四个螺栓联接。上体中有与各分泵相通的低压腔，外设两个管接头，一个接滤清器来油，另一个装回油阀并通向输油泵。下体外侧装有输油泵，柴油经输油泵增压和滤清器过滤后,从油管进入低压腔,若低压腔压力超过 0.05 兆帕时,回油阀打开,多余的柴油可流回输油泵。上体还装有两个放气螺钉,在启动前可拧松放气螺钉,用手油泵泵油,以排除喷油泵内空气。下体外侧有检查润滑油量的油标或螺钉,工作中应使喷油泵壳体内油面维持在正常位置,以保证传动机构的良好润滑。

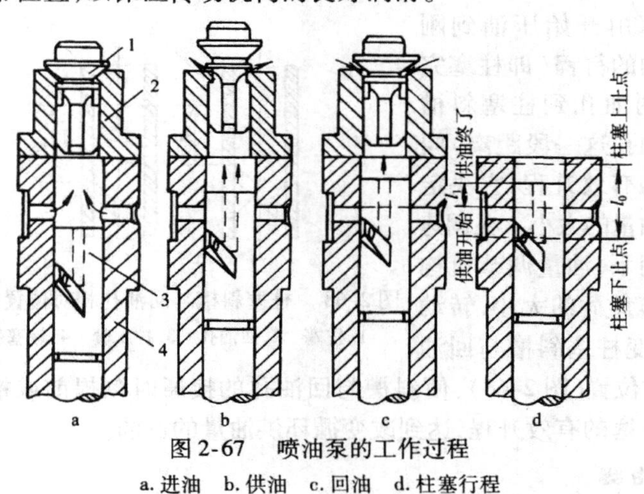

图 2-67　喷油泵的工作过程

a. 进油　b. 供油　c. 回油　d. 柱塞行程

1. 出油阀　2. 出油阀座　3. 柱塞　4. 柱塞套

喷油泵凸轮轴由曲轴正时齿轮带动旋转,在凸轮及柱塞弹簧的作用下,柱塞在柱塞套中作上下往复运动,改变柱塞上部油腔的容积,从而改变油压。柱塞的工作可分为进油、压油和回油三个过程(图 2-67)。当凸轮凸起部分转过后,柱塞在弹簧力作用下向下运动,柴油便通过两油孔从低压油腔进入柱塞上方空间,直到柱塞下止点。当凸轮的凸起部分顶起滚轮时,推动柱塞从下止点上行,柱塞上方的部分柴油又经两油孔被挤回低压腔,直到柱塞上端面完全密封两个油孔,使柱塞上方形成密封腔。柱塞继续上行,密封腔油压迅速升高,克服出油阀弹簧力及高压油管内剩余压力,使出油阀阀芯上行,当其减压环带离开出油阀座时,柴油进入高压油管,向喷油器供油。柱塞在凸轮推动下继续上行,当柱塞斜槽与回油孔接通时,柱塞上方的高压柴油通过柱塞轴向小孔及斜槽流回低压油腔,柱塞上方油压迅速降低,出油阀在弹簧作用下关闭,减压环带先封住出油阀座孔,切断高压油管与柱塞上腔的通路,使供油停止;阀芯继续下行,直至密封锥面贴合,高压油管内容积增大,迅速卸压,从而使喷油器迅速关闭,断油干脆而不出现滴漏现象。此后随凸轮凸起部分转至最高位置,柱塞继续上行到上止点。

柱塞由开始压油到刚停止供油的行程(即柱塞完全密封两油孔到柱塞斜槽接通回油孔这一段距离)叫做柱塞的有效升程,它决定循环供油量的大小。在调速器的作用下,油量调节机构根据工作负荷的大小,转动柱塞,改变柱塞斜槽与回油孔的相对位置(图 2-68),使斜槽与回油孔的接通时刻提前或推后,从而改变柱塞的有效升程,达到改变循环供油量的目的。

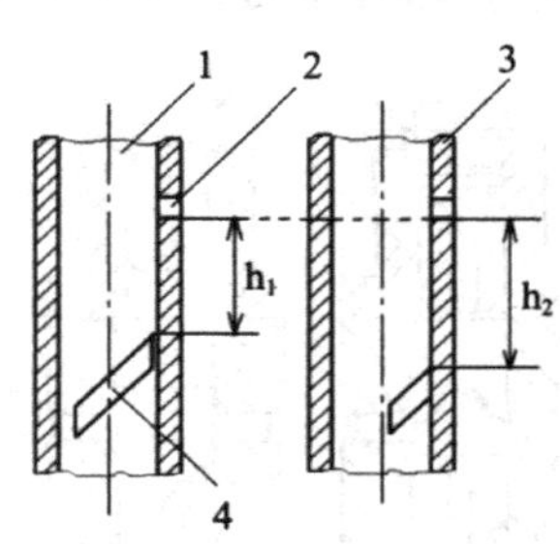

图 2-68　柱塞斜槽与回油孔相对位置的变化

1. 柱塞　2. 回油孔　3. 柱塞套　4. 柱塞斜槽

喷油器

用来将喷油泵送来的高压柴油雾化成细小的微粒,并以一定的油束形状和射程喷入燃烧室,喷油结束断油应迅速无滴漏。

中小型柴油机上通常采用单孔轴针式和多孔针阀式两种类型,主要区别在于喷油嘴偶件燃油出口的构造和孔数不同(图 2-69)。

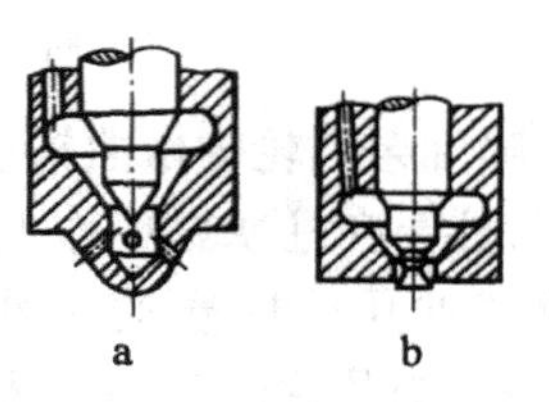

图 2-69　常见喷油嘴偶件

a. 多孔针阀式　b. 单孔轴针式

(1)单孔轴针式喷油器结构如图 2-70 所示。针阀和针阀体组成喷油嘴偶件,不能拆对互换。针阀体内除有针阀孔外,还有环形油道、直油道和压力室及喷孔等。喷孔直径一般为 1 ~ 1.5 毫米。针阀头部有两个锥面和一个倒锥形柱销,大锥面在压力室中接受油压使针阀升起,小锥面坐落在喷孔内锥面上,与其贴合形成密封面。倒锥形柱销伸入喷孔中，喷油时可使油雾成一定锥角，且有自洁能力，不易积炭。喷油器体上部有回油孔，从针阀和针阀体间隙处渗出的少量柴油，由回油管回油箱或进气管，防止在针阀背面形成高压，影响喷射压力。

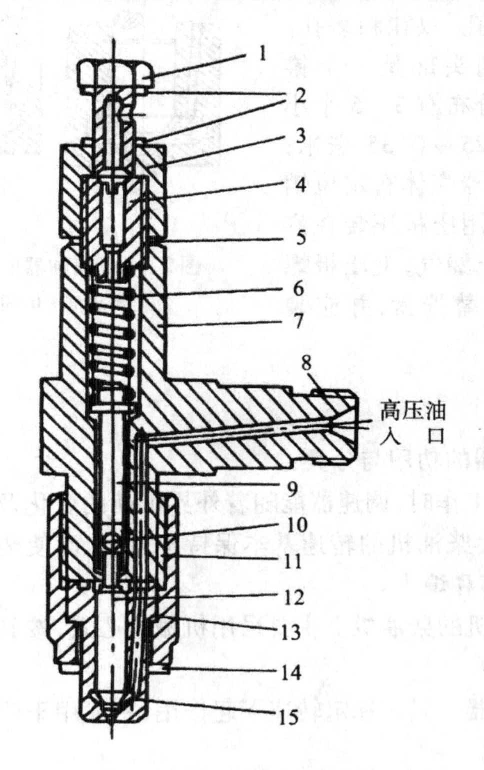

图 2-70 单孔轴针式喷油器

1. 回油接头 2. 垫圈 3. 锁紧螺母 4. 调压螺钉 5. 喷油器体 6. 调压弹簧 7. 喷油器体 8. 高压油管接头 9. 顶杆 10. 钢球 11. 喷油器紧帽 12. 针阀 13. 针阀体 14. 密封垫圈 15. 环形油腔

如图 2-71 所示，当喷油泵供油时，高压柴油经喷油器体油道和针阀体内油道进入喷油嘴下部油腔，对针阀大锥面产生向上的推力，当推力大于调压弹簧力时，针阀向上升起，其密封锥面离开喷孔内锥面使喷孔开启，高压柴油经柱销与喷孔之间的环形缝隙而喷射到燃烧室中。当喷油泵停止供油时，油腔内油压迅速下降，针阀便在弹簧作用下迅速回落封闭喷孔，停止喷油。

(2)孔式喷油器按照喷孔数目可分为单孔、双孔和多孔。其喷嘴的针阀头部是一个锥形，而阀体上分布有3～5个小孔，直径为0.25～0.35毫米，针阀体和喷油器壳体有定位销定位。喷油器用压板压装在汽缸盖上，为防止漏气，上压板螺母时应分次交替拧紧，并应装上密封垫。

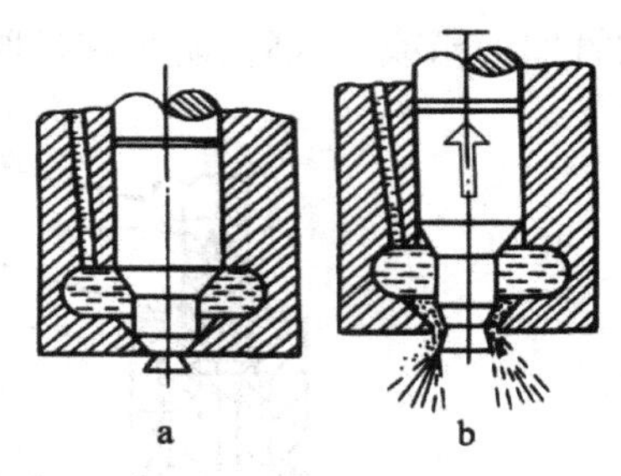

图2-71 喷油器的喷油原理
a. 进油 b. 喷油

调速器

(1)调速器的功用与分类：

在发动机工作时，调速器能随着外界负荷的变化及时自动地调节循环供油量，使柴油机的转速基本保持不变，从而使柴油机能够稳定工作，防止飞车和熄火。

中型拖拉机的柴油机上主要采用机械离心式，按其调节的转速范围又分为三种：

单程调速器。只在标定转速下起作用，一般用于要求工作转速恒定的柴油机上。

两极调速器。只在最高和最低转速时起作用，维持柴油机最低怠速转速和限制最高转速，用于汽车柴油机。

全程调速器。不仅能维持最低怠速运转和限制最高转速，而且还能使柴油机在整个转速范围内的任何转速下稳定运转，拖拉机、工程机械等一般采用这种调速器，它相当于无数个单程调速器。

(2)调速器的工作原理：

调速器有两个基本组成部分，即感应元件和调节供油拉杆位置的执行机构。机械式调速器通常用钢球或飞锤作为感应元件。在负荷变化而引起转速变化时，钢球或飞锤的离心力也变化，从而驱动执行机构，改变供油拉杆位置自动增减供油量。图2-72为单程调速器简图，推力盘装在支承轴上，可以带动供油拉杆左右移动。弹簧座固定在支承轴上，调速弹簧以一定的预紧力装在推力盘与弹簧座之间。当喷油泵凸轮轴转动时，传动盘和钢球也一起旋转，它们所产生的离心力的轴向分力作用在推力盘的右侧，而推力盘左侧是调整弹簧的作用力。假定在标定转速下，弹簧力和钢球离心力相对平衡，推力盘不发生移动，此时供油拉杆在标定供油量位置（图中虚线位置）；如果外界负荷减小，而柴油机有效扭矩未变，则柴油机转速升高，钢球离心力增大，推力盘平衡状态被打破，带动供油拉杆一起左移，拉杆即转动柱塞使循环供油量减少，有效扭矩减小而弹簧力增大，直到再次达到平衡，转速略高于标定转速。反之供油拉杆右移则供油量增大。

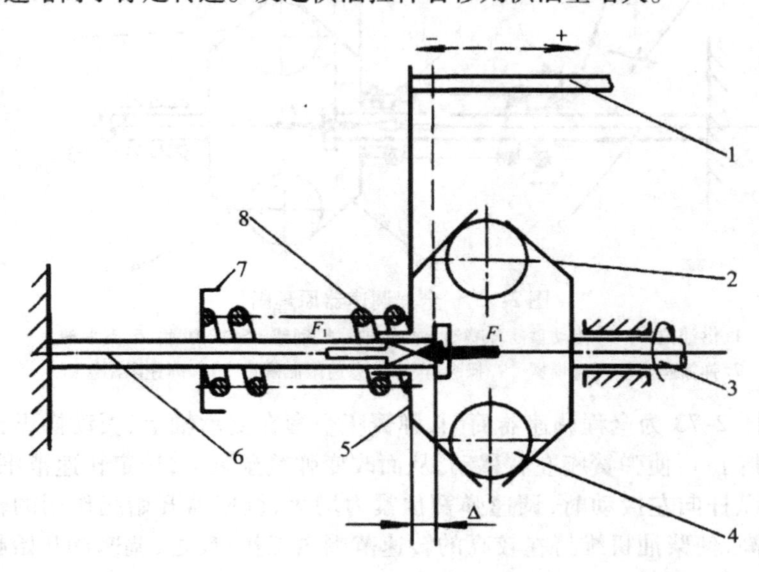

图2-72　单程调速器原理图

1. 供油拉杆　2. 传动盘　3. 喷油泵凸轮轴　4. 钢球　5. 推力盘
6. 支承轴　7. 弹簧座　8. 调速弹簧

由标定转速到最高空转转速为调速器的调速范围，两者相差约100转/分。由于这种调速器的弹簧预紧力是固定不变的，因此只在转速超过标定转速时起作用。

如果将单程调速器的结构稍做改变，在工作中可由机手通过油门使调速弹簧的预紧力在一定范围内变化，则与此力平衡所需的钢球离心力也相应变化，即调速器起作用的转速可在一定范围内变化，就成为全程调速器。

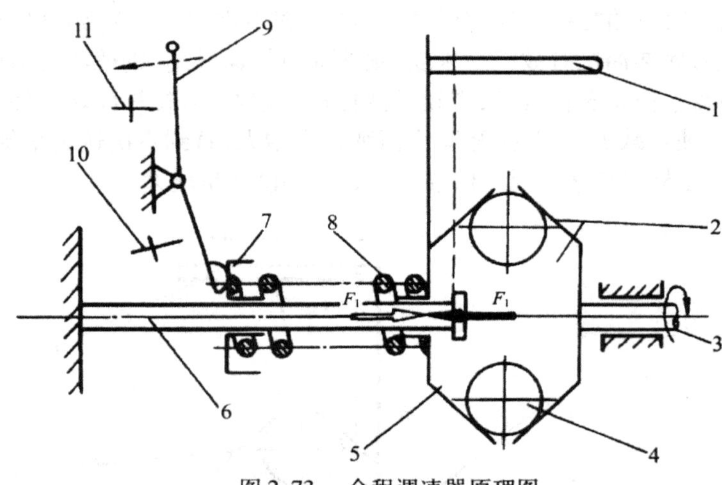

图2-73　全程调速器原理图

1. 供油拉杆　2. 传动盘　3. 喷油泵凸轮轴　4. 钢球　5. 推力盘　6. 支承轴
7. 弹簧座　8. 调速弹簧　9. 操纵杆　10. 怠速限制螺钉　11. 高速限制螺钉

图2-73为全程调速器简图，弹簧座空套在支承轴上，扳动操纵杆（即油门）可使弹簧座左右移动，从而改变弹簧预紧力，选定转速范围。当操纵杆向左扳动时，调速弹簧预紧力增大，调速器开始起作用的转速升高，使柴油机维持在较高的转速范围内工作；反之，调速器开始起作用的转速降低，柴油机维持在转速较低的范围内工作。操纵杆的位置可由机手按工作需要来控制，但其摆动范围由两个限位螺钉限制。为了使柴油机工作更完善，多缸机调速器还装有启动加浓装置和油量校正装置，便于冷车启动和克服临时超负荷。

（3）调速器的构造：

Ⅱ号喷油泵调速器装在喷油泵的后端，靠喷油泵凸轮轴驱动其旋转部件转动工作，其结构如图 2-74 所示，采用双排 12 个钢球，成对装在飞球座内，球座由圆盘支架支承，并可在圆盘支架的 6 个径向槽内作径向滑动。传动盘通过传动套固定在喷油泵凸轮轴后端。推力盘空套在传动套上，其后端装有滚动轴承，传动板压紧在轴承内圈的端面，其上端与供油拉杆相连，传动板随推力盘一起移动，带动供油拉杆改变供油量。传动盘内表面有 6 条径向半圆形凹坑，工作时带动钢球一起转动。支承轴一端固定在调速器后壳上，上面套有不同刚度的校正弹簧、怠速弹簧、调速弹簧和启动加浓弹簧。启动加浓弹簧细而软，套在最外面，其前端直接作用在轴承座上，在启动时起加浓作用。调

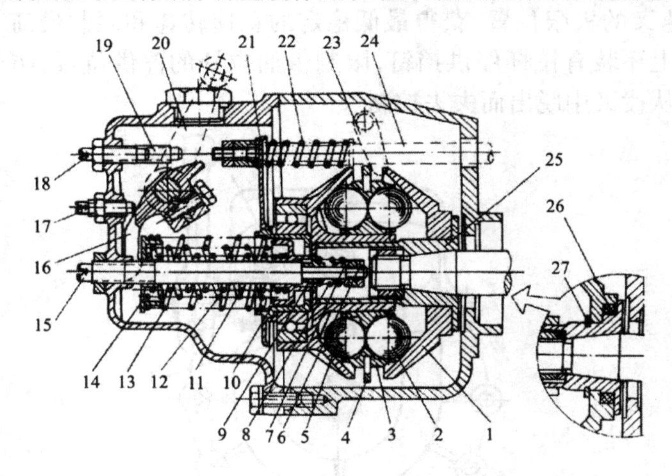

图 2-74　Ⅱ号喷油泵调速器

1. 传动盘　2. 钢球　3. 球座　4. 圆盘支架　5. 推力盘　6. 校正弹簧调整螺母
7. 校正弹簧前座　8. 校正弹簧　9. 校正弹簧后座　10. 调速弹簧滑座　11. 怠速弹簧
12. 调速弹簧　13. 启动加浓弹簧　14. 弹簧座　15. 支承轴　16. 调速叉
17. 怠速限制螺钉　18. 高速限制螺钉　19. 拉杆停供挡钉　20. 操纵臂
21. 传动板　22. 停供弹簧　23. 停供转臂　24. 供油拉杆
25. 传动套　26. 方形橡胶圈　27. 卡簧

速弹簧套在中间，刚度最大，安装时有轴向间隙，在柴油机正常运转时，和怠速弹簧共同起调速作用。怠速弹簧装在最里面，安装时稍有预紧力，单独工作时能满足怠速调速的要求。校正弹簧装在调速轴的前端，构成调速弹簧的"弹性"支承，只有在柴油机短时间超负荷、转速低于标定转速时被压缩，使推力盘带动供油拉杆再移动一段距离，起额外增加供油量的作用。

操纵手柄装在后壳外侧面，扳动操纵手柄时，通过操纵轴使调速叉同时转动，压迫弹簧后座前移，使弹簧的预紧力发生变化，从而改变调速器的转速。在调速器前壳的侧面设有停供转臂，向后扳动时可迫使供油拉杆压缩停供弹簧，移动到停止供油位置。

如图 2-75 所示，调速器后壳上装有高速限位螺钉和怠速限位螺钉，以限制调速叉的极限位置，获得最低稳定的怠速转速和限制最高转速。在后壳上还装有拉杆停供挡钉，限制供油拉杆的停供位置，防止柱塞调节臂从拨叉中脱出而失去控制。

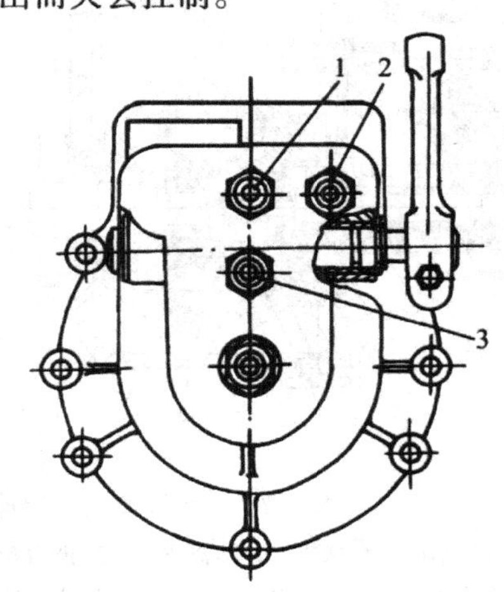

图 2-75　调速器后壳

1. 高速限制螺钉　2. 拉杆停供挡钉　3. 怠速限制螺钉

Ⅰ号喷油泵调速器采用了单排钢球（共 6 个），直径增大，取消了飞球座和圆盘支架。钢球在离心力作用下沿径向移动时，与传动盘和推力盘的锥面间会产生相对滑动，摩擦阻力较大。而双排钢球作径向运动时，钢球可在各自球座内转动，与锥面间只产生相对滚动，摩擦阻力较小。

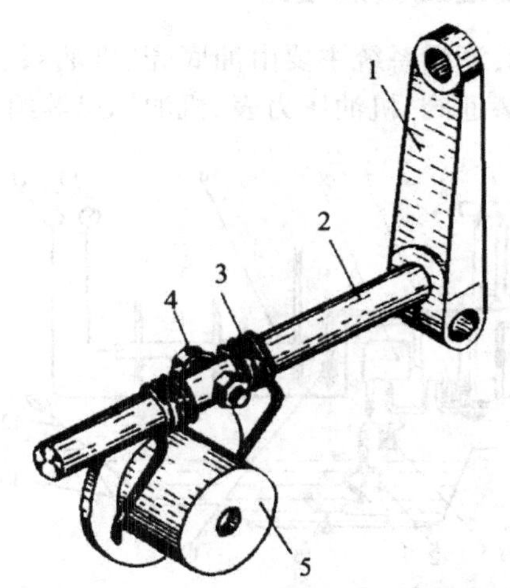

图 2-76　Ⅰ号喷油泵调速器的操纵机构

1. 操纵臂　2. 操纵轴　3. 调速弹簧　4. 螺钉　5. 滑套

调速弹簧采用了扭簧，使结构紧凑（图 2-76）。扭簧套在调速操纵轴上，并用螺钉定位，扭簧的两脚压在滑套大端的外侧端面上，转动操动臂就可使弹簧产生扭曲变形，改变压在滑套上的预压力，可改变调速范围。

五、润滑系统

1. 润滑系统的功用与组成

润滑系统的功用

在柴油机工作时，将清洁的机油连续不断地输送到各运动件表面，起润滑、冷却、清洗、密封和防锈作用：

在运动件表面形成油膜，减少零件磨损和功率消耗；冷却摩擦件，用流动的润滑油将摩擦产生的热量带走；利用流动的润滑油带走金属屑和其他杂质，保持零件的清洁；在汽缸壁和活塞环之间形成油膜，起密封作用，防止漏气；在零件表面形成保护层，防止氧化生锈、腐蚀。

润滑系统的组成及润滑油路

如图 2-77 所示，润滑系统主要由油底壳、机油泵、机油滤清器、机油散热器、调压阀、旁通阀、机油压力表、机油标尺等组成。

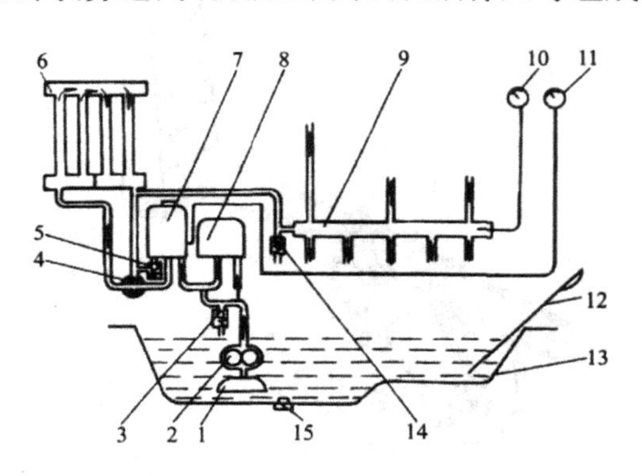

图 2-77　4125A 型柴油机润滑系统

1. 集滤器　2. 机油泵　3. 限压阀　4. 冬夏开关　5. 旁通阀　6. 机油散热器　7. 机油粗滤器　8. 机油细滤器　9. 主油道　10. 机油压力表　11. 机油温度表　12. 机油标尺　13. 油底壳　14. 回油阀　15. 放油螺塞

柴油机润滑油路的布置，因机型不同而异，但润滑油的循环路线基本相同，图 2-78 为 4125A 型柴油机润滑油循环路线示意图。

油底壳的机油经集滤器和吸油管被机油泵吸入，增压后送入粗滤器壳体，有少部分机油进入细滤器，滤清后直接流回油底壳；大部分机油则进入粗滤器，滤清后的机油，如果温度较高需要降温时，则通过机油散热器后进入主油道；而在冬季无须降温时，可通过转换开关，使机油不经过散热器而直接进入主油道。

进入主油道中的机油从各分油道流入曲轴主轴承及配气凸轮轴轴承。主轴承中的机油再从曲轴内部油道进入连杆轴承，并继续通过连杆杆身的油道流至连杆小头，润滑衬套和活塞销。从各轴承间隙渗出的机油被激溅到汽缸壁、配气凸轮及挺柱等部件上，对其进行润滑。

进入凸轮轴前轴承中的部分机油,经轴颈油道进入缸体和缸盖中的垂直油道,再由前摇臂轴座进入摇臂轴中心孔,最后从摇臂轴内油道进入各摇臂衬套,渗出的机油润滑配气机构其他零件。主油道中还有部分机油流入正时齿轮室,润滑正时齿轮。

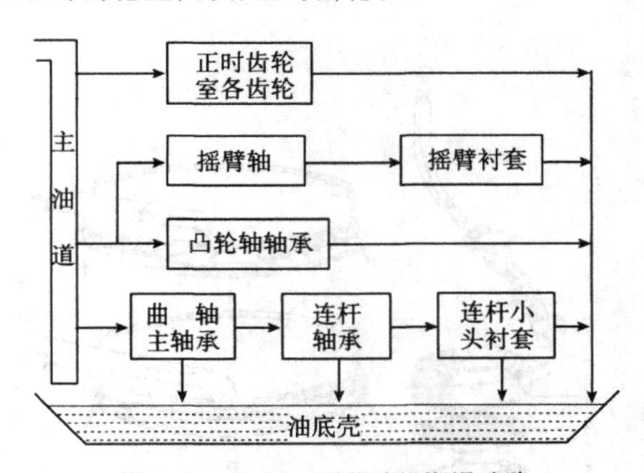

图 2-78　4125A 型柴油机润滑油路

为了控制机油压力并保证系统的正常工作,在油路中分别装有限压阀、回油阀和旁通阀。限压阀在油道不畅或堵塞时打开,防止油泵过载,避免油管破裂和密封件损坏。旁通阀在粗滤器堵塞时打开,防止主油道断油。回油阀在主油道压力过高时打开。

在油路中一般还设有油压表和油温表,油压表用以指示主油道压力,油温表用于指示油底壳内机油温度。

2. 主要部件的功用与构造

机油集滤器

在机油泵的作用下,用来将机油从油底壳中吸入机油泵,并滤去其中较大的杂质。

常用的浮式集滤器结构(图 2-79),主要由浮子、滤网、滤网罩、吸油管等组成。浮子可随油面升降,金属滤网有弹性,中间有环口。滤网无堵塞时,依靠本身的弹性使环口紧压在滤网罩上,机油便从网罩与滤网之间的狭缝被吸入，使机油中大颗粒杂质被滤去(图2-79a)当滤网堵塞时，由于滤网上方的真空度增大到克服滤网的弹力，使滤网上升，环口打开，机油便从环口进入吸油管，使供油不致中断(图2-79b)。

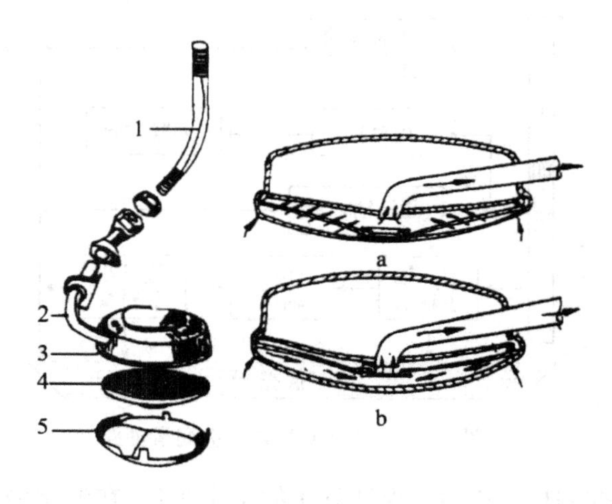

图2-79　浮式集滤器

a. 集滤器正常工作　b. 滤网堵塞

1. 固定管　2. 油管　3. 浮子　4. 滤网　5. 滤网罩

机油泵

其功用是在发动机工作时，将机油增压后连续不断地输送到运动件的表面，分内外转子和齿轮式两种。

齿轮式机油泵(图2-80)，由一对外啮合齿轮和泵体、泵盖等组成。

主动齿轮带动从动齿轮旋转时，进油腔内因齿轮脱开啮合而形成一定的真空度，机油被从进油口吸入；转动的齿轮把机油带到出油腔一端，由于齿轮进入啮合，使出油腔容积减小，油压升高，机油便被从出油口压出。

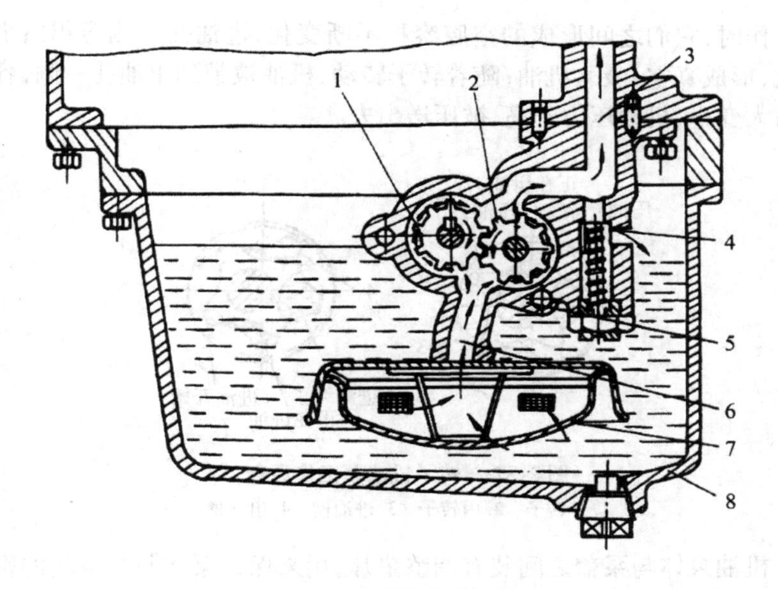

图 2-80　齿轮式机油泵

1. 主动齿轮　2. 从动齿轮　3. 出油道　4. 限压阀　5. 泵体
6. 进油道　7. 集滤器　8. 油底壳

转子式机油泵（图 2-81），由两个偏心内啮合的转子和外壳组成。内转子由曲轴齿轮带动机油泵齿轮驱动（有的通过配气凸轮轴上的螺旋齿轮带动斜插式机油泵），外转子松套在壳体中由内转子带动向同一方向旋转。如图 2-82 所示，无论转到哪个位置，内转子的 4 个凸齿都与外转子的 5 个凹齿接触，所以内外转子之间就形成 4 个互相分隔的油腔。由于内外转子不同心，

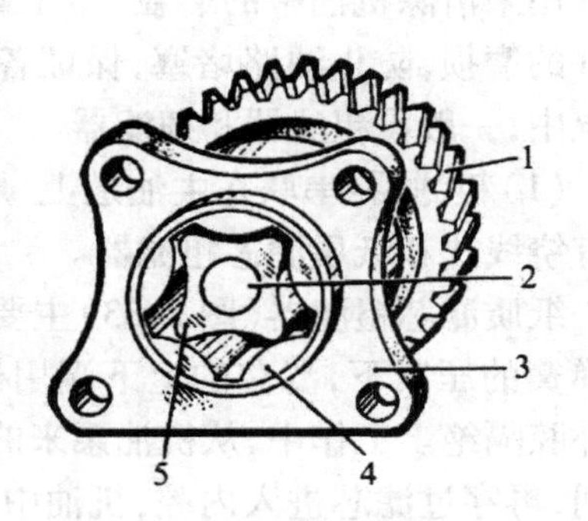

图 2-81　转子机油泵

1. 驱动齿轮　2. 转子轴　3. 外壳
4. 外转子　5. 内转子

在工作时，它们之间形成的空腔容积不断变化，进油孔一侧容积由小变大，形成真空，吸入机油；随着转子转动，机油被带到出油孔一侧，容积由大变小，机油压力升高，被压送出去。

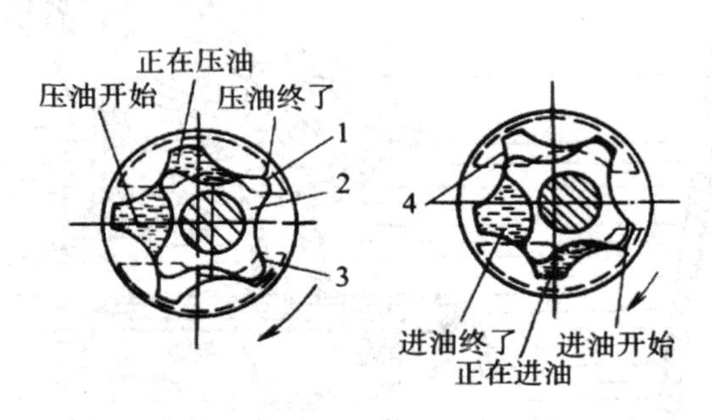

图 2-82　转子机油泵工作原理

1. 外转子　2. 内转子　3. 进油槽　4. 出油槽

机油泵体与泵盖之间装有调整垫片，用来保证泵体与泵盖间的密封，并保证转子的轴向间隙。

机油滤清器

用来清除机油中的磨粒、尘土等机械杂质和胶状沉淀物，以减少零件的磨损，防止油路堵塞，保证各摩擦副润滑良好。在柴油机润滑系统中，一般设粗滤器和细滤器。

(1)粗滤器：串联在主油道上，用来滤除机油中较大的杂质，其型式有绕线式和纸质滤芯粗滤器。

纸质滤芯粗滤器(图 2-83)主要由滤座、外壳、滤芯等组成。在底部弹簧的压紧下，滤芯的上下端用橡胶封油圈和弹簧座圈封闭，使其内外腔隔绝。工作中，从机油泵来的压力油从进油口进入壳体与滤芯之间，再穿过滤芯进入内腔，机油中的杂质被隔滤在滤芯表面上，清洁机油则从滤清器顶部的出油口流入主油道。如果滤芯表面被污物堵塞，滤芯外部油压会不断升高，直到旁通阀(安全阀)打开，机油就绕过滤芯直接从出油口流出。

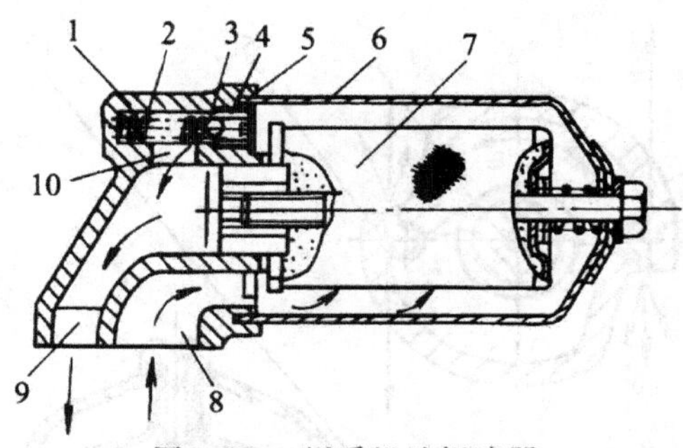

图 2-83　纸质机油粗滤器

1. 滤座　2. 弹簧　3. 钢球　4. 螺堵　5. 密封圈　6. 外壳　7. 纸质滤芯
8. 进油通道　9. 出油通道　10. 旁通道

金属绕线式粗滤器:将铜丝绕在波纹筒上,形成滤芯,铜丝之间的过滤间隙≤0.09 毫米。由外筒套装内筒,以增大过滤面积,其结构如图 2-84 中右侧部分。

机油从进油道进入粗滤器内筒和外筒,过滤后的机油汇合在一起,从滤芯内腔向下流到冬夏转换开关。

(2)细滤器主要用来过滤细小杂质,一般与粗滤器及主油道并联,循环过滤油底壳中的机油。按滤清方法,分为过滤式和离心式两种。

离心式细滤器是根据杂质和机油的比重不同,采用离心力将杂质与机油分离。其结构如图 2-84 中左侧部分,转子顶盖和转子壳体用螺栓紧固在一起,转子在转子轴上可以自由旋转,嵌在转子上的集油管上端有侧孔,并覆有滤网,下端与喷嘴相通。两喷嘴成水平方向对称布置于转子下部,两喷口方向相反。

从机油泵来的机油,一部分流入粗滤器,其余部分则经转子轴内孔进入转子内腔。在压力作用下,机油穿过滤网进入集油管,经喷嘴的小孔以高速喷出,并对转子产生反作用力,使转子以接近 6000 转/分的高速旋转。转子内腔机油中的杂质,在离心力作用下抛向转子内壁,沉积在内壁上,滤清的机油由喷嘴喷出流回油底壳。

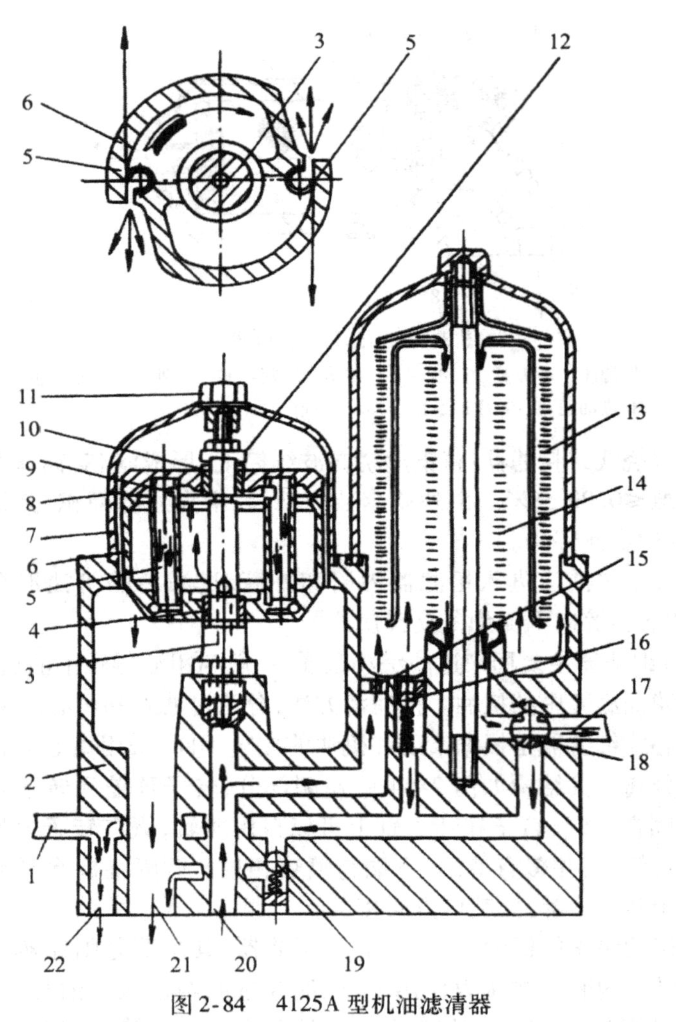

图 2-84　4125A 型机油滤清器

1. 油道(来自散热器)　2. 底座　3. 转子轴　4. 下轴承　5. 集油管　6. 转子壳体　7. 罩　8. 转子盖　9. 进油口　10. 上轴承　11. 固定螺塞　12. 止推环　13. 粗滤器外筒　14. 粗滤器内筒　15. 节流孔　16. 旁通阀　17. 出油道(通向散热器)　18. 转换开关　19. 回油阀　20. 进油道　21. 出油道(流向油底壳)　22. 出油道(通向主油道)

机油散热器

为了防止机油温度过高而使粘度下降，影响润滑效果，在功率较大的柴油机上通常装有机油散热器，分水冷和风冷两种。

(1)水冷式机油散热器：

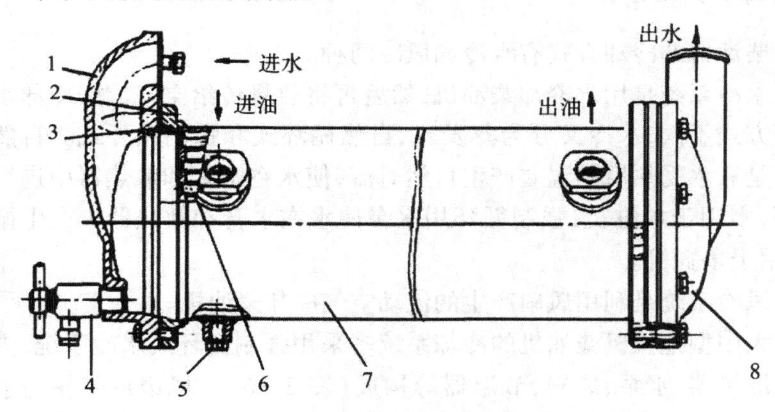

图2-85　水冷式机油散热器

1.后盖　2.垫片　3.封油圈　4.放水阀　5.螺塞　6.冷却器芯子　7.外壳　8.前盖

图2-85为6135型柴油机的水冷式机油散热器的结构示意图，工作时冷却水在管内流动，机油在管外以弯曲路线流向出口。机油的热量通过铜管和散热片进行液-液热交换后，由冷却水带走。

(2)风冷式机油散热器：

为扁平形管片式或圆管式结构，管外设有散热片。一般安装在水散热器的前面，机油在散热管内通过，由风扇强力鼓风，通过散热片冷却机油。拖拉机多用这种形式。

六、冷却系统

1. 冷却系统的功用与组成

冷却系统用来对缸盖、缸体和活塞等受热零件进行适度冷却(既不能冷却不足，也不能过度冷却)，以维持发动机的正常工作温度；在冬季还可通过给水冷却系统加热水来提高发动机温度，以利于启动。

冷却不足,会使汽缸充气量减少、燃烧不良而功率下降,同时零件强度降低,正常间隙破坏,润滑不良而磨损加剧。过度冷却则燃烧不完全,柴油机工作粗暴。冷却水的正常温度应保持在70℃~90℃。

2. 冷却方式及分类

柴油机的冷却方式有水冷和风冷两种。

水冷系统是用水冷却柴油机,然后再将热量传给空气。按冷却水循环方式不同,水冷又分为蒸发式、自然循环式和强制循环式。自然循环是靠水受热后的温差产生自然对流,使水在水套和散热器中进行循环,多用于单缸机;强制循环用水泵使水在水套和散热器中产生循环,用于多缸机。

风冷系统是利用风扇产生的流动空气冷却柴油机。

大中型拖拉机柴油机的冷却系统多采用强制循环式水冷系统,主要由散热器、水泵、风扇、节温器等构成(图2-86)。风扇皮带轮与水

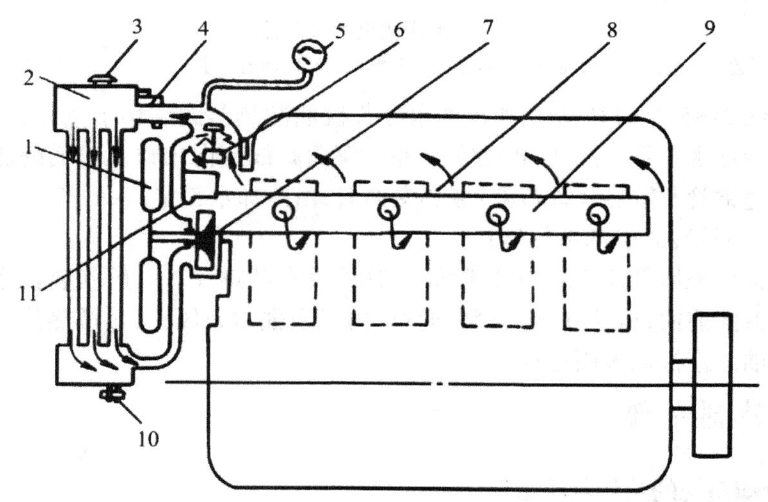

图2-86　强制循环水冷却系统

1.风扇　2.散热器　3.水箱盖　4.溢水管　5.水温表　6.节温器
7.水泵　8.缸体、缸盖水道　9.配水管　10.放水栓　11.小循环水道

泵叶轮固定在同一根轴上，由曲轴前端的皮带轮通过皮带传动。发动机工作时，冷却水由水泵压入分水管，然后进入水套中，吸收热量后，热水由节温器流入上水箱，在从上水箱流向下水箱的过程中，冷却水要经过散热器芯，使冷却水的温度显著降低。

水冷却系统不能与大气完全隔绝，否则散热器会被气压压坏。一般在散热器加水口处设溢水管（开式冷却），使冷却系统直接与大气相通，如4115T、4125A型柴油机；或在散热器盖内设蒸气—空气阀（闭式冷却），使冷却系统中水的蒸发损失减少，如495A、4100A型柴油机。

3. 主要部件的功用与构造

散热器（水箱）

用来使流经其中的冷却水降温，结构如图2-87所示，主要由上、下水箱和散热器芯组合而成。上、下水箱是贮存高、低温水的，上水箱顶部设有加水口，并用散热器盖密封。柴油机工作时，高温冷却水由进水管进入上水箱，经散热器芯换热后的低温冷却水流入下水箱，再经出水管进入水泵。

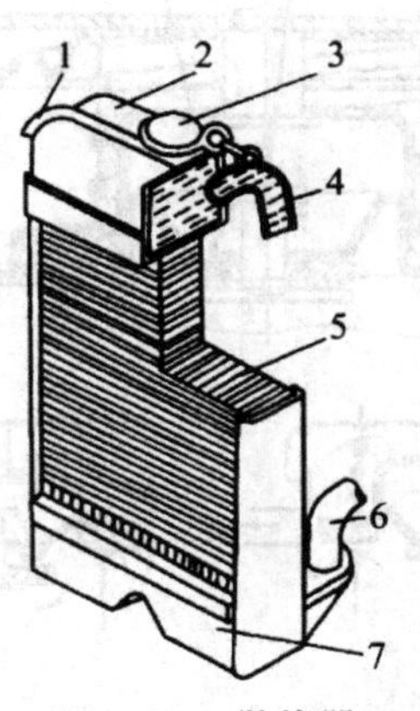

图2-87　散热器

1. 溢水管　2. 上水室　3. 水箱盖　4. 进水管　5. 散热器芯　6. 出水管　7. 下水室

散热器芯的常见结构有园管式、管片式和管带式三种（图2-88）。

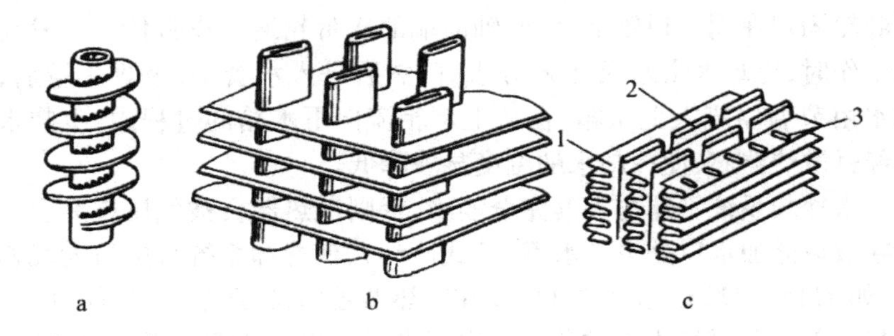

图 2-88 散热器芯

a. 园管式 b. 管片式 c. 管带式

1. 散热带 2. 散热管 3. 缝孔

蒸气——空气阀

蒸气——空气阀安装在水箱盖上,实际为两个单向阀,如图 2-89 所示。

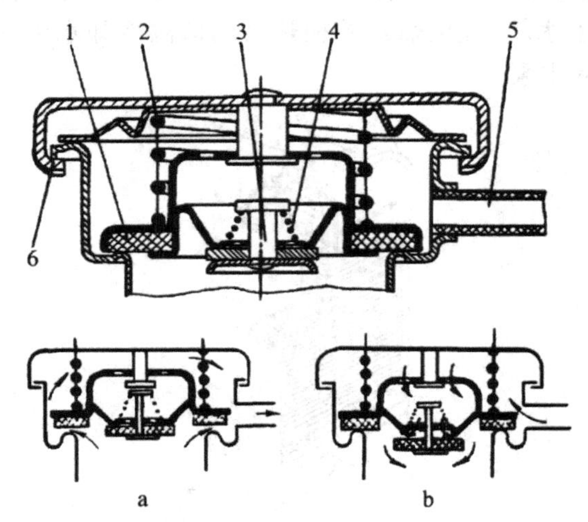

图 2-89 蒸气——空气阀

a. 蒸气阀打开 b. 空气阀打开

1. 蒸气阀 2. 弹簧 3. 空气阀 4. 弹簧 5. 溢水管 6. 水箱盖

蒸气阀用来减少冷却水的损失，在一般情况下，阀门关闭，防止水蒸气溢出，使冷却系统中的压力略高于大气压力，可增高冷却水的沸点。当水箱内的蒸气压力达到1.2～1.3公斤/厘米^{2}时，蒸气阀门克服弹簧力而打开，蒸气经溢水管排出，压力下降后蒸气阀门在弹簧作用下回复原位。

空气阀用来放进空气，维持水箱内的压力和大气压力平衡，防止水箱被大气压坏。当水箱内的压力低于大气压力0.01～0.04公斤/厘米^{2}时，外界空气经溢水管和空气阀座的进气孔，压开空气阀门而进入水箱内，当水箱内压力上升到大于大气压时，空气阀关闭。

水泵

水泵用来强制冷却水在水套和散热器中进行循环，柴油机水冷却系统一般采用离心式水泵(图2-90)。工作时，散热器下水箱的冷却水从水泵进水管被吸入叶轮中心，被叶轮甩向出水管，进入缸体水套。

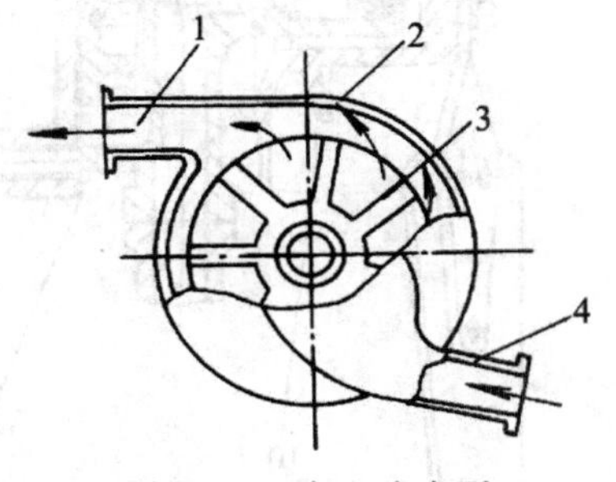

图2-90　离心式水泵

1.出水管 2.水泵外壳　3.叶轮　4.进水管

水泵和风扇一般装在同一根轴上(图2-91)，由曲轴前端的皮带轮通过三角皮带传动。水泵位于柴油机前方，水泵轴用两个滚动轴承支承在水泵壳体上，轴的右端与叶轮铆接，左端用半圆键固定皮带轮。为防止水泵漏水，在其叶轮前方安装了端面水封，端面水封的橡胶外圈安装在泵体上，它的石墨陶瓷环(有的用塑料环)在弹簧作用下紧紧压住水泵叶轮端面，从而封住了水。在靠近右端轴承处装有甩水圈，可将泄露出来的水甩散并从轴承座下方的缺口漏出，以免流入轴承。

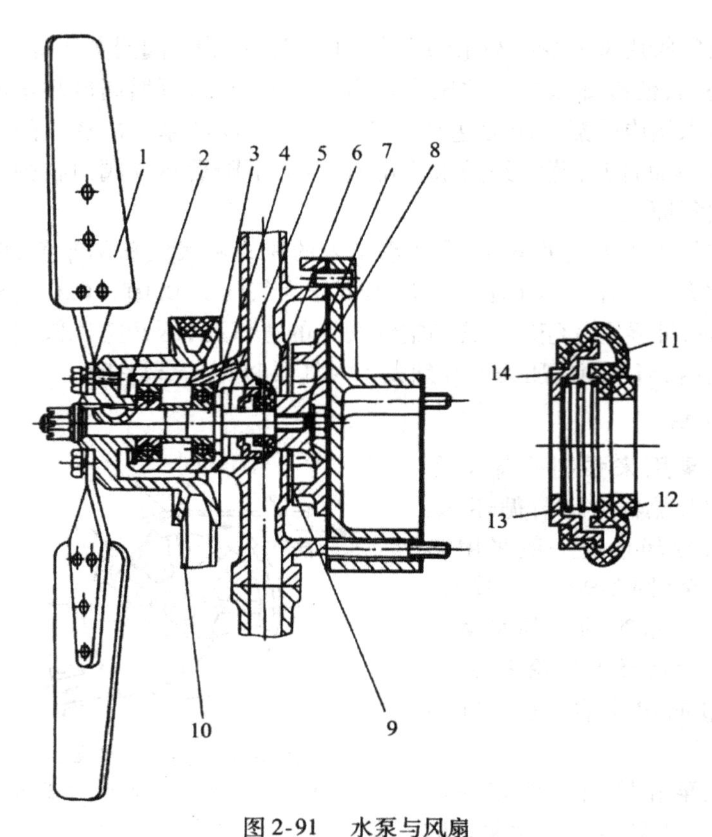

图 2-91 水泵与风扇

1. 风扇 2. 水泵体 3. 皮带轮 4. 水泵轴 5. 甩水圈 6. 端面水封 7. 水泵叶轮 8. 水泵座 9. 调整垫圈 10. 三角皮带 11. 橡胶外圈 12. 石墨陶瓷环 13. 弹簧 14. 弹簧座

风扇

风扇为轴流式，位于散热器后，一般有 4 个叶片，叶片有一定角度，保证气流从前向后通过散热器，使用中不得装反，以免影响散热效果。有的散热器还设保温帘（风扇百叶窗），来调节流过散热器的气流量，从而调节冷却强度。

节温器

节温器安装在缸盖水套出水口处,用来自动调节水的循环路径,以调节冷却强度,维持正常水温。

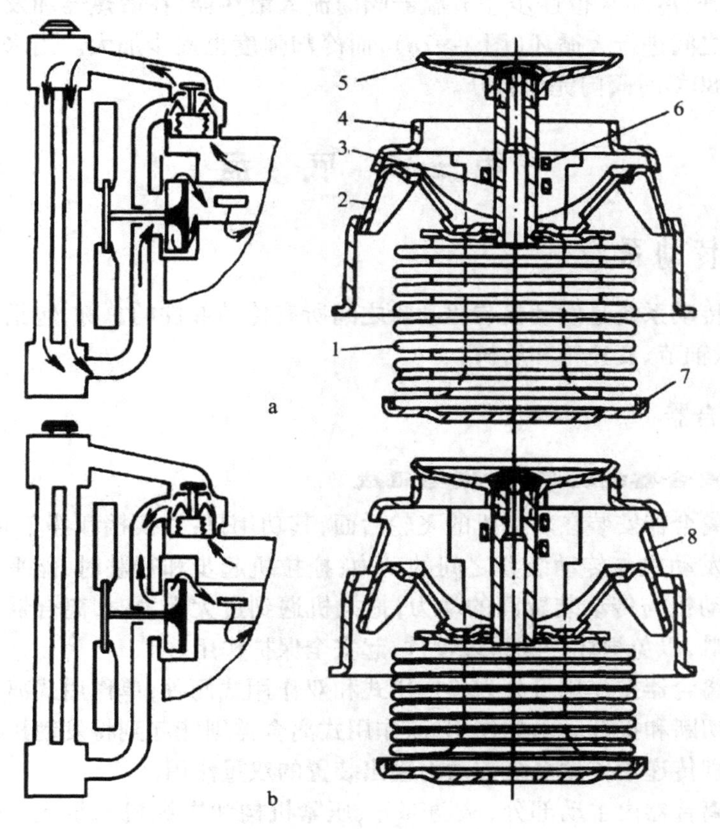

图 2-92　节温器

a. 大循环　b. 小循环

1. 膨胀筒　2. 副阀门　3. 推杆　4. 壳体　5. 主阀门　6. 导向板　7. 底座　8. 旁通孔

柴油机常采用皱纹管单阀液体式节温器(图 2-92),由可伸缩的膨胀筒和阀门组成。膨胀筒是用薄铜皮制成折叠的圆筒,其中装有一定量的低沸点溶液(如乙醚)。当水温低于 70℃时,膨胀筒内溶液蒸发压力降低而向下收缩，使节温器的阀门关闭，冷却水只能直接进入水泵，在水泵和发动机水套之间进行小循环(图2-92b)；当水温超过70℃时，膨胀筒内溶液蒸发压力增大而膨胀伸长，使节温器的阀门逐渐打开，冷却水也逐步经节温器阀门流入散热器，在散热器和发动机水套之间进行大循环(图2-92a)，而冷却强度也逐步加大。当水温升高到80℃时阀门完全打开。

第三节　底　盘

一、传动系统

传动系统是发动机与驱动轮之间所有传动部件的总称，包括离合器、联轴节、变速箱和后桥。

1. 离合器

离合器的功用、分类与组成

离合器安装在发动机的飞轮后面，其功用是：在换挡和停车时，能切断发动机与传动装置之间的动力；拖拉机起步和行驶时，能平稳结合发动机与传动装置间的动力；拖拉机遇到过大阻力时，离合器便发生打滑，以免损坏传动系统零件，起安全保护作用。

离合器按作用可分为单作用式和双作用式两种，单作用式离合器只起切断和接合动力的作用；双作用式离合器则能起到将发动机的动力分别传递给传动系统和动力输出装置的双重作用。

离合器由主动部分、从动部分、压紧机构和操纵机构组成。压紧机构产生压力将主、从动部分压紧，使其产生摩擦扭矩，主、从动部分的分离和接合由操纵机构来完成。

离合器的构造

(1)单作用常压式离合器结构如图2-93所示。主动部分由飞轮、压盘、离合器盖、驱动销等组成。离合器盖用螺钉固定在飞轮上，盖的外圆表面铆3个销座，座孔内压入驱动销，销的方头插入压盘外缘的缺口内，能驱动压盘转动，在离合器分离和接合过程中，压盘还能沿驱动销轴向移动。

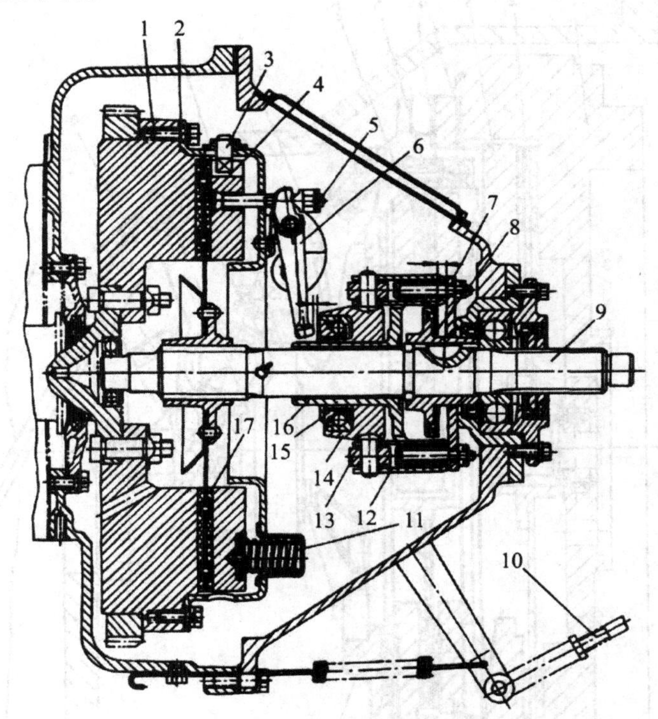

图 2-93　东方红-802 型拖拉机离合器

1. 飞轮　2. 离合器盖　3. 驱动销　4. 压盘　5、6. 分离杠杆　7. 制动盘　8. 摩擦盘　9. 离合器轴　10. 拉杆　11. 压紧弹簧　12. 弹簧耳环　13. 拨叉　14. 分离套筒　15. 分离轴承　16. 支架　17. 从动盘

从动部分由从动盘和离合器轴组成。从动盘两面铆有摩擦衬片，并与甩油盘一起铆在有内孔花键的轮毂上，与离合器轴花键联接在一起转动并能轴向移动。离合器轴前端支承在飞轮中心孔内轴承上，后端支承在离合器壳体轴承上。

压紧机构为 15 个圆柱螺旋弹簧，均匀地分布在压盘的端面上。压紧弹簧一端压在压盘上，压盘与压紧弹簧间有隔热垫片，另一端顶在被离合器盖支撑着的弹簧座中，将离合器盖装在飞轮上时压紧弹簧受到压缩产生压紧力。

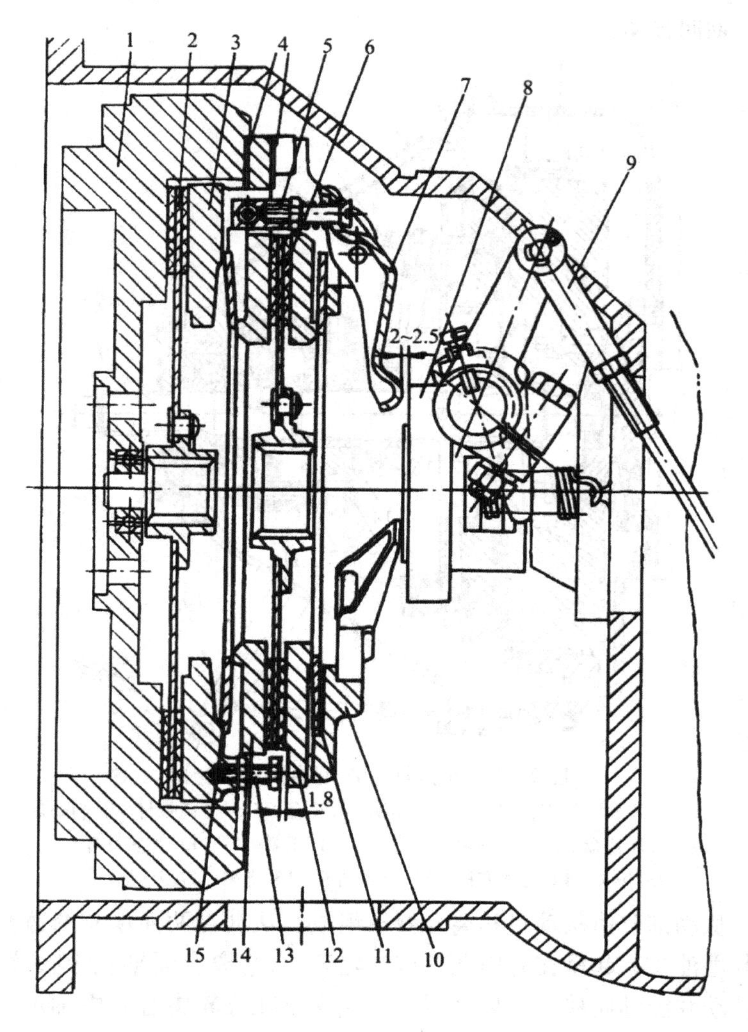

图 2-94　上海-50 型拖拉机双作用离合器

1. 飞轮　2. 前从动盘　3. 前压盘　4. 调整垫片　5、7. 分离杠杆　6. 后从动盘　8. 分离轴承　9. 拉杆　10. 离合器盖　11. 副弹簧　12. 后压盘　13. 支承螺钉　14. 驱动盘　15. 主弹簧

(2)双作用离合器结构如图 2-94 所示。主离合器在前,副离合器在后,主、副离合器各用一个盘形膜片弹簧分别压紧,前从动盘被压紧在飞轮和前压盘之间,后从动盘被压紧在驱动盘和后压盘之间,驱动盘和离合器盖固定在飞轮上,其间有调整垫片。前、后压盘各有凸耳分别嵌入驱动盘和离合器盖的凹槽中,能随飞轮一起转动,又能沿离合器轴向移动。踩下踏板,分离轴承向前推动铰接在离合器盖上的分离杠杆,其外端联接的分离杠杆向后拉起前压盘,使主弹簧进一步受压缩,主离合器分离。继续踩下踏板,固定在前压盘上的支承螺钉顶住后压盘的凸耳,迫使后压盘克服副弹簧的压力一起后移,使副离合器分离,由于同时克服主、副弹簧的压力,此时踏板操纵力要更大。

2. 变速箱

变速箱的功用与分类

变速箱的功用是:增扭减速;变扭变速,改变拖拉机驱动力和行驶速度;实现空挡,使拖拉机在发动机不熄火的情况下长时间停车,同时也为发动机能顺利启动创造条件;实现倒挡;对外输出动力。

拖拉机上采用有级式齿轮变速箱,它有各挡只经一对齿轮变速的两轴式变速箱,也有各挡都要用两对齿轮变速的三轴式变速箱,它们都属于简单式变速箱。大中型拖拉机普遍采用上述两个简单变速箱组合而成的组成式变速箱。

变速箱的构造

(1)简单式变速箱变速箱由传动部分、操纵机构及支承部分构成。图2-95所示为最简单的双轴式变速器,一根轴上的齿轮是固定的,另一根轴上的可轴向滑动。轴向移动滑动齿轮使不同对的齿轮啮合就可得到不同的

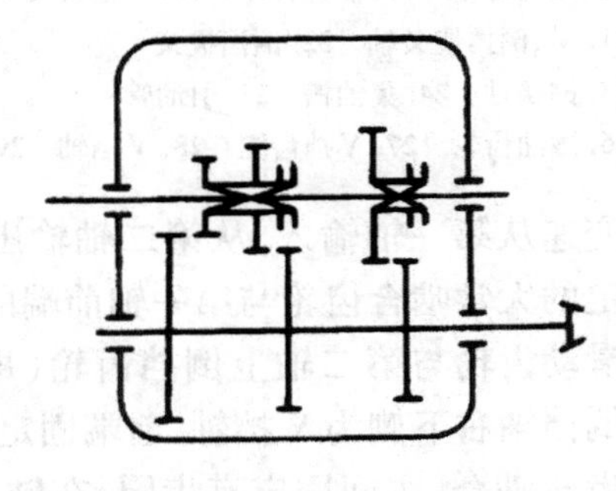

图 2-95　双轴式变速器

传动比。为了得到倒挡，需要在主动轴与从动轴之间加上一根倒挡轴，上面装有倒挡齿轮。主动轴上的齿轮与倒挡轴上的齿轮啮合，再与从动轴上的齿轮啮合即可使从动轴反转而得到倒挡。

图2-96是东方红-75型拖拉机的变速箱。它的Ⅰ~Ⅳ挡是经一对

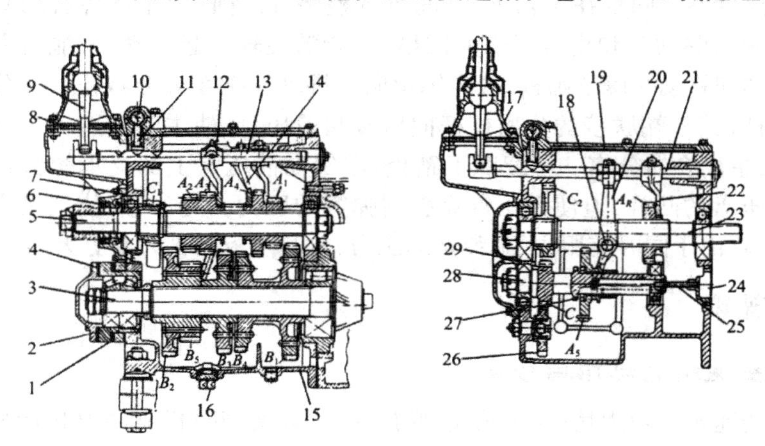

图2-96型　东方红-75型拖拉机变速箱

A_1、A_4. Ⅰ、Ⅳ挡滑动齿轮　A_2、A_3. Ⅱ、Ⅲ挡滑动齿轮　A_5. Ⅴ挡滑动齿轮

A_R. 倒挡滑动齿轮　B_1、B_2…B_5. Ⅰ~Ⅴ挡从动齿轮

C_1. 小常啮合齿轮　C_2. 大常啮合齿轮(倒挡轴上)　C_3. Ⅴ挡轴常啮合齿轮

1. 第二轴调整垫片　2. 轴承座　3. 第二轴　4. 调整垫片　5. 第一轴　6. 油封

7. 轴承卡环　8. "王"字导板　9. 变速杆　10. 联锁轴　11. 定位锁销

12. Ⅱ、Ⅲ挡拨叉　13. Ⅱ、Ⅲ挡拨叉轴　14. Ⅰ、Ⅳ挡拨叉　15. 箱体

16. 放油螺塞　17. 变速杆座　18. Ⅴ挡拨叉销轴　19. 箱盖　20. Ⅴ挡拨叉

21. Ⅴ、倒挡拨叉轴　22. 倒挡拨叉

23. 倒挡轴　24. 集油槽　25. 引油管

26. 溅油齿轮　27. Ⅴ挡齿圈　28. Ⅴ挡轴　29. 卡环

齿轮变速从第一轴输入，从第二轴输出。第一轴右侧是倒挡轴，其前端固定的大常啮合齿轮与第一轴前端的小常啮合齿轮常啮合，后端的倒挡滑动齿轮与第二轴上倒挡齿轮(即Ⅳ挡从动齿轮)啮合，即为倒挡。倒挡轴右下侧为Ⅴ挡轴，前端固定的Ⅴ挡轴常啮合齿轮与倒挡常啮合齿轮啮合，中间固定有齿圈，在轴上空套着具有内齿套的滑动齿

轮，与第二轴上V挡从动齿轮常啮合，并在向左滑动使其内齿套与齿圈套合时，仍与V挡从动齿轮啮合。V挡动力传递是从第一轴、倒挡轴、V挡轴的常啮合齿轮，经接合V挡滑动齿轮传至第二轴。溅油齿轮保证停车进行固定作业时润滑，功率由倒挡轴输出。

操纵机构(图2-97)由变速杆、3根拨叉轴、4个拨叉以及安全装置组成，安全装置包括：

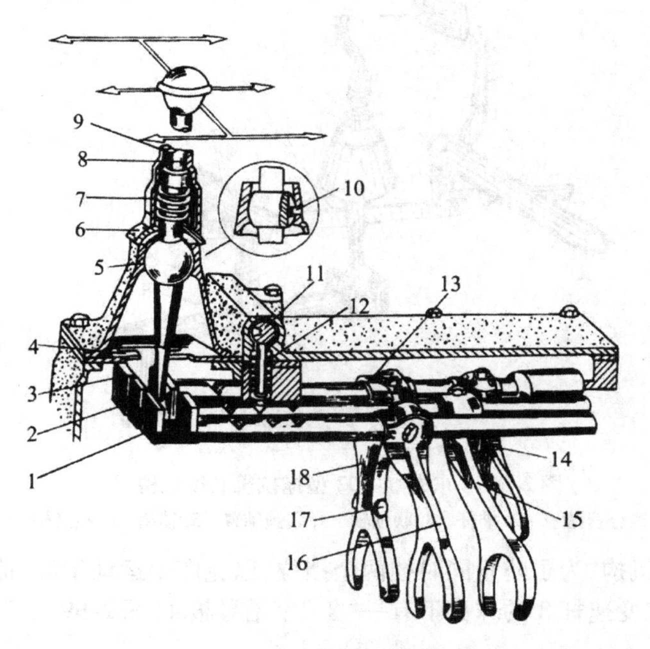

图2-97　东方红-802型拖拉机变速器的操纵机构

1、2、3. 拨叉轴　4. 导板　5. 变速杆座　6. 碗盖　7. 弹簧　8. 变速杆　9. 防尘罩　10. 止动销　11. 联锁轴　12. 锁销　13. V挡拨块　14. 倒挡拨叉　15. Ⅰ、Ⅳ挡拨叉　16. Ⅱ、Ⅲ挡拨叉　17. 拨叉销　18. V挡拨叉

自锁机构：作用是防止自动脱挡和保证全齿长啮合。每根拨叉轴前端切有3个“V”槽，槽间距与拨叉拨动的滑动齿轮需要移动的距离相当。箱体内有弹簧将锁销12压入其中一槽，换挡时需施加一定力量才能顶起锁销移动拨叉轴。

联锁机构：有些拖拉机上为了更好地防止自动脱挡，在离合器操纵机构和变速器操纵机构之间装有联锁机构，如图 2-98，只有当离合器踏板踏到底时，联锁轴的长槽才能转到锁销的顶上，使锁销有抬起的可能，允许拨动拨叉轴进行换挡。

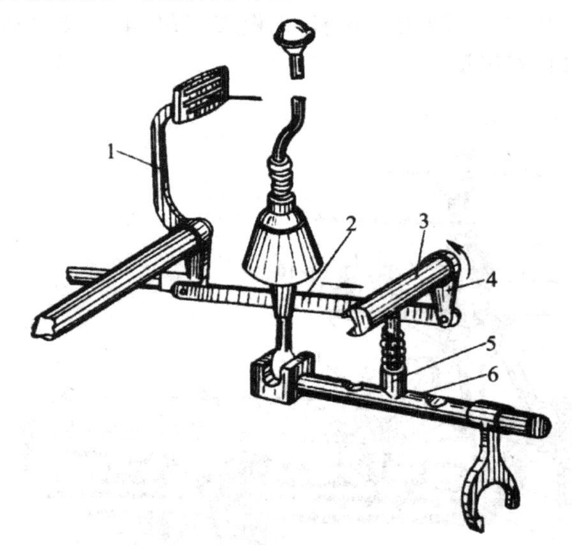

图 2-98　东方红-802 型拖拉机联锁机构

1. 离合器踏板　2. 推杆　3. 联锁轴　4. 联锁轴臂　5. 锁销　6. 拨叉轴

互锁机构：为了防止同时挂两个挡位，以免产生运动干涉，造成零件损坏，在变速杆 8 的球头下有一"王"字槽导板 4(图 2-99)。"王"

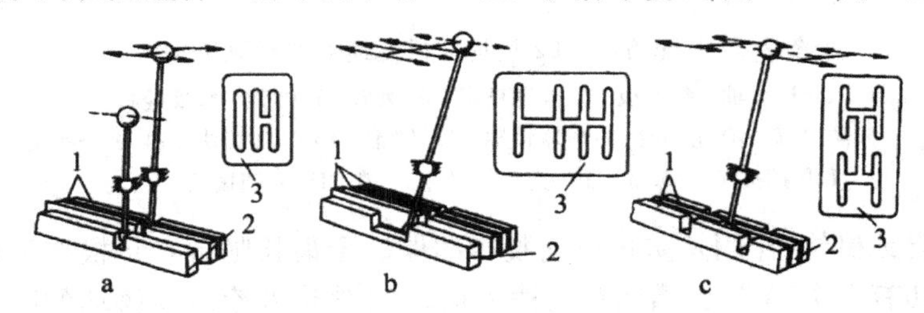

图 2-99　导板式互锁机构

1. 主变速拨叉轴　2. 副变速拨叉轴　3. 导板

字槽与三根拨叉轴的位置相对应,变速杆下端经“王”字槽伸入某一拨叉轴的拨头槽内,因此,变速杆的摆动受“王”字槽的限制,不可能同时拨动两根拨叉轴而同时挂两个挡位,起到互锁的作用。图 2-99 为组成式变速器导板式互锁机构。

(2)组成式变速器。不同作业对拖拉机的速度有不同要求,目前一台拖拉机一般至少要有 6 个前进挡,如采用简单变速箱,必然使变速箱结构非常笨重。为此,目前多采用组成式变速箱,它是两个变速箱的组合,一个挡数较多,称为主变速箱,另一个多为两挡,称为副变速箱,图 2-100 是上海-50 型拖拉机变速箱简图,主变速箱为二轴式,(3 +1)个挡位,副变速箱为单级行星齿轮机构,有高、低速两个挡位,共有(3 +1) ×2 =6 +2 个挡位,即 6 个前进挡和两个倒挡。

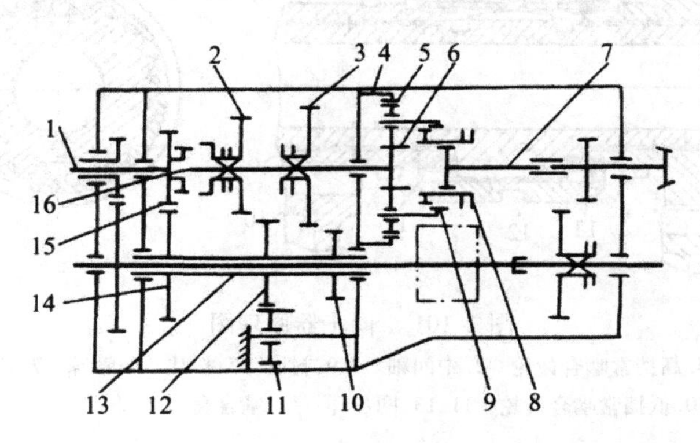

图 2-100 上海-50 型拖拉机变速箱简图

1. 第一轴 2. Ⅱ、Ⅲ挡滑动齿轮 3. Ⅰ、倒挡滑动齿轮 4. 齿圈 5. 行星齿轮 6. 大阳轮 7. 传动轴 8. 啮合套 9. 行星架 10. Ⅰ挡齿轮 11. 倒挡齿轮 12. Ⅱ挡齿轮 13. 中间轴 14、15. 常啮合齿轮 16. 第二轴

(3)同步器。轮式拖拉机运输作业时要不停车换挡,采用滑动齿轮换挡时,会造成轮齿的冲击,甚至挂不上挡。换挡时要求采用两脚离合器法,需要驾驶员有熟练的技术。为此现代大中型轮式拖拉机上在两挡间采用同步器,作用原理如图 2-101 所示。在空心中间轴上滑

套着高低两挡齿轮 4 和 8 各与第二轴上对应齿轮 1、10 常啮合，它们端部都有齿圈和锥形表面，左右同步环以内锥面松套其上。啮合套装在高低两挡齿轮 4 和 8 之间的中间轴花键齿上，可轴向移动。啮合套和中间轴上各切有 2 个宽槽，槽中有拨块被片弹簧压钢球定位在啮合套的凹槽内，拨块两端各嵌入同步环 13 和 11 的缺口内。换挡时分离离合器后拨动啮合套，通过钢球带动拨块移动，使同步环 11（或 13）锥面与被啮合齿轮 8（或 4）端部锥面首先接触，产生摩擦力，迫使啮合套与被啮合齿轮 8（或 4）转速同步，进一步拨动啮合套，使钢球压下片弹簧，与被啮合齿轮的齿圈套合。

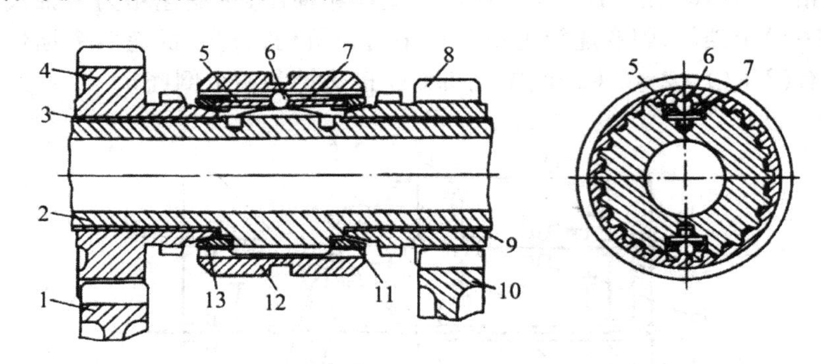

图 2-101　同步器原理图

1、4. 高挡常啮合齿轮　2. 中间轴　3、9. 衬套　5. 拨块　6. 钢球　7. 片弹簧　8、10. 低挡常啮合齿轮　11、13. 同步环　12. 啮合套

同步器在结构上都能保证只有啮合套与齿圈转速达到同步时才能接合上，以减少轮齿的冲击和噪声。

3. 后桥

后桥的功用与分类

从变速箱第二轴传动的小锥齿轮开始至驱动轮以前的所有传动零件及其壳体统称为后桥。轮式拖拉机的后桥由中央传动、差速器、最终传动和半轴等组成；履带式拖拉机的后桥由中央传动、转向机构和最终传动。后桥的功用为：进一步降速增扭；将动力旋转平面改变

90°并分配给左右驱动轮；传递和承受地面的推进力和其他反作用力；是安装有关辅助装置的基础。

拖拉机后桥的构造

（1）中央传动的构造。以东方红-802型拖拉机为例，结构如图2-102所示，主动小圆锥齿轮与变速箱第二轴制成一体，并由前端的一对圆锥滚子轴承承受其轴向力。轴承盖下的调整垫片用来调整轴承间隙；轴承座凸缘下的半圆形调整垫片，用来调整小圆锥齿轮的安装距；从动大圆锥齿轮用六个紧配合螺栓直接固定在后桥轴的接盘上，后桥轴两端用圆锥滚子轴承支承在隔板的孔中，两轴承座内侧分别装有调整螺母，用来调整轴承间隙和大圆锥齿轮的轴向位置。调整螺母外圆上铸有花槽，用锁片插入其花槽中，以防螺母松退。在隔板的上半圆中装有定位销，其头部分别嵌入轴承座的缺槽中，使轴承座不能转动，但在调整中央传动时，可以轴向移动。隔板将后桥分隔成三个室，通过紧固螺母将轴承座压紧。轴承座上有自紧油封以及回油道（与下隔板相应的回油孔相通），以防止中央传动室润滑油漏入转向离合器室。在小圆锥齿轮头部的工艺凸台上和大圆锥齿轮的背面，分别刻有配对号码，更换齿轮副时要成对更换。

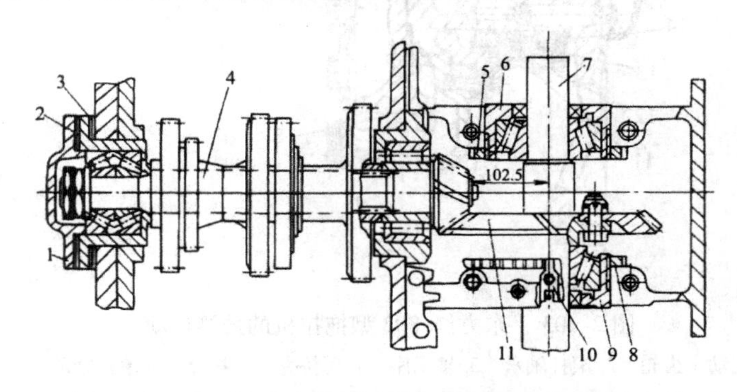

图2-102　东方红-802型拖拉机中央传动

1. 轴承盖　2、3. 调整垫片　4. 变速箱第二轴　5、8. 调整螺母　6、9. 轴承座　7. 横轴　10. 锁片　11. 中央传动大锥齿轮

（2）最终传动的构造。

拖拉机传动系统一般都是经变速箱、中央传动逐级分担减速增扭任务，其传动比等于三者的乘积。通常最终传动比很大，以减少变速

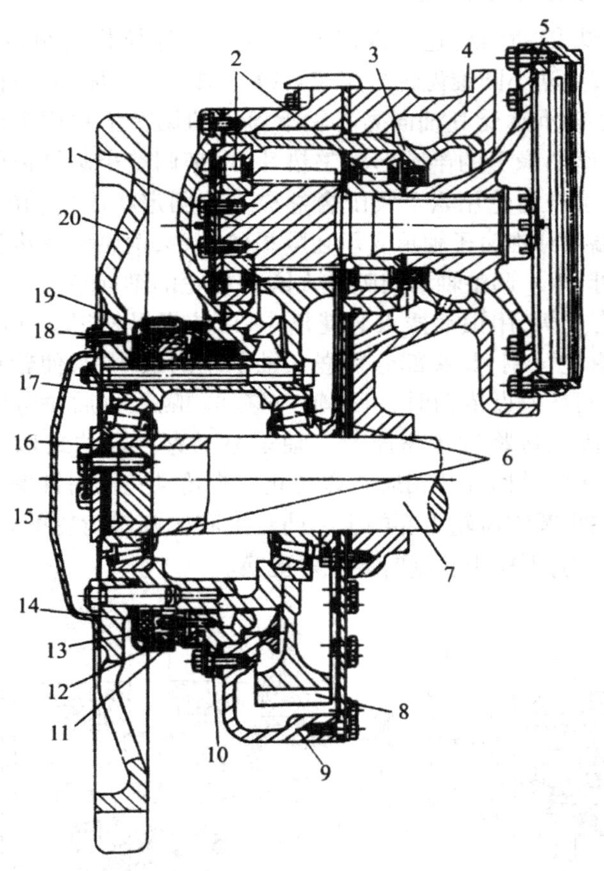

图 2-103　东方红-802 型拖拉机的最终传动

1. 主动小齿轮　2. 滚柱轴承　3. 轴承座　4. 后桥壳　5. 接盘　6. 滚锥轴承　7. 后轴　8. 从动大齿轮　9. 最终传动壳　10. 固定盘　11. 内、外防尘罩　12. 橡皮套　13. 导向销　14. 毛毡环　15. 端盖　16. 调整垫片　17. 轮毂　18. 弹簧　19. 压环　20. 驱动轮

箱、中央传动等部件的受力及其结构尺寸。大多数拖拉机最终传动采用一对外啮合直齿圆柱齿轮,有的拖拉机为了获得较大的传动比采用双级直齿圆柱齿轮的最终传动,如红旗-100 型拖拉机,也有的采用行星齿轮机构。东方红-802 型拖拉机的最终传动(图 2-103),靠近两侧驱动轮,装在最终传动壳体中。主动小齿轮和轴是一体,支承在两个滚柱轴承上,其轴承座与最终传动壳体和后桥壳体静配合,以提高支承刚度。小齿轮轴内端用花键与转向离合器从动毂的接盘联接,有油封、集油槽和回油孔,防止润滑油进入转向离合器。从动大齿轮与壳体外驱动轮一同固定在轮毂上,轮毂用两个锥轴承支承在不能转动的后轴上,后轴是车架的横梁,轴端有垫片用来调整锥轴承的间隙,正常间隙值为 0 ~ 0.1 毫米。为了防止泥水的浸入和润滑油的渗漏,驱动轮毂的旋转平面与最终传动壳体间采用端面油封。油封压环用橡皮套及导向销与固定在最终传动壳上的固定盘相连,并有弹簧作用使压环以一定的压紧力压向固定在轮毂上并与之一起转动的毛毡环,毛毡环与压环相对运动的端面即是密封面。在端面油封外面,有分别与旋转部分和固定部分相联接的内、外防尘罩,组成迷宫式油封。两者共同作用,获得良好的密封效果。

两侧最终传动齿轮、轴承、轮毂以及驱动轮在齿轮齿面磨损较大或产生点蚀时可成套对换使用,以延长使用寿命。

二、转向系统

1. 轮式拖拉机转向系统构造

转向系统由转向操纵机构、转向器、转向传动机构和差速器组成,轮式拖拉机广泛采用的转向操纵机构形式如图 2-104 所示。

转动方向盘,转向器使转向垂臂前后摆动,推拉纵拉杆,带动转向杠杆、横拉杆、转向摇臂,使两前轮同时偏转。转向杠杆、横拉杆、转向摇臂和前轴形成一个转向梯形。

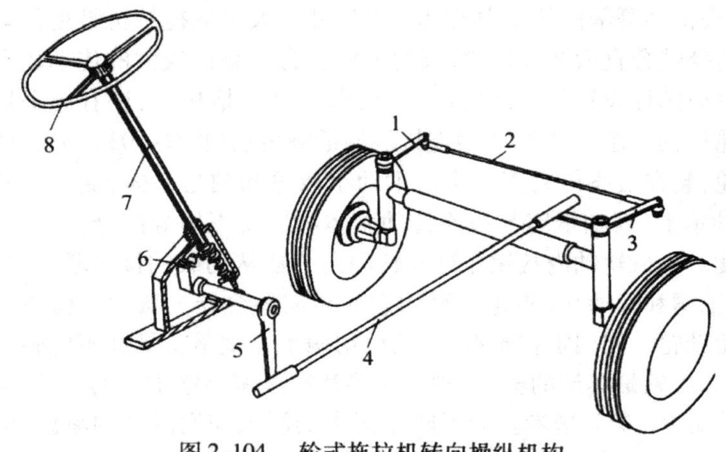

图 2-104　轮式拖拉机转向操纵机构

1. 转向摇臂　2. 横拉杆　3. 转向杠杆　4. 纵拉杆
5. 转向垂臂　6. 转向器　7. 转向轴　8. 方向盘

方向盘直径较大，主要是增大力臂使操纵省力。它固定在转向轴上端，下端联接转向器主动件。转向器是由一对运动副组成，广泛采用球面蜗杆滚轮式和螺杆螺母循环球式。运动副应有适当的可逆性，既保证经常的路面微小冲击被转向器中摩擦力所抵消，又允许在一定程度上前轮能反带方向盘转动，使前轮有可能实现自动回正使驾驶员获得路感。

上海-50 型拖拉机螺杆螺母循环球式转向器如图 2-105 所示，转向螺杆上端由滚珠上、下座和滚珠组成的轴承支承在带滚珠外座的管柱上，支承座允许螺杆下端摆动。螺杆下端无支承并加工成螺纹，外边套着转向螺母，在相互啮合的螺纹槽中装有 28 个钢球，由钢球导管联接着转向螺母的螺纹首尾两端。转动螺杆，钢球随着螺母上下移动而循环流动，使磨损和摩擦阻力减小。转向螺母用两个固定销固定在扇形齿轮轴叉子上，随着螺母上下移动，固定在扇形齿轮轴上的左转向垂臂则前后移动。扇形齿轮与扇形齿轮啮合，固定在扇形齿轮轴上的右转向垂臂和左垂臂移动方向相反。

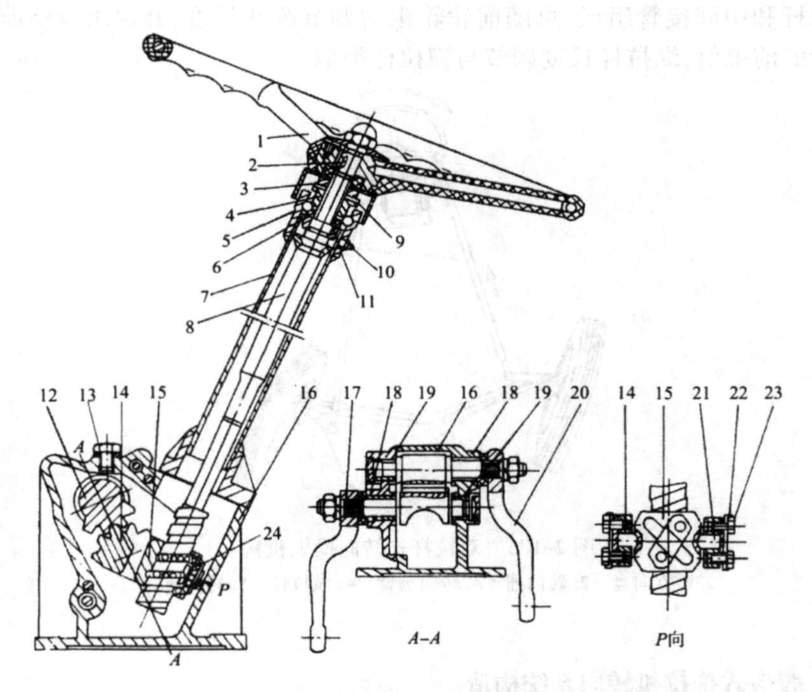

图 2-105　上海-50 型拖拉机螺杆螺母循环球式转向器

1. 转向盘　2. 半月键　3. 螺母　4. 转向轴滚珠上座　5. 滚珠　6. 转向轴滚珠下座
7. 转向管株总成　8. 转向螺杆　9. 保险垫片　10. 油嘴　11. 转向轴滚珠下座垫
12. 转向扇形齿轮　13. 加油螺塞　14. 转向扇形齿传动轮　15. 转向螺母　16. 转向器壳体
17. 左转向臂　18. 油封　19. 衬套　20. 右转向臂　21. 固定销　22. 垫片
23. 螺拴　24. 转向螺杆滚珠导规

上海-50 型拖拉机采用的是双拉杆机构(图 2-106)。它没有转向梯形,依靠各垂臂、纵拉杆和转向摇臂的安装位置及合理长度,来近似满足所要求的两前轮偏转角的关系。

转向垂臂安装在垂臂轴上,转向摇臂和转向杠杆安装在主销上,都应有一定的安装位置,并要固定牢靠防止松动。纵拉杆联接转向垂臂和转向杠杆,横拉杆联接转向杠杆与转向摇臂,其两端都用球头联接,并有补偿弹簧以消除磨损后产生的间隙。横拉杆一般由左、右伸长杆和中间接管组成,可随前轮轮距的调节改变长度,并用来调整前轮的前束值,纵拉杆长度调节与横拉杆类似。

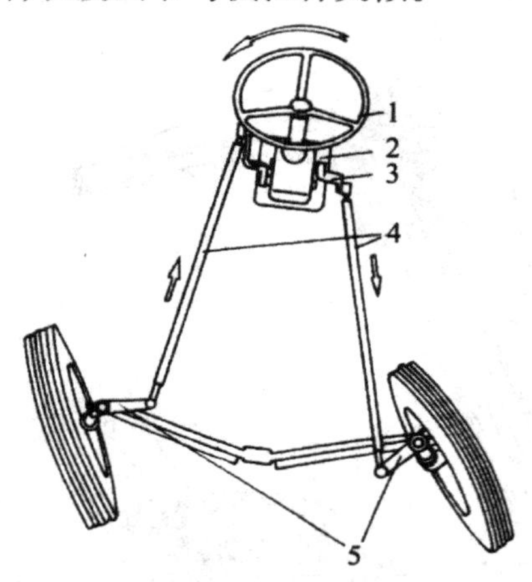

图 2-106　双拉杆式转向操纵机构

1. 方向盘　2. 转向器　3. 转向垂臂　4. 纵拉杆　5. 转向摇臂

2. 履带式拖拉机转向系统构造

履带拖拉机的转向系统由转向机构和操纵机构两部分组成。履带行走器相对机体不能偏转,它是利用转向机构传递给两侧驱动链轮扭矩的不同,从而使两侧行走器产生不同的驱动力,造成转向力矩实现转向。现有的履带拖拉机上采用的转向机构有离合器式、双差速器式和行星齿轮式三种,操纵机构主要是机械式(用两个操纵杆控制转向离合器)。

转向离合器与主离合器的工作原理相同,只是由于动力经变速箱和中央传动两极增扭后,转向离合器所传递的扭矩比主离合器传递的大得多,所以它是多片式结构,有湿式和干式两种。干式转向离合器摩擦片上的压力是靠弹簧产生的,湿式转向离合器加于摩擦片上的压力是靠弹簧、液压或弹簧加液压产生的。

东方红-802、红旗-100 型拖拉机都采用转向离合器。图 2-107 为东方红-802型拖拉机的转向离合器，在固定中央传动大锥齿轮的横轴两端，分别固定着左、右两个转向离合器的主动毂，每个主动毂的外圆齿槽上松套着片具有内齿的主动钢片，每两片钢片间有一片铆有摩擦衬片的从动片，片从动片具有外齿，与最终传动小齿轮轴联接的从动毂的内齿槽松动地套合，对大小弹簧通过销钉将滑套在横轴上的压盘压向主动毂，使主动片与从动片经常压紧。压盘颈部固定分离轴承，轴承座上固定有拨圈与分离叉联接。分离叉下端插入壳体轴套中，上端由盖板座内轴承支承，外伸部分与分离杠杆联接，分离杠杆通过推杆与操纵杆联接。

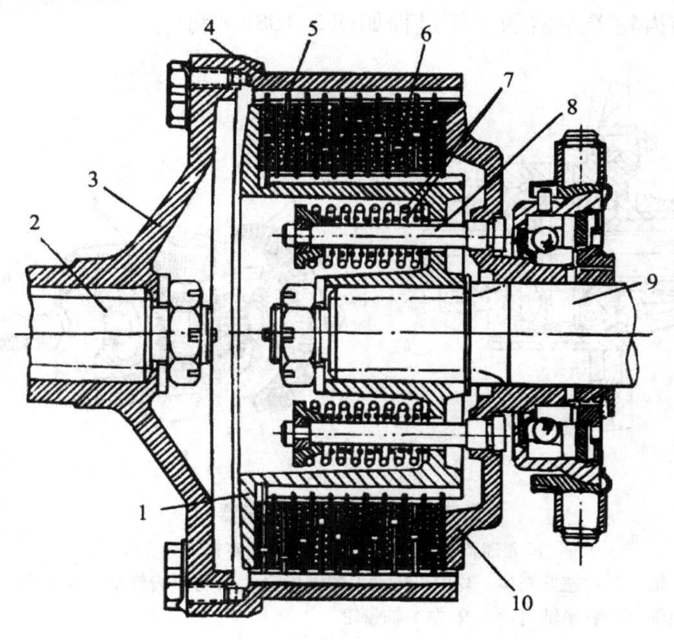

图2-107　东方红-802型拖拉机转向离合器

1. 主动毂　2. 最终传动主动轴　3. 从动毂接盘　4. 从动毂　5. 从动片　6. 主动片　7. 压紧弹簧　8. 弹簧拉杆　9. 横轴　10. 压盘

3. 差速器

差速器安装在轮式拖拉机的后桥中，其功用是把中央传动（有的拖拉机是最终传动）传来的动力传递并分配给两侧半轴，半轴将动力传递给最终传动或直接传递给驱动轮，在传递动力的同时，使内、外驱动轮能以不同的速度旋转，使拖拉机实现顺利转向。

目前我国生产的大中型轮式拖拉机广泛采用圆锥齿轮差速器（图2-108），这种形式的差速器的结构主要由两个半轴齿轮，两个行星齿轮，行星齿轮轴与差速器壳体等零件组成。

圆锥齿轮差速器的工作过程如图2-108b所示。

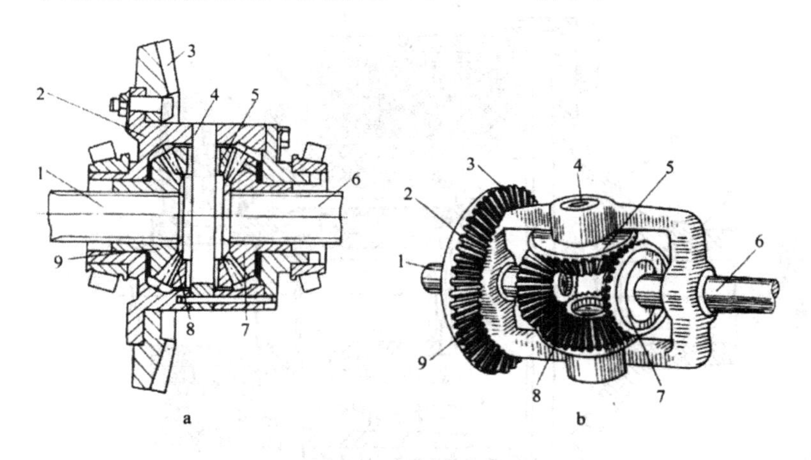

图2-108　圆锥齿轮差速器

a. 差速器的组成　b. 差速器的基本构造

1. 左半轴　2. 差速器壳体　3. 中央传动大圆锥齿轮　4. 行星齿轮轴　5、8. 行星齿轮　6. 右半轴　7. 右半轴齿轮　9. 左半轴齿轮

三、行走系统

1. 履带式拖拉机的行走系统

履带式拖拉机行走系统由驱动轮、履带、支重轮、支重台车、张紧

装置、导向轮及托带轮等零件组成。

悬架

机体重量全经弹性元件传递给支重轮的称弹性悬架，部分重量经弹性元件、部分重量经刚性元件传递给支重轮的称半刚性悬架。由两根槽钢焊成的支重台车，下面刚性联接各支重轮，上边安装导向轮及张紧装置和托带轮。在台车架后部内侧各焊有托架，利用其尾端轴承和台车架边轴承刚性地铰接在机体的后轴上。台车架前端与机体用悬架弹簧弹性联接，这样两台车架可各自绕后轴上下摆动。

东方红-802 型拖拉机行走器采用弹性悬架。它是各由两对支重轮和台车架组成的 4 个支重台车，分别安装在拖拉机两侧由前、后横梁 7 和 10 端部伸出的 4 根台车轴上，有滑动轴承，允许台车绕轴摆动，机体重量经台车轴传给台车（图 2-109）。

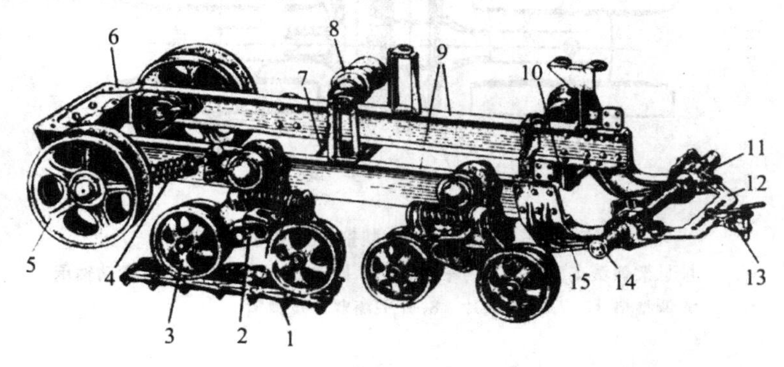

图 2-109　东方红-802 型拖拉机车架及行走系统

1. 履带板　2. 支重台车　3. 支重轮　4. 张紧装置　5. 导向轮　6. 车架前梁　7. 前横梁　8. 托带轮　9. 纵梁　10. 后横梁　11. 牵引板支座　12. 牵引板　13. 牵引叉　14. 后轴　15. 托架

每个支重台车（图 2-110）有前后两对支重轮，内、外平衡臂通过两个滚锥轴承支承在支重轮轴上，并用摆动轴相互铰接，较长的外平衡臂有孔经滑动轴承装在台车轴上，悬架弹簧被压缩在内、外平衡臂之间，用来承受机体的重量和缓和地面的冲击。当遇到障碍物时，支重轮抬高并进一步压缩悬架弹簧,越过障碍后弹簧作用使支重轮回到原来位置,并且台车轴离地高度不变,起缓冲作用和适应地面不平的情况,适用于较高速度的拖拉机。和半刚性悬架相比,其接地压力很不均匀,在松软土地上行驶滚动阻力较大。

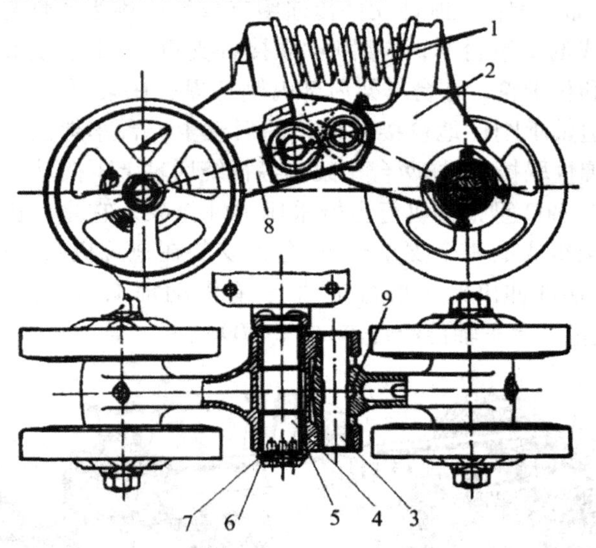

图 2-110　东方红-802 型拖拉机的弹性悬架

1. 悬架弹簧支重轮　2. 内平衡臂　3. 摆动轴　4. 台车轴　5. 滑动轴承　6. 调整垫片　7. 止推垫片　8. 外平衡臂　9. 锁销

履带与驱动链轮

每条履带由几十块同样的履带板铰接而成。东方红-802 型拖拉机采用整体式履带板(图 2-111)。每块履带板一端的 3 个销孔对正另一块履带板的 4 个销孔,用一端较粗的履带销插入后锁定而联接成一条履带,板下面有履刺,增加纵向与侧向的附着作用,板上面有凸起的导向筋,卡在每对支重轮的两轮缘间,防止履带滑落。板中凸起的节销与驱动链轮轮齿啮合。这种节销式啮合,驱动链轮轮齿可以是一个齿对应一块履带板的节销(东方红-802 型拖拉机),也可以是每隔一轮齿才与履带板节销啮合，如红旗-100型拖拉机。具有半刚性悬架的拖拉机多采用组成式履带板(图2-112)。每块履带板由带履刺的支承板和用螺栓固定其上的两根导轨组成。作为节销用的销套压入二导轨前端销孔中，与另一履带板二导轨后端销孔对正后压入履带销，销和销套能相对转动。这种封闭式铰接能减少泥沙的侵入，延长履带使用寿命。支承板和导轨可用不同材料制造并可单独更换。整条履带有一个可拆销，安装时打入锥形塞使之胀大于销孔内，拆卸时，利用锥形塞内螺纹拨出塞子，顶出可拆销，迅速解开履带。

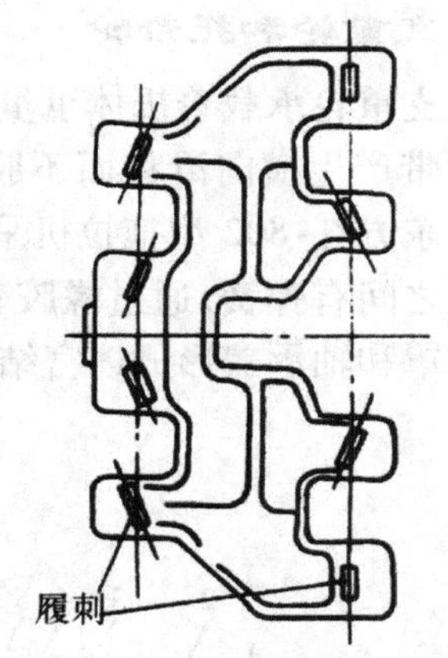

图2-111　东方红-802型拖拉机履带板

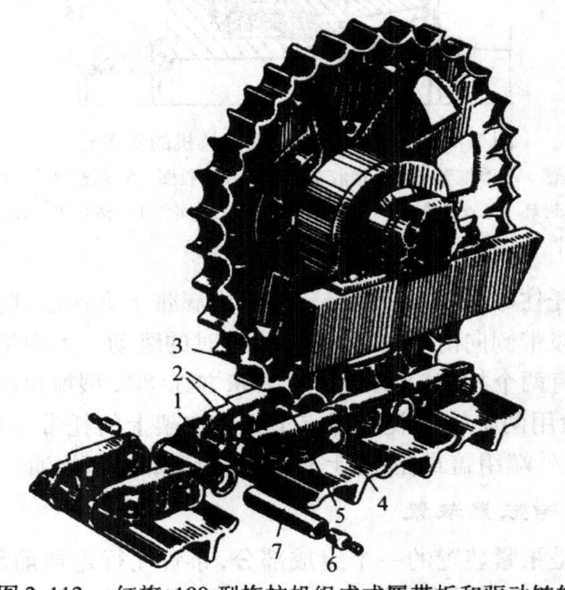

图2-112　红旗-100型拖拉机组成式履带板和驱动链轮

1. 支承板　2. 导轨　3. 驱动链轮　4. 履带销　5. 销套　6. 锥形塞　7. 可拆销

支重轮和托带轮

支重轮承载着机体重量沿履带导轨滚动，并能在拖拉机转向时夹持履带产生横向滑移而不脱落；支重轮常在泥水中工作，要求密封可靠。东方红-802 型拖拉机采用端面油封（图 2-113）。在轴承盖与支重轮之间有弹簧，通过橡胶套将大、小密封环之间的端面压紧，外面由密封罩和轴承盖形成迷宫结构。

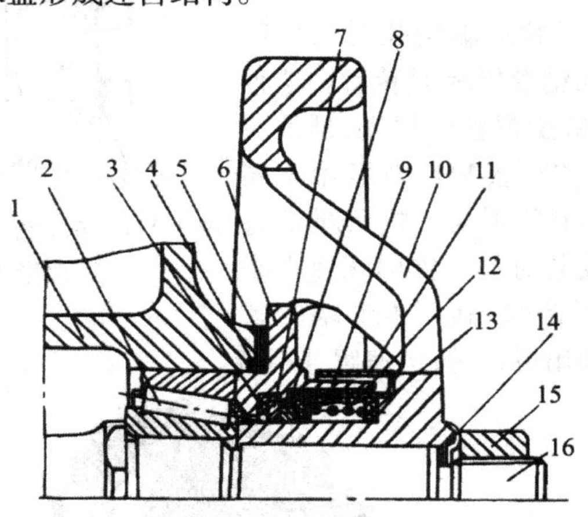

图 2-113　东方红-802 型拖拉机的支重轮

1. 平衡臂　2. 滚锥轴承　3. 橡胶支承环　4. 橡胶圈　5. 调整垫片　6. 轴承盖　7. 大密封环　8. 小密封环　9. 橡胶套　10. 支重轮　11. 密封罩　12. 弹簧　13. 垫片　14. 橡胶圈　15. 螺母　16. 支重轮轴

托带轮托住导向轮和驱动链轮之间的履带上方区段，防止履带下垂度过大和履带侧向滑落，减轻履带运动时的跳动。大中型履带拖拉机每条履带有两个托带轮，图 2-114 为东方红-802 型拖拉机的托带轮总成，托带轮用两个轴承装在固定于机体支架上的托带轮轴上，内端有端面油封，外端用盖封住，盖上有螺塞，用来加油和放油。

导向轮与张紧装置

导向轮是张紧装置的一个组成部分，布置在行走器前部，直径大如驱动链轮，以使履带卷绕均匀，减少冲击。半刚性悬架拖拉机张紧

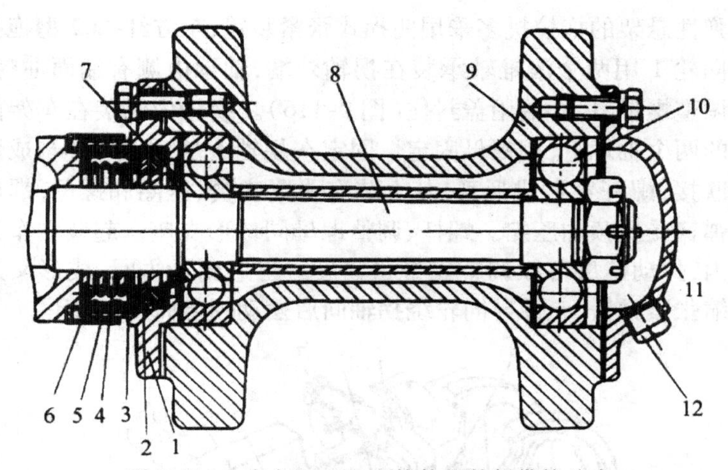

图 2-114　东方红-802 型拖拉机的托带轮总成

1. 轴承盖　2. 小密封环　3. 密封套　4. 压紧弹簧　5. 密封罩　6. 弹簧压圈　7. 大密封环　8. 托带轮轴　9. 托带轮　10. 轴承　11. 盖　12. 螺塞

装置多为滑动式,布置在台车架上。图 2-115 为红旗-100 型拖拉机的导向轮及张紧装置,导向轮用两个滚株轴承装在两端固定在滑块的轴上,滑块能沿台车架上的导向板滑动。固定在两个滑块上的张紧臂与螺杆联接,弹簧装在活动支架和固定支架之间,受到预加压缩,预加压缩力由调整螺母来调整。螺杆从活动支架中拧进或拧出,可改变张紧装置的工作长度,从而改变履带预紧度。当遇到冲击时,活动支架可进一步压缩弹簧,允许导向轮后移,起到缓冲作用。

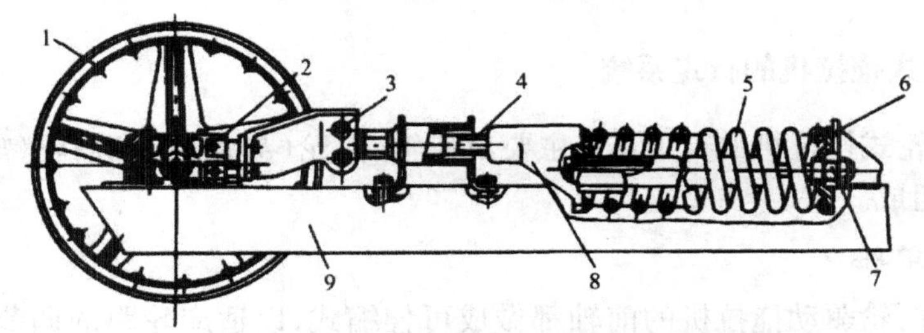

图 2-115　红旗-100 型拖拉机导向轮及张紧装置

1. 导向轮　2. 滑块　3. 张紧臂　4. 螺杆　5. 张紧弹簧　6. 固定支架　7. 调整螺母　8. 活动支架　9. 台车架

弹性悬架的拖拉机多采用曲拐式张紧装置,东方红-802型拖拉机的导向轮1用两个滚锥轴承装在拐轴外端,轴承内侧有端面油封,外侧有调整螺母,最外端用盖封住(图2-116)。拐轴内端装在车架前梁孔中的两个轴承上,用螺母固定。固定在拐轴上的插入耳环与成形叉用销联接,螺杆穿过成形叉,其上装有张紧弹簧、压圈和螺母,螺母使张紧弹簧受到预加压缩。螺杆、调整螺母同球形支座一起装在车架的顶架内,拧动螺母可以调整履带张紧度。当遇到冲击时,成形叉进一步压缩张紧弹簧,允许导向轮绕拐轴向后摆动,起到缓冲作用。

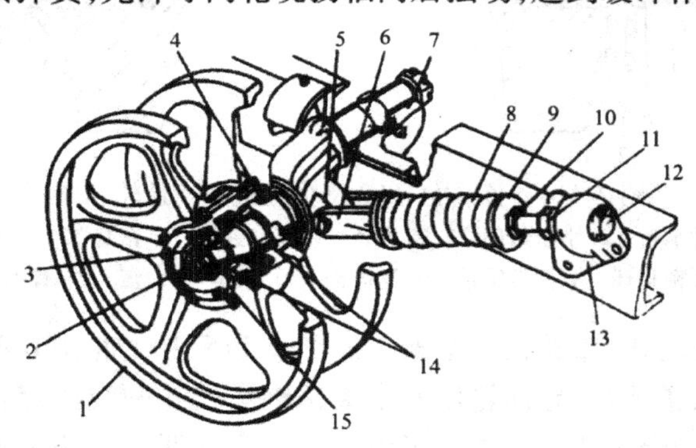

图2-116　东方红-802型拖拉机的导向轮及张紧装置

1. 导向轮　2. 螺母　3. 拐轴　4. 端面油封　5. 插入耳环　6. 成形叉
7. 车架前梁　8. 张紧弹簧　9. 支承压圈　10. 螺母　11. 张紧装置调整螺母
12. 螺杆　13. 顶架　14. 轴承　15. 盖

2. 轮式拖拉机的行走系统

轮式拖拉机的行走系统主要由前轴、前轮(导向轮)和后轮(驱动轮)组成。

前轴

两轮驱动拖拉机的前轴都做成可伸缩式,以适应轮距的调节,有套管式和板梁式两种。图2-117是上海-50型拖拉机的前轴,固定在发动机前下部的前轴支架与摇摆轴静配合,前轴外套管与摇摆轴间有滑动衬套,允许相对摆动。和两侧主销架焊成一体的左、右内套管,从两端插入前轴外套管中,内、外套管有多排等距通孔,左右各有3个螺栓插入不同孔内,获得3种轮距;1313(常用轮距)、1413和1513毫米。主销有衬套和止推轴承与主销架配合,上端用半月键与转向节臂联接,下端与前轮半轴焊成一体。导向轮通过轮毂支承在半轴的两个滚锥轴承上,由轴端调整螺母固定,防止轮毂松脱。两个滚锥轴承正常间隙值为0.05~0.25毫米,超过0.5毫米要用调整螺母调整。

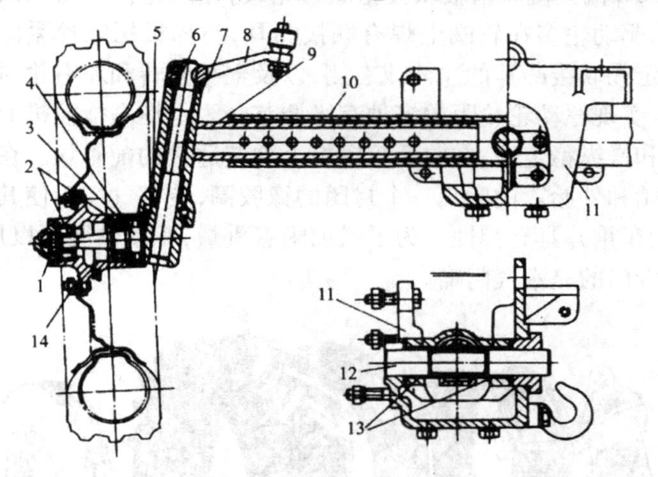

图2-117　上海-50型拖拉机的前轴

1. 调整螺母　2. 轴承7508、7605　3. 导向轮毂　4. 半轴　5. 轴承8109　6. 主销　7. 主销架　8. 转向节臂　9. 内套管　10. 外套管　11. 前轴支架　12. 摇摆轴　13. 衬套　14. 轮毂螺栓

板梁式结构与套管式类同,用前轴板梁代替外套管与摇摆轴铰接,和两侧主销架焊成一体的左右板梁代替左右内套管,各用螺栓按要求轮距与前轴板梁固紧。

前轮定位

前轮和使前轮转向的主销安装位置都不垂直于地面,有主销内倾、后倾,前轮外倾和前束,这些统称为前轮定位。其作用是保持拖拉机直线行驶的稳定性和转向操纵轻便。

车轮

由外胎、内胎、轮圈、辐板和轮毂等组成(图2-118)。导向轮轮毂通常经过两个滚锥轴承安装在与主销焊成一体的半轴上(图2-117)。驱动轮轮毂直接安装在驱动轮轴上。有些拖拉机后驱动轮轮毂用花键或平键安装在驱动轮轴上,可以实现后轮轮距的无级调节,如铁牛600L、650L拖拉机。辐板联接轮圈与轮毂,导向轮辐板与轮圈大多焊成一体,驱动轮多在轮圈上焊有联接凸耳,与辐板用螺栓紧固。通过辐板固定在联接凸耳的左侧或右侧,以及辐板翻转和左右轮对换的组合,可以实现驱动轮轮距的多种有级调节。为了提高拖拉机的牵引附着性能和操纵稳定性,在前后轮辐板上加装适量的配重块。在轮圈上装有内胎和外胎。内胎是一个封闭的橡胶圈,装有气门嘴使其充满气体,承受车重并具有弹性。为了增加附着重量,驱动轮胎可以加水,这时要用专门的充水气门嘴。

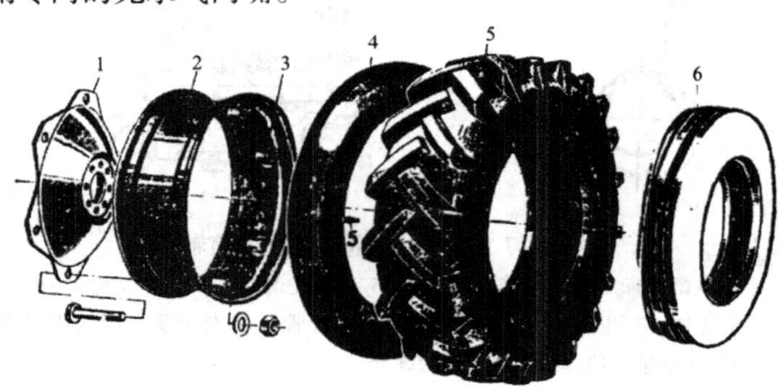

图2-118　车轮组成

1.辐板　2.轮圈　3.联接凸耳　4.内胎　5.驱动轮外胎　6.导向轮外胎

外胎由胎面、缓冲层、帘布层、胎侧和钢丝圈等组成(图2-119)。帘布层是多层挂胶布交错贴合并绕制在钢丝圈上,它保持外胎的形状,承受内胎的压力,钢丝圈使外胎紧箍在轮圈上。胎面、胎侧都是保护帘布层的橡胶层。各帘布层之间帘线有一定交角时称为斜交线轮胎。各帘布层之间帘线没有交角，且帘线排列与车轮圆周成90°时称为子午线轮胎。子午线轮胎帘线排列与轮胎主要变形方向一致，帘布层强度得到充分利用，因而这种轮胎附着性能好，滚动阻力小，容许载荷大，近年来得到广泛应用。胎面由很厚的耐磨橡胶层构成，表面有花纹，花纹的型式有多种，农用拖拉机导向轮常用具有3条轴向凸起的条形花纹（图2-118），以提高抵抗侧滑的能力。驱动轮常用“八”字形越野花纹，花纹的主要作用是在松软潮湿的地面上，提高车轮对土壤的抓着能力（附着作用），以增大驱动力和减少打滑。安装时“八”字形的字顶从上边看必须朝向拖拉机前进方向，以保持良好的自行除泥的能力。在轮胎侧面都标注安装方向的箭头和尺寸规格。

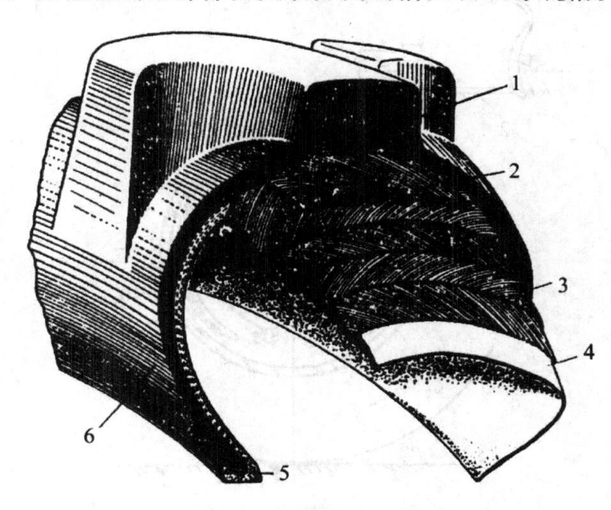

图2-119　外胎的构造

1.胎面　2.缓冲层　3.帘布层　4.胶层　5.钢丝圈　6.胎侧

四、制动系统

1. 制动系统的功用与类型

制动系统的功用：按照需要使拖拉机减速或在最短距离内停车；

下坡行驶时限制车速;协助或实现转向;使拖拉机可靠地停放原地,保持不动。

拖拉机上广泛采用机械摩擦式制动器,它的形式主要有带式,蹄式和盘式三种,且大多为干式制动器。

2. 制动系统的组成

行车制动装置和驻车制动装置都由产生制动作用的制动器和操纵制动器的传动机构组成。图 2-120 所示的行车制动装置即由车轮制动器和液压式简单传动机构两部分组成。

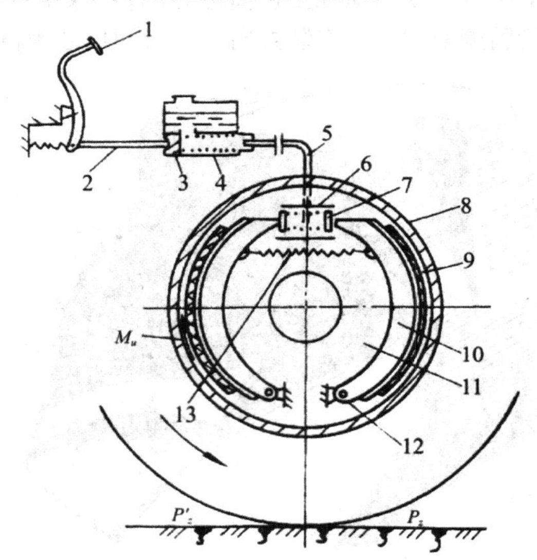

图 2-120　制动器的组成

1. 制动踏板　2. 推杆　3. 主缸活塞　4. 制动主缸　5. 油管　6. 制动轮缸　7. 轮缸活塞　8. 制动毂　9. 摩擦片　10. 制动蹄　11. 制动底板　12. 支承销　13. 制动蹄回位弹簧

车轮制动器由旋转部分、固定部分和张开机构所组成。旋转部分是制动毂 8,它固定在轮毂上并随车轮一起旋转。固定部分主要包括制动蹄 10 和制动底板 11 等。制动蹄上铆有摩擦片 9,制动蹄下端套在支承销 12 上,上端用回位弹簧 13 拉紧压靠在轮缸 6 内的活塞 7 上。支承销 12 和轮缸 6 都固定在制动底板 11 上。制动底板用螺钉与转向节凸缘(前桥)或桥壳凸缘(后桥)固定在一起。制动蹄靠液压轮缸使其张开。不制动时,制动毂 8 的内圆柱面与摩擦片 9 之间保留一定的间隙,使制动毂可以随车轮一起旋转。

液压式简单传动机构主要由制动主缸 4,轮缸 6,踏板 1,推杆 2 和油管 5 等组成。

3. 制动器的构造

带式制动器

其制动元件为一条铆有摩擦衬片的环形钢带,旋转元件是一个称为制动毂的金属圆筒。根据制动时拉紧制动带的方式的不同,可分为单端拉紧式、双端拉紧式和浮式三种。

(1)单端拉紧式(图 2-121a):当拖拉机前进时制动,制动毂逆时针旋转,由于制动带与制动毂接触后,制动带所受摩擦力将使固定端进一步拉紧,故此端称为紧端,而操纵端的制动带则有被放松的趋势,故称松端。S_1和 S_2分别表示紧端和松端的拉力。

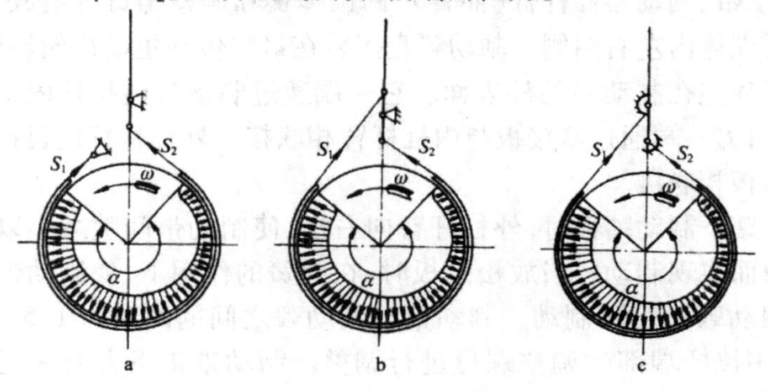

图 2-121　带式制动器简图

a. 单端拉紧式　b. 双端拉紧式　c. 浮式

S_1. 制动带紧边的拉力　S_2. 制动带松边的拉力　α. 摩擦衬带对制动毂的包角

东方红-802 型拖拉机的带式制动器紧端的拉力为松端拉力的4.2 倍,起到自行助力的作用,使操纵省力,但制动过程不够平顺。同理,当拖拉机倒退行驶制动时,松紧端互换,这时所需的操纵力将增大数倍之多,致使操纵费力。

(2)双端拉紧式制动器的(图 2-121b)制动带两端均与杠杆铰链联接。制动时,制动带的两端同时拉紧,不论拖拉机前进或后退,可用同样的操纵力获得相同的制动效果,同时,为消除制动带与制动毂之间的间隙所需的踏板行程可减小,因此有条件增大操纵机构的传动比。这样可使其实际的操纵力控制在单端拉紧式制动毂正反转时所需的操纵力之间。这种带式制动器的制动过程较单端拉紧式平顺,长春-40 型拖拉机用这种制动器。

(3)浮式制动器(图 2-121c)的作用原理与单端拉紧式相同,所不同的是松紧端随制动毂的旋转方向的改变而彼此互换,且始终使松端与踏板相连。因此,无论拖拉机前进或倒退行驶制动时,制动器均起自行助力作用,使操纵轻便。缺点是:构造较复杂,调整不便,制动过程也不够平顺。红旗-100 型拖拉机采用这种制动器。

图 2-122 所示为东方红-802 型拖拉机的带式制动器。它由制动毂、制动带、制动器杠杆臂(曲臂)、回位弹簧和调整螺钉等组成,安装在后桥壳体内左右两侧。制动毂直接装在最终传动主动齿轮轴内端。制动带环包在制动毂的外表面。它一端通过制动带内拉杆固定在后桥盖上;另一端通过联接板与内杠杆臂相联接。外杠杆臂通过拉杆与制动踏板相联接。

当踏下制动踏板时,外杠杆臂向右摆,使制动带间隙减小以抱紧制动毂而实现制动。当放松踏板时,在弹簧的作用下,使制动带逐渐离开制动毂而解除制动。制动带与制动毂之间的间隙为 1.5 ~2 毫米,可用拉杆端部的调整螺母进行调整。制动带正下方有一托带螺钉,用来保证制动带与制动毂的下部间隙。带式制动器结构简单,但存在操纵费力、制动不够平顺、摩擦衬片磨损不均匀、散热性差和有较大径向力等缺点,目前在轮式拖拉机上已经很少采用。在履带拖拉机上,由于可利用转向离合器从动毂作为制动器的制动毂,所以仍较多采用。

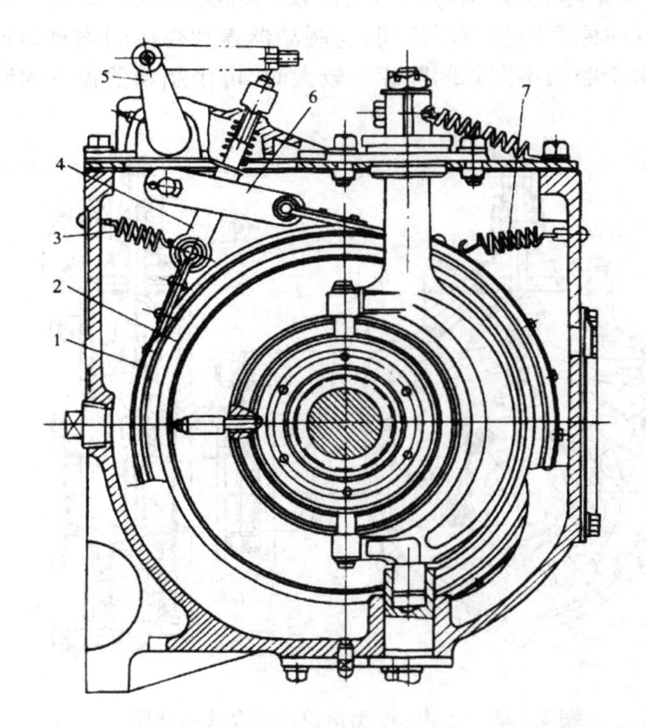

图 2-122　东方红-802 型拖拉机的单端拉紧式带式制动器

1. 制动带　2. 制动毂　3. 制动带后拉簧　4. 制动带拉杆　5. 制动器杠杆臂　6. 制动带联接板　7. 制动带前拉簧

盘式制动器

盘式制动器旋转元件是两个端面铆有摩擦衬片的摩擦盘（图2-123），用花键与传递动力的轴联接，并能轴向移动。制动元件是装在两摩擦盘之间的一对压盘和两摩擦盘两侧的固定盘。固定盘是固定在机体上的制动器盖与制动器壳体，它们有与摩擦盘对应的加工表面。一对压盘浮动地支承在制动器壳体的 3 个凸台上，能在较小角度内相对转动，并能沿壳体凸台轴向移动，而压盘内端面有 5 个球面斜槽，槽中装入钢球，由弹簧将两压盘拉紧，未制动时使钢球落入球面斜槽深处。这时两摩擦盘与压盘间、与制动器盖和壳体间均有间隙，左、右制动器由于磨损不同总间隙相差较大时，可用制动器盖下的调整垫片来调整。

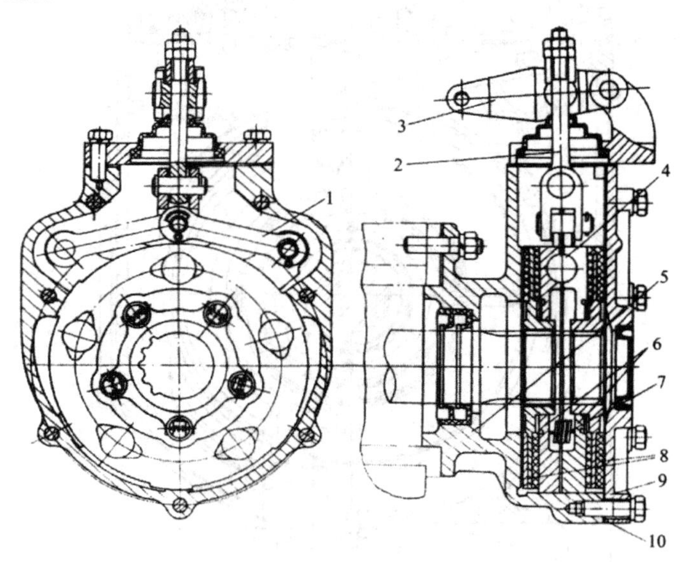

图 2-123　上海-50 型拖拉机的盘式制动器

1. 斜拉杆　2. 直拉杆　3. 摇臂　4. 钢球　5. 制动器壳体　6. 压盘　7. 弹簧　8. 摩擦盘　9. 制动器盖　10. 调整垫片

制动时踩下踏板，通过拉杆、直拉杆和两个斜拉杆，使两压盘相对转动，钢球便从球槽深处向浅处滚动；使两压盘向两侧撑开，将转动着的两个摩擦盘分别压紧在制动器壳体和制动器盖上，摩擦面间产生的摩擦扭矩，把轴及驱动轮制动住。松开制动，回位弹簧将踏板拉回原位，弹簧将两压盘拉回复原，钢球又滚回槽底，恢复了摩擦盘两侧的间隙。

盘式制动器在拖拉机前进或倒退时都有助力作用，使操纵省力。从图 2-124b 可以看出，如摩擦盘顺时针旋转，当摩擦盘受压时摩擦力矩使压盘跟着转动，在压盘2的凸耳B顶在壳体上的凸台B_1时就不能再动，而压盘1在摩擦盘带动下相对压盘2继续转动，迫使钢球进一步将二压盘撑开压紧摩擦盘，从而增大摩擦扭矩。这一段并不需更大操纵力，便能增强制动效果。如摩擦盘逆时针旋转，和上述过程相似(图2-124c)。使用中摩擦盘衬片会磨损，使踏板自由行程变大，可通过改变与踏板联接的拉杆长度和转动直拉杆上的调整螺母进行调整。

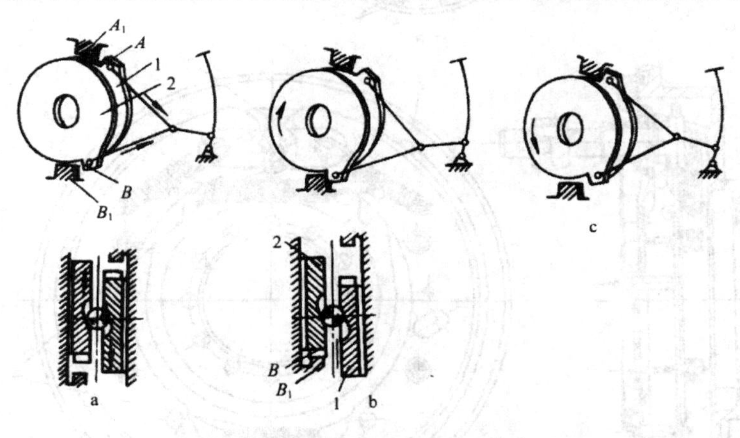

图2-124　盘式制动器的制动过程

a. 开始制动时　b、c. 有增力作用时

A. 压盘1凸耳　B. 压盘2凸耳　A_1、B_1. 壳体凸台

蹄式制动器

蹄式制动器旋转元件是固定在传递动力轴上的制动毂，与带式制动器不同的是它利用毂的内圆表面做工作面。制动元件是两块半圆形的制动蹄，制动蹄外圆表面铆有摩擦衬片，蹄的一端铰接在不动的壳体上，另一端用弹簧将两蹄拉紧靠在由操纵机构控制的凸轮上(图2-125a)。蹄与毂间保持一定间隙。制动时踩下制动踏板，通过制动操纵机构转动凸轮，使两蹄向外张开，压紧在制动毂内圆表面上，摩擦力迫使制动毂停转，驱动轮被制动。松开踏板，弹簧使制动蹄恢复原位，制动作用解除。

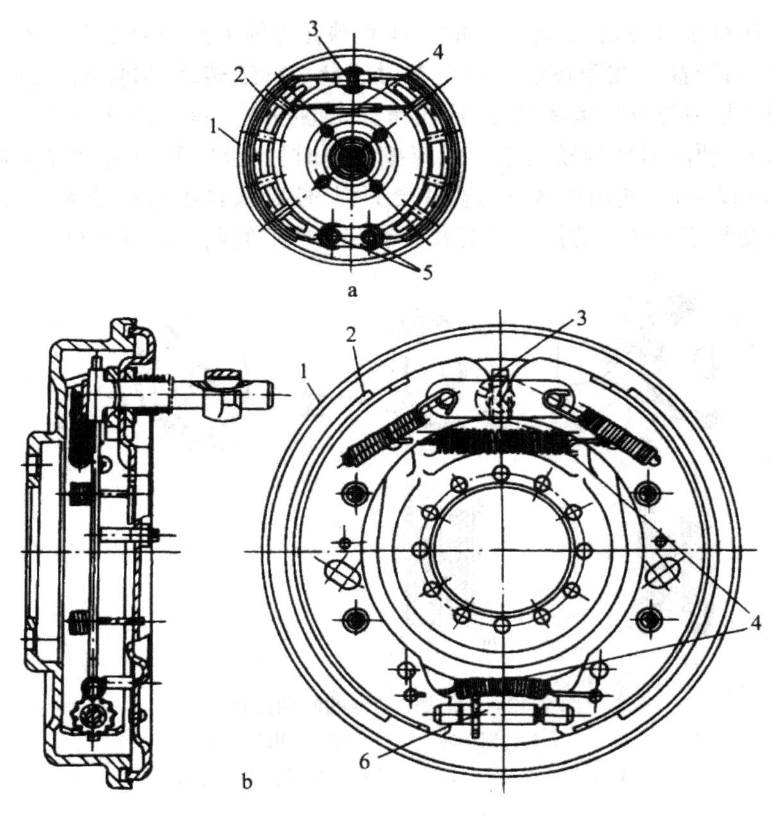

图 2-125　蹄式制动器简图

a. 非平衡式　b. 自动增力式

1. 制动毂　2. 制动蹄　3. 制动凸轮　4. 回位弹簧　5. 偏心销　6. 联接杆

在制动过程中制动毂与两蹄的摩擦作用不同，当制动毂逆时针转动时，左蹄离开凸轮对制动毂有越压越紧的趋势（紧蹄），右蹄压向凸轮有离开制动毂的趋势（松蹄），因而左蹄与制动毂作用的法向力和摩擦扭矩都比右蹄大，这种制动器称为非平衡式制动器。这样车辆前进时的紧蹄摩擦片磨损要比松蹄严重，所以有些制动器该紧蹄摩擦片设计的比松蹄周向尺寸长。图 2-125b 为自动增力式制动器，二蹄下端浮动，并用联接杆铰接，上端各有一固定销。制动时二蹄被制动毂带动，使右蹄抵紧固定销，联接杆将左蹄压力传给右蹄，增加右蹄压向制动毂的作用力，使制动效果增强，制动毂顺时针旋转效果一样。

制动蹄与制动毂间隙磨损增大应能调整，上部可用机构使凸轮预先张开一定角度，下部两蹄单独铰接可采用偏心销，如用联接杆可采用使杆能伸长的结构。

五、工作装置

1. 液压悬挂装置

液压悬挂装置的功用与组成

液压提升和控制农机具的整套装置叫做液压悬挂装置，其功用是联接和牵引农机具；操纵农具的升降；控制农具的耕作深度或提升高度；给拖拉机驱动轮增重，以改善拖拉机的附着性能；把液压能输出到作业机械上进行其他操作。

液压悬挂装置由悬挂机构、液压系统、操纵机构三部分组成。

(1)悬挂机构用来联接农具，传递液压升降力和拖拉机对农具的牵引力，并保持农具正确的工作位置。主要由提升臂和一些杆件组成。根据悬挂机构与机体的联接点数，可分为两点悬挂和三点悬挂，大功率拖拉机常采用两点式悬挂方式；中、小功率拖拉机多采用三点悬挂方式。

(2)液压系统是提升农机具的动力装置，由液压泵、油缸、分配器等液压元件和附属装置组成。液压泵是将机械能转变为液压能的动力元件；油缸是将液压泵提供的液压能转变为升降农具机械能的执行元件；分配器用以控制油流的方向、流量和压力，来满足不同工况需要的控制元件；附属装置包括油管、油箱和滤清器等。通过油管将各液压元件和油箱、滤清器按一定方式联接起来，构成液压系统。

(3)操纵机构用来操纵分配器的主控制阀，以控制油流的方向。它由手柄操纵机构和自动控制机构两部分组成。

悬挂机构

它是一套杆件机构，用来挂接悬挂式农机具，并将牵引力和升降力传递给农具。悬挂机构一般都布置在拖拉机后面，称后悬挂。也有前悬挂、轴间悬挂、侧悬挂以及综合悬挂（后面和两侧）。后悬挂机构的组成如图2-126提升杆件有内提升臂固定在提升轴上，提升轴的两端固定有左、右提升臂，并有左、右提升杆分别和左、右提升臂铰接。牵引杆件有上拉杆和左、右下拉杆，它们一端铰接在拖拉机机体上，另一端和悬挂农具的三角形悬挂架铰接。左、右提升杆的下端分别同左、右下拉杆铰接。油缸内活塞移动，活塞杆端顶内提升臂使提升轴转动，左、右提升臂带动左、右提升杆并拉动左、右下拉杆，使农具升降。

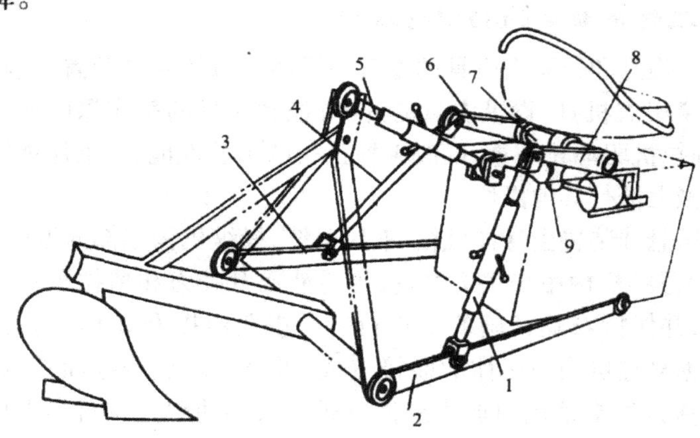

图2-126　悬挂机构的组成

1. 右提升杆　2. 右下拉杆　3. 左下拉杆　4. 左提升杆　5. 上拉杆　6. 左提升臂　7. 提升轴　8. 右提升臂　9. 内提升臂

农具与拖拉机三点悬挂，使农具相对拖拉机偏摆较小，直线行驶稳定，但作业中一旦走偏，机组的行驶方向不易矫正。大型拖拉机悬挂重型或宽幅机具作业时通常采用两点悬挂，工作中农具相对拖拉机可做较大偏摆，类似牵引农具，能轻便地矫正行驶方向。东方红-802

型拖拉机可以将三点悬挂改变成两点悬挂(图 2-127),就是将左、右下拉杆固定在机体下轴的一个铰接点——中央铰链销上。中央铰链销在下轴上位于向右偏离拖拉机纵向对称平面 80 毫米(带宽幅农具)和 140 毫米(带窄幅农具)两处,调节上拉杆的铰接点与中央铰链销应在同一纵垂面上。

在下拉杆上有左、右限位链同机体联接,长短可以调整。作业时允许农具有一定横向摆动,使之容易躲开侧向障碍,减少损坏的可能性;提升至运输位置时不许摆动,以防农具碰撞后轮或刮到路旁树木。

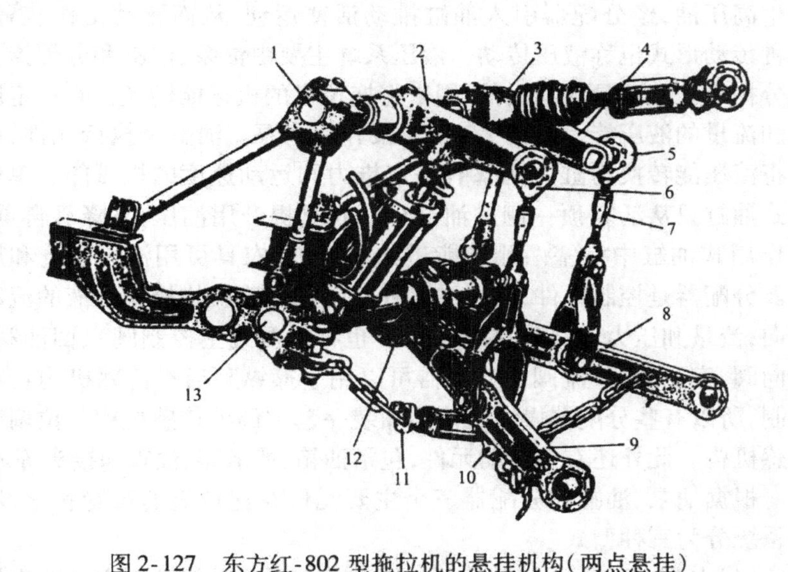

图 2-127 东方红-802 型拖拉机的悬挂机构(两点悬挂)

1. 提升轴 2. 左提升臂 3. 上拉杆 4. 右提升臂 5. 右提升杆 6. 左提升杆 7. 调整螺母 8. 右下拉杆 9. 左下拉杆 10. 右限位链 11. 左限位链 12. 中央铰链销 13. 下轴

上拉杆长短可以调整,主要保证农具前后方向上的水平,使耕深一致。缩短上拉杆可以提高机组运输时的通过性。有些拖拉机上装有加载板,上拉杆可以铰接在加载板上高低不同位置的孔中,根据不同土质,用以调节入土能力和农具转移到拖拉机驱动轮上的附着重量。

左、右提升杆的长短可以调整，保证农具工作部件左右方向上的水平一致。轮式拖拉机带悬挂犁耕地，右侧车轮走在犁沟底，拖拉机机体向右倾斜，为保持耕深一致必须要犁架水平，所以左、右提升杆要求长度不等且随耕深不同变化。通常右提升杆有专门手柄控制一对锥齿轮来调节其长短。

液压系统

它是用油液来传递和转换能量的一套机构。由拖拉机带动油泵产生高压油，经分配器引入油缸推动活塞运动，从而驱动工作装置。这种传动形式也称液压传动。液压系统主要由油泵、油缸和分配器三部分构成。油泵是动力元件，用来将拖拉机的机械能转换为有一定压力和流量的液压能，常见的有齿轮泵和柱塞泵。油缸是执行元件，用来将液压能转换为缸中活塞有一定推力和运动速度的机械能。单作用式油缸只从活塞顶一侧进油、出油，农具提升用油压，下降靠自重；双作用式油缸中活塞两侧都能进油和回油，农具可用油压提升和压降。分配器是控制元件，它通过各种阀门和传感机构控制油液的流动方向，流量和压力，阀门包括分配阀（也称滑阀或主控制阀）、回油阀、单向阀、安全阀、节流阀。分配器可以用手操纵和通过传感机构自动控制，所以有些分配器操纵机构要加装一套力调节传感机构与位调节传感机构。此外还有些辅助元件，包括油箱、滤清器、油管和接头等。

根据油泵、油缸和分配器三个主要元件在拖拉机的布置状况，液压系统分为三种型式。

（1）分置式液压系统的油泵、油缸、分配器和油箱分别安装在拖拉机的不同位置，相互间用油管联接。东方红-802 型、铁牛-55/600L 型拖拉机均采用分置式液压悬挂系统。它们所用的液压泵、油缸和分配器等主要部件除规格不同外，结构原理基本相同。液压泵装在发动机的左前方，由风扇驱动齿轮驱动，采用爪形联轴器来接合和分离液压泵的动力。分配器安装在主驾驶座位的左侧。由于需要用液压强制入土，所以采用双作用油缸，并布置在拖拉机的后部（若装推土铲，则安装于前部）。而油箱则安装在驾驶室左侧底板下，并用油管将这些部件联接起来。

分置式液压系统采用齿轮式油泵，分配器的滑阀有提升、压降、中立和浮动4个位置（图2-128）。

滑阀是液压系统内的主控制阀，共有六个台肩，台肩与阀体上的阀孔经过精密加工，装配时分组选配。滑阀中段是主要部分，担负控制液压系统内部油流方向的任务；上段是回油阀的开关；下段是滑阀自身定位和回位的机构。移动滑阀，可以得到提升、中立、压降和浮动四个位置。

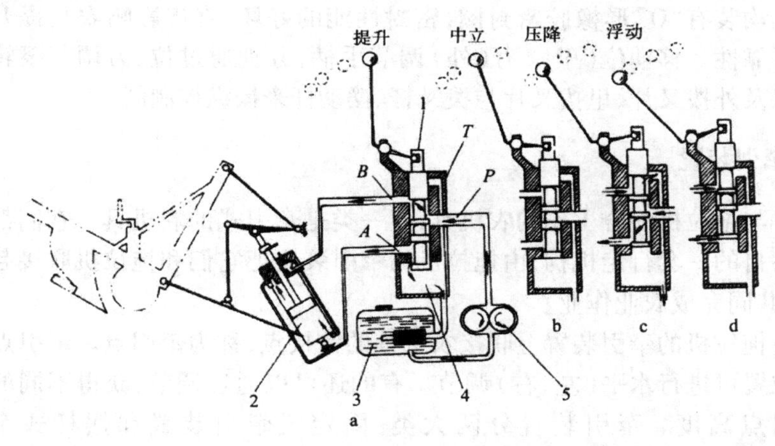

图2-128　分置式液压悬挂系统作用原理

a. 提升　b. 中立　c. 压降　d. 浮动

A. 通油缸下腔　B. 通油缸上腔　T. 回油道　P. 进油道

1. 滑阀　2. 双作用油缸　3. 油箱　4. 分配器　5. 油泵

（2）半分置式液压系统多用于国产轮式拖拉机，如铁牛-650型、东风-50型、泰山-25型等。它们的组成和结构基本相同，均具有力、位调节机构，并采用3系列单作用油缸，该油泵有三种排量：CB306、CB310、CB314。除铁牛-650型外，均采用外啮合系列齿轮泵，单独布置，便于大批生产油泵。改变齿轮宽度可以得到不同排量的一系列油泵，零件通用化程度较高。工作原理和结构基本和前述分置式液压系统的油泵相同。分配器和操纵机构装成一个提升总成,兼作后桥壳体的盖。液压系统除能提升农具外,还具有力、位调节两种自动控制耕深的机构。

(3)整体式液压系统由滤清器、油泵、控制阀组成液压机构总成,固定在传动箱壳体的内壁上,并浸入传动箱壳体的油液中,利用齿轮油作为工作油液。油泵驱动轴是动力输出轴的中段,其动力的接合和分离,由传箱壳体右侧的油泵离合手柄来操纵。单作用油缸与操纵机构组成提升器总成,装在提升器盖内,油泵与油缸间用高压油管相连,两端均装有"O"形橡胶密封圈,密封性能的好坏,直接影响农具提升的可靠性。移动位(里)、力(外)调节手柄,分别通过位、力调节滚轮架以及外拨叉片、里拨叉片与拨叉杆、摆动杆来操纵控制阀。

2. 牵引装置

与拖拉机配合工作的农机具,有一类是牵引式的农机具。它们都有各自的一套行走机构,由拖拉机的牵引装置把它们和拖拉机联接起来,共同完成农业作业。

拖拉机的牵引装置上联接农机具的铰接点,称为牵引点。牵引点的位置可进行水平(左、右)调节。有的还可以通过调节,获得不同的牵引点高度。牵引装置分两大类:固定式牵引装置和摆杆式牵引装置。

固定式牵引装置

图2-129是东方红-802型拖拉机的牵引装置,属于固定式。牵引板通过两个销子和固定在机架上的支座联接,牵引叉(挂钩)用插销与牵引板铰接,农具则用牵引销挂接在牵引叉的后部。不同种类农机具同拖拉机挂接点的位置有所不同,要求牵引叉在水平方向和高度方向能够调整。牵引板有5个孔,允许调节牵引叉的水平位置。将支座和牵引板各翻转180°,可得到4种不同的离地高度。

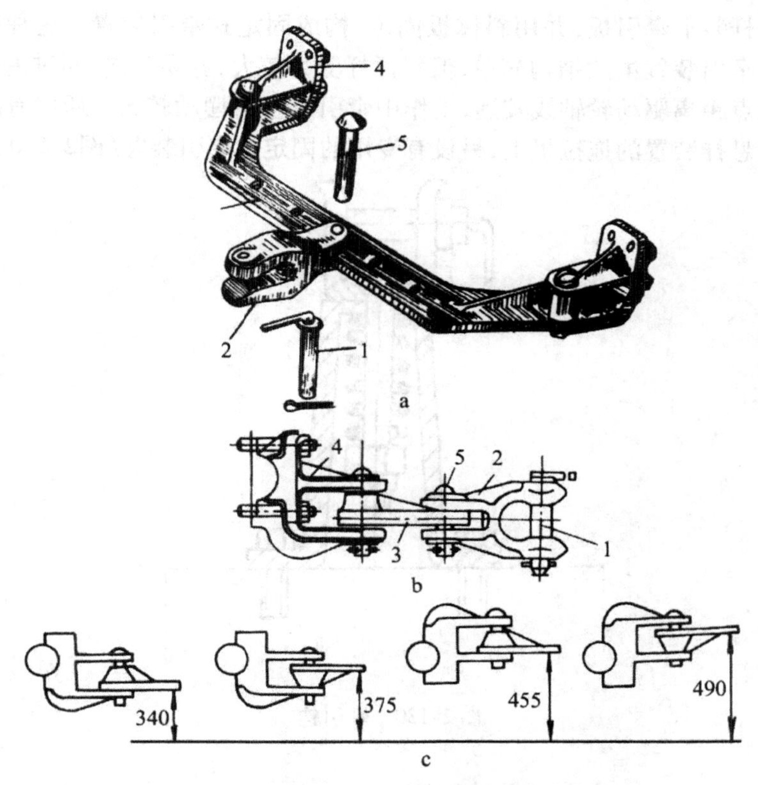

图 2-129　方红-802 型拖拉机的牵引装置

a. 外形图　b. 结构图　c. 四种离地高度

1. 牵引销　2. 牵引叉　3. 牵引板　4. 支座　5. 插销

在轮式拖拉机上，常用悬挂机构左、右下拉杆装上牵引板和牵引叉，并用限位链锁紧，构成牵引装置。为了牵引挂车同时装有专用的挂车牵引钩。

固定式牵引装置由于结构简单，因而被广泛采用。但用在大功率拖拉机上时，由于其摆动中心常在驱动轮轴线之后，牵引农机具工作时，一旦走偏方向，纠正行驶方向较为困难。转向时的转向阻力矩也较大，致使转向困难。在多数轮式拖拉机上，常利用悬挂机构的左右下拉杆装上牵引板，并用斜撑板固定，构成固定式牵引装置。这种固定式牵引装置虽然结构简单，但斜撑杆受力较大，容易弯曲，同时由于牵引点距离驱动轮轴线较远，工作中牵引点左右摆动较大。所以有的具有悬挂装置的拖拉机上，另设有专用的固定式牵引装置(图2-130)。

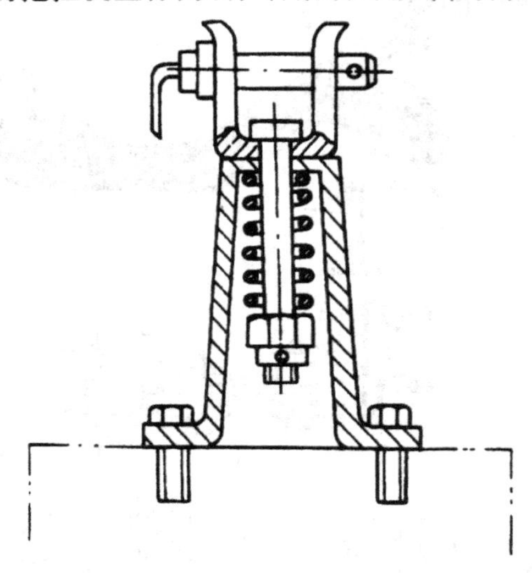

图 2-130　牵引钩

摆杆式牵引装置

如图 2-131 所示，杆 6 的前端，用轴销 1 与拖拉机身相铰联。此铰联点也就是牵引杆的摆动中心。摆杆式牵引装置的摆动中心，一般都位于拖拉机驱动轮轴线之前。牵引杆 6 的后端，通过牵引销 5 与农机具辕杆联接。因为牵引杆 6 可以横向摆动，挂结农机具比较方便。工作中牵引杆 6 也可以左右摆动。但在拖拉机牵引农机具倒退时，必须将定位销 4 插入牵引杆 6 和牵引板 7 的孔中，牵引杆 6 便不再摆动。采用摆杆式牵引装置，由于摆动中心在驱动轮轴线之前，当农机具工作阻力的方向与拖拉机的行驶方向不一致时，迫使拖拉机转向的力矩较小，即拖拉机的直线行驶性较好，当拖拉机转向时，因农机具而产生的转向阻力矩也较小，使拖拉机能比较容易地转向。这种装置的结构比较复杂，一般都用于大功率的拖拉机上。红旗-100 型拖拉机的牵引装置便是采用摆杆式的牵引装置。

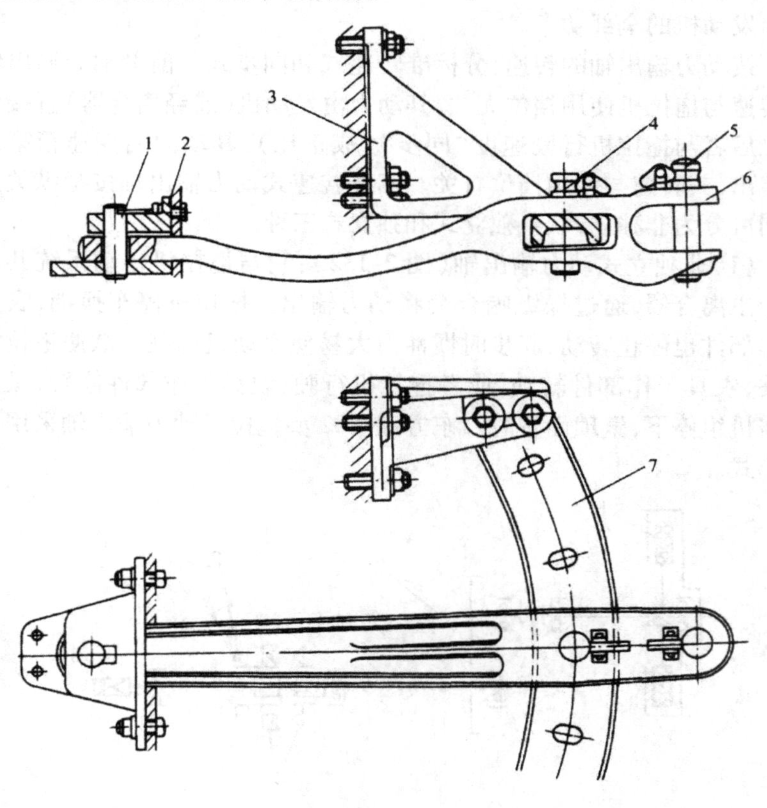

图 2-131　摆杆式牵引装置

1. 轴销　2. 前支架　3. 后支架　4. 定位销　5. 牵引销　6. 牵引杆　7. 牵引板

3. 动力输出装置

动力输出轴的作用与分类

动力输出轴可给自身不具备动力装置的收获机械、播种机、施肥机和喷雾、喷粉机械提供动力。此时，动力输出轴传出发动机的部分功率。有些固定作业机具,可用拖拉机动力输出轴直接带动或通过皮带轮驱动,如脱粒机、饲料粉碎机、排灌机械和发电设备等。此时,可传出发动机的全部功率。

按动力输出轴的转速,分标准转速式和同步式。前者动力输出轴的转速与拖拉机使用挡位无关,其动力由发动机(或经离合器)直接传递。后者与拖拉机行驶速度"同步"(成正比),其动力由变速箱第二轴传出,其转速与使用挡位有关。标准转速式动力输出轴按操纵关系不同可分为非独立式、半独立式和独立式三种。

(1)非独立式动力输出轴(图2-132):它与拖拉机传动系统共用一个主离合器,通过操纵啮合套将动力输出。拖拉机停车换挡,农具工作部件也停止转动,起步时惯性力大易使发动机超载。欲使拖拉机停驶,农具工作部件转动,或者拖拉机行驶,农具工作部件停转,操作都需机组停下,繁琐而费时。东方红-802型拖拉机动力输出轴采用这种形式。

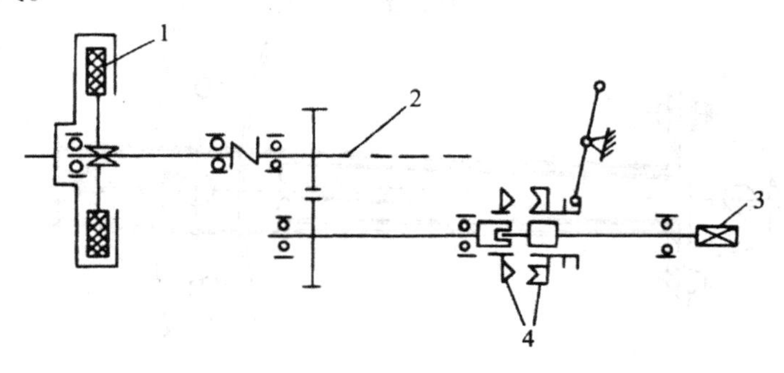

图2-132　非独立式动力输出轴简图

1. 离合器　2. 变速箱第一轴　3. 动力输出轴　4. 啮合套

(2)半独立式动力输出轴(图2-133):大中型拖拉机上广泛采用。它的动力由双作用离合器中的副离合器传出,经接合器传到动力输出轴。副离合器与主离合器的操作关系是后分离先接合,可使拖拉机停驶农具工作部件仍可转动,机组起步前农具工作部件先转起来,减轻起步时发动机的负荷。在机组行驶中不能控制功率输出轴的分离与接合。铁牛-600L、650L 拖拉机采用这种型式的功率输出轴。

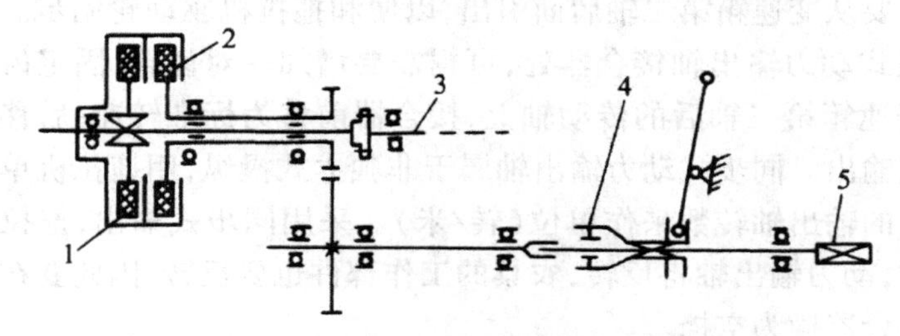

图 2-133　半独立式动力输出轴简图

1. 主离合器　2. 副离合器　3. 变速箱第一轴　4. 接合器　5. 动力输出轴

(3)独立式动力输出轴(图 2-134):它是由两套操纵机构分别控制主、副离合器,这种离合器叫双联离合器。动力由副离合器传出,经接合器传至动力输出轴。动力输出轴的接合与分离和拖拉机行走与否无关。它可以满足各种作业的要求,如农具工作部件清理堵塞、地头转弯停转及果园喷药时停转等,都能操作简便。

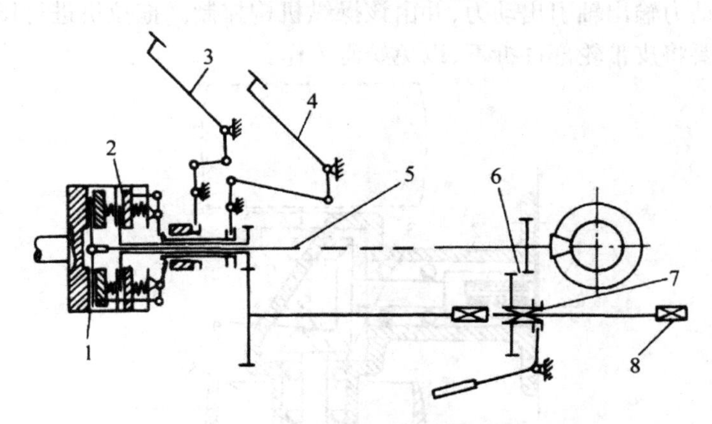

图 2-134　独立式动力输出轴简图

1. 主离合器　2. 副离合器　3. 主离合器操纵机构　4. 副离合器操纵机构
5. 变速箱第一轴　6. 同步动力输出齿轮　7. 接合器　8. 动力输出轴

(4)同步式动力输出轴:有些农具工作部件的转速要随拖拉机速度变化而变化,即要达到同步。如播种机的排种部件,排出种子的速度要与拖拉机速度成正比变化,才能保证播种均匀。为此动力输出轴的动力要从变速箱第二轴后面引出,以便和拖拉机驱动轮同步。在前三种型式动力输出轴接合器处,可据需要增加一对齿轮,固定齿轮安装在变速箱第二轴后的传动轴上,接合器前移为标准转速,后移则为同步式输出。同步式动力输出轴属于非独立式操纵,用拖拉机单位行驶距离的输出轴转数来作单位(转/米)。采用同步式输出,拖拉机在倒车时,动力输出轴将反转,农具的工作部件也要反转,因此要在倒车前将接合器摘为空挡。

动力输出皮带轮

皮带轮是一个独立部件,根据用户需要供应。国产拖拉机皮带轮都装在动力输出轴上(图2-135)。为了便于调整皮带的张紧度,要使皮带轮轴心线与拖拉机驱动轮轴心线平行,为此皮带轮用一对锥齿轮传动。皮带传动希望松边在上面,利用自重下垂可增大皮带包角,减少打滑。安装时将部件壳体转180°,可以改变皮带轮的旋转方向。皮带轮由动力输出轴引出动力,并由该操纵机构控制。拖拉机进行田间作业时要将皮带轮部件拆下,以免妨碍工作。

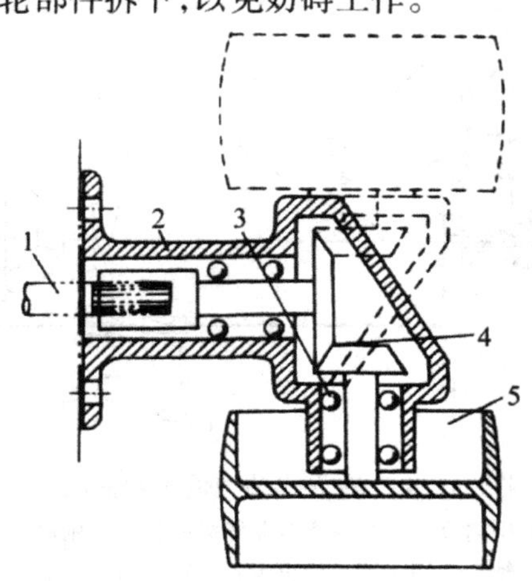

图2-135　动力输出皮带轮

1. 动力输出轴　2. 壳体　3. 轴承　4. 锥齿轮副　5. 皮带轮

第四节　电气系统

一、电气系统的组成

电气设备包括电源设备、用电设备和配电设备三部分。电源设备由蓄电池、发电机及其配用的调节器等组成；用电设备由启动电动机、照明灯具、仪表及电喇叭等组成；配电设备则由电源开关、保险丝和导线等组成。拖拉机上的电气设备采用低压电源（一般为6伏、12伏或24伏）和单线制，即用电设备只有一根导线接电源（火线），另一根导线则由机体代替（俗称“搭铁”）。

二、发电机与调节器

1. 硅整流交流发电机

东方红-802型拖拉机和东方红-180型拖拉机都选用硅整流交流发电机，这种发电机可以对蓄电池充电。JF1314-1型硅整流交流发电机，其额定电压为14伏，额定功率为350瓦，配套使用FT-111型电压调节器，为单级电磁振动式，有温度补偿和灭弧装置，负极搭铁，额定电压为14伏。

硅整流交流发电机是爪极式三相交流发电机经硅二极管整流后输出直流电。其构造主要由定子、转子、端盖和整流器组成（图2-136）。

（1）定子：包括铁心和电枢线圈。铁心由硅钢片叠成，有24个槽，槽内嵌装电枢线圈，每8组线圈串联为一相，共分三相，互差120°。各相线圈的一头连在一起，称为中性点，另一头分别与整流器相接。

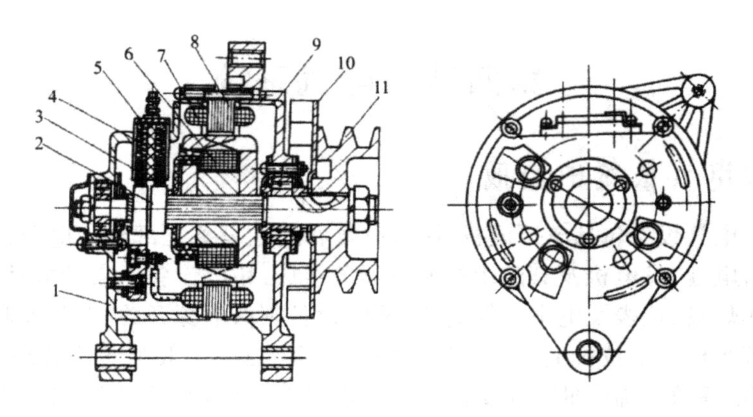

图 2-136　硅整流交流发电机的构造

1. 后端盖　2. 集电环　3. 电刷　4. 电刷弹簧　5. 电刷架　6. 磁场绕组　7. 定子绕组　8. 定子铁心　9. 前端盖　10. 风扇　11. 胶带轮

(2)转子:如图 2-137 所示,它的作用是产生旋转磁场。在转子轴上压装有两块爪极,每个爪极上各有数目相同的鸟嘴形磁极,其空腔内装有导磁用的铁心,称为磁轭。其上装有励磁绕组,励磁绕组的引出线分别焊在与轴绝缘的两滑环上,滑环与装在后端盖内的 2 个电刷相接触。当电刷通直流电后,便有电流流过励磁绕组,从而产生磁场,使一个极爪被磁化为 N 极,另一块被磁化为 S 极。

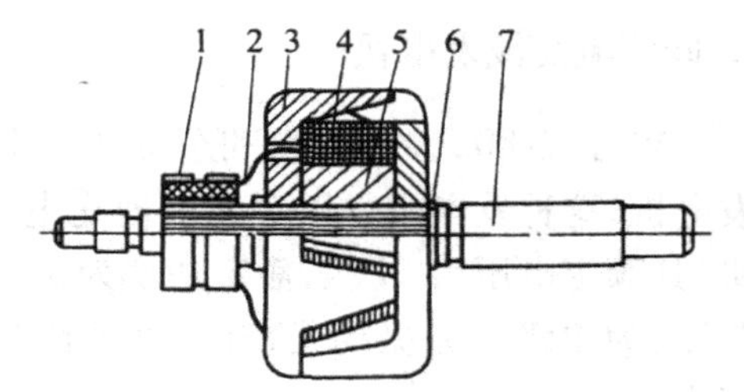

图 2-137　硅整流交流发电机转子

1. 集电环　2. 引线　3. 爪形磁极　4. 励磁绕组　5. 磁轭　6. 定位圈　7. 转子轴

(3)端盖:前后端盖内装有轴承用来支承转子轴。前端盖外侧装有风扇和胶带轮,整流器装在后端盖内,盖上有 3 个接线柱,其中“+”或“B”为电枢,“F”为磁场,“-”为搭铁。电刷装在后端盖上的电刷架内,靠弹簧的压力保持与滑环表面接触。其中一个电刷与盖上的“-”

接线柱联接;另一个电刷与“F”接线柱联接。

(4)整流器:由6个硅二极管组成。硅二极管是用半导体材料硅制成的一种晶体二极管。它具有单向导电的性能,即电只能从二极管的一个方向流过,反过来则不通。二极管常用“⁺→|⁻”表示,左边为阳极,右边为阴极,箭头方向即二极管的导电方向。阳极组压装在与后端盖绝缘的元件板上,元件板上有螺钉即“+”接线柱通到盖外;阴极组装在后端盖上(图2-138)。端盖上3个硅管的导通方向与元件板上的三个硅管相反。为避免装错,在阳极组3个硅管上印有红字记号,阴极组3个硅管上印有黑字记号。6个硅二极管的引线分别接到定子线圈各相的端点,组成三相桥式全波整流电路。

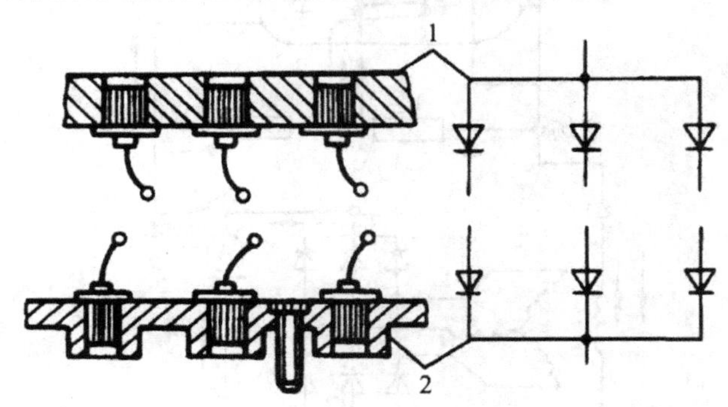

图2-138 硅二极管的安装

1. 端盖 2. 元件板

2. 硅整流发电机调节器

调节器的作用及其构造

硅整流发电机调节器的作用是根据发电机的不同转速调节供给发电机励磁电流的大小,从而稳定发电机的输出电压。

FT-111型调节器构造(图2-139),由框架、铁心、线圈L_1和线圈L_2、触点K、电阻R_1、R_2、R_3、拉力弹簧、灭弧装置等组成。调节器不工作时,在拉力弹簧作用下,两触点保持闭合。

调节器的工作过程

当发电机转速很低时,励磁绕组由蓄电池供电励磁,产生磁场,电路如图 2-139 中实线箭头所示。此时,调节器的磁化线圈也有电流通过。

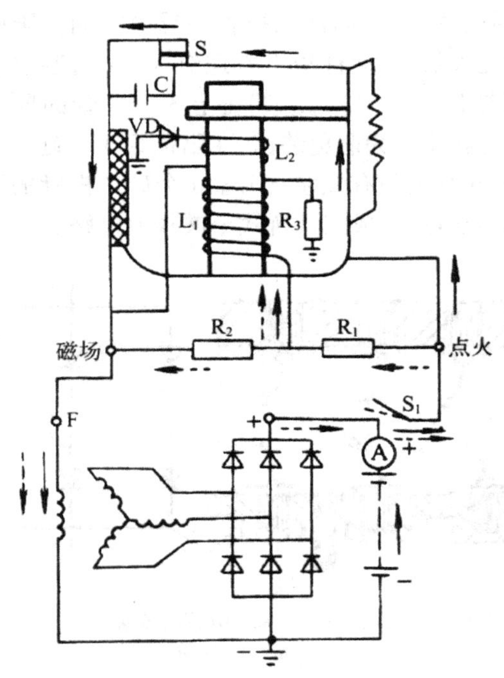

图 2-139 FT-111 型调节器电路图

当发电机转速增加,发电机的端电压超过蓄电池的端电压时,发电机开始向励磁绕组供电,并且流过磁化线圈 L_1 的电流不断增加,电磁吸力也不断增大。当发电机的端电压增加到一定值(14 伏左右)时,电磁力超过弹簧拉力将动铁吸下,打开触点 K,此时发电机的励磁电流开始经过附加电阻 R_2,如图 2-139 中虚线箭头所示。由于 R_2 的串入,励磁电流减小,使发电机端电压下降,流过磁化线圈 L_1 的电流也减小,电磁吸力就减小。动铁在弹簧拉力作用下使触点 K 闭合,励磁电流不经过附加电阻 R_2,电压又上升。如此反复动作,维持发电机端电压的平均值稳定。

三、启动电动机

1. 直流启动电动机

国产中小型拖拉机广泛采用直流启动电动机启动发动机。启动机装在能与发动机飞轮齿圈相啮合的位置上。启动时,启动机电枢轴端头上的齿轮在操纵机构的作用下,便与发动机飞轮上的齿圈啮合。电动机旋转时带动发动机飞轮旋转,从而启动发动机。

启动机使用的是直流电动机,因其励磁绕组与电枢绕组为串联联接,故称其为直流串励式电动机。它主要由电枢、磁极、电刷及刷、架、机壳和端盖等部件构成。

电枢

是电动机的转子,用来产生电磁转矩。它由铁心、绕组、换向器及电枢轴等组成(图 2-140)。

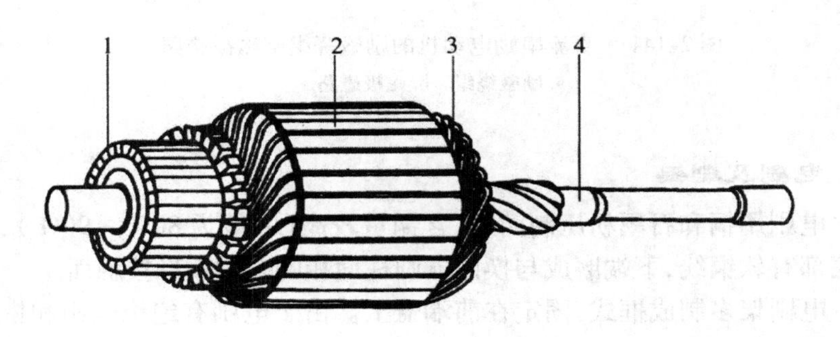

图 2-140　电枢总成

1. 换向器　2. 铁心　3. 绕组　4. 电枢轴

磁极

用来产生电动机的磁场,它由磁极铁心和励磁绕组两部分构成。

为了增大启动机的转矩，磁极数量较多，一般为 4 极，功率大于 7.35 千瓦的启动机采用 6 个磁极。它的励磁绕组也是用矩形截面的铜线外加绝缘层制成的，按一定方向联接，绕组通以直流电后产生磁场，使磁极磁化，形成 N、S 极相间排列的形式（图 2-141）。磁极铁心用螺钉固定在启动机外壳上，铁心呈掌形以便使磁场合理分布，并便于绕组的安装，启动机磁极磁场的磁路如图 2-141b 所示。

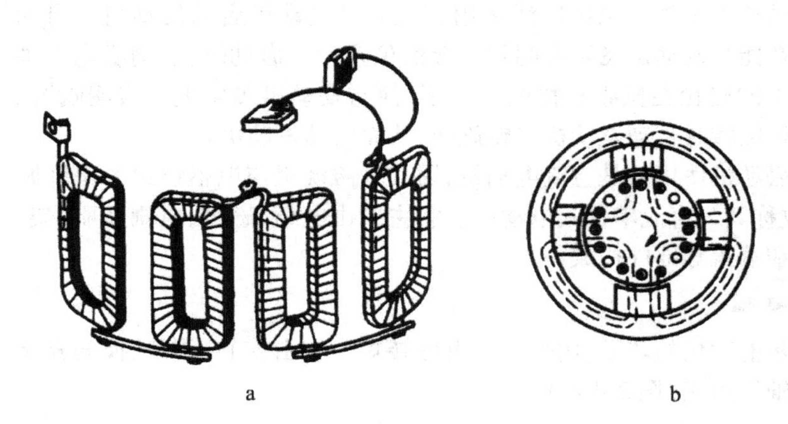

图 2-141　直流串励电动机的励磁绕组与磁极磁路

a. 励磁绕组　b. 磁极磁路

电刷及刷架

电刷用铜和石墨粉压制而成，含铜量较高（一般为 80% ~90%），其底部有软铜线，下端磨成与换向器圆柱面相吻合的弧形接触面。

电刷架多制成框式，固定在前端盖上。由于电刷有绝缘电刷和搭铁电刷之分，因此，电刷架与前端盖之间也有绝缘与搭铁之分。电刷架上装有盘形弹簧，用以压紧电刷（图 2-142）。

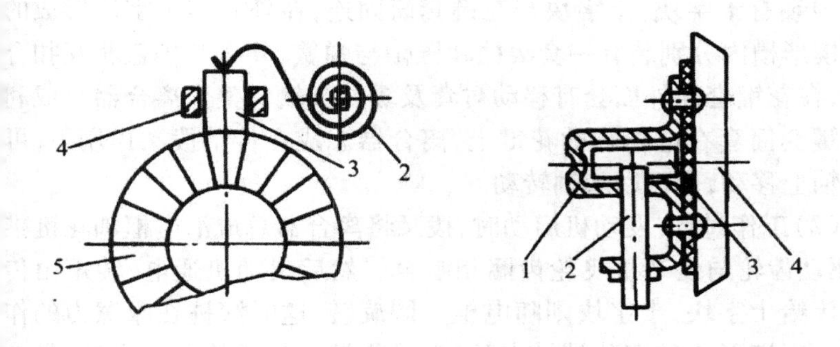

图 2-142　电刷和刷架

1. 框式刷架　2. 盘形弹簧　3. 电刷　4. 前端盖　5. 换向器

启动机的传动机构

由单向离合器和传动拨叉等部分构成。传动拨叉的结构及工作情况都比较简单,因此只讨论单向离合器。

离合器的作用是传递电动机转矩启动发动机,而在发动机启动后自动打滑,保护启动机电枢不致飞散。

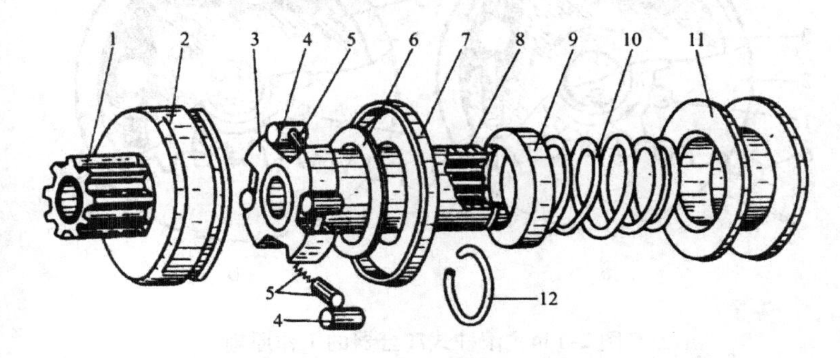

图 2-143　滚柱式离合器

1. 启动机驱动齿轮　2. 外壳　3. 十字块　4. 滚柱　5. 压帽与弹簧　6. 垫圈　7. 护盖　8. 花键套筒　9. 弹簧座　10. 缓冲弹簧　11. 移动衬套　12. 卡簧

(1)滚柱式离合器的构造(图 2-143):驱动齿轮与外壳连成一体,

外壳内装有十字块，十字块与花键套筒固连，在外壳与十字块形成的四个楔形槽内分别装有一套滚柱和压帽与弹簧，外壳与护盖相互扣合密封，在花键套筒外面套有移动衬套及缓冲弹簧。整个离合器总成利用花键套筒套在电枢轴的花键上，离合器总成在传动拨叉作用下，可以在轴上移动，也可以随轴转动。

（2）工作过程：发动机启动时，拨叉将离合器总成沿电枢轴花键推出，驱动齿轮与发动机飞轮齿圈相啮合。然后启动机通电，转矩由传动套传给十字块，十字块则随电枢一同旋转，这时滚柱在摩擦力的作用下滚入楔形槽的窄狭端被卡死，于是将转矩传递给驱动齿轮，带动飞轮齿圈旋转，启动发动机（图 2-144a）。

发动机启动后，曲轴转速升高，飞轮齿圈带动驱动齿轮旋转，其转速大于十字块转速，在摩擦力的作用下，滚柱滚入楔形槽的宽端而打滑（图 2-144b），这样转矩就不能从驱动轮齿轮传递给电枢，从而防止了电枢超速飞散的危险。

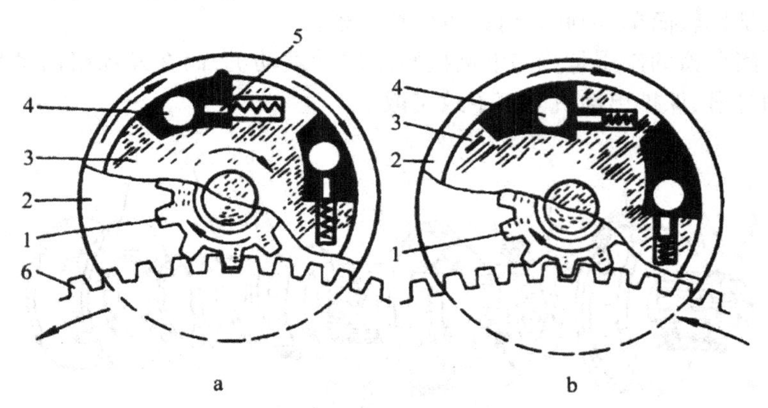

图 2-144　滚柱式离合器的工作原理

a. 发动机启动时　b. 发动机启动后

1. 驱动齿轮　2. 外壳　3. 十字块　4. 滚柱　5. 压帽与弹簧　6. 飞轮齿圈

2. 磁电机

东方红履带拖拉机、推土机直接用启动机启动发动机很难实现，因此用小启动机启动发动机。小启动机是一个汽油发动机，它的点火是由磁电机、火花塞来完成的。

磁电机由机壳、盖、永磁转子及凸轮、感应线圈、点火提前角自动调节装置、熄火按钮及其他辅助装置组成。

（1）磁电机机壳：是一个铝合金的铸件，两侧嵌有带极掌的导磁铁，一端有固定用凸缘，周边上有3个不等距的弧形长孔，通过固定螺钉使磁电机和启动机机体固定。由于孔是弧形的，因此，磁电机在启动机上的安装位置可在10°范围内进行调整。壳体的另一端装有防尘端盖。

（2）永磁转子：转子在直径方向相对固定两块永久磁铁，它的作用是在磁电机的磁路中建立磁场。永久磁铁一般由铝镍钴磁钢制成，这种磁钢有较大的磁力和剩余磁感应。2块永久磁铁通过锌合金和轴铸成一体。转子两端装有滚珠轴承，轴的一端装有凸轮，另一端装有点火提前角自动控制装置及联接装置。

（3）感应线圈：其功用是通过电磁感应产生感应电动势，首先在低压线圈（初级）中的感应电动势通过白金触点闭合构成低压回路产生电流。当触点在凸轮控制下断开时，低压线圈中电流突然消失，此时在高压和低压线圈中感应出一个更高的感应电动势，两部分迭加后输出高压。感应线圈主要由铁心、低压线圈和高压线圈等组成。

铁心由硅钢片迭加而成，通过螺钉装在壳体的磁铁上，成为永久磁铁的磁通路的一部分。

低压线圈由直径较粗的高强度漆包线绕成。为了减少线圈的电阻，增大初级线圈电流，把它绕在里层，线头的一端焊在铁心上，另一端引出在导电片上，通过接触片引到端盖上。

高压线圈用来产生2万伏左右的高压，以击穿火花塞的火花间隙，产生火花。线圈由直径较细的高强度漆包线绕成。高压线圈绕在低压线团外面，中间垫以绝缘层，其绕向与低压线圈相同，高压线圈的头与低压线圈的尾连在一起，另一端引至固定在线圈外层的放电针上，通过端盖上的磁刷引至高压接头上，引出高压。放电针同时与端盖上压紧电容用的压片之间形成一个放电间隙，当高压线脱落时保护高压线圈不被击穿。

(4)断电器：固定在端盖上，由固定触点和活动触点、固定触点架、活动触点臂和钢片弹簧等组成。触点由铂合金(俗称白金)制成。活动触点固定在断电器活动触点臂上，通过胶木及弹簧的作用和固定触点经常保持接触。固定触点由触点架固定在断电器盘上，触点架的固定位置可以用偏心的调整螺钉进行调整，正确的调整位置应该在活动触点打开到最大位置时，保持触点间隙0.25~0.35毫米。

断电器的触点开或闭，取决于磁电机轴上的凸轮。凸轮凸起的地方使触点打开，其余位置靠弹簧压力使触点闭合。为了减少凸轮的磨损，采用毛毡滴加润滑油润滑。出厂时应将断电器盘在机壳中的位置调整在最佳状态，并加以刻线记号，装拆时仍应按此记号安装固定，以保证磁电机正常工作。

为了削弱低压线圈中自感电动势对触点的烧蚀，并增加高压线圈的感应电动势，在断电器静动触点之间并联一个电容器。电容器固定在端盖上部内侧。

(5)点火提前角自动调节装置：为了保证汽油机在不同转速下都能得到最合适的点火提前角，在磁电机上设有点火提前角自动调节装置。调节装置由主动套、重块、弹性钢片和从动盘等组成(图2-145)。

磁电机的转子轴与从动盘9固定成一体，主动套2通过前端的传动爪1由汽油机的曲轴来驱动。主动套与从动盘之间则由重块4铰链联接。重块4由两节组成，中间用销子联接。重块的一端松套在主动套上的销子6上，另一端在从动盘的销子8上，钢片弹簧5保持重块伸直，这样的重块共有2个。

当主动套2旋转时，主动销子6通过重块拉从动销轴8，使从动盘9以及磁电机的转子轴一起旋转。随着转速升高，重块的离心力克服弹簧5的作用力，开始弯曲。重块向图中虚线位置移动，结果使从动盘9相对于主动套2按反时针方向转过一个角度，提前了点火时刻，增大了点火提前角。直到重块靠着主动套2的内壁为止,保证点火提前角可在180°的范围内变化。

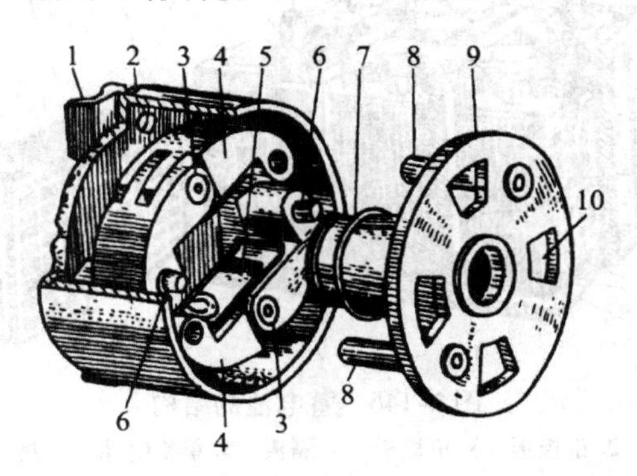

图2-145　离心式自动调节装置

1. 传动爪　2. 主动套　3. 销子　4. 重块　5. 弹簧　6. 固定在主动套上的销子　7. 弹性卡环　8. 从动盘上的销轴　9. 从动盘　10. 最大提前角限制孔

(6)熄火按钮:在启动机熄火时使用。按下熄火按钮,低压电路短路,不再受断电器触点控制,低压线圈内电流不变,高压线圈内不产生高电压,火花塞断火,使启动机停止工作。

四、蓄电池

蓄电池是拖拉机上的电源之一,它的作用主要是在拖拉机启动时,给启动机提供强大的启动电流(200~500安)。此外在发电机停转、发动机怠速和发电机过载等情况下,向用电设备、仪表等提供电流,它还可在发动机高速运转、发电机的端电压高于蓄电池的电动势时,将一部分电能转化为化学能储存起来,称为充电。另一方面蓄电池还可以充当一个大电容器,当出现瞬时过电压时;它可以吸收过高电压,以保护晶体管元件不被击穿,延长其使用寿命。

铅蓄电池由外壳、正负极板、电解液、隔板和盖子等组成,结构如图2-146所示。

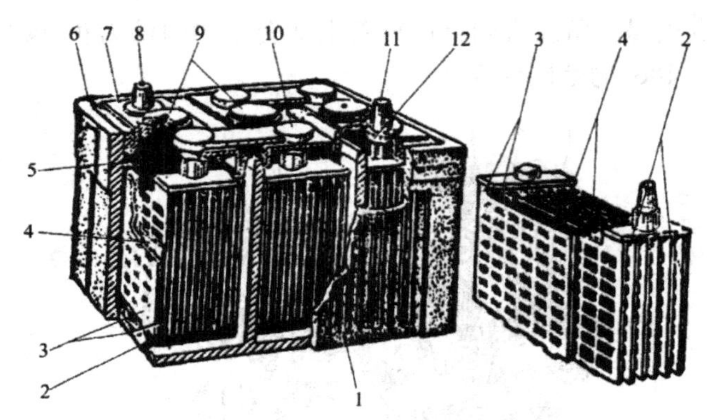

图 2-146　蓄电池的结构

1. 外壳　2. 正极板　3. 负极板　4. 隔板　5. 单格电池　6. 封料　7. 电池盖　8. 负极桩　9. 塞子　10. 连条　11. 正极桩　12. 封闭环

(1)外壳:多为硬橡胶或塑料制成,它是整个蓄电池的容器。内有隔板将外壳分成三个互相绝缘的单格,单格内灌注电解液(稀硫酸)。壳的底部有凸起的筋骨,用来支承极板组。

(2)极板:是在铅锑合金栅格上填满活性物质制成的。正极板在栅格上填充的是深棕色的二氧化铅(PbO_2),负极板填充的是青灰色的海棉状纯铅(Pb)。在充、放电过程中,二氧化铅和铅同稀硫酸(H_2SO_4)起化学反应,使蓄电池储存或输出电能。通常把二氧化铅或铅叫做"活性物质"。

为提高蓄电池的储电量,在每个单格中都装有多片极板。极板片数越多、极板面积越大,蓄电池的储电量也越大。

每个单格中,正、负极板分别焊连在一起,并连成正极板组和负极板组,其中负极板比正极板多一片,安装时把正极板夹在负极板中间,使正极板两面放电均匀。因为正极板的机械强度较低,如果只有一面参加化学反应,则在放电时容易引起挠曲,使活性物质脱落。

(3)隔板:插在正、负极板之间,以防止极板短路。常用的材料有木材、微孔塑料、微孔橡胶和玻璃纤维等。

目前多数蓄电池采用组合式隔板,由氯乙稀塑料板和木隔板或玻璃纤维板和无槽木隔板两种材料组成。安装时,应使玻璃纤维板和氯乙稀塑料板朝向正极板。

(4)电池盖:极板装入容器后,用电池盖封闭,并在周围填入封料。盖子的中央有加液口,用塞子塞紧,塞子上有通气小孔,蓄电池化学反应时产生的气体便从此排出。

(5)电桩头:电桩头为联接外部导线用。上面铸有"+"或涂有红色的为正极,铸有"-"或涂有绿色的为负极。

五、电器设备总线路

1. 电器设备的一般布线原则

拖拉机上的电器设备,电源多采用低压、直流;用电设备与电源为并联联接;其线路联接多采用单线制。其接线一般原则是:

(1)电流表串接在充电电路中,全车线路一般以电流表为界,电流表至蓄电池的线路称表前线路,电流表至调节器的线路称表后线路。

(2)电源开关是线路的总枢纽,电源开关的一端和电源(蓄电池、发电机和调节器)相接,另一端分别接启动开关和用电设备。

(3)用电量大的用电设备(如电启动机)接在电流表前,其用电电流不经过电流表。某些型号的喇叭因耗电量大,有时也接在电流表前。

(4)除电启动机外,所有用电设备都通过电源开关与电源并联在电流表后,发电机工作正常时,用电设备由发电机供电,并经电流表向蓄电池充电,在发电机电压不足或不工作时,用电设备由蓄电池供电。

(5)蓄电池和发电机的搭铁极性必须一致。电流表接线应使充电时指针摆向"+"值方向,放电时摆在"-"值方向。

2. 电器设备线路分析

总电路的组成

拖拉机电器设备线路是用电路图表示的。目前拖拉机电路图繁简虽然不同,但分解后一般有以下几个基本电路:电源电路、预热启动电路、点火电路、照明电路、信号电路、仪表及车身电路组成(图2-147)。

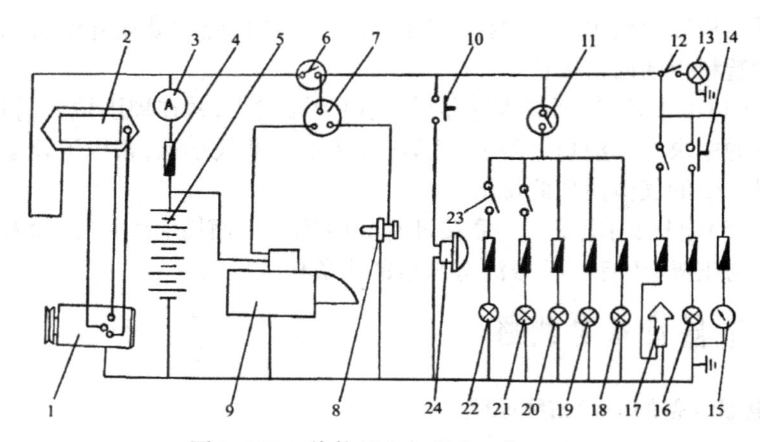

图 2-147　拖拉机电气设备一般电路

1. 发电机　2. 调节器 3. 电流表 4. 保险器　5. 蓄电池　6. 电源开关　7. 预热、启动开关
8. 预热塞　9. 点启动机　10. 喇叭按钮　11. 总开关　12. 后灯开关　13. 后灯
14. 刹车灯开关　15. 仪表　16. 刹车灯　17. 指挥灯　18、19、20. 尾灯
21. 前小灯　22. 前大灯　23. 灯开关　24. 喇叭

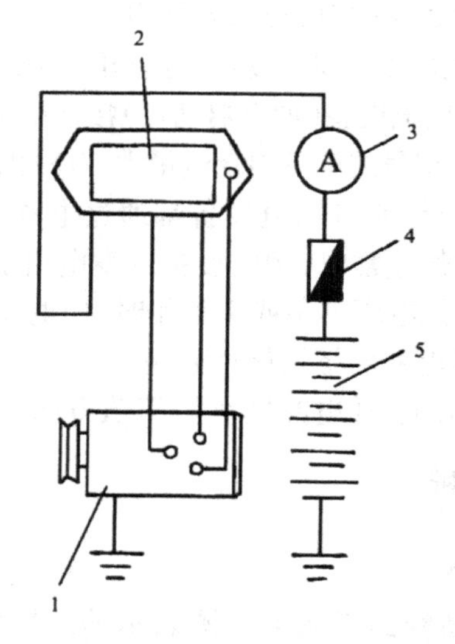

图 2-148　电源电路简图

1. 发电机　2. 调节器　3. 电流表　4. 保险器　5. 蓄电池

电路分析

在拖拉机电器设备中,任何一个电路都是用导线、开关、用电设备联接起来的回路。因此在分析电路时应按这个顺序进行,先以图2-147为例,将拖拉机电器设备的组成、功用和特点分述如下:

(1)电源电路:如图2-148所示,电源电路由发电机1、调节器2、电流表3,保险器4和蓄电池5联接而成。发电机和蓄电池是并联联接,电流表和保险器串接在蓄电池和调节器的电路中。发电机正常工作时,可向除电启动机以外的一切用电设备供电,并可向蓄电池充电。充电电流经过电流表,表针指向"+"值方向,发电机不工作或低速工作时,蓄电池向用电设备供电,放电电流经过电流表,表针指向"-"值方向。

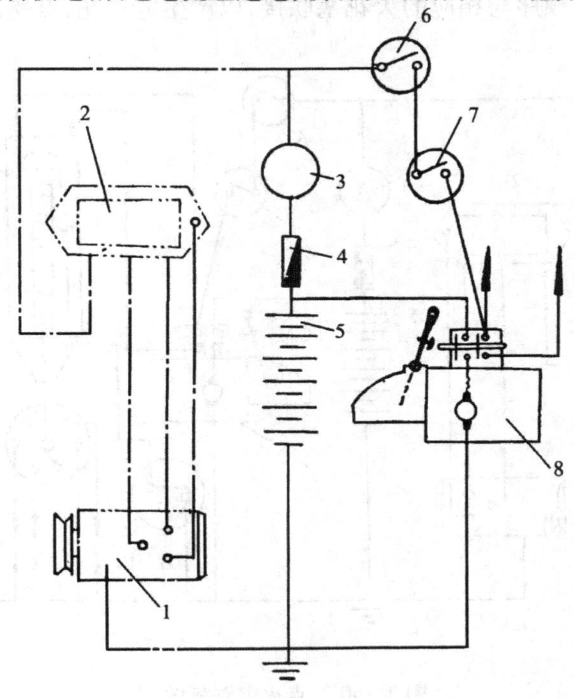

图2-149　启动电路简图

1.发电机　2.调节器　3.电流表　4.保险器　5.蓄电池

6.电源开关　7.启动开关　8.电启动机

(2)启动电路:如图2-149所示,启动电路由电启动机8和蓄电池5组成,启动时蓄电池要向电启动机供给大电流,所以蓄电池与电启动机之间用粗线联接,导线尽可能短,且应接触良好、牢固。电流表应接在启动电路外,切勿使启动电流流经电流表。

(3)点火电路:如图2-150所示,蓄电池点火装置的点火电路由电源和点火开关7,点火线圈12、配电器11、断电器9、火花塞10等组成。点火开关7串联在点火线圈和电源之间的低压电路中,用以切断或接通初级电流。点火线圈上有三个初级电源接线柱,分别与断电器和电启动机上的点火线圈附加电阻接线柱相接,以便启动时隔除点火线圈中的附加电阻。点火线圈的中央极为高压,经配电器将高压电引出并按各缸发火顺序与相应的火花塞联接,以产生电火花,点燃混合气。

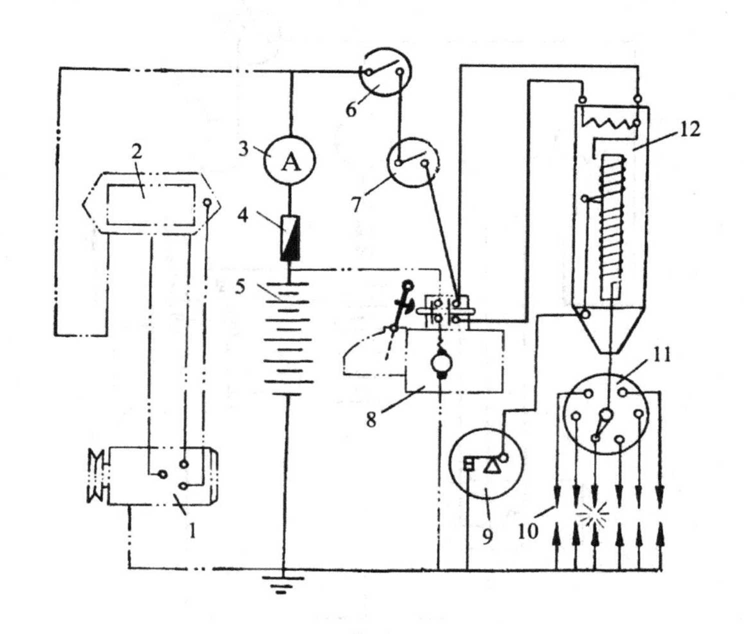

图2-150　点火电路简图

1. 发电机　2. 调节器　3. 电流表　4. 保险器　5. 蓄电池　6. 电源开关　7. 点火开关　8. 电启动机　9. 断电器　10. 火花塞　11. 配电器　12. 点火线圈

(4)照明、信号及仪表电路:如图2-151所示,所有照明、信号及仪表电路均与电源并联,一端经自身搭铁,另一端经电源开关接通电源。信号装置如喇叭、转向指示灯、刹车灯等是安全行车的常备装置,其引出线在电源开关上应直接与电源接通,尾灯、仪表灯、牌照灯等,无论总灯开关拉至何挡均应与电源接通;仪表接线,应考虑只有当发动机工作时线路才通。

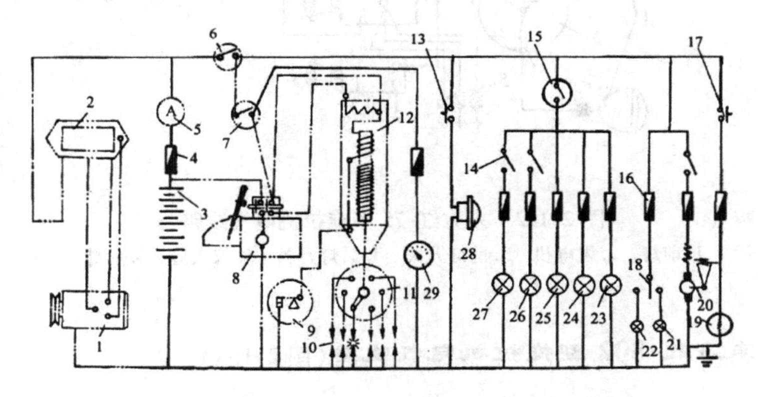

图2-151　照明、信号、仪表电路简图

1.发电机　2.调节器　3.电流表　4.保险器　5.蓄电池　6.电源开关　7.点火开关　8.电启动机　9.断电器　10.火花塞　11.配电器　12.点火线圈　13.喇叭按钮　14.灯开关　15.总灯开关　16.保险丝　17.刹车灯开关　18.转向灯开关　19.刹车灯　20.电动刮雨器　21.右转向灯　22.左转向灯　23、24、25.尾灯、牌照灯、仪表灯等　26.前小灯　27.前大灯　28.喇叭　29.仪表

拖拉机电器设备的线路中,都设有保险装置,以保护导线和用电设备不因过载而损坏。总保险器串接在电流表和蓄电池之间,各用电设备的保险器分别串接在该用电设备和其控制开关之间。保险丝的规格应和该用电设备通过的电流相符。

3. 电气设备总线路图例

东方红-75 型拖拉机电气线路(图 2-152)

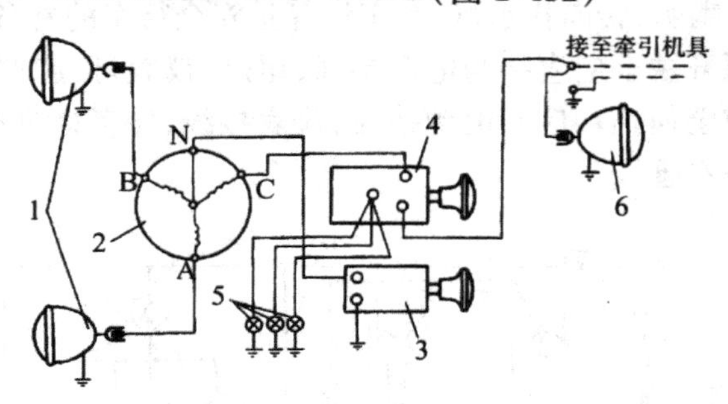

图 2-152　东方红-75 型拖拉机电气线路

1. 前灯　2. 发电机　3. 前灯开关　4. 后灯开关　5. 仪表灯　6. 后灯

东方红-802 型拖拉机电气线路(图 2-153)

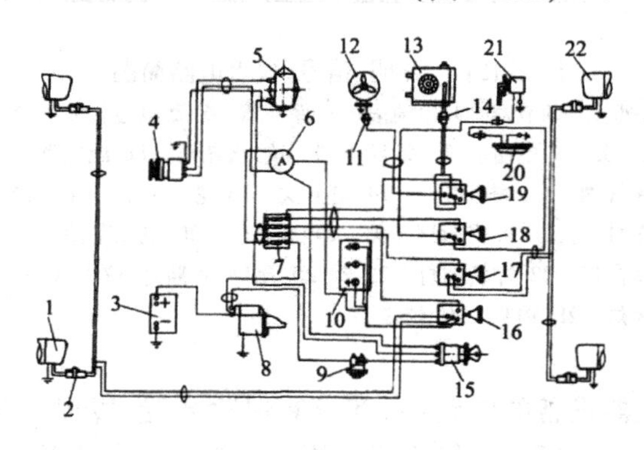

图 2-153　东方红-802 型拖拉机电气线路

1. 前照灯　2. 双线插接器　3. 蓄电池　4. 硅整流交流发电机　5. 交流发电机调节器　6. 电流表　7. 四挡熔丝盒　8. 启动电动机　9. 启动按钮　10. 仪表灯　11. 单相插接器　12. 电风扇　13. 暖风机　14. 双线插接器　15. 点火开关　16. 前灯、仪表灯开关　17. 后灯开关　18. 刮水器顶灯开关　19. 暖风机、风扇开关　20. 项灯　21. 刮水器　22. 后灯

上海-50型拖拉机电气线路(图2-154)

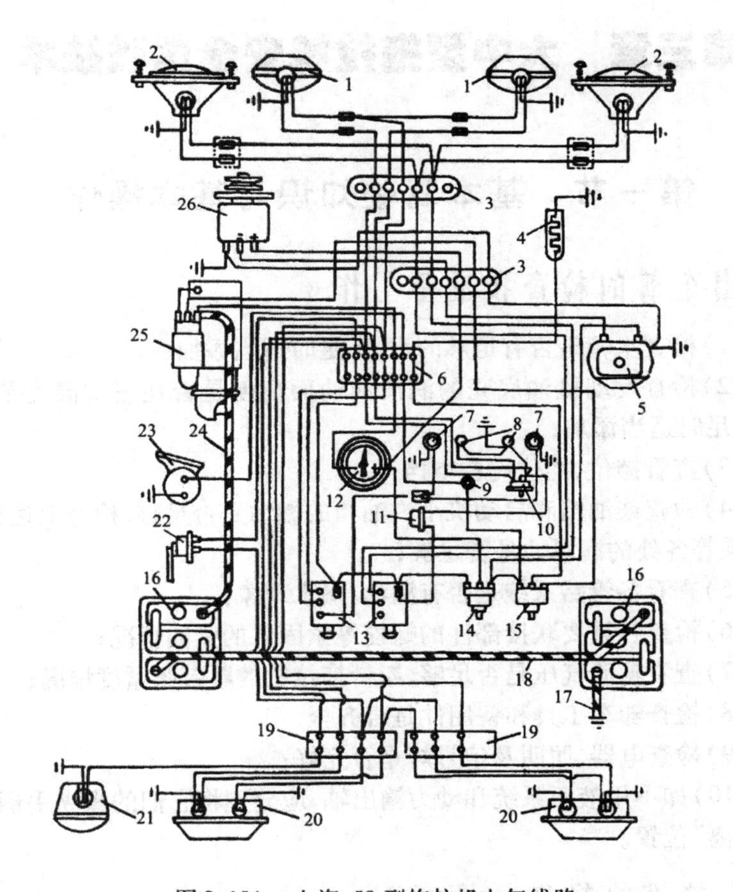

图2-154　上海-50型拖拉机电气线路

1. 前小灯　2. 前照灯　3. 五头接线板　4. 预热塞　5. 调节器(FT111)　6. 保险丝盒
7. 仪表灯　8. 转向信号灯　9. 喇叭按钮　10. 转向灯开关　11. 闪烁继电器　12. 电流表
13. 双挡开关　14. 电门开关　15. 预热启动开关　16. 蓄电池　17. 蓄电池搭铁线
18. 蓄电池联接线　19. 四线复合插口组合　20. 后灯总成　21. 后照灯　22. 刹车灯开关
23. 喇叭　24. 蓄电池至启动机连线　25. 启动电动机　26. 硅整流发电机(JF2200)

第三章 大中型拖拉机安全驾驶技术

第一节 基本驾驶知识与基本操作

一、出车前的检查和准备工作

(1)检查水箱是否有足够的水，不足时适当添加；

(2)检查发动机油底壳的润滑油油面高度是否在正常高度范围内，不足时适当添加；

(3)查看挡位，挡位应在空挡；

(4)检查柴油箱和启动机小汽油箱的燃油是否足够，检查变速箱、喷油泵等各处的润滑油是否足够；

(5)查看各管路系统是否有漏油、漏水现象；

(6)检查各重要联接部件的螺栓等紧固件的紧固情况；

(7)查看轮胎气压是否足够，履带拖拉机的履带张紧度情况；

(8)检查随车工具和备用件是否齐全；

(9)检查电器、照明及信号灯是否完好；

(10)如不用液压系统和动力输出轴，应分别将它们的操纵手柄置于“分离”位置。

二、拖拉机的起步

发动机发动后，必须以中速空转暖车，机油压力保持在147千帕以上，水温升至40℃左右时，即可开动拖拉机。到水温升至60℃左右时，拖拉机可以开始负荷作业。

(1)离合器踏板踩到底，把变速杆挂到低挡上。

(2)慢慢松开离合器踏板，同时稍稍加大油门，使拖拉机平稳起步。

(3)油门的大小应根据拖拉机牵引的负荷大小来定。

(4)上坡起步时,先踩住制动,再踩下离合器踏板,挂低挡。然后利用手油门加大油门,同时慢慢松开离合器踏板,感觉离合器已部分接合上时,再慢慢松开制动器,此时制动器和离合器踏板是处于同时松开的过程,直到拖拉机慢慢起步行驶。

(5)下坡起步的操作方法基本上与上坡起步的操作方法相同,不同之处是油门应适当小些。

三、拖拉机的变速

拖拉机变速可通过控制油门和换挡两种方式实现。前者可实现小范围内的变速,后者变速幅度大。

拖拉机牵引负荷大或起步、上坡、通过低洼不平的路面时,采用低速挡,以获得大的牵引力;拖拉机进行运输作业或负荷小的田间作业时,可选用高速挡,以提高生产率。

换挡分停车换挡和行进中换挡,后者需要掌握一定的技巧才能实现。如操作不熟练,很容易产生打齿现象或换不上挡。任何时候换挡,一定要先踩下离合器踏板后,实现换挡。

四、拖拉机的转向

拖拉机任何情况下的转向都应在减速的过程中实现,先减小油门或换低挡,再转弯。转弯的操作要点是:转大弯时,方向盘慢转慢回正;转小弯时,方向盘快转快回正;回转方向盘一定要在拖拉机转弯结束之前开始。

转弯时,由于拖拉机前后轮轮迹不重叠,要注意内轮差。

拖拉机牵引或悬挂农具转弯时,一定要瞻前顾后。田间作业时,必须先将农具的工作部件升至地表以上后,才能进行拖拉机的转向操作。由于地面松软或滑溜造成地面与前轮的侧向附着力比较小,从而使方向盘转向发生困难时,可踩下转向一侧的制动踏板,通过单边制动来协助拖拉机转向。

五、差速锁的正确使用

轮式拖拉机一般都装有差速锁，当接合差速锁时，可使最终传动两个从动齿轮强制性地同速转动，从而使两个驱动轮能同速转动。

当拖拉机的一个驱动轮陷入泥土太深，打滑厉害，拖拉机无法前进，这时，另一个驱动轮打滑情况好一些，在这种情况下，就可以用上差速锁了。待拖拉机走出滑转地段之后，要松开差速锁。

六、拖拉机的倒车

倒车时应采用低速，遇到凸起地段时，可适当加大油门，一旦越过凸起地段，马上减小油门，缓慢倒车。

（1）倒车起步时，要特别注意慢慢松开离合器踏板。倒车过程中，必须前后照顾，密切注意有无人员或障碍物。

（2）倒车挂接农机具或倒车入库时，要通过踩踏离合器踏板减速，协助完成倒车过程，并随时准备踩踏制动器踏板。

（3）倒车时的转向操作基本上同前进时的转向操作。

第二节　场地驾驶技术

场地内驾驶，又叫钻杆，是将车辆的移库、直线和曲线前进，后倒等单项科目综合起来进行练习的一种方法。场地内驾驶内容有：场地式样驾驶、场地调头和坡道起步三项。

一、场地式样驾驶

1. 场内式样驾驶图与行驶路线图

场内式样驾驶图与行驶路线如图 3-1 所示。

2. 场地尺寸

桩长：二倍车长，前驱动车，加 50 厘米；

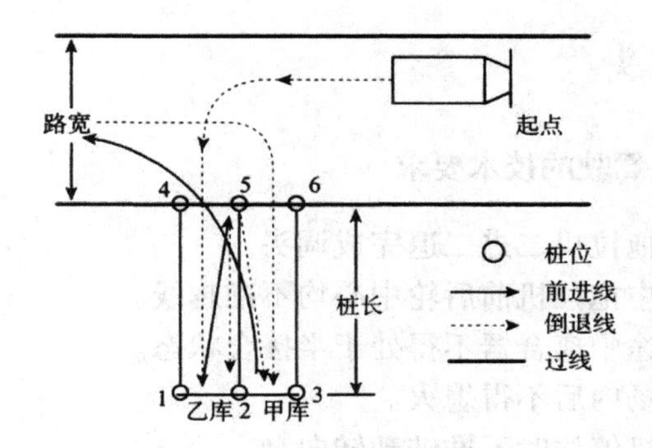

图 3-1　场地式样驾驶路线

桩宽:方向盘式拖拉机为车宽加 60 厘米;

路宽:车长的 1.5 倍;

起点:距甲库外边线 1.5 倍车长。

3. 驾驶方法

(1)倒车入库(图 3-2)。

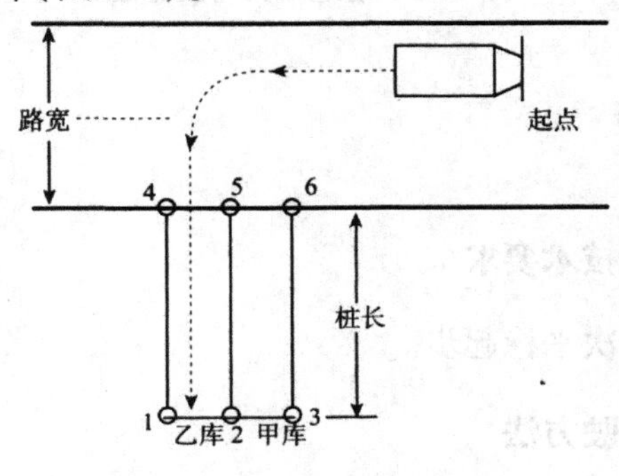

图 3-2　倒车入库

(2)侧方移位是拖拉机在两库相连的车库内,由甲库移至乙库(或由乙库移至甲库),要求二进二退完成移位,而且须停放端正(图 3-1)。

二、场地调头

1. 对场地调头驾驶的技术要求

(1)利用拖拉机二进二退完成调头。

(2)进退中拖拉机前后轮中心均不准越线。

(3)进退途中离合器不得处于半接合状态。

(4)进入场内后不得熄火。

(5)拖拉机停住时不准转动转向盘。

2. 场地调头驾驶方法(图3-3)。

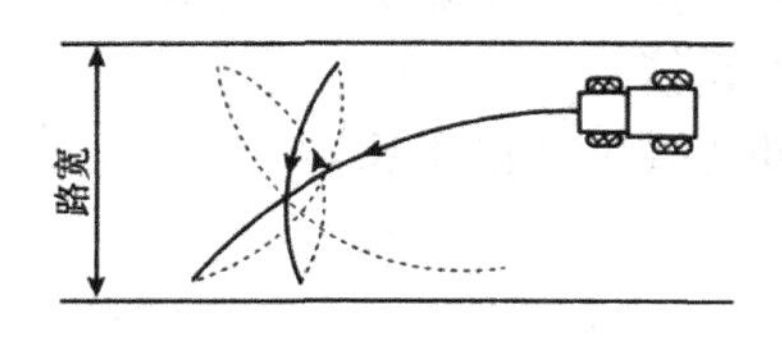

图3-3　场地调头驾驶方法

三、坡道起步

1. 对坡道起步的技术要求

由停车线一次平稳起步。

2. 坡道起步的驾驶方法

(1)左脚踩下离合器踏板,将变速器操纵杆拨入一挡位置,左手握稳转向盘,扫视后视镜,右手鸣喇叭后拉紧手制动操纵杆,并按下锁止按钮,右脚放在加速踏板上。

(2)踩下加速踏板,待听到发动机声音吃力,感到拖拉机将要起步时,逐渐放松手制动操纵杆,同时继续踩下加速踏板,缓抬离合器踏板，拖拉机即可平稳起步。

(3)起步后，左脚应立即离开离合器踏板，放回左下方，右脚慢慢踩下加速踏板，提高车速。

(4)若配合不当，发生车辆倒溜时，应立即踩下制动踏板和离台器踏板，并拉紧手制动操纵杆，待车辆停稳后，再重新起步。

(5)离合器踏板松得过快，发动机动力跟不上，会造成发动机熄火。此时，要用脚制动将车停稳，拉紧手制动操纵杆，再启动发动机，重新起步。

四、场地内驾驶的要求

(1)必须按规定路线行驶。

(2)由起点倒入乙库后的停车，以及通过二进二退移入甲库后的停车，均需停放端正。

(3)起步须平稳，不得出现前后闯动现象。

(4)不得车辆未动时，原地硬打转向盘。

(5)前进、后退时驾驶姿势必须保持端正。

(6)前进、后退均应平稳行驶，不得中途加速熄火。

(7)驾驶车辆，不得使离合器处于半接合状态。

(8)前进行驶变为后退或反之，须将车停稳后，再进行换挡。

(9)整个前进、后退过程中，不应擦杆、碰杆或压线；车身的任何部位均不得超出划线。

第三节　一般道路驾驶技术

拖拉机在公路上行驶时，一般速度高，出车前必须对拖拉机及拖车的技术状态进行严格的检查和准备。农村道路条件差，凹凸不平，坡道多，路经村庄、桥梁、田埂等较多，要求驾驶员要特别注意安全。

一、一般道路驾驶技术要点

1. 行驶速度

驾驶员应综合权衡自己的车型、道路、气候,装载情况以及过往车辆、行人情况,确定合适的车速。首先应尽量保持车速均匀,通过居民区、路口、桥梁、铁路、隧道以及会车时,均需提前减速,提高警惕。

在考虑经济车速的同时,一定要严格遵守安全交通规则的限速规定。一般大中型拖拉机正常行驶速度在每小时 20 千米左右,最高车速一般不超过每小时 30 千米。严禁采用任意调整调速器等方法来提高车速。

2. 行车间距

拖拉机与前车必须保持一定的间距。间距的大小与当时的气候、道路条件和车速等因素有关。一般平路行驶保持 30 米以上,坡路、雨雪天气车距应在 50 米以上。

3. 转弯

转弯驾驶技术要点是减速,鸣喇叭,开转向指示灯,靠右行。

4. 会车

会车时应减速、靠右行。注意两交会车之间的间距应保持车子最小安全间距,即两车会车时的侧向间距最短不可小于 1～1.5 米。雨、雪、雾天、路滑、视野不清时,会车间距应适当加大。同时要注意有关过往非机动车辆和行人,并随时准备制动停车。

在有障碍物的路段会车时,正前方有障碍物的一方应先让对方通行。在狭窄的坡路会车时,下坡车应让上坡车先行。夜间会车,在距对方来车 150 米以外必须互闭远光灯,改用近光灯。在窄路、窄桥与非机动车会车时,不准持续使用远光灯。

如果拖拉机带有拖车会车时,应提前靠右行驶,并注意保持拖拉机与拖车在一条直线上。

5. 超车

超车前首先要观察后面有无车辆要超车，被超车的前面有无前行的车辆以及有无迎面而来的车辆或会车，并判断前车速度的快慢和道路宽度情况，然后向前车左侧接近，并打开左转向灯，鸣喇叭，如在夜间超车时还需变换远近光灯，加速并从前车的左边超越，超车后，必须距离被超车辆20米以外再驶入正常行驶路线。

超越停放的车辆时，必须减速鸣喇叭，同时要注意停车的突然起步或车门打开并有人从车上下来，或有人从车底下向道路中间的一侧出来的情况出现，并随时准备制动停车。

当被超车示意左转弯或调头时，或在一般视野不开阔的转弯地段，不允许超车。在驶经交叉路口、人行横道或限速路段，或因风沙等造成视线模糊时，或前车正在超车时，均不允许超车。

驾驶员发现后面的车辆鸣喇叭要求超车时，如果道路和交通情况允许超车，应主动减速并靠右行驶，或鸣喇叭或以手势示意让后面的车超车。

二、夜间道路驾驶技术要点

夜间驾驶时的光线不如白天，一般驾驶员的精力也不如白天，因此应控制好车速，谨慎驾驶。

(1)要正确运用好灯光夜间会车，双方在150米外应将远光灯改为近光灯，若一方没有将远光灯改用近光灯，另一方千万不能开赌气车，也不关远光灯，而应主动靠右侧停车，待对方通过后再继续行驶。遇有迎面而来的非机动车辆和行人时，也应改远光灯为近光灯。

(2)驾驶员要注意积累夜间驾驶的经验，如发现远方路面有黑影，车到近处黑影消失，一般是路面上有浅坑，如黑影仍存在，则表明有较深的坑，应减速通过或下车勘察后通过；行驶中若灯光突然照射到公路一侧，一般表明正接近弯道处，如灯光照射的路面突然消失，可能是急转弯或下陡坡，此时应立即减速。

(3)夜间绝不允许开疲劳车。如稍感疲倦或眼睛视线不十分清楚，应马上找个适当的地方停车休息。否则，在对面来车灯光的照射下，极易发生事故。停车后，将拖拉机变速杆挂入低挡，并锁定制动，用木块或石块等物塞住拖车轮，以防溜滑。

第四节　复杂道路驾驶技术

城区公路驾驶技术要点

拖拉机进入城区道路，要熟悉城区道路的特点。城区人多车杂，街道密集，纵横交错，路口多，行人、自行车、机动车混流现象严重，但道路标志、标线设施和交通管理比较完善。

进入城区，要熟悉城区道路交通情况(如单行线、限时通行等)，按规定的路线和时间行驶。

要各行其道，注意道路交通标志。无分道线时应靠右中速行驶，前后车辆要保持适当的距离。临近交叉路口时，要及时减速，预先进入预定车道，并注意信号变化。

严禁赶绿灯、闯红灯。应随时做好停车的准备，停车应停在停车线以内。

转弯时要用转向灯示意行进方向。

乡村公路驾驶技术要点

乡村公路路面窄，质量差，应低速行驶。要注意不要与畜力车、拖拉机、人力车、放养的牲畜家禽抢道行驶。超车时，应注意观察路面宽窄，前方有无来车，并要留有足够的侧向距离，减速通过。与牲畜交会时，不可强行鸣笛或猛轰油门，防止牲畜受惊发狂。路过村庄、学校、单位门口时，应防备行人、车辆或牲畜突然窜入路面，以免发生事故。

山坡道路驾驶技术要点

山路行车前，除对车辆进行正常保养外，应确保车辆的制动、转向、轮胎状态良好。

在山区公路行驶时，驾驶员应全神贯注、谨慎驾驶，反应灵敏，操作准确，配合协调。根据坡道的长短、坡度的大小、路面的宽窄以及自身车辆的配载大小、动力大小、车速快慢，适时换挡。行至危险地段时应控制好车速，并随时做好刹车准备。遇急转弯时，应注意鸣号、减速，不能占道行驶。在上、下陡坡时，前后两车间距应加大到 50 米以上，防止车辆相撞。

下坡时严禁熄火空挡滑行，避免紧急制动，防止车辆失控和侧滑。换挡减速时，要先利用发动机制动减速，用两脚离合器法减挡。

行车途中如遇脚制动失灵等情况时，应保持沉着冷静，迅速减小油门，利用发动机制动，并配合手制动将车停住，万不得已时，可将车靠向山崖，利用摩擦阻力停车，避免车辆翻下山沟或与其他车辆、行人相撞。

拖拉机应尽量避免在横坡上行驶，尤其是当坡度较大时，应绝对禁止横坡行驶，如不得不在坡度较小的横坡上行驶，应挂低挡慢速行驶。必要时，在横坡行驶前调宽拖拉机轮距。

横坡行驶过程中，一定要把牢方向盘，保持直线行驶，避免来回打方向盘。一旦出现突然情况需要调整方向盘时，应向下坡方向转动方向盘，而不能向上坡方向转动。

泥泞道路驾驶技术要点

(1)避免中途换挡和停车。

(2)遇转弯时，要缓打方向盘，因急转方向盘易造成前轮侧滑而发生事故。如果行驶中发生溜滑，应迅速减降车速，向后轮滑动方向转向，以修正拖拉机的行驶方向，避免继续侧滑。待前轮与车身方向一致后，再继续驶入正常路线，切勿紧急制动或乱转向。转弯时，可配合单边制动，减少回转半径。

(3)遇拖拉机陷车打滑时，应停车，将车轮下的软泥土清理一下，找些树枝或石块等物填在车轮下面，重新起步。

如果拖拉机两边车轮的打滑程度不一样，可以锁定差速器，利用打滑程度轻的一边轮胎的附着力较大，增加拖拉机驶出陷坑的机会。但驶出陷坑后，要马上分离差速锁。

漫水道驾驶技术要点

(1)探明水深和水底地面的软硬情况，最好有人在前探路。

(2)过水路时，选择顺水流斜线方向行驶，避免迎水流方向行驶时的水位相对升高而使拖拉机各部位进水，同时也可避免因阻力过大造成陷车。

(3)低挡行驶，中途不换挡、不停车，不急打方向盘。

(4)如涉水较深影响发动机工作时，涉水前应采取一些保护措施。

(5)通过漫水路后，先继续低速行驶，利用轻踩制动踏板的方法，使制动摩擦片的水分充分蒸发，待制动器功能恢复正常后，再换入正常挡位行驶。

通过铁路、桥梁、隧道时的驾驶技术

通过有看守人的铁道路口时，要观察到道口指示灯或看守人员的指挥；通过无人看管的铁道路口时，要朝两边看一下，确认无火车通过时，再低速驶过铁道路口，中途不换挡。万一拖拉机停在铁道路口上，要沉着处理，或是尽快设法将拖拉机移出铁轨。

通过桥梁时要靠右边，低速平稳地通过桥梁。如同时有多辆车过桥，要注意载重和车距。避免在桥上换挡、制动和停车。

通过隧道之前，注意检查拖拉机装载高度是否超出隧道的限高。通过隧道时，打开灯光，鸣喇叭，低速通过。

第五节　特殊条件下的驾驶技术

特殊条件下的驾驶操作要求较高，因此，必须了解具体特殊条件下的特点，掌握操作方法，方能安全运行。

酷暑天驾驶技术

夏季的特点是昼长夜短，气温高，雷阵雨较多。行驶时应注意根据夏季特点，合理操作。

在炎热天长时间行驶，会引起发动机、制动毂和轮胎温度升高。当轮胎温度过高时，应选择阴凉处休息自然降温，严禁采用泼浇冷水的方法来降低轮胎温度。在轮胎温度升高的同时，轮胎气压也会升高。但不能采用放气的方法来降低轮胎气压。

行驶中应经常观察水温表，如水温过高时，应及时停车休息，利用发动机风扇，使机身逐渐降温，但不可马上使发动机熄火，更不能用冷水直浇使发动机降温。停车后添加冷却水，但加水时，不能把发动机内的冷却水（热水）全部放出，否则汽缸体和汽缸盖易出现爆裂。

炎热气候下行驶时，应控制好车速，适当增加尾随距离。遇有情况应提前作好准备，尽量少用制动。

风沙、雾、雨、雪天气道路驾驶技术

出现风沙和雾天时，主要是能见度低，视线不良。应注意：降低车速行驶，一般时速不要超过 20 千米；开小灯，示意车宽，并多鸣喇叭。

雨、雪天驾驶，由于视线不良和路面较滑，应注意：一般时速不准超过 20 千米；遇有障碍物或会车时，均应提前减速避让；转弯要缓打方向盘；禁止急刹车；雨天，行人慌忙躲雨，雪天，行人和自行车容易滑倒，所以行车时要随时准备减速停车。

冰雪路面驾驶技术要点

由于冰雪路面使拖拉机很容易滑行或侧滑，驾驶起来难于控制，极易产生事故，因此驾驶员要格外小心。

（1）必须低速行驶，一般时速不准超过 4 千米，必要时，要采取防滑措施，如安装防滑链等。

（2）遇有障碍物，要提前缓打方向盘，避过障碍物后，慢慢回正方向盘，绝不允许猛打方向盘。会车时，也要提前打方向盘。

（3）行车间距比一般路面上行驶时的间距应更大，一般不得小于 50 米。

（4）遇情况可利用点刹，使拖拉机减速，绝对不允许急刹车。

（5）任何时候都不允许脱挡滑行。

拖拉机过渡口

拖拉机驶抵渡口时,应按顺序排队待渡,如在上下坡道上停车,应与前车拉长距离,驾驶员不得离车。在渡轮未靠岸停妥前,不得急于上渡,以免滑入水中。上、下渡船应用低挡缓行。使前后轮胎均正对跳板,前轮接触跳板时,应缓踏油门,平稳上下。上船后,缓行至指定位置停车,锁紧制动,熄火,将变速杆推入低挡,必要时用三角木将车轮塞好。下船后爬坡时,如坡陡或码头路面泥拧时应特别小心,与前车距离拉开,以防前车可能发生倒退撞车事故。

拖车驾驶

拖拉机经常因多种原因被他车拖带或拖带他车,其方法有两种:一种是软挂,一种是硬拖。前者联接较为简单,但操作却比较困难,适合短途使用,后者则适合长途拖车。拖带他车时,规定应以大拖小,或同吨位车互拖。

(1)软联接是以钢丝绳或粗麻绳为联接主件,长度一般为4~6米,前端系于前车的牵引钩,后端系于被拖车前挂钩。两端联接牢固后,方可拖车。

拖车行驶时,前后两车要事先商量好联络办法,前车在处理道路情况时,一定要顾及后车能否安全通过。尽量避免使用制动,绝对禁止紧急制动。转弯时应靠弯道外侧放大转弯半径缓行。

行驶中,随时注意自行车和行人突然从两车之间穿越而摔倒,随时准备制动。为确保被拖车驾驶员的前视条件,应将车头向左横向越出前车一些,以便及时联络和处理道路情况。如需停车,应立即鸣号通知前车,待前车停稳后,后车方可停车。

(2)硬联接一般采用单扶杠和三角架为联接主件,长度以2~3米为宜,其操作与软拖方法基本相同,但比较容易掌握。

第六节　应急驾驶技术

交通事故的发生,往往是因突然情况所致。这就要求驾驶员应具备良好的心理素质和掌握一定的应急技术措施，以便在遇到险情时能临危不慌，冷静地采取行之有效的方法，从而化解或减轻事故的危害程度。

应急驾驶原则

(1)无论遇到何种紧急情况，应沉着镇定，在短暂的瞬间，做出正确判断，采取措施。

(2)减速和控制好行驶方向。为了规避和减轻交通事故的程度和损失，最有效的措施无非就是减速、停车或是控制方向、避让障碍物两种办法。若发生紧急情况时车速较低，要重方向、轻减速；若发生紧急情况时车速较高，要重减速，轻方向。

(3)先人后物，先他后己

(4)就轻处置。危急关头，损失大小的选择应以避重就轻为原则。

爆胎应急驾驶技术

拖拉机行驶中可能发生爆胎，伴有爆破声，出现明显的振动，转向盘随之以极大的力量自行向爆胎一侧急转，很容易发生碰撞事故，此时应采取以下应急措施：

(1)当意识到爆胎时，双手紧握转向盘，尽力抵住转向盘的自行转动，极力控制拖拉机直线行驶方向，若已有转向，也不要过度校正(事实上也难以校正)。

(2)在控制住方向的情况下，轻踩制动踏板(绝不要紧急制动)，使拖拉机缓慢减速，待车速降至适当时候，平稳地将拖拉机停住，可能情况下，将拖拉机逐渐停靠于路边更妥。

(3)切忌慌乱中向相反方向急转转向盘或急踩制动踏板，否则将发生蛇行或侧滑，导致翻车或撞车重大事故。

侧滑应急驾驶技术

当拖拉机在泥泞、溜滑路面上紧急制动或猛转方向时，由于车轮抱死或轮胎受力失衡，拖拉机失去横向摩擦阻力，易产生侧滑、行驶方向失控，以致向路边翻车、坠车或与其他车辆、行人相撞；此时应采取以下应急措施：

(1)当制动时引起侧滑,立即松抬制动踏板。并迅速向侧滑同方向转方向盘,又及时回转方向,即可制止侧滑,修正方向后继续行驶。

(2)当转向或擦撞引起侧滑,不可踩制动踏板,而应依上法利用转向盘制止侧滑。应特别牢记:往哪边侧滑,就往哪边转方向,绝不可转错方向,否则,不但无助制止侧滑,反而使侧滑更厉害。

倾翻应急驾驶技术

拖拉机倾翻一般都有先兆预感,当感到不可避免地将要倾翻,应采取以下应急措施:

(1)当拖拉机倾翻力度不大,估计只是侧翻时,双手紧握转向盘,双脚钩住踏板,背部紧靠座椅靠背,尽力稳住身体,随车一起侧翻。

当倾翻力度较大或路侧有深沟,有可能连续翻滚,则应尽量使身体往座椅下躲缩,抱住转向杆,避免身体在车内滚动。

(2)有可能时,也可跳车逃生。跳车的方位应向翻车相反方向或运行的后方。落地前双手抱头,蜷缩双腿,顺势翻滚,自然停止。不要伸展手腿去强行阻止滚动,反而可能加剧损伤。

(3)翻车时,感到不可避免地要被甩出车外,则应毫不犹豫地在甩出的瞬间,猛蹬双腿,助势跳出车外(落地动作同上述一样)。

撞车应急驾驶技术

当拖拉机已无可避免撞车时,务必镇定,迅速判断碰撞部位,果断地选择避让方式。

拖拉机碰撞无非正面碰撞、侧面碰撞和追尾碰撞等几种。应区别情况,采取以下应急措施:

(1)当拖拉机有碰撞可能时,首先应控制方向,顺前车或障碍物方向,极力改正面碰撞为侧撞,改侧撞为刮擦,以减轻损失程度。

刮擦时,车门最易脱开,这时身体应稍向右侧倾斜,双手拉住转向盘,后背尽量靠住座椅靠背,稳住身体,避免被甩出车外。

(2)若碰撞部位在右侧,撞击力尚小时,双手臂应稍曲,紧握转向盘,以免肘关节脱位,身体向后倾斜,紧靠座椅靠背,同时双腿向前挺直抵紧,使身体定位稳定,不致头部前倾撞击挡风玻璃,胸部前倾撞击转向盘。

(3)若撞击部位接近驾驶员座位或撞击力相当大时,则应毫不犹豫地抬起双腿,双手放弃转向盘,身体侧卧于右侧座上,避免身体被转向盘抵住受伤。

转向失控应急驾驶技术

拖拉机行驶中,往往由于横、直拉杆球销脱落,或转向杆断裂等原因,突然转向失效,情况十万火急,此时,应以尽量减轻损伤为原则,采取以下应急措施:

(1)拖拉机若仍能保持直线行驶状态,前方道路情况也允许保持直线行驶无恙时,切勿惊慌失措,随意紧急制动,而应轻踩制动踏板,轻拉住车制动操纵杆,缓慢平稳地停下来。

(2)当拖拉机已偏离直线行驶方向时,事故已经无可避免,则应果断地连续踩制动踏板,使拖拉机尽快减速停车,起码可以缩短停车距离,减轻撞车力度。

制动失灵、失效应急驾驶技术

拖拉机行驶中,往往由于制动管路破裂或制动液、气压力不足等原因,突然出现制动失灵、失效现象,对行车安全构成极大威胁。此时,应该采取以下应急措施:

(1)当出现制动失灵、失效时,立即松抬加速踏板,实施发动机牵阻制动,尽可能利用转向避让障碍物,这是最简单、快捷、有效的办法(装载重心高或牵引挂车则不可取)。

(2)若驾驶的是液压制动拖拉机,可连续多次踩制动踏板,以期制动力的积聚而产生制动效果。

(3)在前段发动机牵阻制动的基础上,车速有所下降,这时可以利用抢挡或拉动驻车制动操纵杆,进一步减速,最终将拖拉机驶向路边停车。

要特别记住,当出现制动失效,无论车速降低与否,操纵转向盘、控制行驶方向、规避撞车是第一位的应急措施,只有当暂时不会发生撞车事故时,才可腾出手来抢挡、拉住车制动操纵杆。

途中突然熄火应急驾驶技术

行驶时，往往由于供油中断或断火，使发动机停止工作，一时无法再次启动，可能使拖拉机停在行车道上而发生撞车事故。当发生这种情况，应采取以下应急措施：

(1) 连续踩 2 ~ 3 次加速踏板，扭转点火开关，试图再次启动成功。若启动成功，不要继续行驶，而应将拖拉机驶向路边停车检查，查明原因，排除隐患后再继续行驶。

(2) 若试图再次启动失败，不要再存侥幸心理，坐失应急良机。而应打开右转向灯，利用惯性，操纵转向盘，使拖拉机缓慢驶向路边停车，打开停车警示灯，检查熄火原因，及时排除。

下坡制动无效应急驾驶技术

拖拉机在下长坡时，往往长时间使用制动器而发热，使制动效能衰退，或气压不足，制动减弱，使车速越来越快，无法控制车速，很可能冲出悬崖坠车。此时应采取以下应急措施：

(1) 察看路边有无障碍物可助减速或宽阔地带可迂回减速、停车。当然最好是利用道路边专设的紧急停车道停车。

(2) 若无可利用的地形和时机，则应迅速抬起加速踏板，从高速挡越级降到低速挡，利用变速器速比的突然增大，发动机牵阻作用加大，遏制车速，利于控制车速和操纵行驶方向。

(3) 若感觉拖拉机速度仍然较快，可逐渐拉紧驻车制动器操纵杆，逐步阻止传动机件旋转。拉动时注意不可一次紧拉不放，以免将驻车制动盘"抱死"而丧失全部制动能力。

(4) 若采取上述种种措施仍无法有效控制车速，事故已到无法避免时，则应果断将车靠向山坡一侧，利用车厢一侧与山坡靠拢碰擦，若山坡无法与车厢碰擦，在迫不得已的情况下，则只能利用车前保险杠斜向撞击山坡，迫使拖拉机停住，以求大事化小，减小损失。

第七节　田间作业驾驶技术

拖拉机田间作业时，除掌握前面所述“一般道路驾驶技术要点”的内容外，要特别强调以下内容：

（1）根据地块情况和农艺要求，选择合适的田间作业行走方法，以提高工作效率。

（2）作业中转弯或倒车之前，一定要使已经入土的农具工作部件升出地面，然后再转弯，以免损坏农具或造成人员伤亡事故。

（3）在地面起伏较大的地块上作业时，要检查农具与拖拉机联接处是否有松动或脱落。

（4）如果农具需要有农具手配合工作时，在拖拉机驾驶员和农具手之间要有联络信号的装置，以免因动作失调而出现事故。

（5）绝对不许在悬挂机具升起而又无保护措施的情况下，爬到悬挂机具的下面进行清理杂草、调整或检修工作。

（6）有两名驾驶员交替驾驶拖拉机作业时，在田头处休息的那名驾驶员不允许睡觉，尤其是夜晚更不能如此。

（7）带悬挂农具的拖拉机，如暂停时间较长，应将悬挂农具降落到地面，这样可保护液压悬挂系统和防止意外事故发生。

第八节　运输作业驾驶技术

拖拉机进行运输作业，驾驶员必须熟悉并严格遵守交通规则。驾驶员、拖拉机和挂车应经当地交通管理部门考核和审验合格后，发给驾驶证、行车执照和车辆牌照，方可从事公路运输作业。

拖拉机从事运输作业时，一般行驶速度较高，运行距离较长。出车前必须对拖拉机及挂车的技术状态进行严格的检查，并认真做好行车前的各项准备工作。

除按单车的基本驾驶操作方法进行外，还应注意下列驾驶操作要点：

(1)拖拉机运输作业时严禁超载、超速。重车在任何情况下均应用最低挡起步,空车在热车情况下并且在平路或下坡路时,方可使用二挡起步;加速宜缓慢逐渐地加速;换挡要求准确、敏捷、平稳;转弯时要提前降低车速,适当放大转弯半径,注意拖拉机在转弯时的内轮差,防止挂车转弯时内轮碰撞车辆或行人;与来车相会,应减速靠边,并保持挂车直线行驶;拖挂运输严禁超速、超载行驶。

(2)在行驶中如感到车速突然加快或发动机动力突然增加,应检查挂车是否脱钩;行驶中如感到拖拉机突然无力,应立即停车检查挂车轮胎是否损坏;拖拉机摘挂一般不应在坡道进行,如要摘挂,需做好在车轮后部垫好三角木等安全防护工作。严格禁止用钢丝绳软挂拖车。

第九节　驾驶员考试科目内容

拖拉机驾驶人考试科目分科目一:道路交通安全、农机安全法律法规和机械常识、操作规程等相关知识考试;科目二:场地驾驶技能考试;科目三:挂接机具和田间作业技能考试;科目四:道路驾驶技能考试。

一、科目一

1. 考试内容

(1)道路交通安全法律、法规和农机安全监理法规、规章;

(2)拖拉机及常用配套农具的总体构造,主要组成结构和功用,维护保养知识,常见故障的判断和排除方法,操作规程等安全驾驶相关知识。

2. 考试要求

试题分为选择题与判断题,试题量为100题,每题1分。其中,全国统一试题不低于80%;交通、农机安全法规与机械常识、操作规程试题各占50%。采用笔试或计算机考试,考试时间为90分钟。

3. 合格标准：

成绩在 80 分以上的为合格。

二、科目二

1. 方向盘式拖拉机场地驾驶考试

(1)图形：

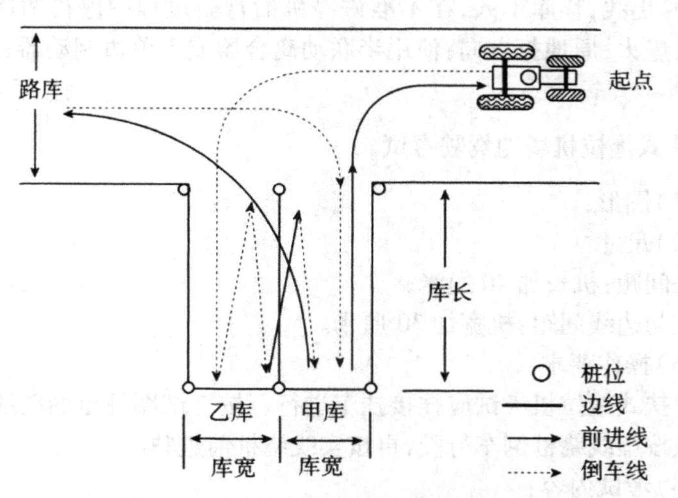

图 3-4　方向盘式拖拉机场地驾驶考试图

(2)尺寸：

起点：距甲库外边线 1.5 倍机长；

路宽：机长的 1.5 倍；

库长：机长的 2 倍；

库宽：机宽加 50 厘米。

(3)操作要求：

采用单机进行，从起点倒车入乙库停正，然后两进两退移位到甲库停正，前进穿过乙库至路上，倒入甲库停正，前进返回起点。

(4)考试内容：

在规定场地内，按照规定的行驶路线和操作要求完成驾驶拖拉机的情况；

对拖拉机前、后、左、右空间位置的判断能力；

对拖拉机基本驾驶技能的掌握情况。

(5)合格标准：

未出现下列情形的，考试合格：不按规定路线、顺序行驶；碰擦桩杆；机身出线；移库不入；在不准许停机的行驶过程中停机两次以上；发动机熄火；原地打方向；使用半联动离合器或者单边制动器；违反考场纪律。

2. 手扶式拖拉机场地驾驶考试

(1)图形：

(2)尺寸：

桩间距：机长加40厘米；

桩与边线间距：机宽加30厘米。

(3)操作要求：

手扶式拖拉机考试应挂接挂车进行。按考试图规定的路线行驶，从起点按虚线绕桩倒车行驶，再按实线绕桩前进驶出。

(4)考试内容：

在规定场地内，按照规定的行驶路线和操作要求完成驾驶拖拉机的情况；

对拖拉机前、后、左、右空间位置的判断能力；

对拖拉机基本驾驶技能的掌握情况。

(5)合格标准：

未出现下列情形的，考试合格：不按规定路线、顺序行驶；碰擦桩杆；除扶手把外机身出线；在不准许停机的行驶过程中停机两次以上；原地推把或转向时脚触地；发动机熄火；违反考场纪律。

三、科目三

1. 拖拉机挂接农具考试

(1)图形:

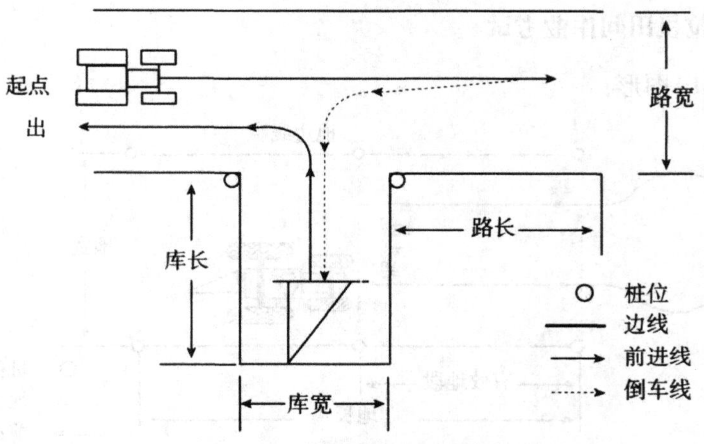

图 3-5 拖拉机挂接农具考试图

(2)图形尺寸:

路长:机长的 1.5 倍;

路宽:机长的 1.5 倍;

库长:机长加农具长加 30 厘米;

库宽:机宽加 60 厘米。

(3)操作要求:

采用实物挂接或者设置挂接点的方法进行,从起点前进,一次完成倒进机库,允许再 1 进 1 倒挂上农具。

(4)考试内容:

在规定的机库内,按照规定的行驶路线和操作要求完成进库挂接农具的情况;

对拖拉机悬挂点和农具挂接点前、后、左、右空间位置的判断能力;

对拖拉机基本驾驶技能的掌握情况。

(5)合格标准:

未出现下列情形的,考试合格:不按规定路线、顺序行驶;碰擦桩杆;机身出线;拖拉机悬挂点与农具挂接点距离大于10厘米;在不准许停机的行驶过程中停机两次以上;发动机熄火;违反考场纪律。

2. 拖拉机田间作业考试

(1)图形:

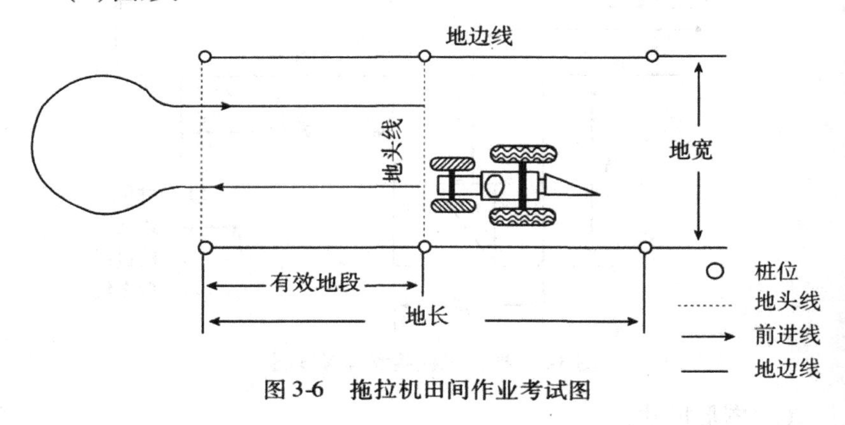

图3-6　拖拉机田间作业考试图

(2)尺寸:

地宽:机宽的3倍;

地长:方向盘式拖拉机为60米;手扶式拖拉机为40米;

有效地段:方向盘式拖拉机为50米;手扶式拖拉机为30米。

(3)操作要求:

采用拖拉机悬挂(牵引)农机具实地作业或者在模拟图形上驾驶拖拉机划印方式进行。用正常作业挡,从起点驶入,入地时正确降下农具,直线行驶作业到地头,升起农具调头,回程农具入地,出地时升起农具。

(4)考试内容:

在规定的田间,按照规定的行驶路线和操作要求正确升降农具的情况；

对拖拉机地头调头靠行作业的掌握情况；

对拖拉机回程行驶偏差的掌握情况。

(5)合格标准：

未出现下列情形的，考试合格：不按规定路线、顺序行驶；机组调头靠行与规定位置偏差大于 30 厘米；机组回程行驶过程中平行偏差大于 15 厘米；在不准许停机的行驶过程中停机两次以上；发动机熄火；违反考场纪律。

四、科目四

考试内容

在模拟道路或者实际道路上，驾驶拖拉机机组进行起步前的准备、起步、通过路口、通过信号灯、按照道路标志标线驾驶、变换车道、会车、超车、定点停车等正确驾驶拖拉机的能力，观察、判断道路和行驶环境以及综合控制拖拉机的能力，在夜间和低能见度情况下使用各种灯光的知识，遵守交通法规的意识和安全驾驶情况。

拖拉机考试距离不少于 3 公里。

合格标准

考试满分为 100 分，设定不及格、扣 20 分、扣 10 分、扣 5 分的评判标准。达到 70 分以上的为及格。

评判标准

(1)考试时出现下列情形之一的，道路驾驶考试不及格：

不按交通信号或民警指挥信号行驶；起步时拖拉机机组溜动距离大于 30 厘米；机组行驶方向把握不稳；当右手离开方向盘时，左手不能有效、平稳控制方向的；有双手同时离开方向盘或扶手把现象；换挡时低头看挡或两次换挡不进；行驶中使用空挡滑行；行驶速度超过限定标准；对机组前后、左右空间位置感觉差；不按考试员指令行驶；不能熟练掌握牵引挂车驾驶要领；对采用气制动结构的拖拉机，储气压力未达到一定数值而强行起步；方向转动频繁，导致挂车左右晃动；考试中，有吸烟、接打电话等妨碍安全驾驶行为；争道抢行或违反路口行驶规定；窄路会车时，不减速靠右边行驶或会车困难时，应让行而不让；行驶中不能正确使用各种灯光；在禁止停车的地方停车；发现危险情况未及时采取措施。

(2)考试时出现下列情形之一的，扣20分：

拖拉机有异常情况起步；起步挂错挡；不放松手制动器或停车锁起步，未能及时纠正；起步时机组溜动小于30厘米；起步时发动机熄火一次；换挡时有齿轮撞击声；控制行驶速度不稳；路口转弯角度过大、过小或打、回轮过早、过晚；调头方式选择不当；调头不注意观察交通情况；停车未拉手制动或停车锁之前机组后溜。

(3)考试时出现下列情形之一的，扣10分：

起步前未检查仪表；起步时机组有闯动及行驶无力的情形；起步及行驶时驾驶姿势不正确；掌握方向盘或扶手把手法不合理；行驶制动不平顺，出现机组闯动；挡位使用不当或速度控制不稳；换挡掌握变速杆手法不对；换挡时机掌握太差；换挡时手脚配合不熟练；错挡但能及时纠正；不按规定出入非机动车道；变换车道之前，未查看交通情况；制动停车过程不平顺。

(4)考试时出现下列情形之一的，扣5分：

起步前未调整好后视镜；起步前未检查挡位或停车制动器；发动机启动后仍未放开启动开关；不放停车制动器起步，但及时纠正；起步油门过大，致使发动机转速过高；换挡时机掌握稍差；路口转弯角度稍大、稍小或打、回轮稍早、稍晚；停车时未拉手制动或停车锁，检查挡位，抬离合器前先抬脚制动。

第四章 大中型拖拉机及配套机具使用技术

第一节 拖拉机使用技术

一、柴油发动机使用技术规范

1.油、水、气的正确使用

工作中使用好油、水和气，对延长柴油发动机的使用寿命，充分发挥其性能，避免事故的发生有着至关重要的作用。

油的正确使用

柴油发动机用油主要包括燃油和润滑油。燃油主要是轻柴油，润滑油主要为柴油、机油。

(1)燃油的正确使用。燃油的管理使用、工作中的操作习惯，对燃油供给系统的可靠性及柴油机的使用寿命都有较大的影响。根据气温和不同地区、不同季节合理选用规定牌号的柴油。保证柴油高度清洁，这是燃油供给系统正常工作的关键。

(2)润滑油的正确使用。按季节选用不同牌号的润滑油。加入的润滑油必须过滤以保持清洁。定期清洗和更换机油滤清器滤芯。定期更换油底壳润滑油和清洗润滑油道。更换润滑油一般应在热车时放出脏油。随时注意机油压力表读数是否在正常工作范围，如有异常，应及时停车检查，予以排除。注意检查所有油路及联接部分是否有漏油现象，发现故障要及时排除。

水的正确使用

发动机启动前必须加足冷却水。工作中也要经常检查水位高度，不足时应及时添加。但发动机缺水过热时，不能向发动机骤加冷水，应怠速运转一段时间（10～15 分钟）后，再徐徐加入冷却水，以防缸体、缸盖产生裂纹。

加入冷却系统中的冷却水应是洁净的软水，如河水、湖水、雨水、雪水等。不要用泉水、井水、海水等硬水，如用须经软化处理，简单方法是把硬水煮沸。

开始工作前，应使发动机预热到 40℃ ～60℃ 以后拖拉机才能起步，正常工作时应保持水温在 75℃ ～95℃ 范围内。

在冬季工作完毕后，应把水放净，以防冻裂缸体、缸盖。放水时，最好等水温降到 60℃ 以下时再放。

应按规定要求检查并消除漏水现象；检验节温器；清洗冷却系统，除去水垢等，以确保冷却系统的正常工作。

气门的正确使用

定期检查调整气门间隙和减压间隙；按规定检查气门密封性能，必要时清除积炭并研磨气门；正确安装配气机构，尤其是正时齿轮；发现气门有明显的撞击声时，应立即停车检查。

2. 启动与停车

柴油机的启动

（1）启动前，必须做好检查、准备工作，采用适当的启动方式，以减少启动负荷或磨损。主要应检查柴油机、底盘、农具牵引装置等各部分零件是否齐全完好，有无漏油、漏气及漏水现象；检查润滑油、燃油、冷却水是否充足。

（2）大中型拖拉机的启动方式一般分为电动机启动和小汽油机启动两种方式。一些中型拖拉机如东方红-28 型、泰山-25 型等还备有手摇启动装置。

电动机启动：

把油门放至中间位置，挂空挡，操纵减压手柄至减压位置。

插入钥匙，顺时针转动，接通电路。顺时针转动启动开关直接到启动位置，等到发动机转速上升后，将减压操纵装置放回到正常工作位置，发动机即可启动，最后将启动开关转回到原来位置即“0”位。

发动机在中、低转速空转，待拖拉机温度上升到正常范围。

气温低时可采用预热启动。预热启动操作大致与直接启动相同。不同之处是启动开关首先置于预热位置，停留20秒左右（不得过长），然后转至启动位置。除此之外，当温度很低时还应注意水和机油的预热工作。

小汽油机启动：

挂空挡，将减压手柄置于减压位置，油门拉杆放于熄火位置，用小油门。

按下自动分离机构，结合主发动机，然后放手。

离合器手柄放在分离位置，使小启动机与主机处于分离状态。

打开汽油箱开关、汽化器进气口盖，节流阀和阻风门稍微打开，按下浮子，直至汽油充满浮子室。

将绳子按顺时针方向绕飞轮两周左右，以快速、大力、大摆幅向远离拖拉机的方向拉绳子。

小汽油机启动后，稍关小节流阀，开大阻风门。

将离合器手柄向右扳到结合位置，让主发动机开始运转预热2分钟左右。然后，使减压操纵装置回到正常工作位置，并将熄火拉杆放于供油位置，直至主发动机启动。

发动机启动后，将离合器手柄扳到分离位置，关闭阻风门、节流阀，并按下磁电机断路按钮。使启动机停止工作，并关好进气口盖和汽油箱开关。

如在寒冷气候条件下启动，有的启动机（如东方红-75型）按减压预热Ⅰ、Ⅱ挡依次顺序预热，且配有启动机变速手柄，也按Ⅰ、Ⅱ挡顺序接合。

（3）拖拉机发动机启动后，一定要检查各仪表读数是否正常。水温60℃左右时，才能驾驶拖拉机进行运输或田间作业；检查拖拉机下面或地面上有无漏油、漏水现象；听听有无异常声响；嗅嗅有无异常气味。如不正常，应马上熄火，查明原因。

停车

放松油门踏板，关小油门，踩下离合器踏板，同时平稳地踩下制动器踏板，使拖拉机平稳地停在所需要的位置上。把变速杆放入空挡放松离合器和制动器踏板。

紧急停车时应同时踩下离合器踏板和制动器踏板。坡上停车时必须使用制动器，并用固定爪将制动器锁住，以免发生溜车事故。

气温低于0℃时，如果需要长时间停车，停车后应将冷却水放出避免发生冻裂事故；同时需将机油放出，以防冻结。

3. 技术参数及调整

气门间隙的检查与调整

气门间隙的检查调整一般在冷车时进行，应先拆下气门室盖，把活塞压缩上止点，然后把减压手柄扳回工作位置，选用厚度符合要求的塞尺，插入气门摇臂与气门杆顶端之间的间隙，插入后用手抽动塞尺，感觉略有阻力，则说明气门间隙合适，否则应对气门间隙进行调整。进、排气门间隙的调整方法相同。几种柴油机的气门间隙如表4-1所示。

表4-1　柴油机气门间隙(冷车状态)

机型	气门间隙(毫米)	
	进气门	排气门
4125A	0.30	0.35
4115T	0.30	0.35
4100A	0.25～0.30	0.30～0.35
495A	0.25～0.30	0.30～0.35

供油提前角的检查与调整

表4-2所示为几种柴油机的供油提前角。

表 4-2　柴油机的供油提前角

机型	供油提前角(度)
495A	22.5 ±3
295A	22 ±1
395A	26 ±1
4100A	29 ±1

喷油压力和喷雾角的调整

表 4-3 所示为几种柴油机的喷油压力和喷雾角。

表 4-3　柴油机的喷油压力和喷雾角

机型	4125A	4115T	495A	485
喷油压力(兆帕)	12.2 ±0.51	2.2 ±0.51	7.2 ±0.51	3.2 ±0.5
千克力/厘米^2	125 ±5	125 ±5	175 ±5	135 ±5
喷雾角(度)	15	15	12	12

4. 使用保养

良好的技术状态是保证拖拉机正常使用的前提条件,因此在拖拉机的使用中,必须充分重视技术保养,并严格执行。

二、大中型拖拉机的磨合试运转

拖拉机上相互配合的零件,尽管表面加工得非常光滑,但在显微镜下看,表面仍然是很不平整的(图 4-1)。如果马上进行负荷运转,就会降低零件的使用寿命。为了保证零件有正常的使用寿命,一定要进行磨合。

图 4-1　零件表面的微观结构

1. 磨合试运转的重要性

试运转的重要性主要可归结为以

下几点:消除零件摩擦表面凹凸不平处,提高承载能力;调整联接件松紧程度,保证机器正常运转;检查拖拉机各部位情况,及时发现和排除故障。

2. 磨合试运转的规范

各种拖拉机的试运转规范,均由制造厂明文规定,用户应严格按照规范进行试运转。各种型号拖拉机的试运转规程不完全相同,但一般都包括下列内容:

磨合试运转前的准备工作

用户在磨合前,应对拖拉机技术状态进行认真检查,并做好各项技术准备工作。按拖拉机说明书、试运转规程,掌握机器结构特点、技术性能和操作方法,确定试运转方案。

柴油机的空转磨合

用摇把摇动曲轴使其转动数圈,观察是否有互相碰撞和卡滞现象。

按规定程序启动柴油机,使其低速运转,注意观察仪表的工作情况;仔细听柴油机有无杂音;注意烟色及震动情况。

在润滑油压力稳定、水温上升,确定无不正常现象后,逐步提高柴油机转速,直到额定转速。并注意观察润滑油压力表、电流表等仪表的指针随柴油机转速提高而变化的情况。

拖拉机空车行驶磨合

拖拉机空车行驶磨合是对柴油机进一步磨合,也是对转动装置的磨合,还要对传动装置、变速机构、制动装置、转向机构等工作的灵活性、可靠性进行检查和调整。

空车行驶磨合完毕须进行一次保养,更换柴油机的润滑油;趁热放出变速箱内的齿轮油(经过严格过滤和沉淀可继续使用)。

拖拉机的负荷磨合

拖拉机的负荷磨合可分为 3 ~ 4 级。负荷的大小,以牵引力来衡量,一般为最大牵引力的 1/3、1/2 和 3/4。不做满负荷磨合,更不允许超负荷磨合。

负荷必须由小到大逐级递加，在同一负荷情况下应由低挡到高挡。

在条件不具备的情况下，可结合生产进行磨合。

3. 磨合试运转后的工作

清洗

停车后趁热放出变速箱、后桥等部位的齿轮油；加入适量的柴油，利用二挡和倒挡各运行2～3分钟后再放出清洗柴油。

熄火后趁热放出油底壳和变速箱内的润滑油。清洗油底壳内的集滤器和放油螺栓。清洗润滑油过滤器，更换润滑油滤芯。

清洗柴油积尘杯和柴油过滤器。

清洗空气过滤器和冷却系统。

紧固及调整

检查和紧固拖拉机外部的螺栓及螺母；按顺序紧固汽缸盖螺母至规定扭紧力矩，调整气门间隙及减压机构的间隙；检查和调整离合器、制动器的自由行程及其工作间隙；检查和调整前轮前束；必要时检查连杆轴承或检查连杆螺栓的扭紧力矩。

润滑

润滑工作要求如下：按说明书对各润滑点进行润滑；向变速箱、后桥、最终减速齿轮顺序加润滑油至规定油位；向柴油机油底壳、喷油泵加注润滑油至规定油位。

三、大中型拖拉机的调整

1. 配气机构调整

气门间隙的检查与调整

（1）当气门处于完全关闭状态时，气门杆尾端与摇臂之间的间隙，称气门间隙（图4-2）。它的作用是为配气机构的零件受热时留出膨胀的余地。若无此间隙或间隙过小，零件受热膨胀后会使气门关闭不严而漏气，且气门易被高温气体烧坏;间隙过大,会使气门开度减小,气门开启延续时间缩短,影响进、排气,且增加零件之间的撞击,加速磨损。

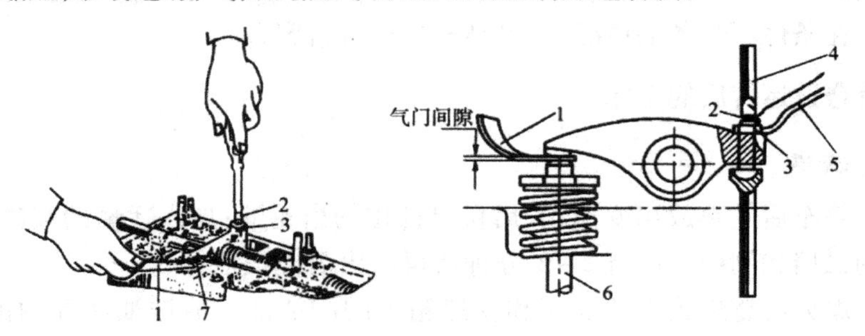

图 4-2 气门间隙的检查和调整

1. 厚薄规 2. 调整螺钉 3. 锁紧螺母 4. 螺丝刀 5. 扳手 6. 气门

在柴油机工作中,由于配气机构零件的磨损或螺母的松动,会使气门间隙变化,因此要定期检查和调整气门间隙。

(2)气门间隙的检查与调整。

逐缸调整法:

在冷车状态下,首先拆下汽缸盖罩,对配气机构进行检查:缸盖螺母和气门摇臂支座的固定螺母不应有松动;气门摇臂头的弧面不应有明显凹坑;气门推杆不得弯曲变形。

按柴油机正常运转方向转动飞轮,观察一缸进气门由打开到关闭,继续转动使飞轮上的上止点刻线对准机体上的刻线或观察窗的记号,则一缸活塞处于压缩上止点位置,使一缸的进、排气门都处于完全关闭状态。

按照气门间隙的规定范围,选择适当厚度的厚薄规片,顺着摇臂长度方向插入摇臂与气门杆尾端之间,测量其间隙,如不合规定,应进行调整。

调整气门间隙时,先松开调整螺钉的锁紧螺母,一边用螺丝刀旋动调整,一边推拉厚薄规检查,当厚薄规在间隙中拉动感到有阻力时,用螺丝刀顶住调整螺钉,将螺母锁紧。最后再用厚薄规校验一遍,保证气门间隙符合要求。

根据柴油机的工作顺序，摇转曲轴使另一缸活塞处于压缩上止点位置，然后重复上述动作，依次将所有汽缸的气门间隙检查调整一致。

两次调整法：

根据各缸工作顺序采用两次调整法，即在一个缸的压缩上止点可以调整多个关闭的气门，分两次调整完毕。例如工作顺序为1-3-4-2的四缸柴油机，当一缸处于压缩上止点时，可调整1、2、3、5（从前往后数，即一缸进、排气门，二缸进气门及三缸排气门）四个气门；转动曲轴一圈，在四缸压缩上止点时可调整4、6、7、8四个气门。

用此方法调整气门间隙时，必须搞清楚发动机的工作顺序和各缸进、排气门的排列位置。

配气相位的检查

在气门间隙符合要求时，才能检查配气相位，方法如下：

(1)如图4-3所示，取下汽缸盖罩，在汽缸减压状态下按正常运转方向慢慢转动飞轮，同时用手捻动检查缸的进气门推杆。

(2)当推杆从能转动到不能转动的瞬间，即停止转动飞轮，此时即为进气门的打开时刻。在飞轮外圈上，用卷尺量出机体上的标记所对准的点与上止点刻线之间的弧长。

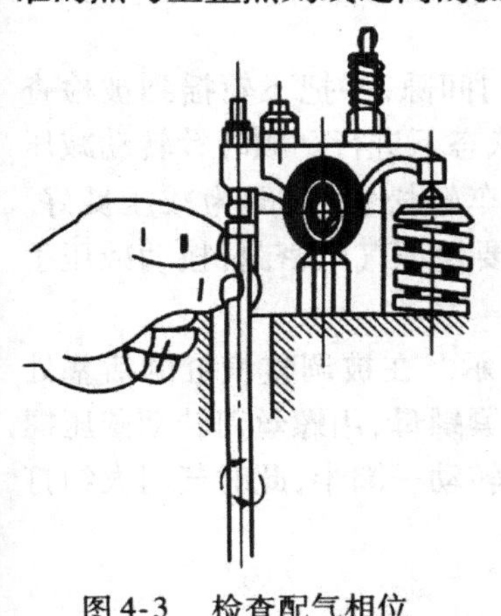

图4-3　检查配气相位

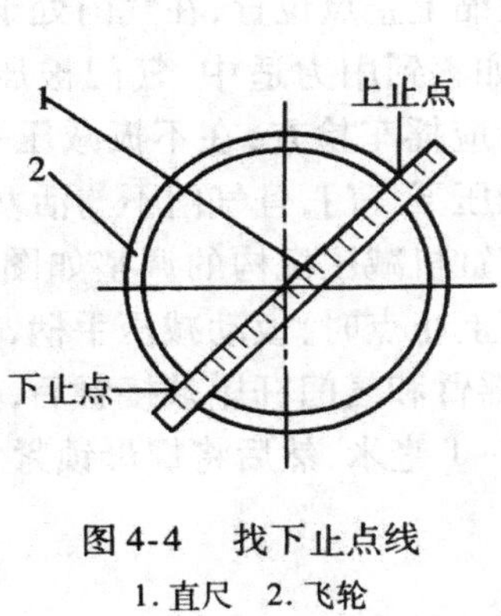

上止点
1
2
下止点

图4-4　找下止点线

1. 直尺　2. 飞轮

(3)用直尺在飞轮外端面上通过飞轮中心点和上止点刻线，找出对应的另一边下止点位置，标出刻线(图4-4)。

(4)继续缓慢转动飞轮，同时用手捻动推杆，当推杆从不能转动到开始转动的瞬间，即停止转动飞轮，此时即为进气门关闭的时刻。在飞轮外圈上同样量出此时机体上标记所对准的点与下止点刻线之间的弧长。

(5)用同样的方法量出排气门打开和关闭时刻所对应的弧长。

(6)将测量得到的弧长换算为曲轴转角，每毫米弧长等于360°除以飞轮周长(毫米)。

(7)与规定的配气相位比较，如果相差太大，应检查凸轮轴正时齿轮的装配有无错误，凸轮磨损是否过量等。

减压机构的调整

减压机构的作用是在柴油机预热、启动或进行技术保养时，使气门部分或全部打开，以减小摇转曲轴的阻力矩。

减压元件与摇臂头之间的间隙要合适，该间隙过大，减压机构不起减压作用，过小时气门关闭不严，会与活塞相撞。柴油机在使用中，由于零件磨损，会使减压机构的间隙发生变化，因此需要做适当调整。

在调整减压机构时，应先调整好气门间隙，并把飞轮摇到被检查缸的压缩上止点位置，在气门处于关闭状态下进行。顺时针转动减压手柄，如感到用力适中，气门被压下，摇车轻松省力，即为减压良好。调整后应摇车检查，在不扳减压手柄时要保证气门密封；扳动减压手柄时能压下气门，且气门不与活塞相碰。

多缸机减压机构的调整如图4-5所示。在被调整汽缸的活塞处于压缩上止点时，扳动减压手柄，松开锁紧螺母，用螺丝刀转动减压螺钉，使摇臂和气门杆尾端接触后，再继续转动一圈半，此时气门大约打开0.6~1毫米，然后将螺母锁紧。

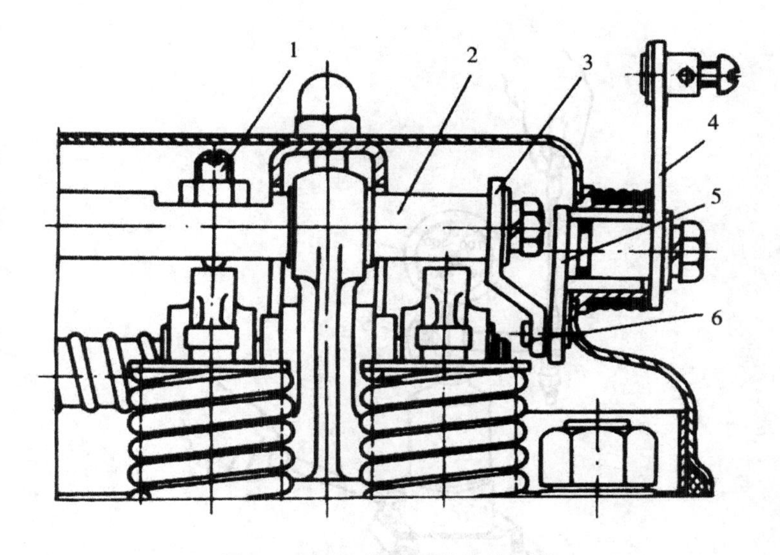

图 4-5　多缸机减压机构的调整

1. 减压螺钉　2. 减压轴　3. 减压连杆　4. 减压手柄　5. 减压拨叉　6. 圆柱销

2. 燃油供给系统调整

喷油器的检查与调整

(1) 在检查喷射压力之前，应先进行严密度检查。在 15℃ ~ 20℃ 的温度条件下，用黏度为 1.3 ~ 1.5E 度(恩氏度)的轻柴油进行试验。如图 4-6 所示，将喷油器装在试验仪上，打开压力表开关进行泵油，加压至 230 ~ 240 工程大气压(千克力/厘米^2)后，测量自 200 自然下降到 180 千克力/厘米^{2}的时间，它不应少于 10 秒。

(2) 在试验仪上以每分钟 60 ~ 80 次的速度泵油，当喷油器喷油时压力表所示的最大读数，即为喷射压力。喷油压力不符合规定时，可松开锁紧螺母，旋动调压螺钉进行调整，拧入螺钉则喷油压力增加，反之则减小。

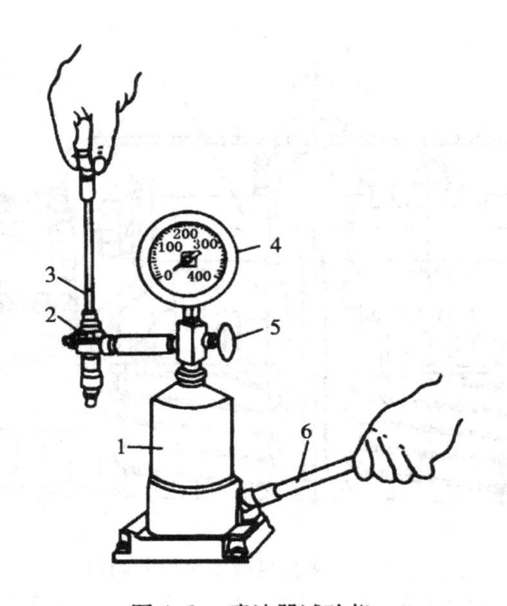

图 4-6　喷油器试验仪

1. 油泵　2. 喷油器　3. 螺丝刀　4. 压力表　5. 三通阀　6. 泵油手柄

(3) 调好喷油压力后,可进行喷油质量的检查,在标准喷射压力下,喷油质量应符合如下要求:

喷雾形状为 4°~12°的倒锥形,距喷孔愈远直径愈大,可用如图4-7所示的方法检查,在距喷油口 200 毫米处平放一张纸,在规定的喷油压力下连续喷射几次,喷在纸上的油迹应是一个直径为 14~42 毫米的圆,油迹中心与喷油器中心偏移不大于 10 毫米。

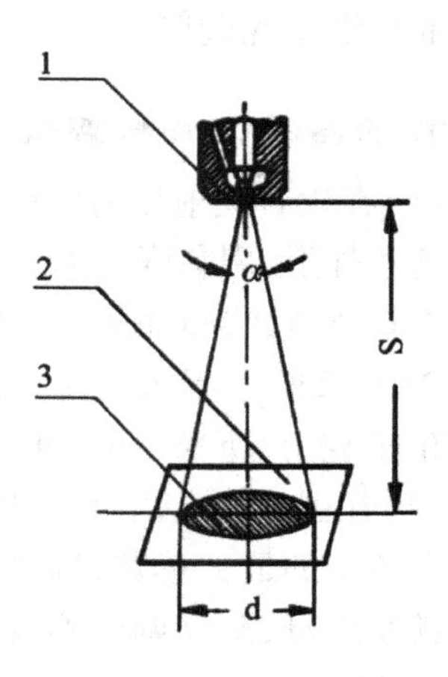

图 4-7　喷雾形状的检查

1. 喷油器　2. 白纸　3. 油迹

喷射出的油柱呈细小而均匀的雾状,无肉眼可见的油粒、油线和局部浓细不均现象(图4-8)。

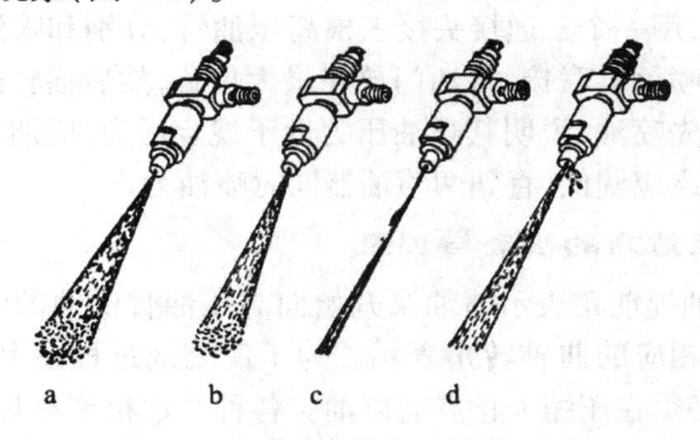

图4-8 喷油器的喷油情况

a. 正常 b. 偏射 c. 不雾化 d. 滴油

无散射和明显的偏射(单边喷油)。

断油声音干脆、清晰,无滴漏现象,连续喷射几次后喷口处无油迹。检查后将护帽装上、拧紧。

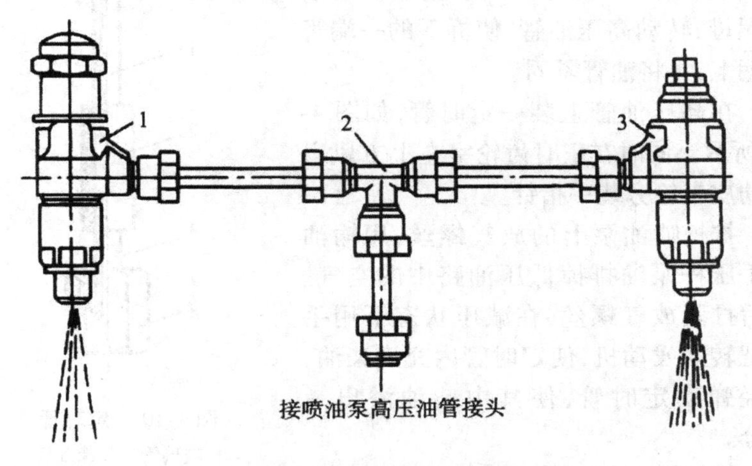

图4-9 用标准喷油器检查喷油压力

1. 标准喷油器 2. 三通管 3. 待查喷油器

(4)在无专用设备的条件下，也可在车上对喷油器进行检查。如图4-9所示，用一个三通接头接三根高压油管，分别和喷油泵、待检喷油器及标准喷油器联接，将油门放在最大位置，然后摇转曲轴，如被检查的喷油器先喷油，说明其喷油压力低于规定压力，应调高，反之说明喷油压力过高应调低，直到两喷油器同时喷油为止。

供油提前角的检查与调整

(1)供油提前角表示喷油泵开始向高压油管供油的时刻，用活塞在上止点前相应的曲轴转角表示。为了使燃烧过程在上止点附近完成，喷油泵必须在压缩上止点前供油。各种柴油机都有规定的供油提前角范围，即标定转速下的最佳供油时刻，在使用保养中应进行检查调整。

(2)以4125A型柴油机为例，说明同类机型供油提前角的检查调整方法。

拆下一缸接通喷油器一端的高压油管接头螺母，放松与喷油泵相联接的油管螺母，转动高压油管，使拆下的一端管口朝上，再将油管紧固。

在高压油管上装一定时管，如图4-10所示。同时在正时齿轮室左上方风扇传动皮带轮旁装一指针。

拧松喷油泵上的放气螺丝，用输油泵手压杆泵油排掉低压油路中的空气。然后拧紧放气螺丝，在减压状态下用手摇把转动发动机，使定时管内充满柴油，轻轻弹动定时管，使其中柴油溢出一部分。

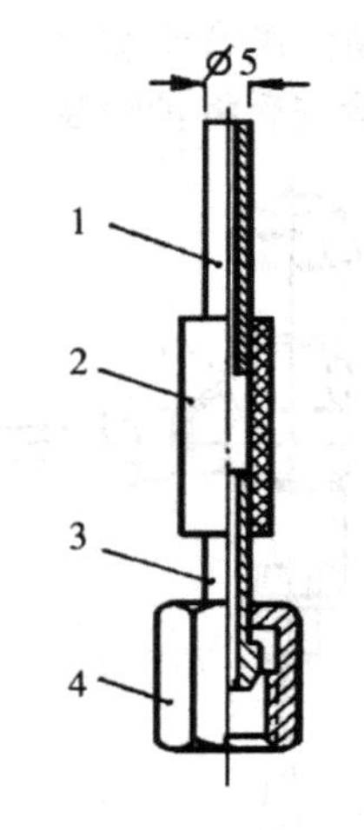

图4-10 定时管
1. 玻璃管 2. 橡皮管
3. 高压油管 4. 固定螺母

缓慢转动发动机，观察定时管内的油面，当静止的油面刚开始上升的瞬间，立即停止转动，此时，便是供油提前角的位置。在风扇传动皮带轮上，对着指针画一记号。

如果没有定时管,可直接观察高压油管口处的油面,当油面开始波动的瞬间,即为供油开始时刻。

拧出飞轮壳上的定位螺钉,调头插入原来孔中。然后慢慢转动曲轴,直到定位螺钉落入飞轮孔中为止。此时,正是一缸的压缩上止点位置。在风扇转动皮带轮上,对着指针再画一记号。

如图 4-11 所示,用钢卷尺测量两记号间的弧长,应在 22.5 ~ 28.5 毫米范围内,即相当于供油提前角为上止点前 15° ~ 19°曲轴转角,每 1.5 毫米弧长相当于 1°。

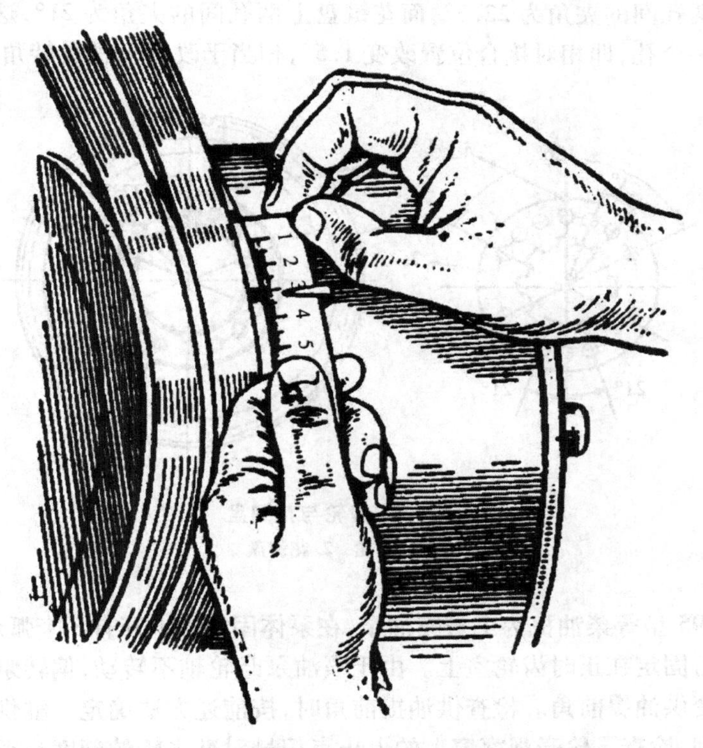

图 4-11　测量风扇传动皮带轮上两记号间的弧长

Ⅱ号喷油泵凸轮轴上装有与轴紧固为一体的花键套。驱动齿轮的轮毂上固定着花键盘，花键盘有内花键与花键套相啮合，其上各有盲键保证正时定位，花键盘与驱动齿轮有正时安装记号（图 4-12）。供油提前角需要调整时，打开喷油泵后端的调整口盖，将花键盘与喷油泵驱动齿轮相对位置拨转一定角度。如果需要增大（提前）供油提前角，则顺“ + ”号箭头旋转。如果需要减小（推后）供油提前角，则顺“ - ”号箭头旋转。

花键盘和驱动齿轮轮毂上，各有对称的 14 个孔分为上下两排，两排孔的径向位置不一样，以保证花键盘与驱动齿轮不致颠倒装错。齿轮上两孔间的夹角为 22.5°，而花键盘上两孔间的夹角为 21°，这样每改用一个孔，即相对接合位置改变 1.5°，相当于改变 3°曲轴转角。

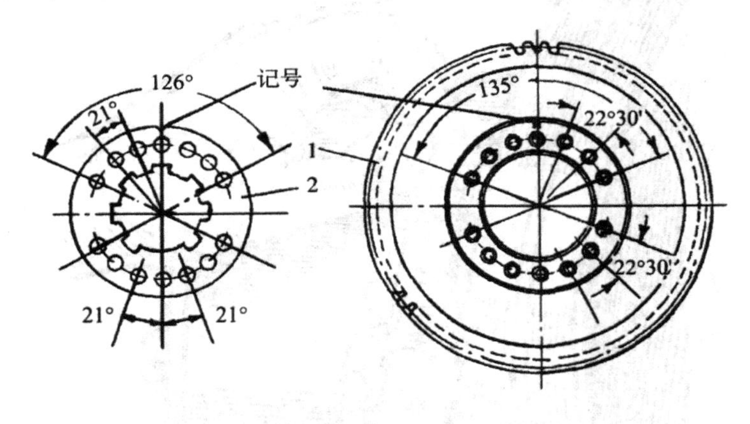

图 4-12　齿轮与花键盘

1. 驱动齿轮　2. 花键盘

495 型等柴油机为Ⅰ号喷油泵，在泵体固定板上开有 3 个弧形孔，用螺钉固定在正时齿轮室上。由于喷油泵凸轮轴不转动，偏转泵体即可改变供油提前角。检查供油提前角时，按前述方法确定一缸供油开始时刻，检查飞轮壳观察窗上的上止点记号对准飞轮的刻度是否符合规定。调整时，松开泵体和齿轮室相联的三个螺钉，把泵体朝机体方向转动（从飞轮端逆时针扳动喷油泵），则供油提前角增大；反之，把泵体向机体外转，则供油提前角减小。

喷油泵的磨损检查

(1)柱塞副的磨损检查可直接在车上进行，将如图 4-13 所示的简易喷油试验器的一端装在喷油泵高压油管的接头上，另一端堵严，然后把油门放在最大位置，减压摇车，使喷油泵向试验器供油，并观察压力表读数。压力表最大读数应比喷油器的喷油压力高 20% 以上，否则说明柱塞副磨损严重，应成对更换。

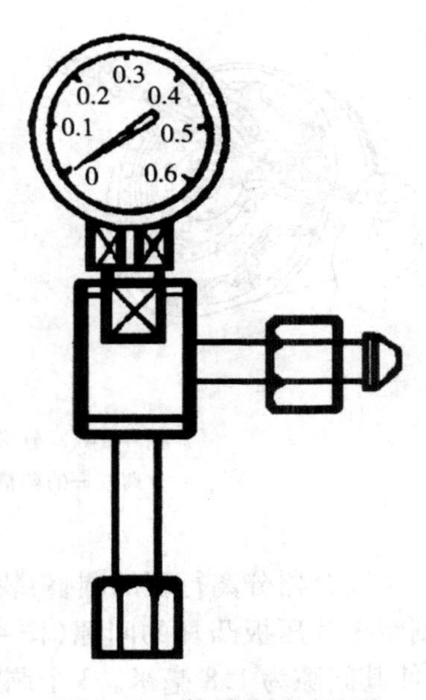

图 4-13　简易喷油试验器

(2)出油阀磨损状况可与柱塞副同时进行检查。保持简易喷油试验器的安装位置不变，油门全开减压摇车，再使喷油泵向压力表供油，当油压高于 20 兆帕时停止泵油，并记录从 20 兆帕下降到 18 兆帕的时间，不应短于 15 秒，否则表明出油阀已严重磨损，密封性能太差，应维修或更换。

3. 传动系统的检查与调整

离合器的检查调整

(1)上海-50 型拖拉机离合器检查调整：

首先检查调整 3 个分离杠杆的位置(图 4-14)：分离杠杆头部至柴油机机体端面距离 158.5 毫米，3 个分离杠杆头部应相同，误差不大于 0.15 毫米。柴油机与变速箱联接后，应检查、调整离合器踏板的自由行程为 25 ~ 35 毫米，相应的分离杠杆与分离轴承的间隙为 2 ~ 2.5 毫米。

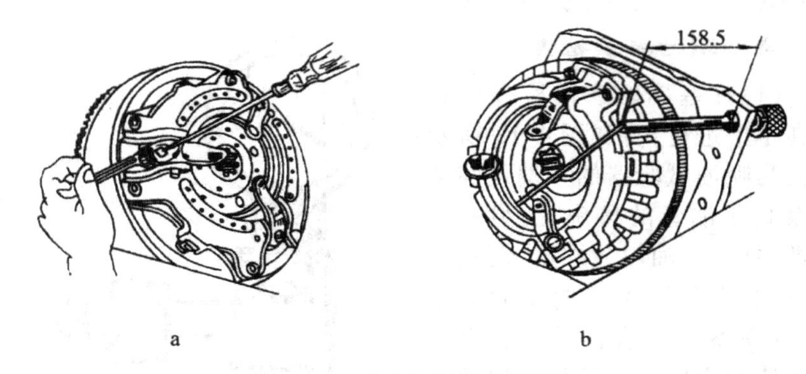

图 4-14　分离杠杆位置的调整

a. 分离杠杆的调整　b. 分离杠杆的检查

主离合器分离行程的调整：装配时应调整压板上的调整螺钉端面与副摩擦片压板凸耳的间隙（图 4-15）。松开锁紧螺母，拧动调整螺钉，使其间隙为 1.8 毫米。3 个调整螺钉间隙应一致，可用厚 1.8 毫米塞规检查。在使用中由于摩擦片磨损、间隙变小，也需检查、调整。

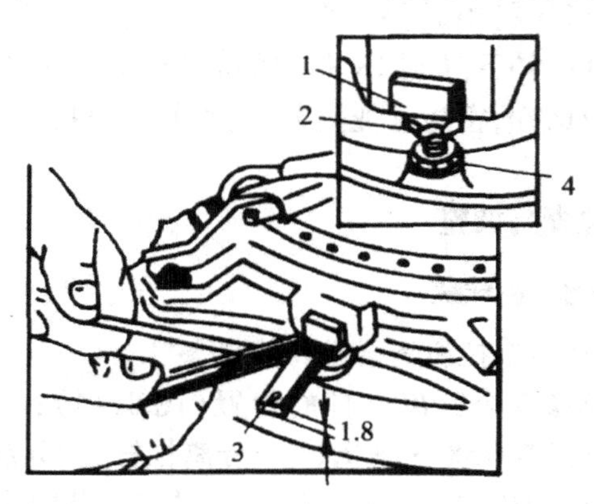

图 4-15　分离螺钉与副摩擦片压板

1. 副摩擦片压板凸耳　2. 调整螺钉　3. 塞规　4. 螺母

离合器踏板自由行程调整：装配离合器和分离机构时，应保证分离轴承端面与3个分离杠杆头部的间隙为2～2.5毫米，相应的踏板自由行程为25～35毫米。使用中由于摩擦片磨损，踏板自由行程会减小，造成离合器打滑。调整时松开螺母，旋动联接叉，改变拉杆长度。逆时针旋动联接叉，拉杆增长，踏板行程增加；反之，踏板自由行程减小。如果摩擦片和压板磨损较大，调整不出25～35毫米的自由间隙，则应调整3个分离杠杆位置，即检查、调整分离杠杆头部至发动机机体端面的距离，再检查踏板的行程，直到合适为止。

(2)东方红-75型拖拉机离合器的检查调整：

分离杠杆位置的检查调整：3个分离杠杆头部圆弧面至离合器摩擦片后平面距$76_{0}^{+0.30}$毫米，3个杠杆头部圆弧面应在一个平面上。此距离不合适时，可通过分离杠杆头部的调整螺母调整。

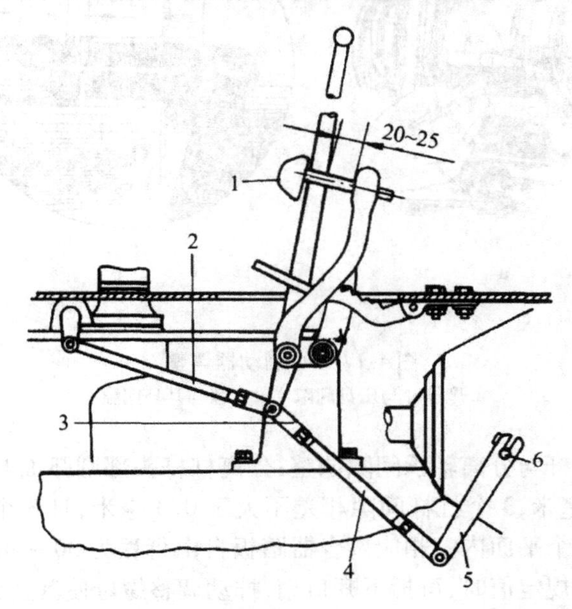

图4-16　踏板位置调整

1. 踏板　2. 推杆　3. 拉杆叉　4. 拉杆　5. 离合器拉杆　6. 分离叉轴

踏板位置的调整(图 4-16):先使锁定轴的拨头紧靠在变速箱右侧定位台上,然后改变锁定轴推杆的长度,使踏板杠杆顶端后棱至操纵杆前棱之间距 20~25 毫米。再联接离合器拉杆。

小制动器调整(图 4-17):离合器接合时,制动器摩擦片与制动器压盘的间隙为 7~8 毫米;离合器分离时,制动器弹簧耳环与压盘的间隙为 3~5 毫米。间隙不合适时,可通过改变离合器拉杆的长度来调整。若离合器接合时间隙小于规定值,而分离时又大于规定值,可使拉杆伸长,反之,缩短拉杆。

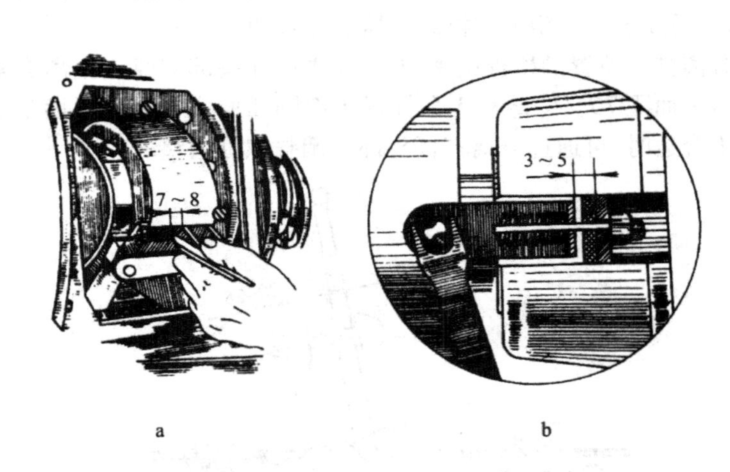

图 4-17　小制动器调整

a. 摩擦片与压盘间隙　b. 压盘与耳环间隙

分离杠杆与分离轴承间隙调整:分离杠杆头部圆弧面与分离轴承间隙 3~4 毫米,3 个杠杆间隙相差不大于 0.3 毫米,且 3 个杠杆头部圆弧面在一个平面内。相应离合器踏板自由行程为 30~40 毫米。此间隙不符合规定值时,可拆下开口销,拧动调整螺母使其达到规定值。

后桥的检查调整

(1)上海-50 型拖拉机中央传动检查调整:

上海-50 型拖拉机中央传动由一对螺旋锥齿轮(螺旋角 36°29′)组成。

主动齿轮轴承间隙调整(图 4-18):主动弧齿锥齿轮总成装好后,用专用扳手拧紧齿轮花键端上圆螺母,消除轴承间隙,产生预紧力。若用手稍用力能使主动齿轮转动,但不能借惯性转动,则预紧力比较合适(1.57～2.35 牛·米)。之后,用止推垫圈锁住圆螺母。

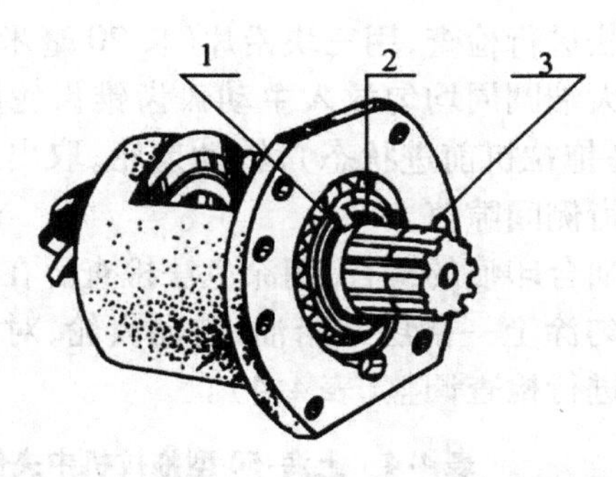

图 4-18　主动弧齿锥齿轮轴承间隙的调整

1. 止推垫圈　2. 圆螺母　3. 主动弧齿锥齿轮

从动齿轮轴承间隙调整(图 4-19):用左、右半轴轴承座与后桥壳体间的调整垫片调整。用螺母将轴承座紧固后,用手扳动从动弧齿锥齿轮(不装主动齿轮和两侧最终传动大减速齿轮)可转动,又不能借助惯性转动为合适(预紧力 2～3 牛·米)。在使用中,从动弧齿锥齿轮轴向间隙超过 0.15 毫米时应调整。

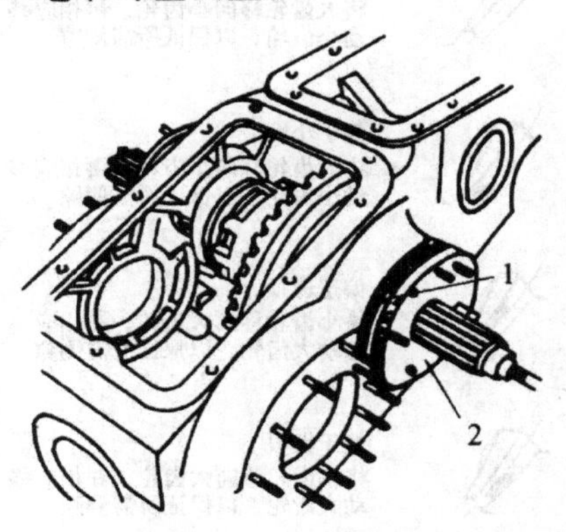

图 4-19　从动弧齿锥齿轮间隙的调整

1. 垫片　2. 短半轴轴承座

齿侧间隙的检查:正常的齿侧间隙为 0.2～0.3 毫米。可用轧入铅片法进行检查,用三块铅片(长 20 毫米、宽 5 毫米、厚 0.5 毫米),沿齿轮大端圆周均匀放入主动弧齿锥齿轮凹面与从动弧齿锥齿轮凸面之间(拖拉机前进状态),转动齿轮,取出后量出 3 块铅片的平均厚度则为齿侧间隙值。

啮合印痕的检查:用涂色法检查。在从动弧齿锥齿轮凸面和凹面上均匀涂上一薄层红铅油,转动齿轮,对粘贴在主动弧齿锥齿轮上的印痕进行检查调整(表 4-4)。

表 4-4　上海-50 型拖拉机中央传动啮合印痕调整

 前进挡	 倒退挡	调整方法	
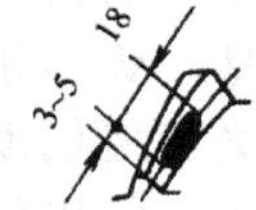 18 3~5		正常印痕 沿齿长方向不小于全齿长50% 沿齿高方向不小于全齿高40% 印痕在齿面中部稍偏小端，距端边不小于5毫米	
		偏于大端 将大齿轮移向小齿轮，再相应移动小齿轮，以保证所需侧隙	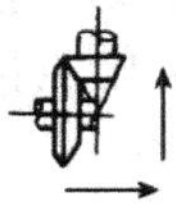
		偏于小端 将大齿轮移离小齿轮，再相应移动小齿轮，以保证所需侧隙	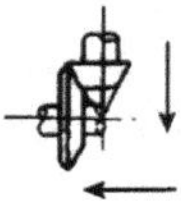
		偏于齿顶 将小齿轮移离大齿轮，并相应移动大齿轮，以保证所需侧隙	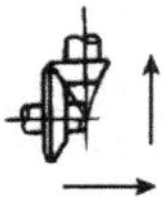
		偏于齿根 将小齿轮移向大齿轮，并相应移动大齿轮，以保证所需侧隙	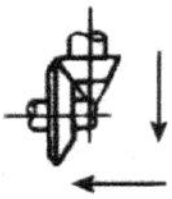

(2)铁牛-55 型拖拉机中央传动检查调整:

啮合印痕的调整(表 4-5):啮合印痕调整,以前进挡为主,兼顾倒退挡,先调齿宽方向,后调齿高方向,看大圆锥齿锥凸面为原则。在大圆锥齿轮 3 ~ 5 个齿上涂少许薄铅油,使其正反转动,在涂油的齿面得到啮合印痕。根据印痕位置,进行调整。

表 4-5　铁牛-55 型拖拉机中央传动啮合印痕调整

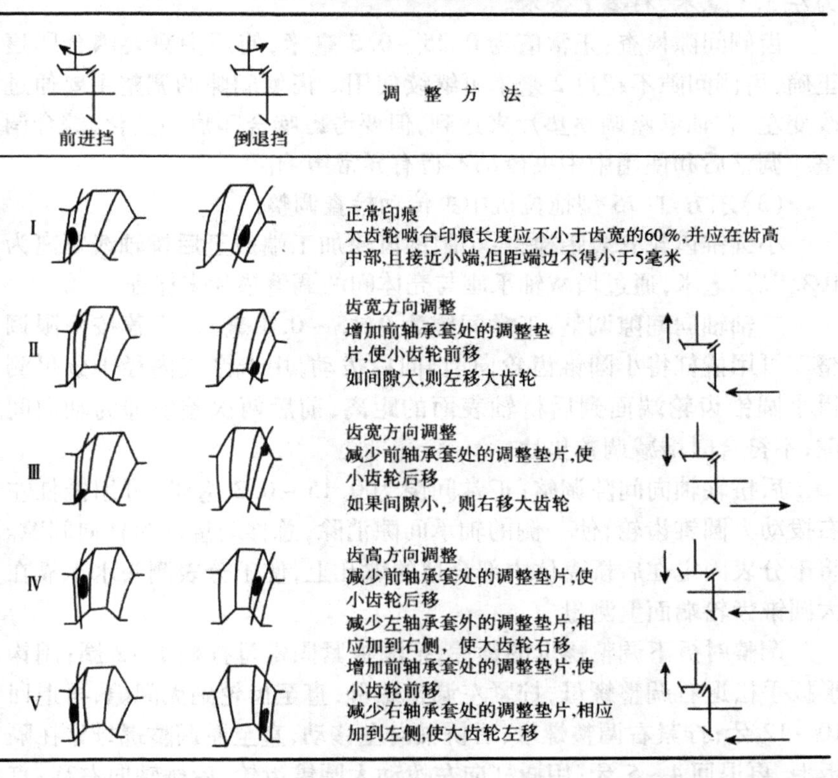

	前进挡	倒退挡	调整方法
Ⅰ			正常印痕 大齿轮啮合印痕长度应不小于齿宽的60%,并应在齿高中部,且接近小端,但距端边不得小于5毫米
Ⅱ			齿宽方向调整 增加前轴承套处的调整垫片,使小齿轮前移 如间隙大,则左移大齿轮
Ⅲ			齿宽方向调整 减少前轴承套处的调整垫片,使小齿轮后移 如果间隙小，则右移大齿轮
Ⅳ			齿高方向调整 减少前轴承套处的调整垫片,使小齿轮后移 减少左轴承套外的调整垫片,相应加到右侧，使大齿轮右移
Ⅴ			增加前轴承套处的调整垫片,使小齿轮前移 减少右轴承套处的调整垫片,相应加到左侧,使大齿轮左移

前套半圆形调整垫片组(厚 0.2 毫米和 0.5 毫米)的增减,使小圆锥齿轮前移或后移,改变齿宽上的印痕位置。每取出 0.1 毫米的垫片,齿侧间隙增加 0.03 毫米。为保证齿侧间隙,必须相应调整左、右轴承座半圆形调整垫片。差速器轴的左、右轴承半圆形调整垫片组(厚分别为 0.2 毫米、0.5 毫米、1 毫米),从一侧减少的垫片要增加到另一侧,保证左、右轴承座调整垫片总厚 6 毫米。同时,从右侧取出厚 0.1 毫米垫片放在左边,齿侧间隙减少 0.7 毫米。

前套垫片的调整可通过离合器壳体的上窗口和拆下转向操纵箱

的右窗口进行。左、右轴承座垫片的调整,可将螺栓拧入轴承座法兰的螺孔,将轴承座顶出。

调整垫片初装:前套为 1.5 毫米,最多不超过 2.5 毫米。轴承座为左 3.3 毫米,右 2.7 毫米。

齿侧间隙检查:正常值为 0.25 ~0.5 毫米,使用中只要啮合印痕正确,齿侧间隙不超过 2 毫米可继续使用。齿侧间隙的调整主要通过改变左、右轴承座调整垫片来达到,但要考虑啮合印痕的变化,综合调整。调整后和使用中中央传动不得有异常声响。

(3)东方红-75 型拖拉机中央传动检查调整:

小圆锥齿轮安装距检查:小圆锥齿轮加工端面至后桥轴线距离为 $102.5^{+0.3}_{0}$ 毫米,通过增减轴承座与壳体间的调整垫片来保证。

二轴轴向间隙调整:正常间隙为 0.15 ~0.3 毫米,推荐按下限调整。可用撬杠将小圆锥齿轮向前、向后拨动,用卡钳或内径千分尺测得小圆锥齿轮端面到后桥轴表面的距离,前后两次差值即为轴向间隙,不符合时增减调整垫片。

后桥轴轴向间隙调整:正常间隙为 0.15 ~0.3 毫米,可用撬杠左右拨动大圆锥齿轮,使一侧的轴承间隙消除,总移动量即为轴向间隙。将千分表固定在后桥壳体中部合适的螺孔上,使千分表测头水平靠在大圆锥齿轮端面上测量。

调整时拆下调整螺母的锁片,把隔板紧固螺母拧松 1 ~2 圈:用钩形扳手松退右调整螺母,拧紧左调整螺母,直至齿轮副无间隙,再退回 10 ~12 牙;拧紧右调整螺母,后桥轴向左移动,直至左调整螺母靠在隔板上,再退回 4 ~5 牙;用撬杠向左拨动大圆锥齿轮,后桥轴向右移,直至左调整螺母靠在隔板上;转动大圆锥齿轮,拧紧隔板上的紧固螺母,复查调整结果。

啮合印痕的检查调整:用少许铅油均匀涂在大圆锥齿轮齿面上(前进挡凸面,倒退挡凹面),转动变速箱一轴,使大小圆锥齿轮转动,小圆锥齿轮得到的印痕如不正确,调整方法如表 4-6。

表 4-6　东方红-75 型拖拉机中央传动啮合印痕调整

调　整　方　法	 倒挡	 前进挡
		正常接触印痕
前进挡时,小齿轮凹面所得印痕,长度不小于32毫米,并应在齿高中部,距小端面不得小于6毫米 倒退挡时,小齿轮凸面所得印痕位置和大小与上述大致相等	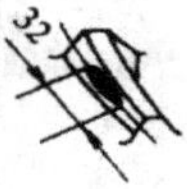 	
		调整齿宽方向印痕
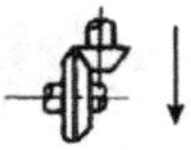 减少变速箱第二轴前轴承座处调整垫片,将小齿轮后移		
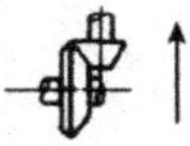 增加变速箱第二轴前轴承座调整垫处片，将小齿轮前移		
		调整齿高方向印痕
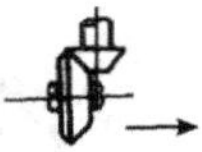 松开后桥隔板螺母，将大齿轮往右移		
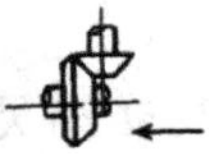 松开后桥隔板螺母，将大齿轮往左移		

齿侧间隙检查:新齿轮副齿侧间隙 0.20～0.55 毫米,旧齿轮副使用极限 2.5 毫米。可将铅丝放在小齿轮凹面里,转动齿轮副经挤压后,测得其厚度便是齿侧间隙。

(4)东方红-75 型最终传动的检查与调整:

驱动轮轴向间隙的检查调整(图 4-20):拆下轴端的履带驱动轮盖,拧下 1 个压盘螺钉。用专用螺钉将检查压罩拧紧在轴头,压罩压紧在轴承内圈上。通过压罩的三个缺口,用厚薄规测出压盘与轴承内圈之间的间隙。正常间隙为 0～0.1 毫米,根据测得结果增减调整垫片。如果没有检查工具,可不装全部垫片,将压盘压紧在轴承内圈上,消除轴承间隙。取下压盘,测出轴端面至轴承内圈端面的距离 A,选用垫片厚度为 A+(0～0.1)毫米。

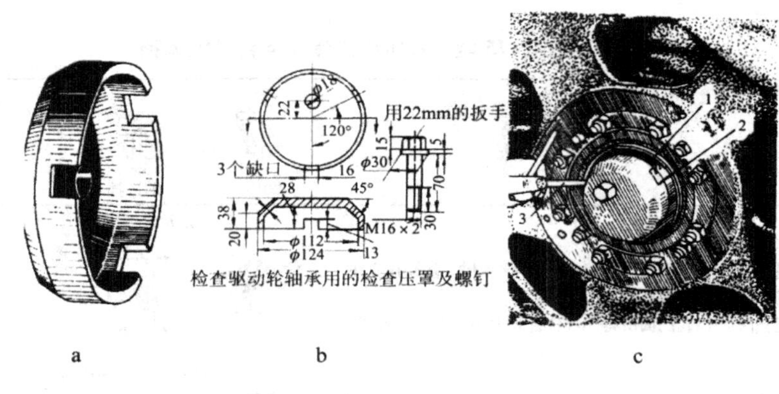

图4-20　驱动轮轴向间隙的检查(单位:毫米)

a. 检查压罩　b. 压罩和螺钉尺寸　c. 驱动轮轴向间隙检查

1. 检查压罩　2. 压盘　3. 塞尺

4. 转向系统的检查与调整

转向器的检查与调整

(1)上海-50 型转向器调整(图 2-105):

转向轴止推轴承调整:用扳手拧动钢球上座,消除间隙,转动灵活,将其上螺母拧紧。

固定销与螺母锥孔间隙调整:正常间隙为 0.1 ~0.2 毫米。松开固定销两侧的固定螺栓,取出适量的调整垫片,直至螺母无明显晃动又转动灵活为止。

(2)铁牛-55 型转向器调整

铁牛-55 型拖拉机转向器为球面蜗杆滚轮式(图 4-21)。

蜗杆轴承调整:增减转向器壳体下盖的调整垫片。不装滚轮时,转动方向盘的作用力不大于 9.8 牛。

蜗杆与滚轮啮合间隙的调整:蜗杆与滚轮的轴线不在同一垂直面上,距离 5.5 ~6 毫米。拧松锁紧螺母,拧入调整螺钉,转向臂轴左移,啮合间隙减少,反之则增大。

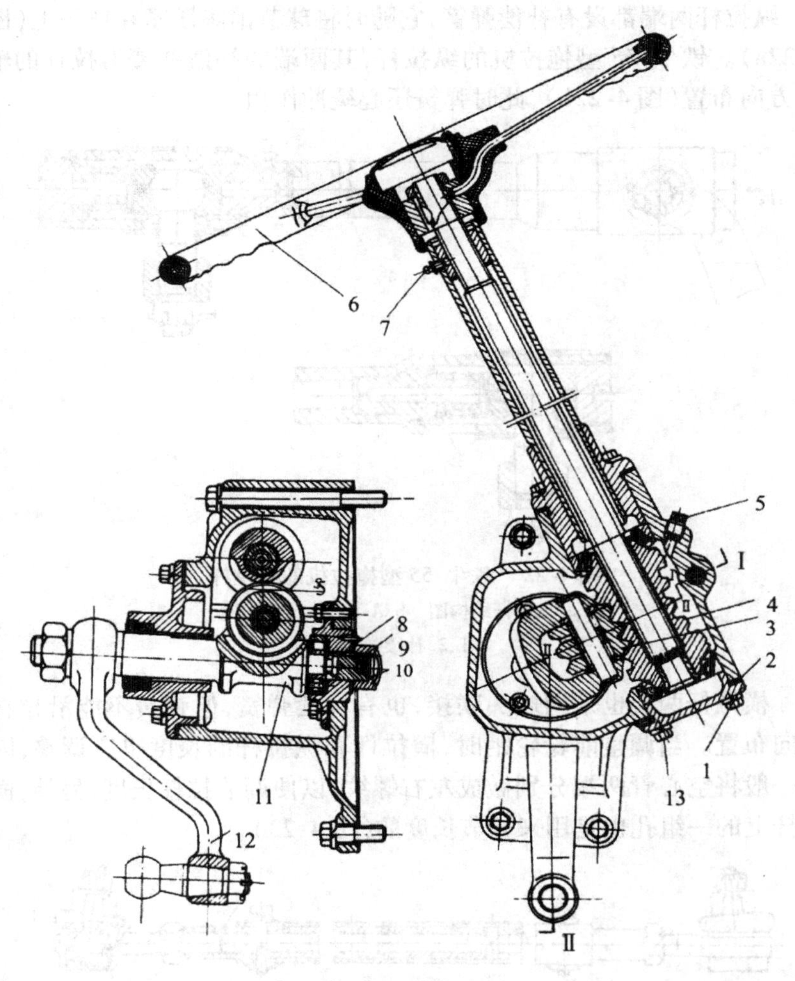

图 4-21　铁牛-55 型拖拉机转向器

1. 下盖　2. 调整垫片　3. 滚轮　4. 蜗杆　5. 螺塞　6. 方向盘　7. 黄油嘴
8. 止动垫圈　9. 锁紧螺母　10. 调节螺钉　11. 转向臂轴　12. 转向摇臂　13. 螺栓

转向拉杆的调整

为了消除球头磨损后产生的间隙，从而保持转向操纵机构的灵敏性，纵拉杆两端都设有补偿弹簧，它随时将球节销座压紧在球头上（图4-22a）。铁牛-55型拖拉机的纵拉杆，其两端的补偿弹簧沿拉杆的轴线方向布置（图4-22b），此时弹簧还起缓冲作用。

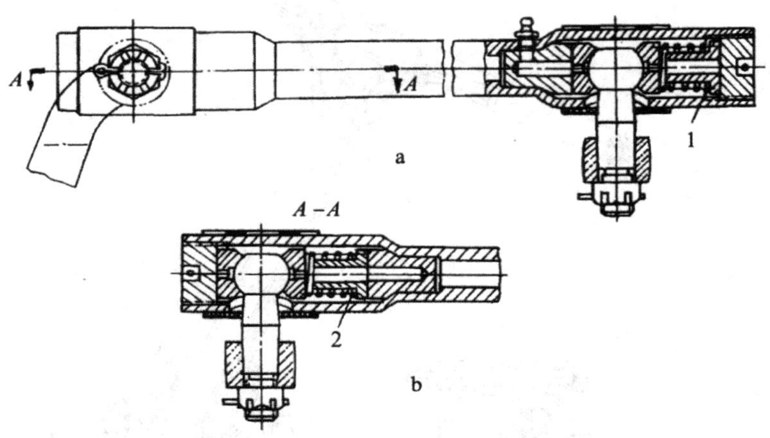

图4-22　铁牛-55型拖拉机的纵拉杆

a. 纵拉杆结构图　b. A-A方向剖面图

1、2. 补偿弹簧

横拉杆两端也采用球头联接，也有补偿弹簧，但弹簧不能沿拉杆轴向布置。当调整前轮轮距时，横拉杆和纵拉杆的长度也应调整，因此一般将空心管两端分别做成左右螺纹，以便调节拉杆长度，另外，横拉杆上的一组孔也是用来调节长度的（图4-23）。

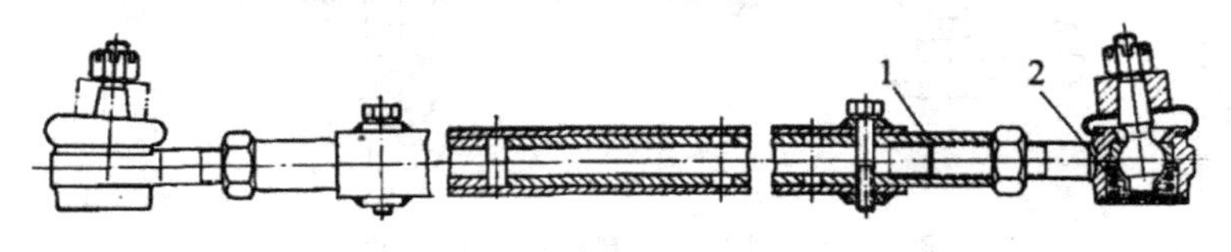

图4-23　铁牛-55型拖拉机的横拉杆

1. 横拉杆接管　2. 补偿弹簧

当球节销与座磨损后间隙太大时，可拧入调节螺塞进行调整。将螺塞拧到底再退回1/4～1/2圈。

方向盘自由行程的检查调整

方向盘自由行程是指导向轮转动前，方向盘左右转动的角度。一般轮式拖拉机方向盘自由行程为15°~30°，如果超过30°，应进行调整。

在导向轮轴承间隙、转向节立轴与衬套间隙正常的情况下，首先应检查调整纵、横拉杆球节销处的间隙，若方向盘自由行程仍过大，则应检查调整转向器的啮合间隙和转向器轴承间隙。

5. 制动系统的检查与调整

（1）上海-50型拖拉机制动器调整：

制动踏板自由行程的调整：制动器各相对表面间隙1~1.2毫米，对应的踏板自由行程为90~120毫米。可转动内拉杆上的调整螺母，顺时针转动时踏板自由行程减少，反之增大。左、右踏板自由行程应一致。

制动器总间隙的调整：在使用中根据摩擦片磨损状况，将制动器盖处的垫片减少，使制动器总间隙减少，然后再调整踏板的自由行程。

（2）东方红-75型拖拉机制动器调整：

制动带与制动毂的间隙为1.5~2毫米，制动踏板自由行程为65~85毫米，全行程为120~140毫米。

先将制动踏板放松到紧靠地板的挡条上，拔出制动器杠杆臂6上的联接销，转动其上的联接叉，使制动器杠杆臂后倾15°±5°，装好联接销，将制动带调整螺母5拧到底后，再退回6~7圈。然后将制动踏板踩到底并锁住，将后桥壳下的调整螺钉拧到底（顶到制动带），再退回1~1.5圈。

四、大中型拖拉机的技术保养

拖拉机的使用维护人员对拖拉机各部分进行清洁、检查、润滑、紧固、调整或更换某些零部件等一系列技术维护措施，总称为技术保养。

1. 技术保养的重要性

拖拉机在使用过程中，零件或配合件由于松动、磨损、变形、疲劳、腐蚀等因素作用，工作能力会逐渐降低或丧失，使整机的技术状态失常。另外，燃油、润滑油及冷却水、液压油等工作介质也会逐渐消耗，使拖拉机正常工作条件遭到破坏，加剧整机技术状态的恶化。

做好技术保养工作，可使拖拉机经常处于完好技术状态和延长其使用寿命；能及时消除隐患，防止事故发生。因此，必须按规定程序经常检查拖拉机的技术状况并切实执行技术保养。

2. 技术保养的周期和内容

各种拖拉机由于具体结构不同，因此技术保养的内容也有差别，但它们的技术保养规程有以下共同点：

每班保养的内容大多数是清洁、检查和日常润滑。认真执行每班保养，才能保障各级定期保养的正常执行。

低级保养项目主要在机器外部，拆卸较少，工作量不大，费时也较少；高级保养主要在机器内部，一般需要进行复杂的拆卸，工作量较大，费时也多。

高一级保养的内容包括低一级保养的全部内容，并附加一些特定的项目。

高级别保养的周期为低级别保养周期的整数倍，以便安排保养计划。

拖拉机的技术保养的内容和周期介绍如下：

（1）班技术保养（每班工作后或 10 ~ 12 小时）：清除各部分的尘土和油污，检查各部分紧固螺钉有无松动，检查有无漏油、漏水、漏气现象，若有异常，及时排除；检查柴油机油底壳的油面高度（将拖拉机开至水平地面，待柴油机熄火 10 分钟后进行），不足时添加机油；检查水箱内水面，不足时加水；检查柴油箱内油量，不足时加油；检查各联接部件的牢靠性，对三漏（漏水、漏油、漏气）要查出原因及时排除；检查轮胎气压，必要时充气；进行下列各点润滑：前轮轴承（2 处）、前桥销轴(1 处)、转向节球头(4 处)、主销衬套(2 处)、转向蜗轮(1 处)。

(2)一号技术保养(每工作 50 小时):完成班技术保养各项目;清洗空气滤清器滤网,更换壳内机油,加油时切不可超过规定,以免引起“飞车”;检查左、右半轴两端的螺母是否压紧制动毂;支起后轮,按规定扭矩拧紧。

(3)二号技术保养(每工作 200 小时):完成一号技术保养各项目;清洗柴油滤清器、机油滤清器及机油集滤器;检查离合器三角皮带松紧度,必要时调整;更换柴油机机油。检查传动箱、液压油箱油面高度,不足时添加机油;检查离合器踏板和制动器踏板自由行程,必要时调整;检查调整气门间隙。

(4)三号技术保养(每工作 500 小时):完成二号技术保养各项目;清洗柴油箱口燃油管路、润滑油管路;清除喷油器积炭,并检查喷油情况,校准喷油压力,必要时调整;检查气门座与气门密封的性能,如发现麻点、烧伤等,应进行研磨;清除柴油机活塞、活塞环、汽缸和汽缸盖上的积炭和结焦;清除涡流室镶块上喷孔内的积炭,使之与主燃烧室畅通;清除冷却系统中的积垢;检查前轮轴承的间隙,必要时调整,并添加润滑脂;放出传动箱内机油,加柴油彻底清洗后加注新机油;检查并调整前轮前束;检查方向盘的自由行程(不大于 ±15°),必要时进行调整;清除发电机内部油污、泥沙,并检查定子、转子的锈蚀情况,清除锈斑;检查、调整离合器分离杠杆与分离轴承端面的间隙;检查和调整制动带与制动毂之间间隙。

(5)四号技术保养(每工作 1000 小时):完成三号技术保养各项目;彻底清洗拖拉机外部的泥垢、油污,放出各容器内的油、水;更换新冷却水及各类油液;检查、调整喷油泵;检查前、后轮胎的磨损情况,磨损不一致时,可将左、右轮胎互换使用;液压系统连续工作时,要用柴油彻底清洗齿轮油泵、液压油箱,换加新机油;按规定扭矩拧紧连杆螺栓螺母等。

驾驶人员应遵照技术保养的规程,按号、按项、按质保养。根据实际情况,在特殊条件下可适当变动保养周期或内容。如在多风沙区域,空气滤清器的保养周期应缩短,而在南方水田区作业时则可适当延长。

3. 主要零部件的技术保养方法

(1)空气滤清器的保养:

经常检查空气滤清器各管路联接处的密封是否良好;螺栓、螺母、夹紧圈等如有松动,应及时紧固;各零件如有破损,应及时修复或更换。

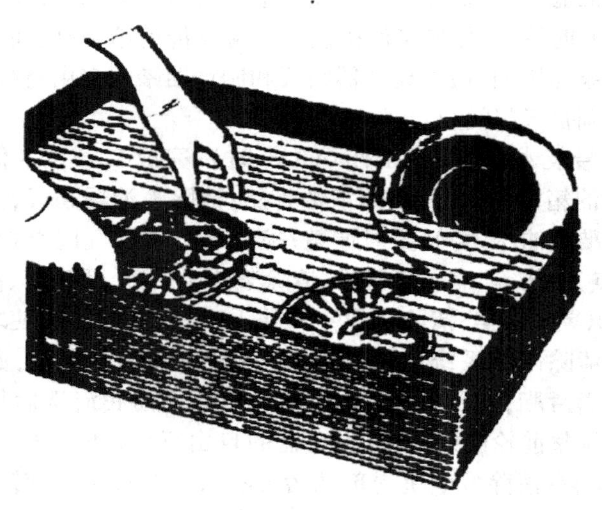

图 4-24　空气滤清器的清洗

一般要求每工作 100 小时(在尘土多的环境中 20 ~ 50 小时)应保养一次空气滤清器。

湿式空气滤清器保养时,应使用清洁的柴油清洗滤网、贮油盘、中心管等零件(图 4-24)。滤网用柴油清洗干净后应先吹干,喷上少许机油后再装配。贮油盘内应换用经过过滤的机油。加机油时,应按贮油盘上的油面标记加注,不能使油面过高或过低。安装时应保证密封胶圈密封良好。

干式空气滤清器的纸质滤芯保养时,要用软毛刷清扫。

(2)气门的保养：

一般拖拉机在运行5000公里或累计工作200小时后应检查调整气门间隙，并清除积炭；运行30000公里或累计工作1200小时后应检查气门和气门座的密封情况，必要时进行研磨或更换新件。

(3)柴油滤清器的保养：

柴油滤清器内的杂质随着使用时间的延长会不断增多，过滤能力逐渐下降；其他零件如垫圈的老化、损坏等会造成“短路”，即柴油不经过滤直接进入喷油泵。因此，滤清器必须定期保养。一般在使用保养中，应注意下列几点：

滤芯端面与中心孔要密封良好。

保养纸质滤芯时，可先在煤油或柴油中浸泡一段时间，再用软质刷子刷洗。也可用气筒向滤芯内孔打气，自内向外吹去渗进滤纸表面微孔内的污物，严禁用锐利的金属片刮除滤芯表面的污物。如发现滤纸破裂或沾污严重，则应更换新滤芯。

滤清器经拆装保养，重新装配好并安装到柴油机上后，要放尽其间的空气。

滤清器的保养时间间隔与使用柴油的种类、质量及保管中柴油的清洁程度有关，一般应每使用50~100小时保养一次。

(4)喷油器的保养：

一般拖拉机每运行5000公里或累计工作200小时后应检查调整喷油器的喷油压力和喷雾质量。

(5)润滑系统的保养：

及时添加润滑油，柴油机启动前或连续工作10小时以上，应检查油底壳油面高度。

定期清洗润滑油过滤器、更换滤芯。纸笼式润滑油滤芯不应用得太脏，每50小时保养一次为宜。一般工作150~200小时应更换滤芯。

定期更换油底壳润滑油。由于工作条件的差异，油的更换周期应根据各种机型的说明书的具体规定，结合实际情况和油的质量，适当提前或延后。

清洗油路。柴油机工作500小时后应清洗油路。

润滑油压力调整。柴油机工作时，若发现润滑油压力低于正常值，则应查明原因。使用中确因调压弹簧变软、偏磨或折断使油压力降低，则需调整弹簧预紧力或更换弹簧以恢复正常压力。

(6)离合器的保养：

经常检查操纵踏板的自由行程及三个分离杠杆的分离间隙，并按说明书要求进行调整。

分离杠杆或分离拨叉磨损严重时，应更换新件。

定期检查轴承的润滑情况，必要时注入黄油，拖拉机每工作500小时应拆下分离轴承清洗，清洗后放入盛有黄油的容器中加热，使黄油渗入，待凝固后取出装上。加热时温度不能太高，防止黄油变质。

安装离合器前，应检查摩擦盘是否翘曲变形，摩擦片是否清洁、干燥，花键轴、套是否磨损，离合器压紧弹簧是否疲劳变形，各压紧弹簧的弹力是否一致，若有问题应修复或更换。

安装离合器时，场地要清洁，应按照先内后外的装配顺序逐件装配。安装轴承前要涂上黄油。安装摩擦片时，应注意不能沾有润滑油，如有油污要用汽油清洗干净并晒干，切忌用柴油清洗。

离合器从动盘装进皮带轮时，要用芯轴(用废离合器轴做的装配工具)或离合器轴确定中心位置，使从动盘和皮带轮同心，以免离合器总成在装入离合器轴时发生困难。

(7)拖拉机的操纵机构在使用过程中应经常检查各螺母、螺钉是否松动，发现松动应及时紧固；前减振器、前轮轴是否损坏，如有损坏应立即更换；轴承应定期进行润滑。对于方向盘式转向机构还应增加如下保养内容：

检查方向盘自由行程，若不符合规定(25°~30°)应及时调整。

转向器壳体内润滑油不足时应添加，润滑油质量不符合要求时应更换。

转向传动机构接头的球头销，每工作一段时间后应加注钙基润滑脂。

检查转向器转动机构是否灵活，齿轮、齿条的啮合间隙是否合适

(有无松旷、卡死现象),不符合要求时及时调整或更换。

(8)制动机构的保养:

制动毂在轴向分力的作用下,有脱离半轴的倾向,必须把制动毂螺母拧紧锁牢。

经常检查制动机构联接的可靠情况,踏板轴要定期加注黄油,各绞接点应滴适量润滑油。经常检查和调整制动蹄与制动毂之间的间隙,以及制动踏板的自由行程,使之保持规定的技术状态。

经常检查半轴油封是否正常,以免变速箱体内部的润滑油侵入制动器内部,玷污制动摩擦片。

当发现制动摩擦片表面严重磨损,制动不灵,制动摩擦片铆钉外露,制动摩擦片断裂、破碎等现象时,应及时更换制动摩擦片,并铆接牢固,以保证制动可靠。

每工作 100 小时对制动操纵机构进行一次检查、调整。每工作 500 小时以上对制动器作一次全面检查。

(9)液压系统的保养:

系统的清洁,定期检查液压油面的高度,不足时应添加。添加或更换液压油一定要保持清洁。

清洗液压系统内部零件时,为防止油道堵塞或密封处造成泄漏,禁止用棉丝擦洗。

橡胶密封圈不要用汽油泡洗,以免老化变质。密封圈装配时,应涂少许机油或润滑脂,以防止剪切、撕裂。

液压系统中油泵、分配器、油缸等都是精密部件,一般不要随意拆下。液压系统出现故障需要维修和调整时,应由熟悉液压系统结构的专业人员进行。

(10)照明设备的保养:

经常保持灯的外部清洁;检查各灯线的联接情况,必须紧固可靠;灯导线不得被汽油和机油玷污,并防止与柴油机灼热部分接触;检查导线的绝缘性能是否良好。

五、大中型拖拉机的故障排除

1. 故障的表现形式、产生原因和排除方法

故障表现形式

拖拉机发生故障时，总是通过一些症状表现出来，一般具有可看、可听、可嗅、可触摸、可测量的性质，这些症状表现在以下几个方面：

（1）作用异常：当拖拉机一个或多个系统工作能力下降或丧失时，拖拉机就不能正常工作，即说明相关系统作用反常。如不能转弯、制动困难、离合器分不清、液压自卸不能举升等。

（2）声音异常：拖拉机工作时发出规律的响声是一种正常现象，当拖拉机发出各种异常响声（如不正常的气门敲击、爆震、排气管的放炮声和摩擦噪声）时，即说明声音反常。

（3）温度异常：拖拉机正常工作时，发动机的水、油的温度，均应保持在规定范围内。当温度超过一定限度（如水温或油温超过95℃）而引起过热时，即说明温度反常。

（4）外观异常：拖拉机工作时凭肉眼可观察到的各种异常现象。例如，排气管冒黑烟，漏水或漏油等。

（5）气味异常：发动机燃烧不完全、烧机油、摩擦片过热或导线短路时，会发出刺鼻的烟味或烧焦味。

（6）消耗异常：燃油、润滑油、冷却水等过量地消耗，或油面、液面高度等反常变化。

这些反常现象，常常相互联系，作为某种故障的症状，先后或同时出现。

故障产生的主要原因

拖拉机在使用过程中发生故障的原因主要表现在两个方面：一方面是自然因素，经过主观努力可以减轻，但不能完全防止；另一方面则是由于使用维护不当而造成的人为因素，这类因素引起的故障是完全可以避免的。

（1）自然因素，如磨损、腐蚀、老化等。由于这些原因而使拖拉机

间隙加大、漏气、作用失常等，如有发现不及时维护保养，就会形成故障。这些原因引起的故障，通常需要较长时间才会形成。

(2)人为因素，如设计制造加工装配质量问题，油品质问题，使用、保养不善问题，安装、调整错乱等。这些原因引起的故障，通常在较短时间就会形成，甚至是突然发生的。

对于一个特定的故障，可能引起的原因是多方面的，在分析产生的原因时，应综合考虑各种自然和人为因素，找出产生这一故障的根本原因和可能的原因。

故障排除的方法

(1)隔除法：通过初步判断故障的部位，然后部分地隔除或隔断某系统、某部件的工作，通过观察征象变化来确定故障范围。

(2)试探法：对故障范围内的某些部位，通过试探性的排除或调整措施，来判别其是否正常。

(3)比较法：把可能有问题的零部件与正常工作的相同部件对换，根据征象变化来判断其是否有故障。

(4)经验法：主要凭操作者耳、眼、鼻、身等器官的感觉来确定拖拉机各部技术状态的好坏。常用的手段有：

听诊：拖拉机正常工作时，发出的声音有其特殊的规律性。有经验的人，能从各部件工作时所发出的声音，大致判断工作是否正常。

观察：即用肉眼观察一切可见的现象，如仪表读数、排气烟色等，以便及时发现问题。

嗅闻：即通过闻排气烟味或烧焦味等，及时发现和判别某些部位的故障。

触摸：负荷工作一段时间后，用手触摸各轴承相应部件的温度，可以发现是否过热。一般地说，手感到机件发热时，温度在40℃左右；感到烫手但不能触摸几分钟，则在50℃～60℃之间；若一触及就烫得不能忍受，则机件温度已达到80℃～90℃以上。

(5)仪表法：使用专用的仪器、仪表，在不拆卸或少拆卸的情况下，比较准确地了解拖拉机内部状态的好坏。

总之，排除故障应从简到繁，由表及里地进行；先从常见的、最有可能的原因查起，再到不常见的、可能性不大的原因；先系统再部件最后零件的检查，这样层层筛选，推理判断，才能快速而准确地找出故障的确定部位和原因，又能达到尽量不拆卸或少拆卸的目的。

2. 大中型拖拉机常见故障排除

汽缸盖、机体裂纹

(1)故障现象：发动机工作时，排气管冒白烟，严重时有排水现象；水箱内水量减少过快或产生气泡；曲轴箱内油面升高；柴油机运转不稳定，声音不正常。

(2)故障原因：在水箱“开锅”或水箱无水、柴油机过热的情况下突然加冷水，造成缸盖、缸体破裂；冬天停车后未放净冷却水，水箱内结冰引起破裂；水箱内水垢过厚，使缸体或缸盖局部高温产生裂纹；柴油机启动后，未经暖车立即增大负荷，使缸盖、机体各部位受热严重不均而破裂；紧固缸盖螺母时顺序不合理，松紧不一，造成缸盖严重变形而开裂。

(3)预防和排除方法：汽缸盖裂纹多发生在进、排气门座之间或喷油器与气门座之间；机体裂纹多发生在水套、水道孔及螺孔等部位。

柴油机启动前先加足冷却水；柴油机因缺水而过热时，应减小油门，使柴油机怠速运转，等机体温度降低后再缓慢加入冷却水，或直接加入温水。

气温很低时，停车后一定要放净冷却水；严寒冬季放冷却水，应待水温降到50℃左右再放水。

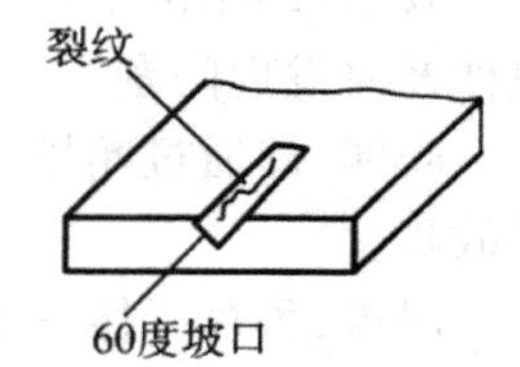

图4-25　开“V”形焊口

定期清理水垢，保证用清洁的软水冷却。

柴油机启动后，应空负荷低速运转一段时间后再增大负荷。

紧固缸盖螺母时应按规定顺序、规定力矩分几次逐步拧紧。

温度较高、受力较大的部位(如燃烧室及气门座附近)出现裂纹，可用焊补磨平的方法修复，注意应先将裂纹处开“V”形焊口(图4-25)，再焊补磨平。其他部位的裂纹,也可采用环氧树脂粘结修复。

烧瓦抱轴

(1)故障现象:轴瓦与轴颈抱死,柴油机运转费力,冒黑烟,能嗅到油焦味,严重时会自行熄火;停车后曲轴转不动。

(2)故障原因:机油压力过低、油量不足、机油变质过脏等原因使轴瓦润滑不良产生过热而熔化;轴瓦与轴颈间的间隙过大或过小及轴颈偏磨,使摩擦表面不能形成油膜而烧瓦;柴油机长时间超负荷运转;曲轴弯曲过大,或主轴承孔不同轴度过大;曲轴主轴颈圆柱度超过允许极限。

(3)预防和排除方法:

加强对润滑系统的维护保养,定期清洗油道和机油滤清器,定期更换合格足量的机油。

保证轴瓦的配合间隙、曲轴的不同轴度及轴颈的圆度和圆柱度误差。轴承配合间隙可用塞尺从轴承的两端插入测量,插入的深度不得小于 20 毫米。根据实际经验,测量的塞尺厚度再加上 0.03 ~0.04毫米,才是轴承的实际配合间隙。也可用压铅丝法,选取 2 ~3 段直径为轴承配合间隙的 1.5 ~2.0 倍、长度为 10 ~15 毫米的软铅丝,沿轴颈的圆周方向放到轴颈上。装上轴承盖,按规定扭矩拧紧轴承螺母,然后拆下轴承盖,取出铅丝测量其厚度,即为该轴承的配合间隙。若轴承间隙超过规定时,应及时更换轴瓦。

轴颈的圆度和圆柱度可用外径千分尺简易测量,在轴颈上均匀选取 2 ~3 个位置,测量其直径,每个位置测量两个垂直的方向(图 4-26)。各位置两个方向尺寸之差的平均值,即为其圆度误差,两位置同一方向尺寸之差的均值,即为其圆柱度误差。也可用百分表精确测量。当轴颈的圆度和圆柱度误差过大时,应磨修曲轴,再换用加厚的轴瓦,以恢复正常的配合间隙。

发生烧瓦事故后,必须换新瓦,若曲轴拉毛应磨修。磨修连杆轴颈时,应用同心法磨修,即用主轴颈轴心来定位,而不能以磨损后的连杆轴颈表面来定位(偏心法)。

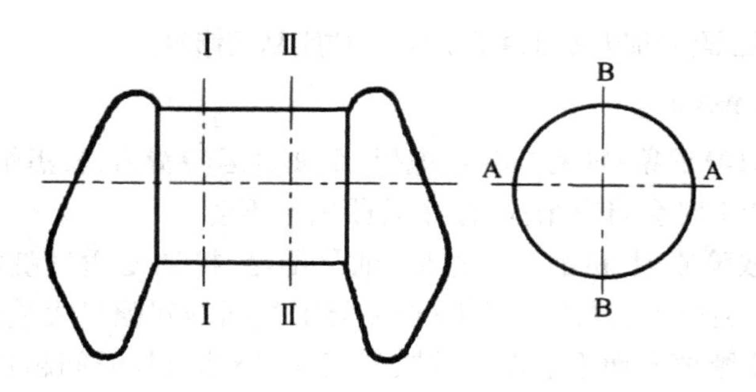

图 4-26　曲轴轴颈的测量位置

拉缸

(1)故障现象:缸套与活塞的工作表面损伤;柴油机发出沉重的不正常声音,严重时活塞在缸套内卡死,使发动机自行熄火。

(2)故障原因:活塞与缸套间隙过小,在高温下活塞膨胀卡缸;活塞环的开口间隙过小,受热膨胀后没有伸张的余地,或因积炭过多,使活塞局部粘结,造成缸套表面拉伤;活塞销及销座孔磨损过大,造成活塞销挡圈折断或因自身弹力不足而脱落,活塞销窜出刮伤缸壁;冷却水不足或者长期超负荷工作,使发动机过热,活塞与缸套之间润滑不良而引起拉缸;空气滤清器损坏或结合面密封不严,使空气中硬度较大的尘土杂质进入汽缸而刮伤缸套;磨合不良。

(3)预防与排除方法:

装配时严格保证汽缸与活塞之间的配合间隙。先检查缸套的圆度和圆柱度。缸套测量三个部位(图 4-27)。第一个位置相当于活塞处于上止点时,第一道活塞环所对的缸壁位置。第二个位置相当于上止点时,活塞裙部下缘所对的缸壁位置。第三个位置为活塞处于下止点时,最

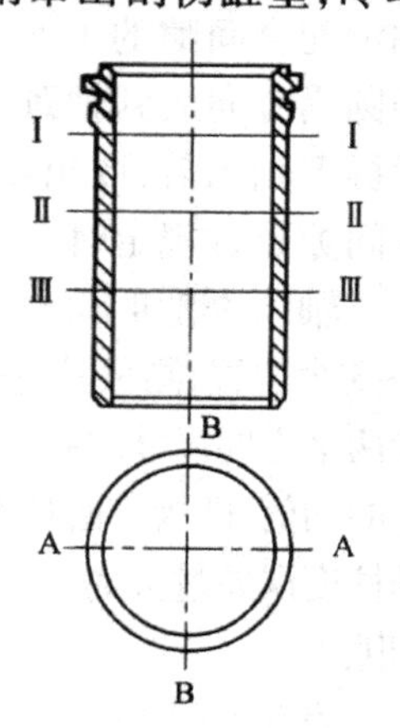

图 4-27　汽缸的测量位置

下面一道油环所对的缸壁位置。在每个位置上,用内径百分表测量沿活塞销及与其垂直的两个方向。各位置两个方向尺寸之差的平均值,即为其圆度误差,Ⅰ、Ⅲ两位置同一方向尺寸之差的均值,即为其圆柱度误差。然后用游标卡尺测量活塞裙部直径,缸套上第二个位置的最大直径与活塞裙部的直径之差,即为其配合间隙。若间隙过小,可镗磨缸套。

保证活塞环的开口间隙。开口间隙也叫端间隙,它是指活塞环装入汽缸后,切口处所留的间隙。如图 4-28a 所示,将活塞环装入汽缸套内,用活塞把它推到活塞上止点时该环应处的位置,然后用塞尺检查其切口间隙。如果间隙过小,可将活塞环夹在带铜钳口的虎钳上,用细锉刀修整使其符合要求(图 4-28b)。

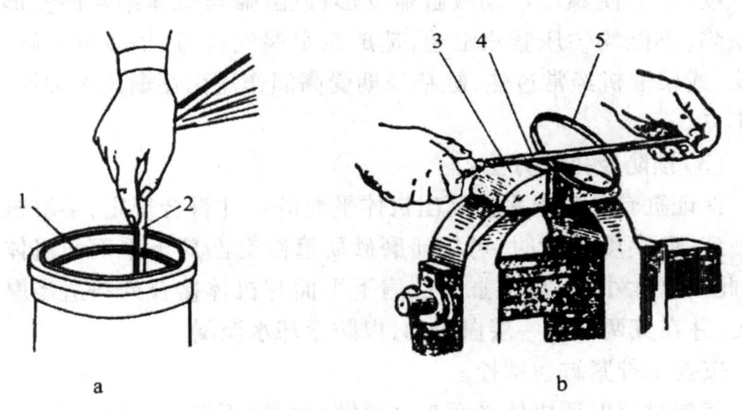

图 4-28　活塞环开口间隙的检查和修整

a. 开口间隙检查　b. 开口间隙的锉修

1、5. 活塞环　2. 塞尺　3. 虎钳　4. 细平锉

活塞销和销座孔磨损较大时,应更换活塞销。活塞销挡圈的弹力不足时,也应更换。

保证冷却水充足;选用粘度适合的机油,使汽缸套润滑良好;柴油机不能长时间超负荷运转。

定期保养空气滤清器,若有损坏应及时维修更换。

新车或修理后，应按规定时间磨合后再使用。

发生拉缸故障时，先降低负荷，适当减小油门，运转 10～15 分钟后停车。若拉缸严重，应镗磨缸套并换用加大尺寸的活塞和活塞环。

汽缸垫烧坏

(1)故障现象：水箱或散热器中有大量气泡，水面有油花；油底壳中机油油面增高，油尺上有水珠，严重时排气管向外排水。

(2)故障原因：缸套凸肩上平面高出机体平面过多或高度不够，缸垫密封不严，使缸垫被热水或燃气烧蚀；多缸机各缸套凸出缸体平面的高度差别较大，使缸垫变形不一致；汽缸盖螺栓拧紧力矩不够，或拧紧程度不同，使螺母松动或缸盖变形；汽缸盖与机体结合面变形或存在缺陷，不能均匀压紧汽缸垫，造成漏水漏气；汽缸垫质量不好、厚薄不均，或柴油机经常过热，缸垫长期受高温作用而逐渐失去弹性，使密封不良。

(3)预防及排除方法：

保证缸套凸肩上平面高出机体平面的尺寸符合规定，多缸机要均匀一致，此高度太大时，可用研磨砂研磨缸套凸肩下平面与机体接触面；此高度太小时，可在缸套凸肩下平面与机体接合处垫适当厚度的铜皮，并在其两面涂一层白铅油，以防冷却水泄漏。

按要求拧紧缸盖螺栓。

装配时要保证机体平面与缸盖结合面的不平度在规定范围内，若结合面变形，可在平面磨床上修平。水套孔周围的凹坑和麻点应尽量用铜皮垫严。

汽缸垫稍有烧损，即应更换合格的缸垫。

敲缸

(1)故障现象：活塞与汽缸套严重磨损，配合间隙增大，压缩压力不足。柴油机工作时，活塞在侧压力作用下左右晃动敲击汽缸壁，发出“哐哐”的敲击声，冷车时敲击严重；因机油窜入燃烧室，排气管会冒蓝烟；燃气漏入曲轴箱，曲轴箱通气口会冒烟。

（2）故障原因：空气滤清器损坏或接合面密封不严，使灰尘、杂质进入汽缸加速磨损；锥形环或扭曲环装反、油底壳机油过多等造成大量机油进入燃烧室形成积炭，加速零件磨损；汽缸套安装不正、连杆扭曲变形等引起偏磨。

（3）预防与排除方法：

定期保养空气滤清器，若有损坏应及时维修更换，各结合面处的密封垫不能漏装或损坏。

安装锥形环和扭曲环时要注意方向，油底壳中的机油应保持在油尺的两刻线之间。

按要求正确安装汽缸套。连杆弯曲度和扭曲度，可在连杆检验器上检验，二者均不能大于 0.05 毫米，否则应进行校正。

检测活塞裙部与缸套之间的配合间隙。如果没有专用工具，也可用塞尺进行检查（图 4-29），一般应测量销孔方向前后和与其垂直的左右两侧四个部位。配合间隙超过规定时，应更换汽缸套或对缸套进行镗磨，换用加大的活塞和活塞环。新缸套使用一段时间后，可拆下转 90°装入，使之磨损均匀。

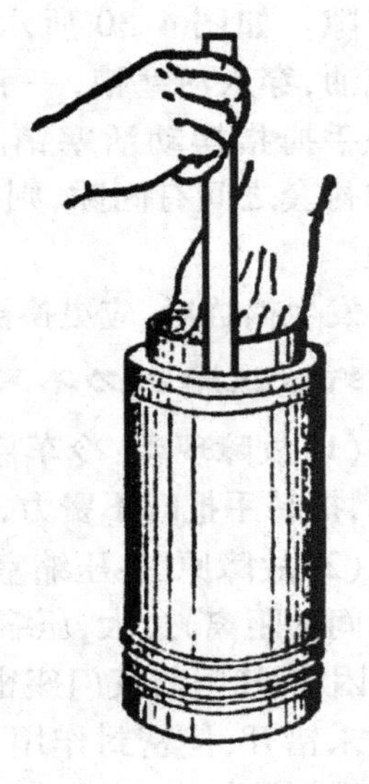

图 4-29　活塞与汽缸的配合间隙检查

捣缸

（1）故障现象：缸体被连杆捣毁，出现破洞。捣缸前缸体内会有异常响声，负荷突然加重，排气冒黑烟等，此时应及时熄火。

（2）故障原因：连杆螺栓的拧紧力矩不符合要求或安装不正，工作中引起螺栓断裂；活塞销与销孔和连杆小头衬套配合间隙过大，工作中活塞销疲劳折断。

（3）预防和排除方法：

按规定力矩和方法拧紧连杆螺栓，并按要求锁好保险铁丝。发生飞车后,必须对连杆螺栓进行全面检查。更换连杆螺栓时,应成对更换合格产品。

安装活塞销时,应检查活塞销与销座孔及连杆小头衬套的磨损情况和配合间隙。如图4-30所示,在衬套内涂敷机油,穿入活塞销,一手握住连杆,用另一手拇指摆动活塞销。如感觉活塞销和衬套之间有间隙,则衬套应更换或修理。

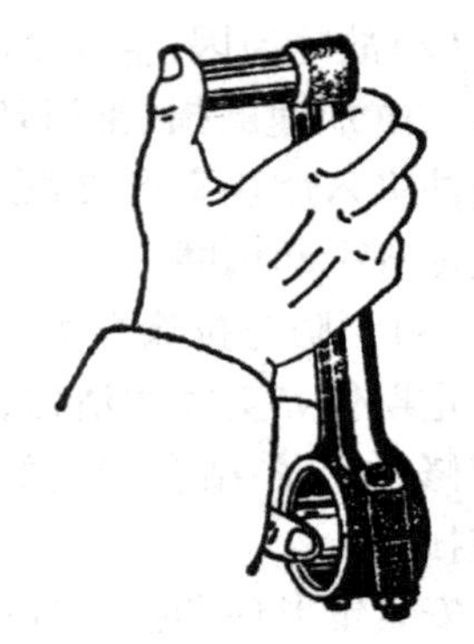

图4-30　连杆衬套的磨损检查

发生捣缸后,应更换被损坏的零件。

汽缸压缩压力不足

(1)故障现象:冷车启动困难、功率下降,摇转手把时不费力,严重时排气管冒黑烟。

(2)故障原因:压缩室高度(活塞位于上止点时,活塞顶平面与缸盖之间的距离)过大,压缩终了的温度达不到柴油的自燃温度,使柴油机启动困难;气门与气门座密封不严,造成气门漏气;活塞环磨损过大或开口未错开,使密封作用下降;活塞与汽缸套磨损,配合间隙过大;汽缸垫损坏漏气。

(3)预防和排除方法:

为保证压缩比,压缩室高度一般为0.4~1.59毫米。将两段软铅丝放到活塞的顶平面上,按规定要求装好汽缸盖,然后转动曲轴使活塞越过上止点,再取出铅丝测量其厚度,此厚度即为压缩室的高度。由于缸垫厚度过大、连杆弯曲变形、轴承磨损过大等原因,会使压缩室高度增大,应根据情况更换缸垫、轴瓦或校直连杆。

气门与气门座密封面磨损或烧蚀、气门与气门座的贴合面上有积炭、气门间隙过小、气门杆与气门导管配合间隙过大、气门弹簧弹力不足、减压机构间隙过小等均会引起气门漏气,应根据情况进行调整和维修。

活塞环磨损后,其端间隙和边间隙都会增大。边间隙指的是活塞环与环槽端面之间的间隙,可用图4-31a所示的方法进行检查。先将活塞环槽内的积炭刮除，并用柴油清洗干净，然后每隔45°检查一次。如果边间隙过小，可将细纱布摊放在平板玻璃上，让活塞环紧贴在砂布上作“8”字形运动进行研磨(图4-31b)。

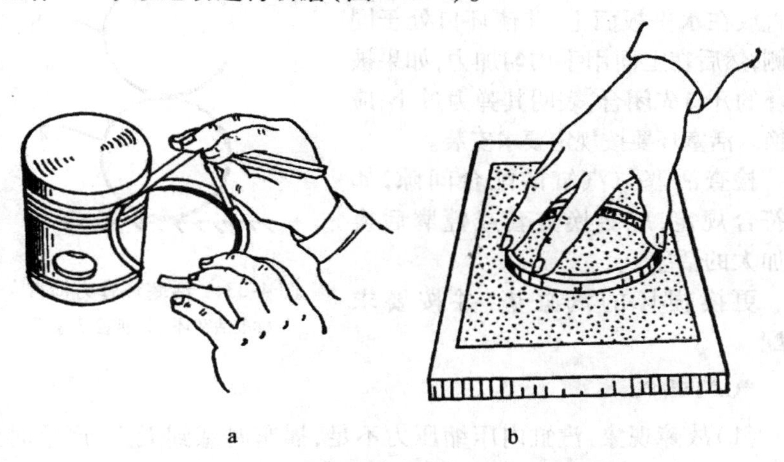

图4-31　活塞环边间隙的检查和修整

a. 检查　b. 研磨

为了保证活塞环外圆面与汽缸内壁紧密贴合，还应作漏光检查。如图4-32所示，将活塞环水平装入汽缸套内，用纸板盖住活塞环上端面的内圆，下面放一光源，然后从上面观察环与缸壁之间的漏光情况。在缸套符合要求的情况下，漏光的总弧长不得大于45°，每处漏光弧长不得超过25°，同时距活塞环开口两侧各30°范围内不得漏光。

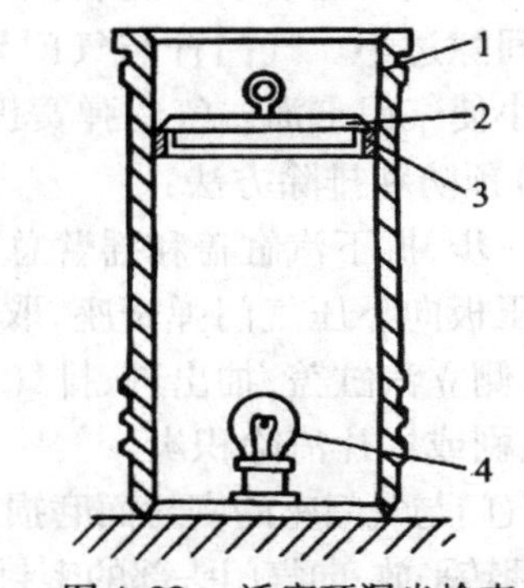

图4-32　活塞环漏光检查

1. 汽缸套　2. 遮光板　3. 活塞环　4. 光源

活塞环的弹力可用弹力试验仪检查，也可用弹力对比法检查(图4-33)，将被检查的活塞环与一个规格相同的新活塞环垂直放在水平板面上，并使环口处于同一侧，然后在上面用手均匀加力，如果被检环的开口先闭合，表明其弹力过小，应更换。活塞环要按规定要求安装。

检查活塞与汽缸的配合间隙，如不符合规定，应更换缸套或镗磨后换用加大的活塞。

更换损坏的汽缸垫，并按要求装配。

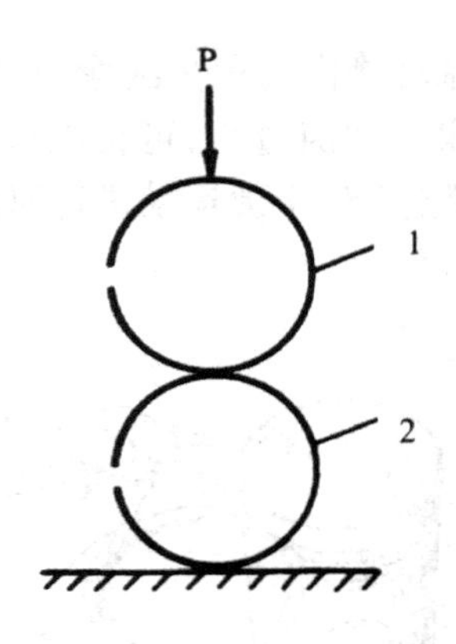

图4-33　活塞环弹力检查
1. 标准活塞环　2. 被检活塞环

气门漏气

(1)故障现象：汽缸内压缩压力不足，摇车时感到无力；严重时柴油机启动困难，功率下降，油耗增大，燃烧恶化冒黑烟。

(2)故障原因：

气门与气门座磨损、烧蚀或贴合面上有积炭。气门间隙过小或减压机构间隙过小。气门杆与气门导管配合间隙过大，密封不严；或此间隙过小使气门卡滞。气门弹簧折断或弹力不足。

(3)预防和排除方法：

第一步，拆下汽缸盖和摇臂总成(图4-34a)，将汽缸盖平放，用气门拆卸压板向下压气门弹簧座，取下气门锁夹，然后放松，取下气门内外弹簧，侧立汽缸盖，抽出进、排气门。用煤油或柴油清洗气门和气门座，用毛刷或木片清除积炭。

当气门与气门座的密封面磨损或烧蚀不太严重时，可研磨修复。将汽缸盖翻转平放，向气门头部的密封锥面涂一层粗研磨膏和少量机油，将气门杆涂上机油并套一软垫插入气门导管内，然后用橡皮吸盘吸住气门头部(图4-34b)，研磨时一边使气门在气门座上开合敲打，一边正反转动气门，使密封环带处有相对滑动和敲击，保证研磨均匀。当密封锥面呈现灰色光亮带时，用柴油清洗气门与气门座，更换细研磨膏后再研磨，直到出现

1～1.5 毫米宽的灰色密封环带时，清洗气门与气门座，在气门密封面上涂一层干净机油，再与气门座进行研磨抛光，保证更好地贴合。

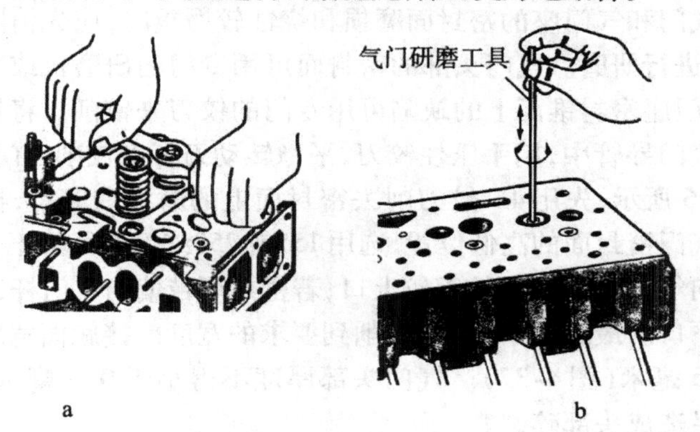

图 4-34　气门的拆卸和研磨

a. 拆卸　b. 研磨

气门研磨后，要检查其密封性，有以下 2 种方法：

第一种是画线法：用铅笔在气门密封锥面上沿垂直方向画均匀的线条（图 4-35）。将气门装入气门座，轻拍数次（不可转动）后再取出，如果沿密封锥面一圈的铅笔线被均匀切断，表明密封性良好，否则应用细研磨膏继续研磨。

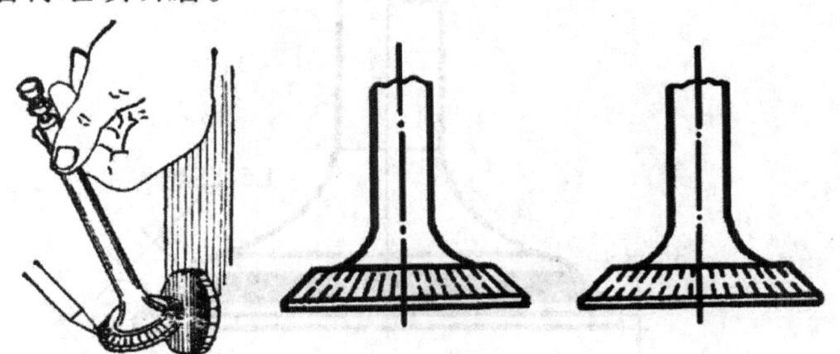

图 4-35　用画线法检查气门密封性

第二种是渗油法：将气门清洗干净后，放到气门座中，气门座口朝上，将少量煤油注入气门座的凹坑中，放置 5 分钟，如果油面无变化、不漏油，则密封良好。如果渗漏较明显，就需要再研磨。

当气门和气门座的密封面磨损和烧蚀较严重时，应先消除磨痕和麻点，再进行研磨。气门头部的密封面可用专门的研磨机或车床消除缺陷，气门座密封锥面上的缺陷可用专门的铰刀来铰削。将铰刀的导杆插入气门导管中，用手压住铰刀，平稳转动刀杆来铰削气门座锥面。如图 4-36 所示，先用 45°铰刀削去密封面上的磨痕和麻点，再根据气门座与气门密封面的高低位置，选用 15°或 75°绞刀进行修正。若密封环带偏向气门头，用 15°铰刀铰上口；若密封环带偏向气门杆，则用 75°铰刀铰下口。最后用 45°绞刀绞削到要求的宽度。接触面宽度一般为 1.5 ~2.5 毫米（图 4-37）。气门头部厚度不得小于 0.5 毫米，以防因强度不足造成头部碎裂。

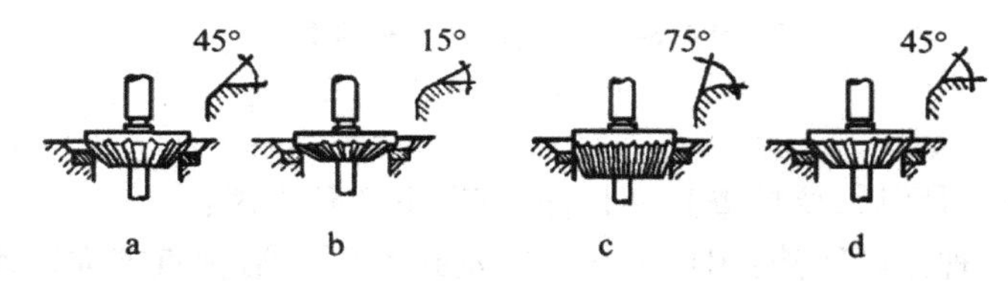

图 4-36　气门座的铰修方法

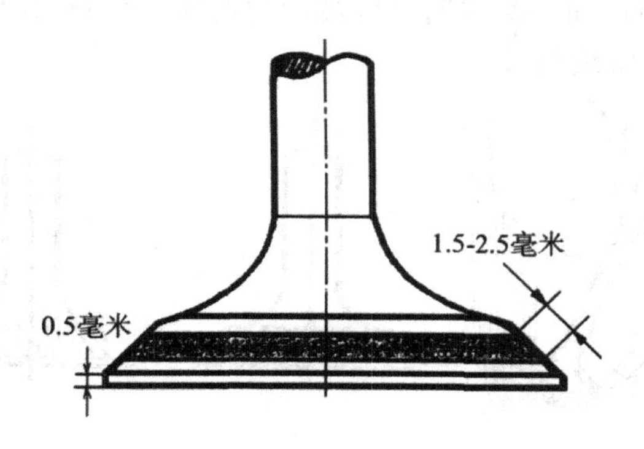

图 4-37　气门密封环带的位置和宽度

当气门与气门座经过多次研磨和铰削，使气门下沉量超过规定时,应更换新的气门和座圈。气门下沉量可用深度尺检查(图 4-38)。更换气门座圈时应采用热镶法,新气门座圈的外径应比旧座圈大 0.05 ~0.1 毫米,先将汽缸盖加热到 100℃ ~200℃,在气门座圈的表面涂上甘油与红丹粉混合的密封剂,再将座圈压入。

第二步,检查调整气门间隙和减压机构的间隙。

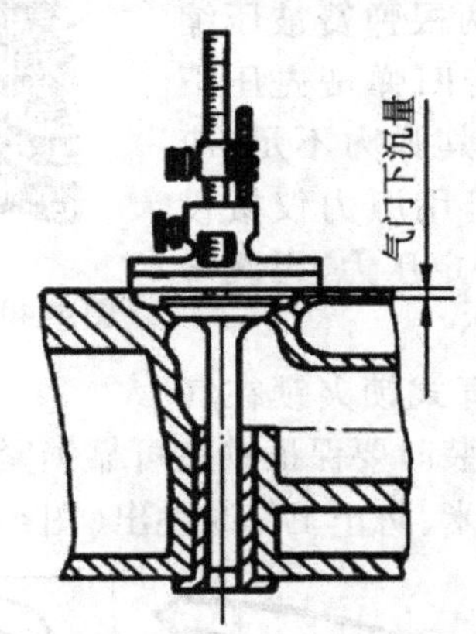

图 4-38　柴油机气门下沉量检查

第三步,检查气门导管与气门杆的配合间隙(图 4-39),在汽缸盖侧面固定一千分表,使千分表的触头与气门头部接触,然后转动气门,千分表最大和最小读数之差,即为其配合间隙。如果此间隙超过规定值,应更换气门导管或电镀气门杆部。

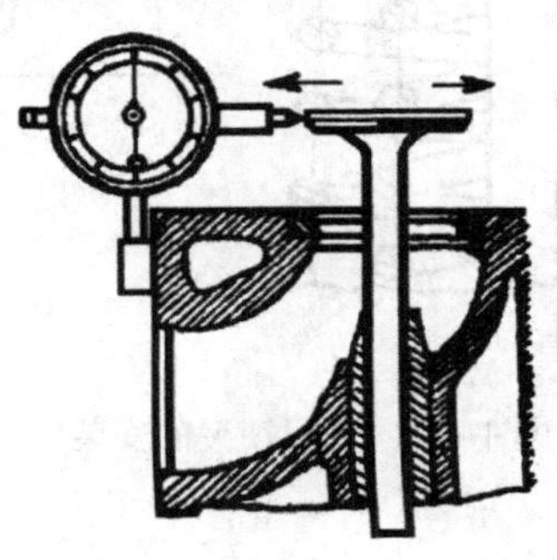

图 4-39　气门导管与气门杆的配合间隙检查

第四步，气门弹簧的弹力可用对比法进行检查：将一根新气门弹簧和待检查的气门弹簧套在同一根螺栓上，中间用垫圈隔开，两端分别加一个垫圈，再把螺栓装夹在虎钳上，上端加一螺母并拧紧，观察两根弹簧被压缩的程度（图 4-40）。若旧弹簧先压下去，且长度较短，表明其弹力不足，应更换。有条件者，也可用压力仪按设计要求，对弹簧施加一定压力，再测量其长度来判断弹力大小。

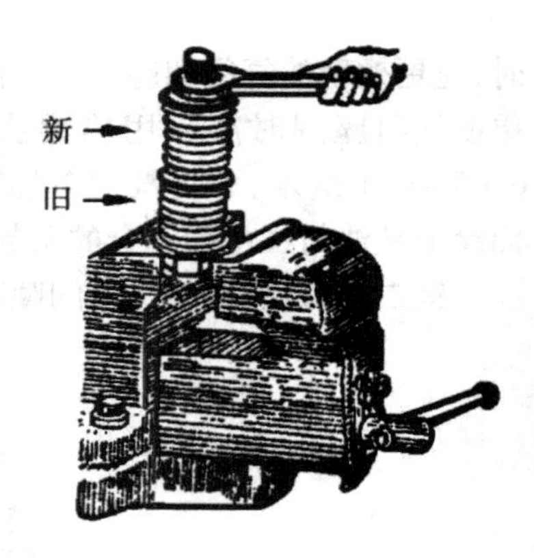

图 4-40　气门弹簧弹力检查

气门弹簧是用两开式锁夹锁在气门杆尾端台肩上的，安装时要保证锁夹可靠锁紧，位置要对称，并应低于弹簧座 0.7 ~2.5 毫米，防止工作时跳出（图 4-41）。

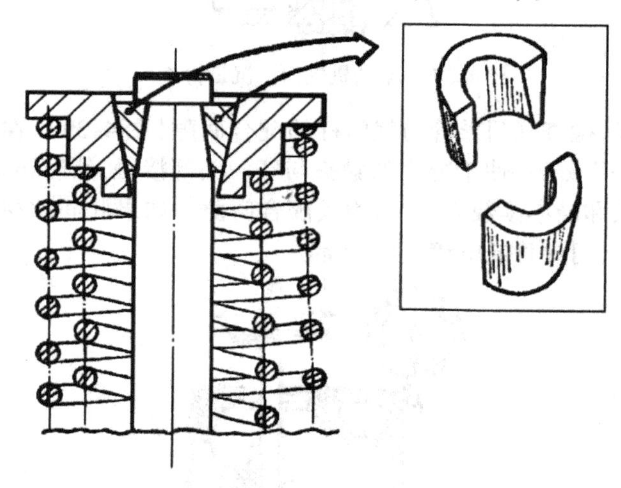
图 4-41　气门锁夹的安装

气门掉入汽缸中

(1)故障现象:柴油机工作时突然出现不稳定,汽缸内发出较大的撞击声,排气声音发生显著变化,柴油机突然停车。

(2)故障原因:气门锁片安装不当而脱落;气门弹簧疲劳断裂,使锁片脱落;气门杆断裂。

(3)预防和排除方法:

按要求装好气门锁片。

检查气门弹簧的弹力,而且要使两个旋向相反的弹簧自由长度相差不超过1毫米,否则应维修或更换。

气门杆易在安装锁片的圆锥缩颈处折断,安装摇臂总成时,应使摇臂弧面与气门杆尾端的接触点处于中间位置,若摇臂弧面有磨损的凹坑,可用锉刀磨修,再将气门间隙调至正常范围。如果气门导管磨损,应及时更换。

修复或更换缸盖、缸套、活塞等损伤的零件。

气门撞活塞

(1)故障现象:活塞移动到上止点时与气门撞击,发动机发出短促异常的敲击声。此时应立即熄火处理,以免造成重大事故。

(2)故障原因:气门间隙过小、配气相位不正确或减压机构调整不当(这种情况一般发生在排气上止点);气门座圈松动脱出,使气门开启后不能回复原位;气门杆卡滞在气门导管中,使气门不能回位;或气门弹簧折断造成气门松动;气门推杆脱出调整螺钉的球窝,顶在球窝边缘,使气门开启过大;缸垫太薄或气门下沉量太小,使气门开启时伸入汽缸的距离增大,并与活塞相撞。

(3)预防与排除方法:

检查调整气门间隙、减压机构及配气相位,及时维修磨损失常的有关零件。

检查气门座圈是否松动,如有松动,应予以更换。

如果气门杆卡在导管中,应校直气门杆或更换气门导管;弹簧折断必须更换。

安装推杆时，应将其可靠地放入挺柱的凹坑和调整螺钉的球窝内。

缸垫太薄时，应予以更换。若气门下沉量太小，可用铰刀铰削气门座来加大，但必须与气门研磨，使其密封性达到要求。

喷油泵柱塞和柱塞套磨损过大

(1)故障现象：喷油泵工作时，高压柴油从柱塞偶件的间隙泄漏，使泵油压力降低、泵油量减少，轻者使喷油器滴油、雾化不良、燃烧恶化而功率降低；重者使喷油器根本不能雾化，柴油机不能启动。

(2)故障原因：喷油泵工作时，柱塞在柱塞套内做高速往复运动，加上燃油的腐蚀、冲击和所含的机械杂质等原因，都会造成磨损使配合间隙增大。

(3)预防和排除方法：

如图 4-42 所示，柱塞的最大磨损部位是与柱塞套进、回油孔相对的局部工作表面，特别是停供边的上部更为明显。其磨损特征是沿轴向出现梳齿状划痕，自上而下深度逐渐变浅，宽度逐渐变窄。柱塞套的最大磨损部位是在进、回油孔的附近，进油孔的上部比下部严重。柱塞偶件的正常配合间隙很小，应在专用设备上进行检查。若无条件，也可用滑动法来检查其密封性。

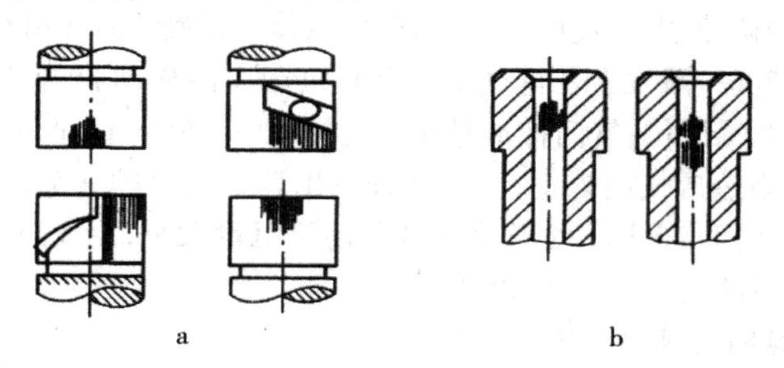

图 4-42　柱塞副磨损部位

a. 柱塞磨损　b. 柱塞套磨损

将柱塞偶件用柴油清洗干净，把柱塞插入柱塞套中，应能相对移动和转动。如图4-43所示,将柱塞偶件倒置并与水平面呈60°倾角,抽出柱塞全长的三分之一,松手后观察柱塞在重力作用下滑落的速度。然后将柱塞在柱塞套中转一个角度,再做同样的试验。如果柱塞两次下滑的速度都较缓慢,说明其密封性良好,可继续使用。如果柱塞下滑的速度过快,表明其配合间隙过大;如果柱塞下滑的速度忽快忽慢,说明柱塞和柱塞套的圆柱度误差过大;如果柱塞两次下滑的速度不同,说明柱塞和柱塞套的圆度误差过大。出现后几种情况,均应成对更换。

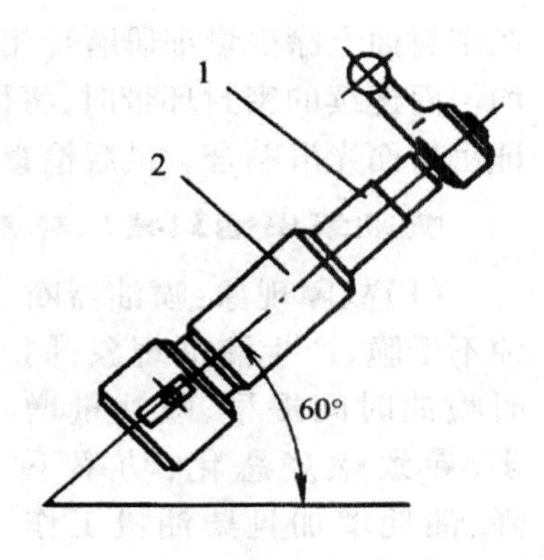

图4-43　柱塞滑动试验

1. 柱塞　2. 柱塞套

当柱塞在柱塞套中稍有发卡现象时,可加入一点干净机油,配对研磨一下,使发卡现象消失,清洗干净就可使用。

喷油泵出油阀与阀座磨损过大

(1)故障现象:出油阀密封面磨损过大,导致喷油时间延迟、喷油量减少,喷油器雾化不良和滴油,使燃烧恶化、柴油机功率下降。

(2)故障原因:出油阀工作时,在高压燃油和出油阀弹簧的作用下,与阀座频繁撞击,加上高压燃油的冲击和腐蚀、燃油中的机械杂质等原因,使密封面发生磨损。

(3)预防和排除方法:

出油阀偶件的磨损程度可用目测和手感法来鉴定,当密封锥面的密封带磨损宽度大于0.5毫米(正常为0.2毫米)、深度可用手明显感觉时,就不能再继续使用。出油阀偶件的密封性可按前述方法检查,无条件时也可用如下方法:将出油阀清洗后装好,用拇指和中指拿住出油阀座,食指按住出油阀上端,使密封锥面密合,然后用嘴抽吸阀座的下孔,并迅速将下孔移于嘴唇上。若能吸住,表明密封性良好。当其密封性下降时,可用机油涂在密封面上相互对研。若磨损较大,可在密封面上涂少量细研磨膏相互对研，以消除磨痕。当锥面出现一条均匀而连续的密封环带时，将研磨膏清洗干净，再涂上机油对研，以保证密封面光滑贴合。最后检查其密封性，符合要求则可继续使用。

喷油泵出油阀减压环带磨损过大

(1)故障现象：喷油器断油不干脆，产生滴油现象；同时喷油时间提早、喷油量增多，导致燃烧恶化、功率下降、油耗增加且柴油机工作粗暴。

(2)故障原因：出油阀下落关闭时，减压环带进入阀座，卡在间隙中的机械杂质对其产生磨损作用；当喷油泵供油时，减压环带离开阀座的瞬间，高压燃油以高速冲击环形缝隙，燃油中的机械杂质也会产生磨损作用，从而使减压环带出现轴向划痕，密封性能降低。

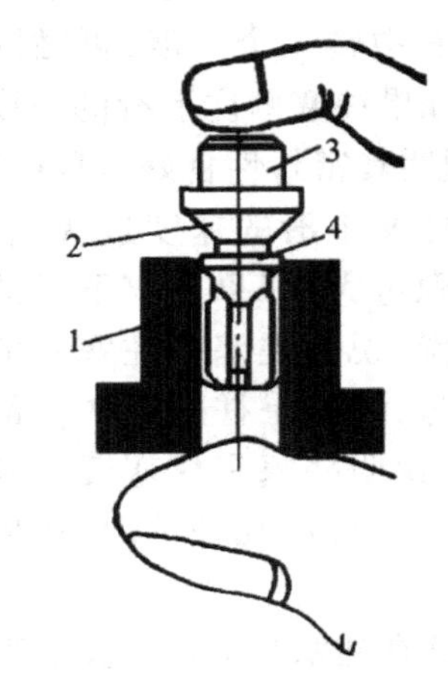

图 4-44　出油阀密封性能检查

1. 阀座　2. 密封锥面　3. 阀芯　4. 减压环带

(3)预防和排除方法：

当减压环带磨损到轴向划痕密集以致失去原有的金属光泽时，应成对更换。减压环带的密封性可用图 4-44 所示的方法检查：用拇指堵住阀座下孔，将阀芯放入阀座中，当减压环带开始进入阀座时，用食指轻轻向下按压阀体，如能感到压缩空气的反力，并且放手后阀体又能自行弹上来，则表明其密封性良好。

喷油器针阀和针阀体磨损过大

(1)故障现象：针阀与针阀体的磨损包括导向部分的磨损和下端密封面的磨损，如图 4-45 所示。导向部分磨损过大时，喷油器的回油量明显增加、针阀开启压力降低，造成喷油器雾化不良和滴油、喷入汽缸内的油量减少，使燃烧恶化、柴油机功率下降，严重时柴油机启动困难或不能启动。

密封面磨损过大，会造成喷油器关闭后滴油，严重时会产生爆燃敲缸，还会导致喷油器雾化质量下降、燃烧不良，使柴油机功率下降。

(2)故障原因：喷油器工作时，针阀做高速往复运动，并与针阀体产生频繁撞击，加上高压燃油的冲击、腐蚀及燃油中机械杂质等原因，均会造成针阀与针阀体的磨损。

(3)预防和排除方法：

将针阀与针阀体清除积炭，并用柴油清洗干净，再用喷油嘴滑动试验来检查导向部分的密封性：如图 4-46 所示，将针阀装入针阀体，然后使针阀体倾斜 60°左右，拉出针阀全长的 1/3，放手后针阀应能靠其自重缓缓落入阀体内。转动针阀，在三个不同位置试验时都不能有卡滞现象。导向部分磨损过大时，一般应成对更换。

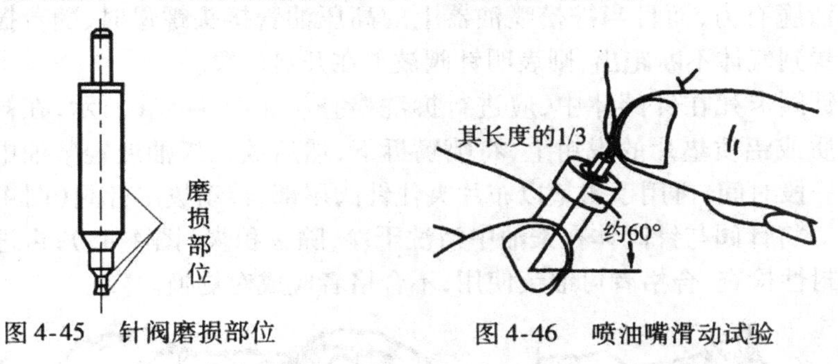

图 4-45　针阀磨损部位　　图 4-46　喷油嘴滑动试验

针阀与针阀体下端密封锥面轻微磨损时，同样可用机油和细研磨膏进行对研，研磨后应进行喷油压力试验调整及雾化质量检查。

喷油器针阀卡死在针阀体中

(1)故障现象：当卡在开启位置时，柴油以油柱状喷入燃烧室，不能雾化，使燃烧恶化、转速和功率下降、排气管冒黑烟、冷车启动困难；当卡在关闭位置时，喷油器停止喷油，造成柴油机缺缸，功率下降、转速不稳、振动增大。

(2)故障原因：

第一，喷油正时太晚或喷油器滴油产生后燃、柴油机超负荷运转、汽缸盖水垢过厚、冷却水量不足或中断而使汽缸盖和喷油器过热等原因使喷油嘴工作温度过高，针阀受热膨胀卡死。

第二，柴油不清洁，机械杂质进入针阀与针阀体的配合间隙中，造成严重积炭。

第三，喷油器装入缸盖安装孔内时，喷嘴外径或喷嘴紧帽外径与安装孔配合间隙过小；喷油器的两个紧固螺母拧紧力矩不一致。

第四，喷油器安装时，由于密封垫不严密，或针阀与针阀体密封不严，燃气窜入喷孔等使针阀被卡。

（3）预防和排除方法：

喷油器针阀卡死，可采用不拆卸方法逐缸检查：切断其他缸的供油，开大油门，在减压状态下快速摇转曲轴，喷油泵正常供油时，如果听不到汽缸内有喷油声音，则表明针阀被卡在关闭位置；如果喷油声音不清脆有力，而且当拧松喷油器上的高压油管接头螺母时，随着摇车能看到气体不断跑出，则表明针阀被卡在开启位置。

针阀卡死在针阀体中，应进行拆洗检查。如图 4-47a 所示，在衬着铜质或铝质垫片的虎钳上，将喷嘴拆下，然后放入煤油或轻柴油中浸泡一段时间，再用手钳垫以布片夹住针阀尾部，转动拔出针阀（图 4-47b）。将针阀与针阀体在柴油中清洗干净，除去积炭（图 4-48），再进行密封性检查，合格者可继续使用，不合格者应成对更换。

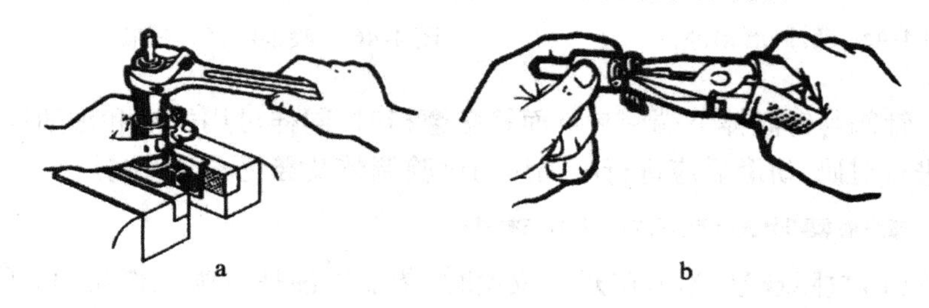

a　　b

图 4-47　喷油嘴及针阀的拆卸

a. 拆卸喷油嘴　b. 拔出针阀

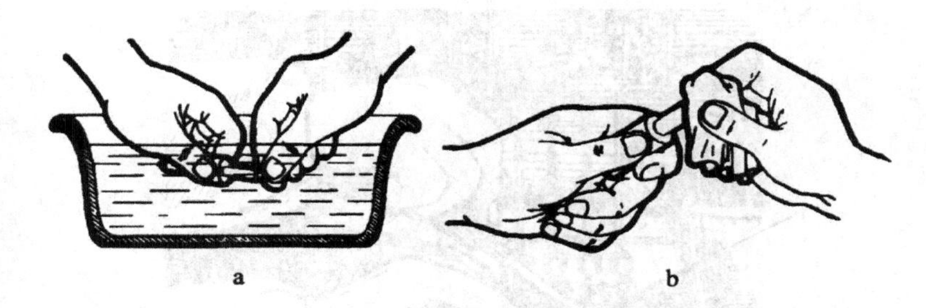

图 4-48　喷油嘴及针阀的清洗

a. 清洗喷油嘴　b. 除去针阀上的积炭

燃油系统中有空气和水

(1)故障现象:工作中燃油不能连续输送,柴油机运转不平稳,转速忽快忽慢,严重时会自行熄火,并且启动困难。

(2)故障原因:在燃油贮运过程中渗入水;清洗滤清器、油箱中燃油耗净、拆装高压油管及喷油泵时进入了空气,或者从供油系漏油处进入了空气。

(3)预防和排除方法:

燃油必须经过过滤和 50 小时以上的沉淀后方可加入油箱中;柴油机启动前应放出油箱中的沉淀油,每次约放 4~5 升,使油箱底部的杂质和水放尽;为避免产生凝结水,柴油机停车后,应将油箱注满燃油过夜。

检修高压油管接头、喷油泵内各接触面等易漏油的部位。

在燃油系各部件拆装之后和柴油机启动之前,应放出燃油系中的空气。将油门放在最大位置,旋松喷油泵上的放气螺钉后掀动输油泵手压杆,放出低压油路中的空气,再拧紧放气螺钉,如图 4-49 所示。旋松喷油泵出油口与高压油管之间的锁紧螺母,再转动曲轴,就可排出高压油路中的空气。注意不要把螺钉或螺母全部旋出,只要有燃油冒出且不含气泡,便可上紧螺钉或螺母。

为防止空气进入燃油系,不允许用关闭油箱阀门的方法使柴油机停车,同时应防止油箱盖上的通气孔堵塞。

图 4-49　燃油系排气

1. 螺丝刀　2. 放气螺钉　3. 输油泵

调速器灵敏度降低或卡滞

(1)故障现象:柴油机转速忽高忽低,不能稳定运转;若调速器零件卡滞,会使柴油机不能停车,甚至发生“飞车”事故。

(2)故障原因:调速器内的机油过多、过脏、调速弹簧力减弱、调速器装配不当或零件磨损过大等原因,使调速器灵敏度下降,甚至造成零件卡滞,使调速器失去作用;油泵柱塞调节臂松脱或未卡入拨叉槽内,使调速器失灵。

(3)预防和排除方法:

加入调速器内的机油必须干净而适量,并应定期更换。

调速器装配后,调速器与喷油泵齿条之间的联接机构及操纵机构等相对运动的零件必须动作灵活。

更换调速弹簧;如果调速拨叉磨损,与调节臂球头的配合松旷,应更换调速拨叉。

钢球磨损失圆,应全部更换,而且规格要相符。钢球上不能涂抹黄油,以免引起调速器工作失灵。

检查柱塞调节臂的安装情况,使其卡入拨叉槽内。

发生飞车时,应迅速切断供油管路,或用抹布、衣物堵住柴油机进气口,使柴油机灭火。如在行驶中,可踩制动,加大载荷使柴油机憋灭火。

输油泵不供油或供油不足

(1)故障现象:柴油机功率下降。

(2)故障原因:输油泵活塞严重磨损、活塞弹簧无力或断裂、进出油阀密封不严、进出油阀弹簧无力或断裂。

(3)预防和排除方法:检修输油泵,更换有关零件。

燃油系统漏油

(1)故障原因:垫圈不平或损坏使油管接头漏油;配合锥面损坏使高压油管漏油;橡胶密封圈破裂或老化造成漏油;油管破裂漏油;由于螺堵拧紧不当,使螺纹损坏而从螺堵处漏油。

(2)排除方法:

更换有关垫圈;高压油管漏油,一般应更换,临时救急可用小塑料管或带孔的薄紫铜片压在锥面上密封。

更换有关的橡胶密封圈。

补焊或更换油管;对低压油管,可在破裂处套上内径合适的塑料管防止漏油。

更换螺堵,缠上生料带或细麻丝加铅油后拧紧。

机油压力过低

(1)故障现象:机油压力低于允许值,润滑不良使零件磨损加剧,严重时会发生烧瓦故障。

(2)故障原因:

第一,机油黏度过低,难以形成油膜或输送量不足。

第二,机油量不足,集滤器、机油滤清器堵塞,或吸油管路接合处密封不严漏气等原因，使机油泵吸油不足。

第三，机油老化变质或漏进了柴油和水。由于喷油泵、喷油器磨损过大，使柴油漏入曲轴箱，或者由于缸盖破裂、缸垫损坏、缸套阻水圈密封不严，使冷却水漏入曲轴箱，都会使机油黏度降低，油面升高。

第四，转子机油泵磨损过大，内外转子之间啮合间隙增大，油泵内漏增加，或泵体与泵盖之间的调整垫片太厚，使转子端面间隙过大；齿轮泵磨损，调压弹簧变形或断裂。

第五，连杆轴颈净油室两端的螺塞松脱，主轴瓦、连杆轴瓦等磨损而间隙过大，造成机油泄漏。

第六，旁通阀开启压力调整太高或回油阀弹簧松弛、折断。

(3)预防和排除方法：

按季节选用合适的机油牌号，冬季可选用粘度较低的 8 号、11 号柴机油，夏季选用粘度较高的 14 号柴机油。

保持合适的油面高度，定期清洗集滤器和机油滤清器。金属绕线式滤清器清洗后，检查滤芯上的铜丝有无松动或破损，若有损坏可用锡焊补好，但修补面不得超过 5 厘米^2。若油路进入空气，油压表指针会左右摆动，此时拆开油路接头检查，会发现有气泡冒出。更换有关密封垫，消除漏气、漏油。

曲轴箱内的机油量增多时，除查明漏水、漏柴油的原因加以排除外，还应及时更换机油。

转子机油泵磨损最大部位是在内、外转子的啮合区以及转子的端面，使转子的径向间隙和轴向间隙增大(图 4-50)。对径向间隙，可将塞尺塞入内转子与外转子的缝隙间测量，其正常值为 0.06 ~0.12 毫米，超过 0.25 毫米时应更换内外转子。对端面间隙(转子端面与泵壳端的间隙)，将内外转子及泵体清洗后，按工作状态装好，取一根钢板尺靠紧泵体端面侧立，再用塞尺测量钢板尺与转子端面之间的间隙，即为转子的端面间隙，正常值为 0.01 ~0.08 毫米，过大时，可减少泵体与泵盖之间的垫片来调整；若调整无效，可研磨泵体端面，使轴向间隙恢复正常。内外转子磨损不严重时，可将内转子掉面使用；若磨损超限，则应成对更换。装配外转子时，应使有倒角的一端先进入泵体，内转子的固定销不能松动，且两端都应缩进内转子表面,以防工作中刮伤或打碎转子。

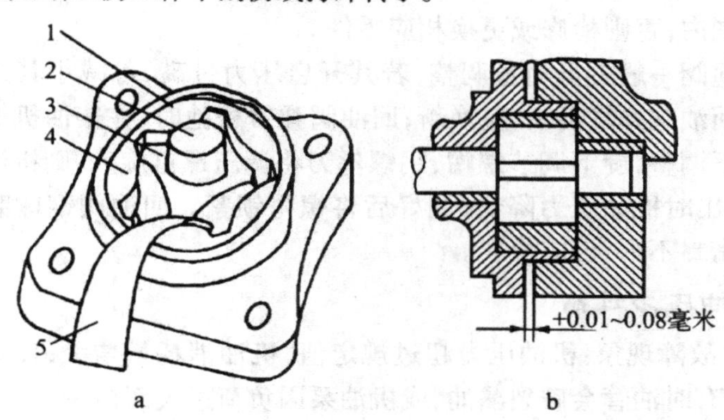

图 4-50 转子机油泵的间隙检查

a. 径向间隙检查 b. 轴向间隙检查

1. 泵壳 2. 转子轴 3. 内转子 4. 外转子 5. 塞尺

对齿轮泵的检查:如图 4-51 所示,将泵拆卸清洗干净后,用塞尺测量齿顶与泵体间隙,取不同位置测量的均值应为 0.11 ~ 0.15 毫米;选择相隔 120°的三个位置测量齿侧间隙,其均值应为 0.1 ~ 0.3 毫米;测量泵体端面与齿轮端面间隙,应为 0.075 ~ 0.215 毫米。磨损量较大时,应更换。若调压弹簧变形也应更换。

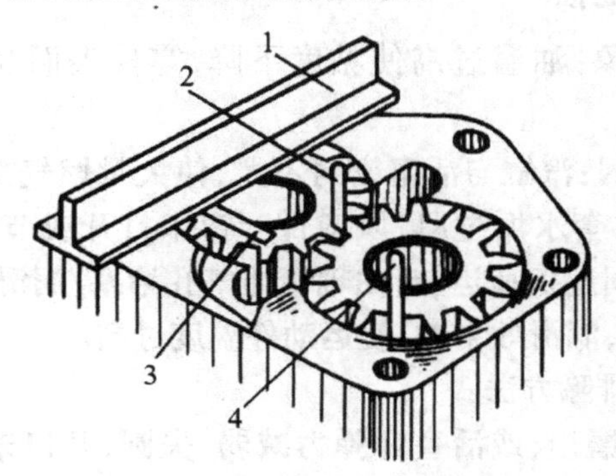

图 4-51 齿轮泵的间隙测量

1. 直尺 2. 齿侧间隙 3. 端面间隙 4. 齿顶与泵体间隙

上紧连杆轴颈净油室两端的螺塞;主轴瓦和连杆轴瓦的间隙应在规定范围内,否则检修或更换相应零件。

旁通阀一般不得随意调整,若其开启压力过高,可减小其弹簧预紧力。回油阀弹簧折断,应换新;回油阀弹簧松弛时,在柴油机低速稳定运转下调整,旋下调节螺帽,用螺丝刀将调压螺钉旋入,则机油压力增高,旋出时机油压力降低,调好后将螺帽锁紧。回油阀钢球磨损时与阀座密封不严,也应换新。

机油压力过高

(1)故障现象:机油压力超过规定值,机油消耗量增大;发动机动力下降,有时油管会破裂漏油,或机油泵因负荷过大而损坏。

(2)故障原因:机油黏度过大,流动性差;主油道堵塞,机油流动阻力增大;回油阀开启压力过高,或出油道堵塞;主轴承或连杆轴承的间隙过小,机油循环困难。

(3)预防和排除方法:选用合适的机油牌号,保持正常油温。若缸体和曲轴上的油道因油泥和杂质积聚而堵塞,应停车趁热放净机油,用打气筒将油道吹通,并进行清洗。在柴油机工作油温正常时调整回油阀,使压力正常。回油阀出油道堵塞,可用打气筒吹通。拆下轴承进行研磨和调整,使配合间隙符合要求。

机油温度过高

(1)故障现象:油温过高使粘度下降,零件表面润滑不良、磨损加剧。

(2)故障原因:汽缸与活塞密封不严,使大量燃气漏入曲轴箱;冷却水量不足或水套水垢过厚,风扇百叶窗未打开或节温器工作不正常;柴油机长时间超负荷运转;曲轴箱通气孔堵塞;润滑系供油量不足或轴瓦间隙过大,润滑效果差,使运动件温度过高。

(3)预防和排除方法:

汽缸与活塞磨损,或活塞环弹力减弱、失圆、开口未错开等,都会引起汽缸漏气,应及时修理和换新。

按要求加足冷却水,并定期清洗水套中的水垢;打开风扇百叶窗,检修节温器。在气温较高时，应通过冬夏转换开关，使机油流过机油散热器。

柴油机连续超负荷运转不得超过1小时。

保持曲轴箱通气孔畅通。

保持润滑系畅通和正常工作，保证轴瓦正常间隙。

机油消耗量过多

（1）故障现象：柴油机烧机油，排气管冒蓝烟。

（2）故障原因：油底壳油面过高，机油过多飞溅进入燃烧室；活塞环与环槽磨损严重，边间隙和开口间隙过大，泵油现象加剧，使机油进入燃烧室（图4-52）；汽缸套与活塞配合间隙过大，密封性降低，机油进入燃烧室；油环装反、胶结在环槽中，或磨损过大、失圆、弹力减弱等，使其刮油作用失去或减弱；曲轴前后油封或润滑系各油路接头、油管、衬垫等处漏油；气门杆与气门导管间隙过大，机油进入燃烧室。

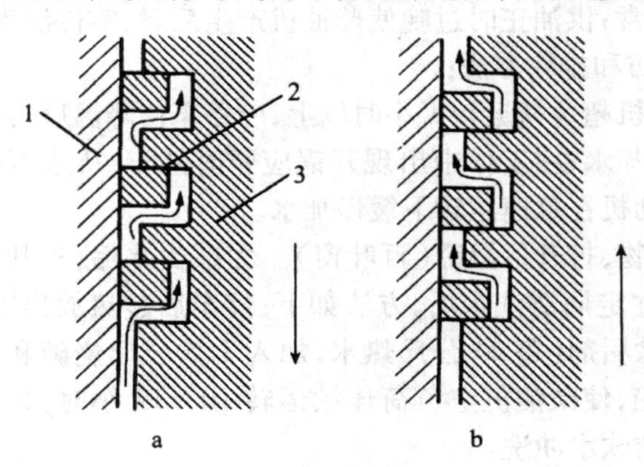

图4-52　活塞环的泵油作用

a. 活塞下行　b. 活塞上行

1. 汽缸套　2. 活塞环　3. 活塞

（3）预防及排除：

油面高度不能超出机油标尺的上刻线。

当活塞环的边间隙和开口间隙超限时应更换。

更换汽缸套或镗缸后换加大的活塞和活塞环,保证其配合间隙。

安装油环时,必须使倒角的一边向上。若油环胶结,应拆下来用木片、毛刷清除积炭。若油环磨损过大或弹力消失,应及时更换。

检查油路各接头处是否紧固好,曲轴前后油封、油底壳接合面等处衬垫是否完好、位置是否正确。

更换气门导管。

冷却水温度过高导致水箱开锅

(1)故障现象:冷却水温超过规定值,严重时水箱会开锅;柴油机过热,功率下降。

(2)故障原因:柴油机长时间超负荷运转;冷却水量不足;散热器被杂物堵塞或水垢过厚使水道堵塞;风扇皮带过松;水泵叶轮损坏断裂或节温器阀门打不开;汽缸垫损坏,燃气进入水道;燃气窜入曲轴箱、机油进水变质;机油流量少、压力低;轴承配合间隙过小等使润滑系工作不正常;供油正时过晚使柴油机产生后燃,零件温度升高。

(3)预防和排除方法:

若柴油机超负荷运转1小时以上,应停车待降温后再行驶。

加足冷却水;在工作中出现开锅应暂时停车,待水温降低后再加水,或使发动机在怠速运转下缓慢加水。

清理杂物,打开保温帘(百叶窗)。为减少水垢,冷却系应加入清洁的软水,并定期清洗水垢,方法如下:停车后趁热放出冷却水,取走节温器,将除垢剂(每20公斤热水,加入1.5公斤烧碱和0.5公斤煤油)加入水箱,使柴油机空负荷连续运转10~12小时,趁热放出清洗液,再用清洁软水冲洗。

按要求调整风扇皮带的张紧度。4125A型柴油机通过张紧轮调整(图4-53);而495A型柴油机则靠移动发电机位置来调整(图4-54)。正常情况下,在三角皮带中段施加30~50牛(3~5千克力)的压力,皮带应能按下10~20毫米。若三角皮带伸长或有裂缝、分层等缺陷应更换(两根的应同时更换)。

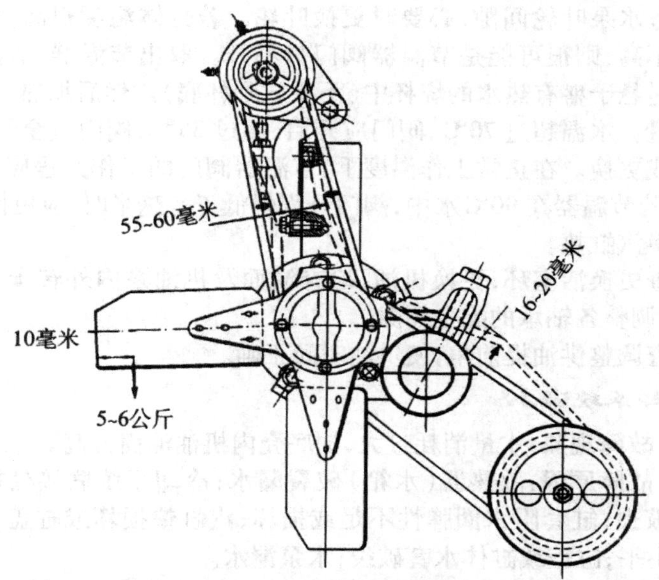

图 4-53　4125A 柴油机风扇皮带和发电机皮带张紧度示意图

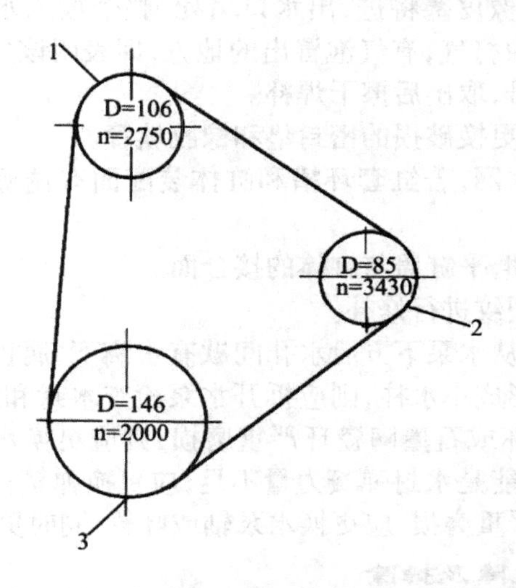

图 4-54　495A 柴油机皮带张紧度示意图

1. 水泵带轮　2. 发动机带轮　3. 曲轴带轮

检查水泵叶轮间隙,必要时更换叶轮。若缸体温度很高,而散热器温度不高,则很可能是节温器阀门打不开。取出节温器,清洗干净后用细绳悬于盛有热水的烧杯中(不要放到杯底)。然后加热,并用温度计测量。水温超过70℃,阀门应开启,超过85℃,阀门应全开,否则应修理或更换。在正常工作温度下,节温器阀门的工作升程应不小于9毫米,若节温器在90℃水中,阀门升程仍低于8毫米时,应更换。

更换汽缸垫。

检查更换活塞环,更换机油;检查油面及机油泵内外转子磨损情况;检查调整各轴承的配合间隙。

检查调整供油提前角,使供油时间正确。

冷却系统漏水

(1)故障现象:水量消耗过大,油底壳内机油油面升高。

(2)故障原因:散热器(水箱)破裂漏水;冷却系统联接处松动或密封垫破损;缸套阻水圈弹性不足或损坏;汽缸垫损坏或缸盖与缸体接合面不平;缸盖或缸体水套破裂;水泵漏水。

(3)预防和排除方法:

拆下散热器,用橡皮塞将进、出水口堵死,整个放入水中,用打气筒从放水管向水箱中打气,有气泡冒出的地方,即表明该处漏水,可用划针或蜡笔做一记号,取出后擦干焊补。

紧固各联接处,更换破损的密封垫和橡胶软管。

按要求更换阻水圈,若缸套环槽和缸体装配面有锈迹和污物,应清除后再装。

更换汽缸垫,或磨平缸盖与缸体的接合面。

对缸盖和缸体裂纹进行修补。

柴油机运转时,从水泵下方泄水孔间歇有水滴下,属正常现象;若泄水孔滴水严重或形成小水柱,则应拆开水泵检查水封和水泵轴。若水封的橡胶外圈损坏或石墨陶瓷环严重磨损,则应更换水封;若水封和水泵轴正常,则可能是水封弹簧力量不足,应更换弹簧;若水泵轴磨损或水泵叶轮端面严重磨损,应更换水泵轴或叶轮,同时更换水封。

传动系统的故障及排除

(1)离合器的主要故障与排除方法(表4-7)。

表 4-7　离合器的主要故障与排除方法

故障现象	故障原因及特征	排除方法
打滑	踏板的自由行程太小或没有	用煤油清洗
	摩擦片或压盘端面有油污	换弹簧或在弹簧座内加垫(0.5 毫米)
	离合器弹簧退火变软或折断	更换
	摩擦片烧坏	调整自由行程
分离不彻底	踏板自由行程太大	调整
	新装用的摩擦片太厚	取出减薄
	从动盘毂与花键轴的花键间卡滞或咬死,从动片变形	修理,必要时更换
	摩擦片与压盘或飞轮粘结	分离离合器,挂低挡同时制动车轮猛加油门,如不能分离,须拆下检查
声响异常	分离轴承损坏或不转	修理或更换
	摩擦片损伤	修理或更换
	分离杠杆压簧失效	更换压簧
	离合器前轴承座磨损或缺油	拆下检查,注油或更换修理
	压盘驱动部分磨损间隙大	调整

(2)变速箱常见故障与排除方法(表 4-8)。

表 4-8　变速箱的常见故障及排除方法

故障现象	故障原因及特征	排除方法
挂挡或摘挡困难	挂挡时有齿轮冲击声: 换挡操作不当或离合器分离不彻底 该挡滑动齿轮或固定齿轮端面损伤	 正确操作 修磨
	换挡费劲: 操纵杆件变形(拨叉、拨叉轴等) 滑动副被杂物卡滞或锁销弹簧力过大 联锁机构调整不当,锁销升程不足	 校正、修理 清理杂物、更换弹簧 调整
自动脱挡	轮齿啮合不良: 轮齿工作表面磨损,形成楔形,产生轴向力 拨叉在变速滑轨上松动,不能全齿啮合 拨叉变形,影响滑动齿轮的垂直度	 成对更换或调面 检查固紧 校正
	花键轴倾斜: 轴承间隙过大 花键轴变形 轴的弯曲刚度不足	 调整或更换 校直或更换 更换
	变速箱及有关箱体变形,影响两轴的平行度造成脱挡	调整修复
	齿轮加工形位精度不高,造成轴向力自行脱挡	更换
	锁定弹簧弹力减弱、断裂、定位力不足	更换
	"V"形定位槽及锁销头部磨损	更换或修复

续表

故障现象	故障原因及特征	排除方法
声音异常	变速箱第一轴轴承响： 轴承磨损，外圈松旷（未挂挡时响，分离离合器时消失） 轴承严重磨损，径向间隙过大（行驶时或换挡时能听到响声）	 更换或调整 更换或修复
	齿轮啮合噪音，齿轮不是成对的更换，或齿形不正确（响声不均匀，但周期性强）	更换
	齿轮严重磨损，或因轴承松旷，引起侧隙过大（常表现为某挡噪声增强，音调升高）	更换
	拨叉变形刮碰齿轮（行驶时，用手触摸变速杆，可感到震动）	及时检查和校正
	周期性冲击声，音量较强（个别轮齿断掉，或有杂物嵌入）	更换、清洗
过热	润滑油油面过高，搅油发热	检查油面
	润滑油油面过低，润滑不良发热	检查油面
	轴承装配过紧	调整

（3）后桥常见故障及排除方法（表4-9）。

表4-9　后桥的常见故障及排除方法

故障现象	故障原因及特征	排除方法
声响异常	圆锥齿轮副间隙过小，有啃齿现象；或间隙过大，特别是转速变化时尤甚	检查调整
	差速器壳轴向游隙过大，左右窜动，或大锥齿轮轮盘松动	立即停车检查
	突然发生剧烈声响，可能是轮齿崩裂	立即停车检查
过热	中央传动齿侧间隙过小，或轴承太紧，或缺油	检查调整，增添润滑油
	最终传动箱体过热，轴承预紧度过大，油面低	检查调整，加润滑油

转向系统的故障排除(表4-10)

表4-10　转向系统常见故障及排除方法

故障现象	故障原因及特征	排除方法
方向盘自由行程太大	转向器严重磨损或啮合间隙、轴承间隙过大	调整、修理
	纵横拉杆球节销及座磨损	调整、修理
	导向轮轴承或转向节立轴轴套磨损	调整、更换
转向困难	轮胎气压过低	充气
	方向轴弯曲或轴承损坏	校正、更换
	导向轮前束调整不当	检查调整
导向轮摆头	转向机构零件,如转向器、纵横拉杆球节销等严重磨损,间隙增大	调整、维修
	行走系零件,如导向轮轴承、转向节立轴轴套等严重磨损,间隙增大	调整、更换
	前束调整不当	检查调整
转向离合器打滑	转向离合器片沾有油污	检查清理
	操纵杆自由行程过小	检查调整
	转向离合器从动盘摩擦衬片磨损严重	更换
转向离合器分离不彻底	操纵杆自由行程过大	检查调整
	从动片翘曲过大	校正或更换

行走系统的故障及排除

轮式拖拉机行走系统结构简单,检查、调整的部位较少,故障也较少,这里不再叙述。

履带拖拉机行走系统常见故障与排除方法如表4-11。

表4-11　履带拖拉机行走系统常见故障与排除方法

故障现象	故障原因及特征	排除方法
机架大梁产生裂纹和断裂	使用不当: 高速行驶,高速越过障碍物, 急转弯,转弯时升犁过迟 偏牵引过大	 正确操作,焊修 正确操作,焊修 正确操作,焊修
	铆钉变形松动,机架铆钉孔和铆钉产生冲击,或两边大梁产生相对运动	重新铆接,焊修
	铆接质量不好,造成附加应力	重新铆接,焊修

续表

故障现象	故障原因及特征	排除方法
履带板和驱动轮早期磨损	工作条件太差,如经常在沙土或砂石中工作 履带松紧度不合适	保养、调整 调整
	操作不当,如高速急转弯,在硬石路面上高速行驶	正确操作
履带板和驱动轮偏磨	最终传动齿轮的圆锥轴承严重磨损,轴向间隙过大	调整轴承轴向间隙或更换轴承
	支重台车因支推垫片磨损使轴向间隙过大	调整轴向间隙或更换支推垫片
	导向轮曲拐轴大小轴套磨损或轴弯曲,使导向轮偏斜	更换或校正
履带易脱落或跳齿发响	履带过松,加之急转弯	调整
	驱动轮和导向轮不在一条直线上	校正
	履带张紧装置的张紧弹簧过松	调整
	驱动轮轮齿严重磨损	修理或更换
支重轮漏油	密封套总成: 密封套高度不够,外径太大,端面不平,有伤痕或破裂 套内的弹簧高度过低,弹簧端面不平,张力小 支重轮密封圈失圆太大,刮坏了密封圈	检查、更换 检查、更换 检查、更换
	密封壳总成: 密封壳与大密封环的配合处磨损成沟 橡胶圈在环槽内松动或损坏	检查、修复或更换 检查、更换
	大、小密封环: 两个环的摩擦平面接触不严或厚度不均匀 小密封环与支重轮轮毂配合不好而移动失灵 小密封环卡死或涨裂	检查、更换或调整 检查 更换
	密封壳的阻油圈、支重轮轴的密封圈损坏	更换

制动系统的故障及排除(表4-12)

表4-12　制动系统常见故障及排除方法

故障现象	故障原因及特征	排除方法
制动不灵	踏板自由行程过大	更换、清理
	摩擦片严重磨损或表面沾有油污	校正
	传动杆件变形或发生干涉相碰	检查调整

续表

故障现象	故障原因及特征	排除方法
两侧车轮不同时制动	两侧制动器间隙调整不一致	检查调整
	某侧制动器摩擦表面沾有油污	检查清理
制动器复位不灵或有卡滞现象	踏板自由行程过小或等于零	检查调整
	回位弹簧变软、折断或脱落	检查、更换
	制动毂变形失圆	校正
	摩擦表面有杂物堵塞	清理
	盘式制动器摩擦盘与轴的花键联接有卡滞现象	检查、修理
制动时有响声	摩擦片松脱或铆钉头露出	检查、修理
	制动毂或压盘变形、破裂	修理、更换
	回位弹簧脱落或折断	修复、更换
	传动杆件干扰碰撞	校正
制动器发热或摩擦片烧坏	操作不当,在行驶中将脚长时间放在制动踏板上	正确操作
	踏板自由行程过小	检查调整
	回位弹簧太软、脱落或折断	修复、更换
	制动器外壳表面被泥水封闭,散热不良	清理

液压悬挂机构的故障及排除

(1)分置式液压悬挂系统的故障与排除(以东方红-75型拖拉机为例),表4-13所示。

表4-13　分置式液压悬挂系统的常见故障及排除方法

故障现象	故障原因及特征	排除方法
润滑油在油箱内起泡或从加油口溢出	油路中有空气: 进油管接头松动 自紧油封损坏	 拧紧接头必要时更换密封圈 更换自紧油封
	油箱通气孔填料堵塞	清洗
	油太多	放出多余的油
	油泵主动齿轮自紧油封损坏	更换油封
	油缸无缓冲阀	装上缓冲阀
分配器的操纵手柄不能固定在工作位置	滑阀回位弹簧失效或断裂	更换弹簧
	行程定位阀卡在闭死位置	拆下并修整阀杆
	自动回位压力太低	调整至100~110公斤/厘米^2

续表

故障现象	故障原因及特征	排除方法
分配器手柄不能从“提升”和“压降”自动返回“中立”位置	分配器安全阀开启压力接近或低于自动回位压力	重新调整安全阀压力至130公斤/厘米^2
	分配器回油阀密封不严或卡住	用木槌轻轻敲击回油阀盖或清洗回油阀
	油泵压力过低	更换密封圈
	卸压片密封圈损坏 油泵零件损坏	更换或修复油泵零件
	分配器滑阀中的增压阀卡住	清洗并重新调整增压阀的开启压力为100~110公斤/厘米^2
	增压阀座磨损	更换增压阀座
	分配器滑阀卡住	检查滑阀销子是否折断或内卡污物，应清洗或更换分配器零件
	油温过低	油温加热至30℃~40℃
	油温过高(超过70℃)	冷却至30℃~40℃
悬挂农具不能提升或提升缓慢	油箱中油不足	添加机油至规定油面高度
	油泵未接通	将油泵传动装置手柄置于接合位置
	油温过低(低于30℃)或过高(高于70℃)	使油温处于正常
	油路中吸入空气	检查并拧紧从油箱到油泵的油管接头
	分配器回油阀漏油 回油阀卡住 回油阀与阀座配合面上沾有污物	用木槌轻轻敲击回油阀盖，如果仍不能提升，则取出回油阀清洗干净，涂上机油重新装上并检查其在套内的活动情况及和阀座贴合情况
	分配器安全阀漏油或开启压力过低	检查并调整安全阀压力至130公斤/厘米^2
	油泵压力过低	检查并调整安全阀压力至130公斤/厘米^2
	缓冲阀堵塞	清洗或修复缓冲阀
	缓冲阀接头错装于油缸左边的接头上	装在油缸右边接头上
	活塞密封圈损坏	更换活塞密封圈
	活塞松脱或损坏	重新紧固活塞压紧螺母或更换零件
分配器操纵手柄置于提升位置后立即自动返回中立位置	定位阀卡在阀座内	用手钳把定位阀从阀座中拉出
	定位阀尾部与定位卡箍之间无间隙或间隙过小	将定位卡箍眼顶杆上移
	悬挂农具出土时阻力过大	拖拉机微微向后倒驶，减少阻力
	农具超重	配带配套农具
农具不能保持在运输位置	油温过高	冷却至0℃~40℃
	油缸活塞密封圈损坏	更换密封圈
	分配器滑阀与壳体磨损	更换分配器滑阀

续表

故障现象	故障原因及特征	排除方法
农具不能保持在运输位置	外部接头未上紧,油管接头漏油	检查拧紧,或更换密封圈
液压系统油温迅速升高	油箱中机油不足	添加至规定油面高度
	操纵手柄长时间处于提升或压降位置	将手柄扳回中立位置
	油箱滤清器滤网堵塞	清洗滤网

(2)半分置式液压悬挂系统的故障分析与排除(表4-14)。

表4-14 半分置式液压悬挂系统常见故障及排除方法

故障现象	故障原因及特征	排除方法
空负荷能提升,有负荷不能提升或提升缓慢	后桥缺油	加油至规定高度
	液压系统吸入空气	检查并拧紧接头,或更换密封圈
	油温过高或机油过稀	加足油量,或空转一段时间,使油温降低
	油温过低或机油粘度过大	继续运转提高油温
	齿轮油泵内部漏油严重	检查更换密封圈或更换油泵
	油缸漏油严重	检查密封圈和牛皮圈的密封性
	回油阀弹簧弹力减弱,回油阀不能迅速关闭	更换回油阀或在弹簧端面加垫片
	安全阀压力过低	重新调整安全阀开启压力至规定值
	油道或滤清器堵塞	检查并消除堵塞
润滑油起泡沫或泡沫外溢	液压系统吸入空气	检查并拧紧接头或更换密封圈
	进油滤清器太脏	清洗
农具不能提升	齿轮分离机构没接合	接合分离机构
	主控制阀或回油阀卡住	将力、位调节手柄往复升降数次,或在检查孔处动一下主控制阀,如继续卡住应拆开分配器,拆下主控制阀或回油阀,进行清洗或研磨
	齿轮油泵内漏严重	检查油泵密封圈并修复或更换
	进油管进气	检查进气原因,排除空气
	安全阀关闭不严	检查清洗或更换安全阀
	油温过高或机油太稀	停车降低油温或更换合格的润滑油
	农具重量太大或入土太深	选择合适的农具和耕作深度
齿轮油泵分离后农具沉降迅速	分配器单向阀关闭不严	清洗研磨单向阀,必要时更换单向阀
	高压部分密封圈损坏	更换密封圈
	油缸密封不好	检查密封圈和牛皮圈是否损坏
	安全阀关闭不严或失效	检查清洗或更换安全阀

续表

故障现象	故障原因及特征	排除方法
耕地时农具抖动	力调节螺母压缩了力调节弹簧	重新调整,使力调节螺母不允许压缩力调节弹簧,并保证力调节弹簧与弹簧座有不大于0.2毫米的间隙
提升时抖动	单向阀偏磨	研磨单向阀
	安全阀漏油	检查清洗或更换安全阀
	油缸内漏油	检查缸壁是否有拉毛现象或更换密封圈
提升后,齿轮油泵发出尖叫声	回油阀卡死在关闭位置	打开检查孔盖,用木槌在提升器壳体回油阀附近敲击,必要时则应拆下回油阀,进行清洗或研磨

(3)整体式液压悬挂系统的故障分析与排除(以上海-50型拖拉机为例),表4-15所示。

表4-15　上海-50型拖拉机液压悬挂系统常见故障与排除方法

故障现象	故障原因及特征	排除方法
空负荷能提升,有负荷不能提升或提升缓慢	后桥油面太低	加到规定油面高度
	吸油滤网堵塞	清洗滤网
	油缸漏油严重	更换活塞上的密封圈
	安全阀严重磨损或其弹簧弹力减弱	修复阀座或校正压力
	液压泵的柱塞与其套磨损	修复或更换
	油管密封圈损坏漏油	更换密封圈
农具不能提升	液压泵离合手柄没接合	应处于接合位置
	液压系统漏油,一般多为高压油管上密封圈、油泵的密封圈损坏	移去检查孔盖板,在运转中检查液压泵,必要时更换密封圈
	安全阀损坏漏油	校正压力或更换
	油缸活塞卡死	检修,必要时更换活塞环等
	吸油滤网堵塞	清洗滤网
	偏心滚轮脱落	修复
	农具太重或入土太深	选用合适的农具和耕作深度
	位调节杆的下端装在摆动杆的后方	重新正确安装
	摆动杆断裂、弯曲或损坏	更换摆动杆
	分配阀卡死在中立或下降位置	移去检查孔盖板,检查分配阀

续表

故障现象	故障原因及特征	排除方法
农具无限提升	分配阀卡在提升位置	更换齿轮油、分配阀封油垫圈等附件
	里拨叉调整不当	重新调整
农具上升有抖动现象	活塞损坏一只	更换
	顶杆上限位螺母与顶杆端面距离小于136毫米	重新调整
农具提升到运输位置后,安全阀开启	扇形板上止点螺钉位置调整不当	重新调整
	将外手柄扳到最高位置	改用里手柄升降农具
	限位链铰扭或错装在链座上部孔中	重新安装
农具达不到有效的耕深	力调节杆的支承弹簧太松	重新调整
农具提升后不能降落	分配阀回位弹簧折断	更换
	分配阀卡在中立或进油位置	移去检查孔盖板,检查分配阀
	摆动杆中间支点位置太前	重新调整
	位调节杆在支承导杆上的铰链点位置偏后或提升臂安装不当	重新调整
	升降臂固定螺钉拧得太紧	应将螺钉按调整要求拧松

电气系统使用及故障排除

(1)蓄电池的故障与排除:

极板硫化:对极板上附有一层粗大的导电性能差的白色硫酸铅晶粒现象,称为硫化。由于这种晶粒堵塞极板孔隙,使电解液难以渗入,电容量降低,造成启动电流不足而难以启动。“硫化”的原因有:蓄电池在充、放电不足的情况下长期搁置不用,当气温变化时,电解液中的硫酸铅会析出附于极板上;电池内液面太低,极板受到空气的氧化作用,当接触到电解液时,会产生粗晶粒硫酸铅;电解液比重过高或不纯,外部气温急剧变化,都会促使极板硫化。

极板硫化的排除办法:如硫化不严重,可倒出全部电解液,注入蒸馏水,然后用2安培左右的小电流进行长时间充电,使硫酸铅溶解,或进行反复充放电循环,使活性物质复原。如仍不能奏效,则应更换极板。

自行放电:充足电的蓄电池,长期放置不用,会逐渐失去电量,这种现象称为自行放电。产生这种现象的原因有:极板材料或电解液不纯、隔板破裂、外壳上有电解液、长期放置硫酸下沉等。

排除方法是使蓄电池先行放电,然后倒出电解液,用蒸馏水清洗干净,再换用新电解液进行充电。

(2)发电机的故障与排除(表4-16):

表4-16 并激直流发电机常见故障及排除

故障现象	故障原因及特征	排除方法
发电机不发电(或电刷间只有剩磁电压或连剩磁电压也没有)	剩磁消失	按原来极性,用电池接于激磁绕组两端重新进行充磁
	激磁绕组断路	找出断路点焊接
	电刷与换向器接触不良	用"0"号砂纸砂光换向器,清理油污
	电刷与换向器间接触压力不够	检查弹簧与弹簧压力
	激磁线圈反接	改正
	旋转方向不对	改正
	电枢绕组有搭铁短路处	检查并调整
	各接线头松脱或折断	检查出故障点焊好
	接线柱锈蚀	清洁除锈
	发电机搭铁端与发动机机体接触不良	清除油污,使搭铁良好
发电机电压低和输出电流不稳	传动皮带打滑	校正传动皮带张紧度
	发电机转速不足	检查传动皮带与传动比
	换向器油污	用汽油擦洗换向器
	电刷弹簧压力不足或失效	调整弹簧压力或更换弹簧
	电刷磨损过多,使接触不良	更换电刷
	换向器失圆	修圆
	激磁线圈或电枢绕组匝间局部短路	检查并加以绝缘
电刷下火花较大	换向器表面不平	磨修换向器
	换向器云母突出	用薄锯片割纸
	电刷弹簧压力不足	校正或更换弹簧
	电刷牌号不对	更换为规定电刷
	电刷与换向器接触不良	研磨电刷
	发电机过载	消除过载
	电刷放入刷架时方向不对	改正
	电枢绕组严重短路	重绕电枢绕组
	电枢转向不对	改正

续表

故障现象	故障原因及特征	排除方法
发电机过热	长期过载	消除过载
	激磁绕组有局部匝间短路	重绕激磁线圈
	电枢绕组或换向器片间短路	检查并修理
	电枢铁芯与磁极铁芯相擦	检查轴承和磁极铁芯有无松动
	端盖装配不良,转动不灵,使空载机械摩擦过甚	重新装配
	轴承过热	检查轴承,加注润滑脂

(3)启动电机的故障与排除:

启动电机不能运转:检查蓄电池充电情况,如按电喇叭,声音响而脆,或开大灯,灯光明亮,则表示充电足。如充电足仍不能运转,则可能是由于蓄电池电柱氧化,导线搭铁不良,电刷与整流器接触不良,开关接触片烧坏,应加以消除或修复。

启动电机运转但功率不足:可能是蓄电池充电不足,机油过粘或忘记打开减压机构。此外,前述原因也都与此故障有关,应加以检查和排除。

启动电机工作正常,但发动机转速不高,其原因有:单向滚柱离合器滚柱严重磨损,外圈内滚道严重磨损,滚柱弹簧断裂失效。应对有关零件加以修复或更换,以排除故障。

驱动齿轮打齿:主要与正确调整有关,对电磁开关应调整拉杆长度,机械开关则调整螺栓的突出长度。一般是缩短长度,使接通电路在齿轮完全啮合以后。

(4)调节器的故障:

在发动机正常情况下,如发电机或调节器工作有故障,将出现下列情况:

输出电流过小或无电流,其原因有:发电机不发电,其原因如前;调节器触点脏污或烧蚀;限制电压调整过低或限制电流调整过小。

输出电流过大,原因有:发电机电枢和磁场接柱短路,使励磁电流过大;限制电压或限制电流调整过大。

充电电流不稳定,原因有:电路接线松动或接触不良;限压器和限流器触点烧坏或弹簧拉力过弱。

六、拖拉机用油知识

拖拉机用油主要可分为燃油、润滑油、润滑脂三大类。柴油是目前各种拖拉机的主要燃油；柴油机的润滑是采用润滑油；润滑脂（黄油）常用于各种机器轴承的润滑。

1. 油料的种类、牌号与选用

（1）柴油作为柴油机的燃料，分轻柴油和重柴油两类。拖拉机上均采用高速柴油机作为动力机，所使用的燃料是轻柴油，主要牌号及选用如表4-17所示。

表4-17　柴油牌号及选择

牌号	使用范围
10号轻柴油	适用于有预热设备的高速柴油机
0号柴油	适用于最低气温在4℃以上的地区，风险率为10%
10号轻柴油	适用于最低气温在－5℃以上的地区，风险率为10%
20号轻柴油	适用于最低气温在－5℃～－14℃的地区，风险率为10%
35号轻柴油	适用于最低气温在－14℃～－29℃的地区，风险率为10%
50号轻柴油	适用于最低气温在－29℃～－44℃的地区，风险率为10%

（2）拖拉机常用的润滑油有多种牌号，主要根据地区和季节选择（表4-18）。

表4-18　柴油机油的牌号及应用范围

牌号	适用温度	使用范围
20号	－15℃以上或磨合	大多数地区冬季使用
30号	－10℃以上	黄河以南地区冬季使用
40号	10℃以上	盛夏季节使用

(3)润滑脂应根据使用说明书的规定，选用与润滑部位相适应的品种和稠度牌号。

钙基润滑脂：广泛用于拖拉机各种轴承的润滑。

钠基润滑脂：适合于离合器前轴承等的润滑。

钙钠基润滑脂：在拖拉机上可代替钙基或钠基润滑脂使用。

通用锂基润滑脂：可代替钙基、钠基和钙钠基润滑脂，是一种长寿命的通用润滑脂。

2. 识别油料的简易方法

(1)汽油和柴油的识别：从颜色上看，汽油颜色淡，一般为浅红色或橙黄色；轻柴油为茶黄色，表面发蓝。从挥发上看，汽油发涩，有凉感，易挥发；柴油有光滑感，不易挥发。从燃烧上看，汽油易燃，柴油不易燃。从气味上闻，汽油有强烈的汽油味；柴油味较轻。从气泡上看，汽油泡沫随产生随消失，柴油气泡小，消失慢。

(2)煤油和柴油的识别：从颜色上看，煤油呈微黄色乃至无色；柴油为浅黄或深黄色，表面发蓝；从燃烧上看，煤油冒烟少，柴油冒黑烟。从气味上闻，煤油有煤油味，柴油有柴油味。从气泡上看，煤油气泡消失快；柴油气泡较煤油气泡消失慢。

(3)轻柴油和重柴油的区别：从颜色上看，轻柴油为茶黄色，表面发蓝；重柴油为棕褐色或褐绿色。从气味上闻，轻柴油无焦臭味，重柴油有焦臭味。从气泡上看，轻柴油气泡小，消失快；重柴油气泡带黄色，消失较快。从流动上看，轻柴油粘度小，重柴油粘度大。

(4)钙基润滑脂和钠基润滑脂的识别：从颜色上看，钙基脂为淡黄色到暗褐色，钠基脂为深黄色到暗褐色。从结构上看，钙基脂结构均匀、光滑、软膏状；钠基脂呈粒状、纤维状或油绵状。从在水中变化上看，钙基脂在水中变化不大，搅拌不乳化；钠基脂在水中变稀且滑腻，并呈乳白色。若放入100℃的开水中，很快溶化的为钙基脂；不溶化的则为钠基脂。

3. 油料的净化与节约用油

（1）油料的净化：

油料净化的技术要求可概括为严格密封、加强过滤、坚持沉淀、定期清洗、按时放油、缓冲卸油、浮子取油。

（2）农用柴油供不应求，全国每马力配油率逐年下降，因此，要通过多种途径厉行节油：合理配备各种使用机械，根据作业需要，合理选择机型和作业方法；加强油料管理，防止丢、洒、漏、脏；推广节油设备和技术；改革耕作制度、合理轮作，减少土壤耕翻次数和耕作强度。

4. 油料的贮存与安全

（1）油料在储存过程中，应注意保持储油场所的清洁，防止尘土、水分进入油料中；油料的储存时间不要太长，以免油料自身的蒸发和氧化降低质量。

（2）油料的安全使用，包括预防火灾，防止爆炸和中毒。

预防火灾是油料管理使用的首要问题，预防火灾的基本措施如下：

严禁将火种带入油库或用明火照明；照明灯开关应设在室外；不准用金属工具敲击储油桶盖或其他金属制品。

油库应配有泡沫灭火器、干沙子、铁锨等防火用具。管理人员应具备必要的灭火知识。

防止静电起火。油料在注入油罐和放油时，因摩擦易产生静电起火。因此，较大的油罐应安装接地线。

油库应远离火源，不准设在生活区；油库周围不准吸烟；加油时拖拉机必须熄火；启动时或熄火前不准在油库近处猛轰油门。

防止爆炸：油罐、油桶损坏时可用粘补剂进行粘补。必须焊修时，应先打开油盖驱净油蒸气，用火碱彻底清洗后方可焊补。

防止中毒：各种油料的蒸气对呼吸器官均有刺激作用，因此油库应通风良好，要及时清除抛撒的油料。清洗油罐时应先打开罐口排除油蒸气。

第二节　配套机具及使用

一、耕整地机械

耕整地机械包括耕地机械和整地机械两大部分。前者用来耕翻土地,主要有铧式犁、圆盘犁等;后者用来碎土、平整土地或进行松土除草,主要有圆盘耙、钉齿耙、网状耙、平地拖板、镇压器等。

1. 犁

铧式犁是一种典型的耕地机械,用于耕地作业。铧式犁在世界上历史最早,种类和数量最多,应用最广泛。

我国地域辽阔,自然条件复杂,在耕作方面,不同地区有不同的要求。特别是水田和旱田,在耕作的农业技术要求方面差异很大。所以我国铧式犁系列分为南方水田犁系列和北方旱作犁系列两大类。

铧式犁的一般构造

铧式犁的种类虽然很多,结构形式也不完全一样,但基本组成部分是相同的。现以悬挂犁为例说明铧式犁的一般构造。

悬挂犁主要由犁体、犁刀、犁架、悬挂架及限深轮等部分组成(图4-55)。

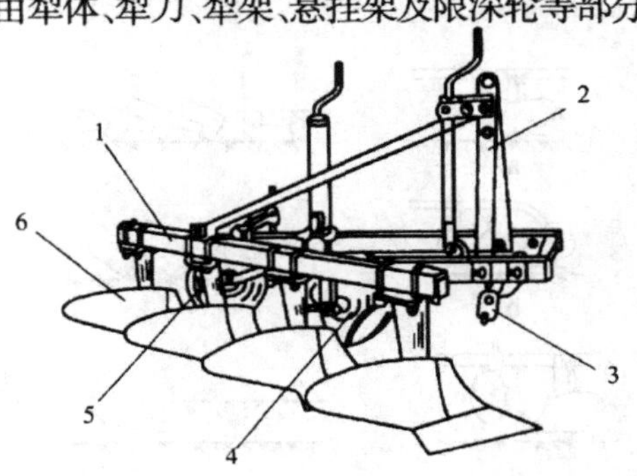

图4-55　铧式犁的一般构造

1. 犁架　2. 悬挂架　3. 悬挂轴　4. 限深轮　5. 犁刀　6. 犁体

(1)犁体是铧式犁的主要工作部件，一般由犁铧、犁壁、犁侧板、犁托及犁柱等组成(图 4-56)。犁铧、犁壁、犁托等部件组成一个整体，通过犁柱安装在犁架上，犁体的作用是切土、破碎和翻转土垡，达到覆盖杂草、残茬和疏松土壤的目的。

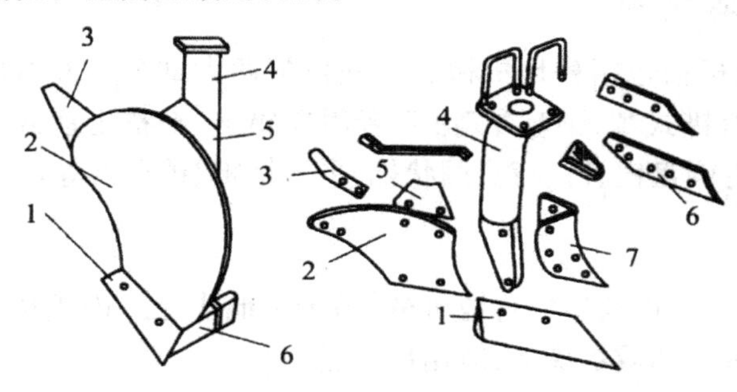

图 4-56　犁体

1. 犁铧　2. 犁壁　3. 延长板　4. 犁柱　5. 滑草板　6. 犁侧板　7. 犁托

(2)犁刀和小前犁均为铧式犁的辅助工作部件。小前犁位于主犁体左前方，在主犁体未工作之前，将土垡上层部分土壤、杂草耕起，并先于主垡片的翻转落入沟底，改善主犁体的翻垡覆盖质量。小前犁主要有铧式、切角式和圆盘式，各种小前犁的翻垡过程如图 4-57。

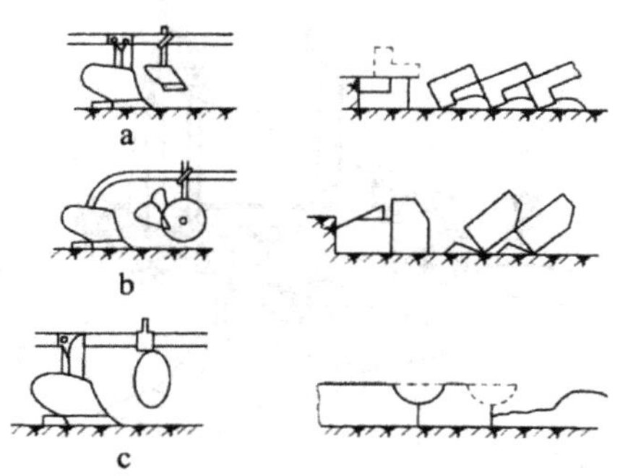

图 4-57　各种小前犁及其翻垡过程

a. 铧式　b. 切角式　c. 圆盘式

犁刀装在主犁体和小前犁的前方。其功用是沿垂直方向切开土壤,减小主犁体的切垡阻力和磨损,防止沟墙塌落。犁刀有圆犁刀和直犁刀两种(图4-58)。

(3)犁架是联接件,同时又是传力件。犁架分平面犁架和弯犁架,犁的绝大多数零部件都直接或间接地装在犁架上,最常见的犁架是空心矩形管焊接架(图4-59)。这种犁架结构简单、强度好、重量轻、制造容易,故应用广泛。

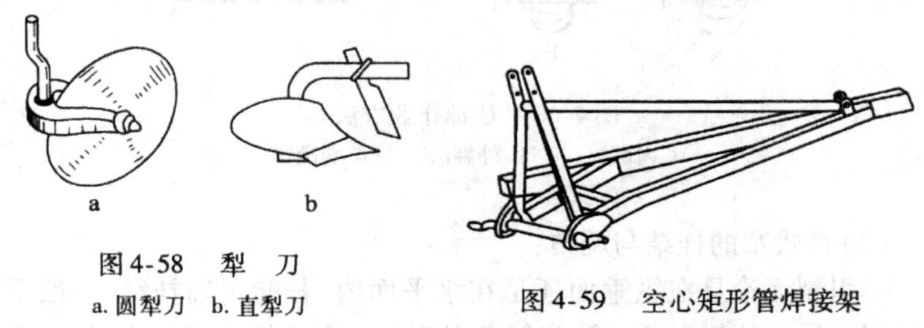

图4-58 犁 刀
a. 圆犁刀 b. 直犁刀

图4-59 空心矩形管焊接架

铧式犁的使用调整

(1)铧式犁的使用:

耕地作业方法较多,通常小地块采用内翻法或外翻法,大块田采用套翻法。

内翻法(闭垄法):如图4-60a所示,机组在耕区中线左侧耕第一犁,到地头起犁后,向右转弯,从中线右侧返回耕第二犁,由内向外依次循环耕作。这样,耕完时在耕区中间形成一条闭垄,地边形成两条犁沟。

外翻法(开垄法):如图4-60b所示,机组在耕区右侧右边耕第一犁,到地头后左转至耕区左边返回耕第二犁,由外向内循环耕作。这样,耕区中间形成犁沟,而地边形成两条闭垄。

套翻法:把耕区分成几个小区,进行套耕,如图4-60c所示。这种耕法,耕区的沟垄少,空行程少,机组避免了环形小转弯。

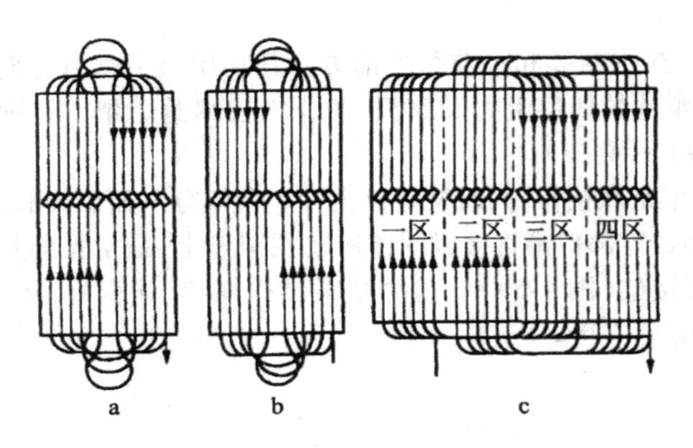

图 4-60　耕地作业方法

a. 内翻法　　b. 外翻法　　c. 套翻法

(2)铧式犁的挂结与调整:

牵引犁无论是在纵垂面还是在水平面内,若能正确挂结,一般不会出现前后犁体耕深不一致和偏牵引现象。若土壤比阻很大,拖拉机功率又较小,要达到一定的耕深,通常要卸去几个犁体才能耕作,这时犁的总幅宽就会小于拖拉机的轮距或履带距,即产生偏牵引现象。为改善机组的牵引状况,犁在拖拉机上的挂结位置都适当偏右,而纵拉杆在犁上的安装位置都适当偏右,除此之外,还可以适当加长纵拉杆,以减少侧压力;或加长、加宽各犁体的犁侧板,以增加其平衡侧压力的能力。

悬挂犁机组挂结后或工作中,一般需做耕深、耕宽、偏牵引、犁架水平调整。悬挂犁的耕深调整有三种方式,即高度调整、力调整和位调整。高度调整是通过调节限深轮与犁架的相对位置来调整耕深的,此时液压机构操纵手柄应放到"浮动"位置上,轮子抬高,耕深增加;反之耕深减少。力调整是根据犁体阻力的大小自动调节耕深,只要控制耕深调节手柄即可,手柄调到规定耕深后应加以固定,阻力增加,则耕深减小。位调整是由拖拉机液压系统来控制的,这种方法,犁和拖拉机相对位置固定不变,当地表不平时,耕深变化较大,上坡变深,下坡则变浅,适于在平坦地块上耕作。

耕宽调整:耕宽调整实际上是减少漏耕和重耕,改变第一犁体实际耕宽的调整方法。有漏耕现象时,可通过转动曲拐轴,使右端向前移,左端后移,铧尖指向已耕地,耕宽减小。有重耕现象时,调整方法与上述相反。若用转动悬挂轴方法还不能完全克服重耕和漏耕时,可松开调节丝杆在悬挂轴上的固定螺钉,使悬挂轴向已耕地或未耕地作轴向移动,则可克服重耕或漏耕。

偏牵引调整是通过调节下悬挂点相对犁架的位置,即当拖拉机向右偏转时,左悬挂点向右移。反之左移。

犁架水平调整是犁在进行作业时,犁必须保持前后、左右水平状态,纵梁必须同前进方向一致,这样才能保证机组直线行驶,耕深一致。

犁车水平调整又可分为纵向和横向水平调整。纵向水平调整是多铧犁在耕作时,若前后犁体耕深不一致,可通过改变上拉杆的长度来调节,使犁架保持前后水平。当前浅后深时,应缩短上拉杆。反之,则伸长上拉杆。横向水平调整是指调节拖拉机右提升臂时,可使犁架左右保持水平。当犁架出现右侧高左侧低时,应伸长右提升臂。反之,则缩短右提升臂。

双向翻转犁

双向翻转犁是指那种在耕地的来回两个行程中,去的行程如果是向右翻垡,而返回行程中则是向左翻垡的犁。用这种犁耕的地,垡片始终向地块的一边翻倒,地表不留沟垄。双向犁耕地时可由地块的一边开始一直耕到地块的另一边,不必在地块中央或划小区开墒。双向犁在耕作的往返行程中,交替变换犁的翻垡方向,可使土垡向地块的同一侧翻转,空行程也较普通犁少,在小地块、不规则地块和坡地耕作,有明显的优越性。故尽管双向犁的构造比较复杂,重量较大,且难以进行耕耙联合作业,仍得到很大的发展。我国发展的双向犁有水平摆式双向犁和翻转式双向犁 2 种类型。

(1)水平摆式双向犁的特点是只有一套犁体,工作曲面左右对称,其构造如图 4-61 所示。

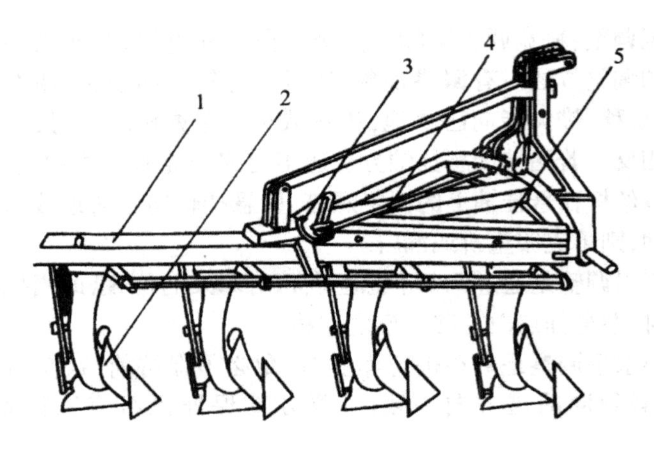

图 4-61　水平摆式双向犁

1. 主梁　2. 犁体　3. 换向板　4. 换向拉杆　5. 犁架

水平摆式双向犁的换向动作,包括犁梁换向和犁体换向两部分,分别由犁梁换向机构和犁体换向机构控制,在换向过程中同步进行。工作中在地头升犁时,犁架由于自重绕悬挂架下摆,通过杠杆和换向拉杆,将换向板前拉,使换向板转动,与换向板固定在一起的换向轴和犁梁即绕轴心在水平面内回转,实现了犁梁的换向。与此同时,在犁柱换向平行四杆机构的控制下,犁柱与犁梁之间产生相对的摆动,保持犁体的方向不变,同时由于犁柱和犁梁间的相对摆动,通过拨杆使犁体绕翻转销轴左右翻转换向。水平摆式双向犁结构简单,机体质量与普通犁相近,成本较低,但因犁体左右翻转两用,工作曲面受到对称的限制,翻垡和覆盖性能较差,工作质量不够理想,所以发展受到一定的限制。

(2)翻转式双向犁的特点是犁架上装有不同翻垡方向的两套犁体,工作时在往返行程中交替使用,换向时犁架绕悬挂架上的水平纵轴翻转,根据翻转角度的不同,可分为全翻转(翻转角度为180°)和半翻转(翻转角 90°)两种类型,翻转机构又有机械式和液压式两种。

由于翻转式双向犁具有两套犁体，因而质量较大，金属消耗多，但工作可靠，耕作质量好，所以应用较广，其中又以液压全翻转式双向犁最为普遍。下面介绍我国生产的两种液压全翻转式双向犁。

a. 图 4-62 所示为油缸控制式液压全翻转双向犁的总体构造图。犁架上方和下方各装有一套翻垡方向不同的犁体，犁架前的横梁（翻转架）通过翻转轴装在悬挂架横梁的轴承里。翻转油缸一端铰装在犁架横梁的一侧，另一端铰装在悬挂架轴套正上方的立柱上。犁架前横梁（翻转架）中央的下方装有拨杆，悬挂架横梁的右侧装有换向叉，换向叉轴与液压旋转控制阀相连，拨杆、换向叉和旋转阀配合工作，在换向过程中控制液压油路。悬挂架横梁两端还装有限位销钉，用来限定犁架翻转的位置。

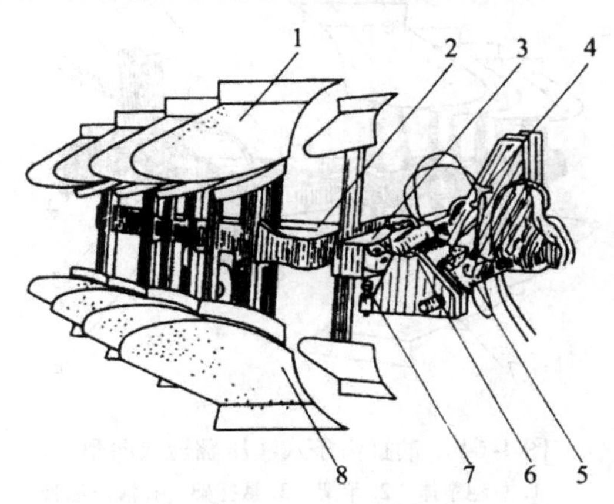

图 4-62　油缸控制式液压全翻转双向犁

1. 左翻犁体　2. 犁架　3. 翻转架　4. 悬挂架　5. 旋转阀
6. 翻转油缸　7. 限位销　8. 右翻犁体

地头升犁换向时，操纵换向液压手柄，高压油通过旋转阀进入油缸前腔，使活塞杆缩人，迫使犁架绕翻转轴做换向回转，当转过 90°时，活塞杆缩至最短，犁架靠惯性越过死点（油缸安装的铰接点有一定间隙），此时犁架前横梁下方的换向拨杆恰好转到水平位置，向上拨动换向叉(图4-63),将旋转阀转动一个角度,改变了高压油路的方向,使高压油进入油缸后腔,活塞杆伸长,迫使犁架继续绕翻转轴向下回转,当转过180°位置时,犁架前横梁与悬挂架上的限位销相碰,犁架即停止翻转,实现了上下犁体的转换。

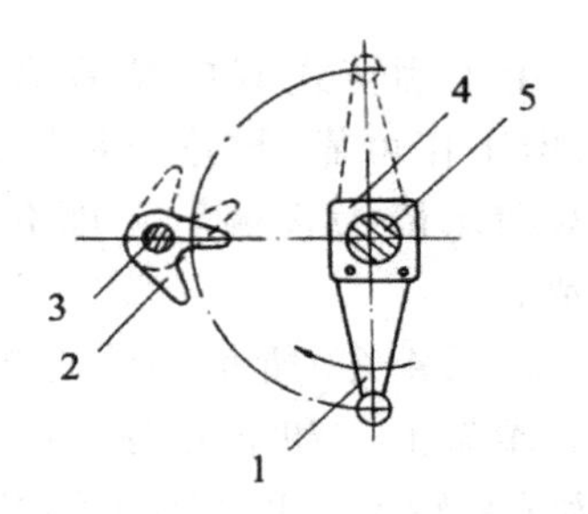

图4-63　换向叉的工作

1. 拨杆　2. 换向叉　3. 换向叉轴　4. 翻转架　5. 翻转轴

b. 图4-64为油缸齿条式液压翻转双向犁的总体构造图,其换向翻转机构的构造和工作见图4-65所示。

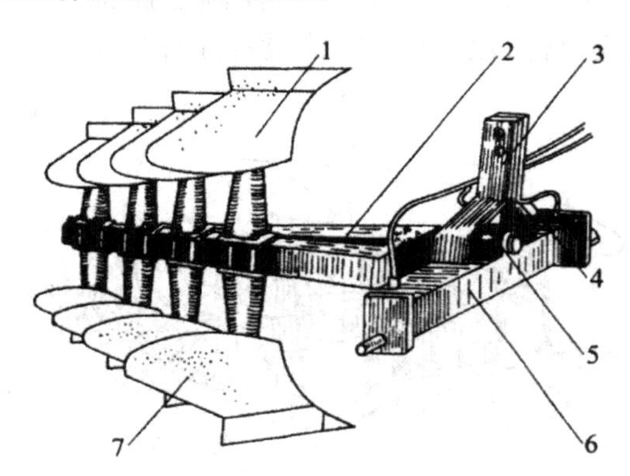

图4-64　油缸齿条式液压翻转双向犁

1. 左翻犁体　2. 犁架　3. 悬挂架　4. 液压油管　5. 齿轮室　6. 悬挂架横梁　7. 右翻犁体

这种双向犁的液压油缸水平地放置在悬挂架的横梁内。缸内为活塞和齿条,活塞和齿条制成一个整体,两端为活塞,中间为齿条,齿条与翻转轴上的齿轮相啮合。当地头升犁换向时,操纵换向液压手柄,高压油进入油缸一端,迫使活塞向一侧移动,齿条即带动齿轮,连同翻转轴一起回转,固定在翻转轴上的犁架便进行翻转换向。当下一行程换向时，再操纵换向液压手柄，使高压油进入油缸的另一端，即可实现犁架的反向翻转。

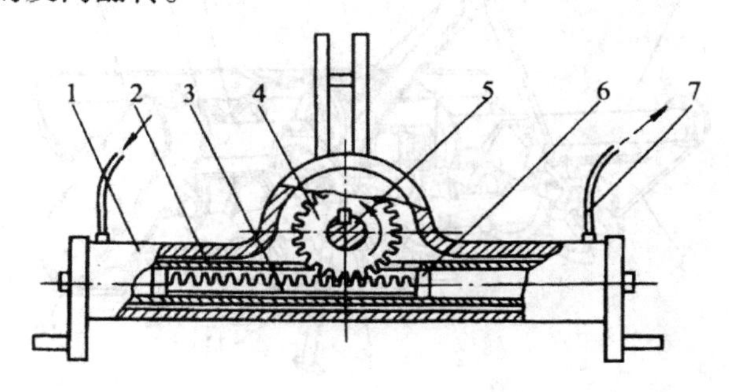

图 4-65　油缸齿条式液压换向机构

1. 挂架横梁　2. 油缸缸筒　3. 齿条　4. 齿轮　5. 翻转轴　6. 活塞　7. 液压油管

油缸齿条式翻转机构的优点是动作可靠，翻转机构呈密封式，使用寿命较长，但齿轮和齿条的制造成本较高。

2. 旋耕机

旋耕机是一种由动力驱动旋耕刀辊完成耕、耙作业的土壤耕耘机械。其切土、碎土能力强，综合作业质量高，一次作业能达到犁耙几次的效果，耕后地表平整、松软，能满足精耕细作要求，且能抢农时，节省劳力。对土壤湿度的适应范围大，凡拖拉机可以进入的水田都可进行耕作。

旋耕机的构造和工作原理

（1）旋耕机主要由机架、传动部分、刀轴、刀片、挡泥罩、平土拖板及限深装置等部分组成（图 4-66）。

（2）旋耕机工作时（图 4-67），动力驱动刀辊转动，刀片在切土过程中，首先将土垡切下，随即向后方抛出，土垡撞击到挡泥罩与平土拖板而细碎，然后再落回到地表，利用平土拖板将地表刮平，因而旋耕机工作过后碎土充分、地表平整。

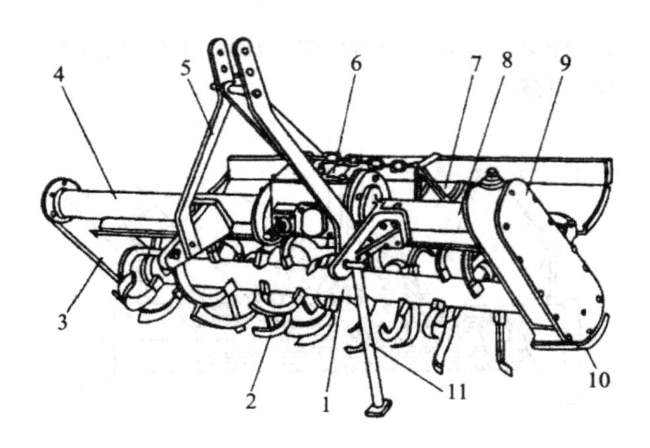

图 4-66　旋耕机的构造

1. 刀轴　2. 刀片　3. 右支臂　4. 右主梁　5. 悬挂架　6. 齿轮箱　7. 挡泥罩　8. 左主梁　9. 传动箱　10. 防磨板　11. 撑杆

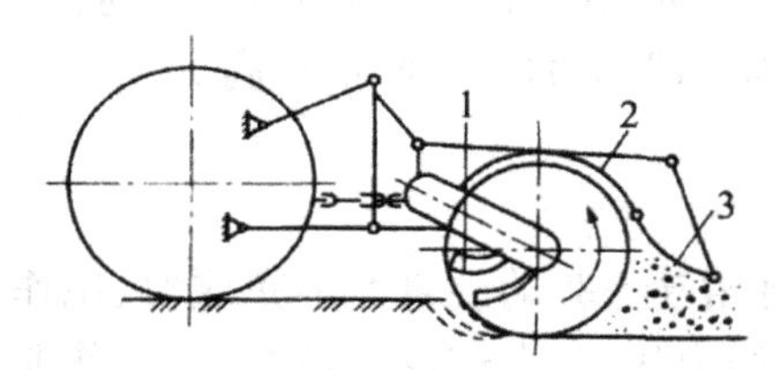

图 4-67　旋耕机的工作过程

1. 刀片　2. 挡泥罩　3. 平土拖板

旋耕刀片的种类及安装

旋耕刀是旋耕机的主要工作部件,旋耕刀的形状和参数对旋耕机的工作质量、功率消耗影响很大。目前,卧式旋耕机上使用的旋耕刀,按结构型式分大致有三种类型:凿形刀、直角形刀和弯形刀片(图 4-68)。

(1)弯形刀片简称弯刀(图4-68a),其刃口由曲线组成,包含侧切刃和正切刃两个部分,工作时,先由侧切刃沿纵向切削土壤,并且是先由离刀轴中心较近的刃口开始切割,然后由近及远,最后由正切刃横向切开土垡。这种切削过程,可以把土块及草茎压向未耕地,进行有支撑切割,这种刀片对土壤的适应性强,我国旋耕机多采用这种刀片。

(2)凿形刀又称钩形刀(图4-68b),正面有凿形刃口,有较好的入土能力。工作时,凿尖首先入土切开土垡,然后在刀身的作用下使土垡破碎。这种切削方式对土壤有较大的松碎作用,但容易缠草。这类旋耕刀适合于在杂草、茎秆不多的菜地、果园工作。

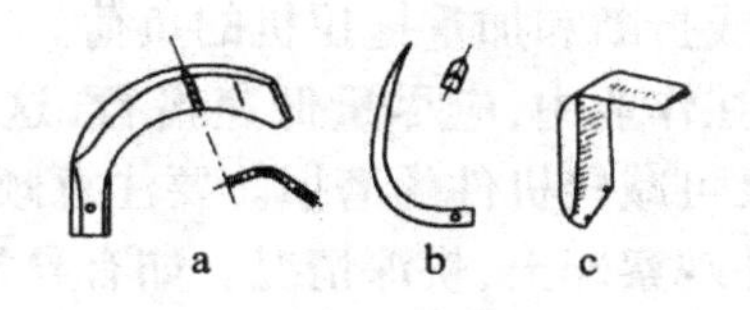

图4-68　刀片类型

a. 弯形刀片　b. 凿形刀片　c. 直角形刀片

(3)直角形刀的刃口由侧切刃和正切刃组成,两个直线刃口相交成90°左右(图4-68c)。工作时,先由正切刃横向切割土垡,然后侧切刃逐渐切出土垡的侧面。这种切削方式容易挂草,但这种刀片刀身较宽,刚性好,适合于在土质较坚硬的干旱地工作。

为了使旋耕机在工作中不发生漏耕和堵塞,并使旋耕刀轴受力均匀,刀座都是按一定规律交错焊到刀轴上的,因此在安装左、右弯刀时,应顺序进行,并应注意刀轴旋转方向,以免装错或装反,刀片装好后还应全面检查。

根据作业要求,左右弯刀的安装方法有以下三种:

向外安装法:两端刀齿的刀尖向内,其余刀尖都向外,耕后地中部凹下,适用于破垄耕作;

向内安装法:所有刀齿的刀尖都对称向内,耕后地表面中部凸起,适用于有沟的田间耕作;

混合安装法:两端刀齿的刀尖向内,其余刀尖内外交错排列,这种安装方法耕后地表比较平整。

旋耕机的使用调整

正确使用和调整旋耕机,对保持其良好技术状态,确保耕作质量是很重要的。

(1)旋耕机的使用:

作业开始,应将旋耕机处于提升状态,先结合动力输出轴,使刀轴转速增至额定转速,然后下降旋耕机,使刀片逐渐入土至所需深度。严禁刀片入土后再结合动力输出轴或急剧下降旋耕机,以免造成刀片弯曲或折断和加重拖拉机的负荷。

在作业中,应尽量低速慢行,这样既可保证作业质量,使土块细碎,又可减轻机件的磨损。要注意倾听旋耕机是否有杂音或金属敲击音,并观察碎土、耕深情况。如有异常应立即停机进行检查,排除后方可继续作业。

在地头转弯时禁止作业,应将旋耕机升起,使刀片离开地面,并减小拖拉机油门,以免损坏刀片。提升旋耕机时,万向节运转的倾斜角应小于 30°,过大时会产生冲击噪声,使其过早磨损或损坏。

在倒车、过田埂和转移地块时,应将旋耕机提升到最高位置,并切断动力,以免损坏机件。如向远处转移,要用锁定装置将旋耕机固定好。

每个班次作业后,应对旋耕机进行保养。清除刀片上的泥土和杂草,检查各联接件紧固情况,向各润滑油点加注润滑油,并向万向节处加注黄油,以防加重磨损。

(2)旋耕机的调整:

左右水平调整:将带有旋耕机的拖拉机停在平坦地面上并降低旋耕机,使刀片距离地面 5 厘米,观察左右刀尖离地高度是否一致,以保证作业中刀轴水平一致,耕深均匀。

前后水平调整:将旋耕机降到需要的耕深时,观察万向节夹角与旋耕机一轴是否接近水平位置。若万向节夹角过大,可调整上拉杆,使旋耕机处于水平位置。

提升高度调整:旋耕作业中,万向节夹角不允许大于 10°,地头转弯时也不准大于 30°。因此,旋耕机的提升,对于使用位调节控制耕深的机组,可用螺钉在手柄适当位置拧限位螺钉。使用高度调节法控制耕深的机组,提升时要特别注意,如需要再升高旋耕机,应切除万向节的动力。

(3)旋耕机常见故障:

旋耕机在作业过程中,拖拉机冒黑烟并伴有打滑等现象,这是由于旋耕机负荷过重所致。负荷过重主要由于旋耕深度太大、土壤黏或过硬而造成的。遇此情况应适当减少耕深或耕幅,或者将挡位调低,降低机组的前进速度。

旋耕机作业过程中出现跳动、抖动现象,是由于刀片没有按照使用说明书进行安装或因土壤坚硬等原因引起的。遇此情况因停机检查刀片的安装情况,若刀片装错,应予以纠正。若土壤坚硬应降低机组的前进速度,或增加机组的作业次数;第一遍先浅耕,第二遍再将旋耕机调到预定深度,以满足耕深要求。

旋耕机作业质量出现问题。间断抛出大块土坷垃或成条出现大土块。间断抛出大土块是由于旋耕机刀片弯曲变形、折断、丢失或严重磨损所致,应视具体情况予以矫正、焊接或更换新刀片;成条出现大土块是由于机手操作不当引起,因为相邻作业衔接不好,出现轻微漏耕现象,遇此情况,应告诫驾驶员,作业时衔接行应有 5~10 厘米的衔接区。

旋耕后地面出现凹凸不平现象。这是由于机组前进速度与旋耕刀轴的转速搭配不当引起,应降低挡位作业,若质量仍无改观,应停机检查,找出原因,予以解决。

齿轮箱内有杂音。可以从以下几个方面进行检查:齿轮箱内有无异物,伞形齿轮间隙调整是否得当,轴承有无损坏,齿轮有无"掉牙"现象。应根据检查的具体情况予以排除、修理。

作业过程中,旋耕机刀轴突然出现转不动或转动明显不如前期灵活,很可能是由于齿轮箱内齿轮损坏而咬死、轴承碎裂咬死、刀轴侧板变形、刀轴弯曲变形、刀轴缠草堵泥严重或因齿轮、轴承损坏引起伞齿轮无齿侧间隙等原因引起。应仔细检查各部分,并根据实际情况,排除故障。

旋耕作业中有金属碰撞声和敲击声,可能由如下原因引起的:传动链条过松与传动箱体相碰;旋耕刀轴两端刀片与左支臂或传动箱体变形后相互碰撞;刀片固定螺丝松动等。找出原因,调整链条,矫正或更换零部件,拧紧固定螺栓。

齿轮箱漏油是由于油封、纸垫损坏或箱体有裂纹造成的。排除方法是更换损坏或老化的油封、纸垫,修复或更换箱体等。

拖板链条折断是由于运输过程中未升到预定高度,链条拉得不紧所致。修复链条，在运输过程中将其固定到最高位置并拉紧链条。

旋耕机的使用注意事项

旋耕机的工作特点是工作部件高速旋转，几乎所有安全问题都与此有关。为此，在使用旋耕机时应特别注意以下几点：

（1）使用前应检查各部件，尤其要检查旋耕刀是否装反和固定螺栓及万向节锁销是否牢靠，发现问题要及时处理，确认稳妥后方可使用。

（2）拖拉机启动前，应将旋耕机离合器手柄拨到分离位置。

（3）要在提升状态下接合动力，待旋耕机达到预定转速后，机组方可起步，并将旋耕机缓慢降下，使旋耕刀入土。严禁在旋耕刀入土情况下直接起步，以防旋耕刀及相关部件损坏。严禁急速下降旋耕机，旋耕刀入土后严禁倒退和转弯。

（4）地头转弯未切断动力时，旋耕机不得提升过高，万向节两端传动角度不得超过 30 度，同时应适当降低发动机转速。转移地块或远距离行走时，应将旋耕机动力切断，并提升到最高位置后锁定。

（5）旋耕机运转时，严禁人接近旋转部件，旋耕机后面也不得有人，以防刀片甩出而伤人。

（6）检查旋耕机时，必须先切断动力。更换刀片等旋转零件时，必须将拖拉机熄火。

（7）耕作时前进的速度，旱田以 2 ~ 3 公里/小时为宜，在已耕翻或耙过的地里以 5 ~ 7 公里/小时为宜，在水田中耕作可适当快些。切记速度不可过高，以防止拖拉机超负荷而损坏动力输出轴。

（8）旋耕机工作时，拖拉机轮子应走在未耕地上，以免压实已耕地，故需调整拖拉机轮距，使其轮子位于旋耕机工作幅宽内。作业时要注意行走方法，防止拖拉机另一轮子压实已耕地。

（9）作业中，如果刀轴缠草过多应及时停车清理，以免增加机具负荷。

（10）旋耕作业时，拖拉机和悬挂部分不准乘人，以防不慎被旋耕机伤害。

3. 圆盘耙

圆盘耙主要用于旱地犁耕后的碎土以及播种前的松土、除草；还可用于收获后的浅耕灭茬作业；也可用于果园和秸秆地的田间管理。

圆盘耙的构造和工作原理

(1)圆盘耙一般由耙组、耙架、偏角调节机构和挂接装置等部分组成。在牵引式耙上还装有液压式或机械式运输轮。有的耙上还设有配重箱(图4-69)。

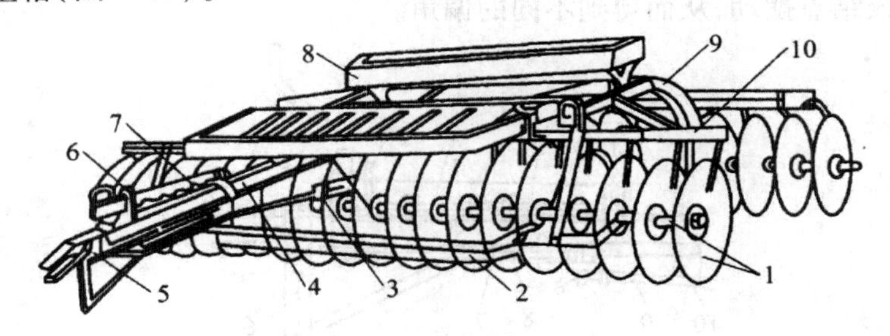

图4-69 圆盘耙的构造

1. 耙组 2. 前列拉杆 3. 后列拉杆 4. 主梁 5. 牵引器 6. 卡子 7. 齿板式偏角调节器 8. 配重箱 9. 耙架 10. 刮土器

圆盘耙组由装在方轴上的若干个耙片组成(图4-70)。耙片通过间管而保持一定间隔。耙片组通过轴承和轴承支板与耙组横梁相连。为清除耙片上粘附的泥土，在耙组横梁上装有刮土器。

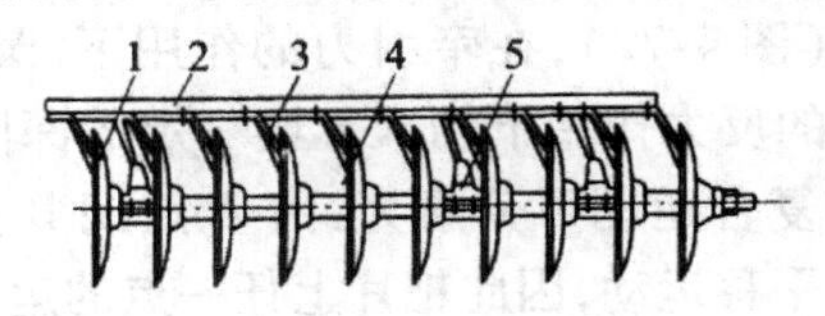

图4-70 耙组的构造

1. 耙片 2. 刮土器横梁 3. 刮土器 4. 间管 5. 轴承

耙架是用来安装圆盘耙组、调节机构和挂接装置等部件。有的耙架上还装有载重箱,以便必要时加配重,以增加和保持耙的深度。

偏角调节机构用于调整圆盘耙的偏角,以适应不同耙深的要求。角度调节器的形式有丝杠式、齿板式、油压式、插销式、压板式和手杆式等。图 4-71 是牵引耙齿板式偏角调节机构的示意图,它由上下滑板、齿板、托架等零件组成。托架固定在牵引主梁上,上、下滑板与牵引架固定在一起,并能沿主梁移动,移动范围受齿板末端的托架限制。利用手杆可把齿板上任一缺口卡在托架上,通过一系列连杆机构使耙组绕绞结点摆动,从而得到不同的偏角。

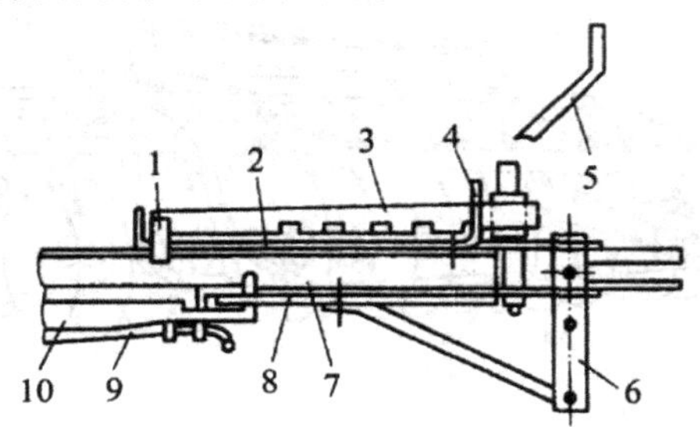

图 4-71　齿板式偏角调节机构

1. 托板　2. 上滑板　3. 齿板　4. 托架　5. 手杆
6. 牵引架　7. 主梁　8. 下滑板　9. 后拉杆　10. 前拉杆

挂接装置是圆盘耙通过牵引装置或悬挂装置与拖拉机联接。

(2)圆盘耙的工作过程:

圆盘耙耙地时(图 4-72),在牵引力的作用下,圆盘滚动前进,并在耙的重力和土壤的反力作用下切入土壤一定的深度。耙片从 A 点到 C 点回转一周的复合运动可分解为:由 A 点到 B 点的纯滚动和 B 点到 C 点无转动的平移运动,因此耙片上任一点的运动轨迹都是一条螺旋线。

耙片滚动时,在耙片刃口和曲面的综合作用下,进行推土、铲土(草),并使土壤沿耙片凹面上升和跌落,从而又起到碎土、翻土和覆盖等作用。从图 4-72 中看出,在一定范围内,若偏角 α 增加,则 BC 变大，滑移作用就强，于是推土、碎土和翻土作用变强，入土性也强（耙深变深）。反之，若偏角 α 变小，则推土、铲土、碎土和翻土作用变差，耙深变浅。

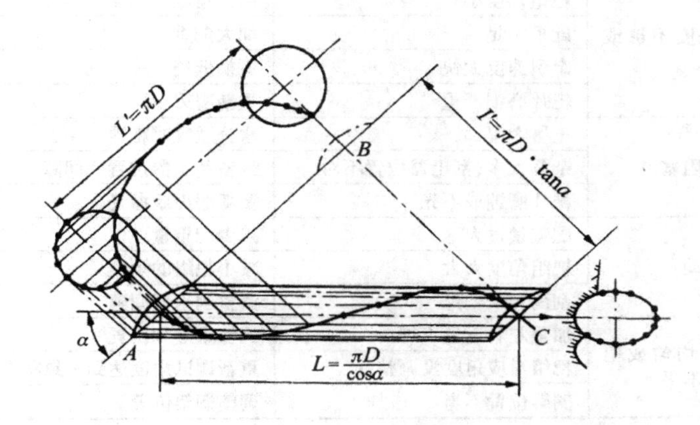

图 4-72　耙片运动分解图

圆盘耙的使用与调整

(1)圆盘耙的调整项目及调整方法：

工作深度的调节：调节手杆在齿板缺口内的不同位置，可以使耙组的角度在最小和最大范围变化。当调节手杆放在缺口最前位置时，耙组偏角最大；在最后位置时，偏角最小。偏角越大，耙片的入土深度和碎土性能越好，耙地较深，阻力相应加大，耙组偏角小，则反之。

配重的调整：根据土壤的坚实程度和工作深度的要求，可在配重箱上加上配重物，以达到预定的耕深，并可防止耙的上下跳动。

刮土器间隙的调整：为了避免耙片凹面粘土，刮土器应安装在与耙片外缘距离 2 ~3 厘米处，与凹面的间隙为 4 ~6 毫米。

(2)圆盘耙的故障分析和排除方法如表 4-19。

表 4-19　圆盘耙的故障分析和排除方法

故障现象	产生原因	排除方法
耙地深度不够或不入土	耙组角度小	调大角度
	配重不足	加大配重
	牵引速度太快	更换低挡
	耙片磨损严重	重新磨刃
圆盘间阻塞	土壤太湿	水分适宜时耙地
	杂草太多,刮土器位置不对	调整刮土器位置和间隙
	耙片磨钝或不光	重新磨刃或抛光
耙拉不动	配重量过大	减少配重量
	耙组角度太大	减小耙组的角度
	刮泥刀卡耙片	调整刮土器间隙
耙深不均匀或耙后地表不平	加重左右重量不均	调整重量和位置
	耙组对应角度没调整好	重新调试角度达到一致状态
	搁架位置不当	调整搁架位置

犁耙地作业方法

耙地的方法按犁耕方向分有顺耙、横耙和斜耙三种。顺耙时,耙地方向与犁耕方向一致,颠簸与阻力都小,但垄沟不易耙平,碎土作用也差,适用于轻质土壤和狭长地块。垂直于耕地方向进行耙地称为横耙,平地和碎土作用都强,但机具振动、阻力大,在较宽的大地块可用这种方法,黏重土壤犁耕后不能横耙,以免引起返垡。斜耙又称对角耙,耙地方向与犁耕方向成45°角,平地、碎土作用都较好,机组行进也较平稳,是较好的耙地方法,但行走路线较复杂,适宜于大地块。

按行走路线分耙地方法有以下几种:

梭形耙法:依次往返顺耙(图 4-73a),最后横耙地头,适于狭长地块。

回形耙法:由地边开始逐步向内绕圈耙(图 4-73b),为防漏耙,最后在四角要往返耙一次,在小地块耙地可采用此法。

套耙法:相当于套圈回形耙(图 4-73c),适用于大地块。

对角交叉耙法:此法行走,相当于斜耙两次(图 3-73d、e),在土质黏重、地块较大时,采用此法耙地效果较好。

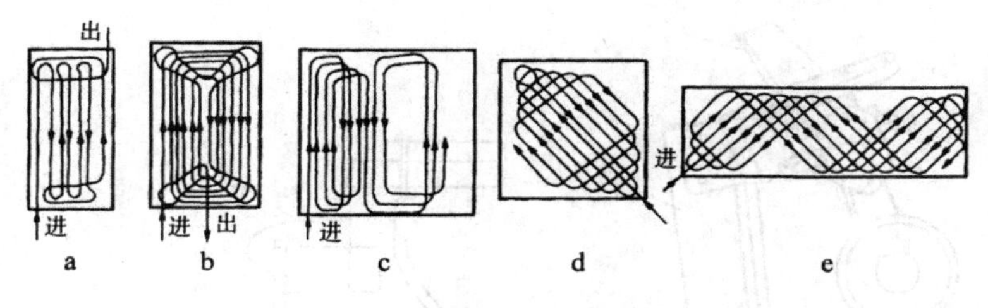

图4-73　耙地的方法

a. 梭形耙法　b. 套耙法　c. 回形耙法　d、e. 对角交叉耙法

4. 深松机械

深松耕法是一种新的土壤耕作方法。土壤深松技术在国内外应用较广泛。所谓深松是指超过正常犁耕深度的松土作业。

深松整地的目的和意义

深松可以破坏长期耕翻形成的坚硬的犁底层，加深耕作层，改善耕层结构，提高土壤蓄水保墒、抗旱耐涝能力。深松能增加孔隙度，调整土壤中固、液、气三相的比例，有增温防寒和减缓水土流失与风蚀的作用。在旱作地区，它具有深耕改土、提高地力和增加产量的效果。因此，深松技术可以大幅增加作物的产量，尤其是深根系作物的产量，是一项重要的增产技术。

深松机的结构和类型

(1)深松机具的种类较多，有深松犁、层耕犁、深松联合作业机及全方位深松机。

深松犁一般采用悬挂式，基本结构如图4-74所示。主要工作部件是装在机架后横梁上的凿形深松铲。联接处备有安全销，以防碰到大石头等障碍时，剪断安全销，保护深松铲。限深轮装于机架两侧，用于调整和控制耕作深度。

层耕犁分深松铲与铧式犁组合及铧式犁与铧式犁组合两种。深松铲与铧式犁组合(图4-75)，铧式犁在正常耕深范围内翻土，而深松铲将下面的土层松动，达到上翻下松、不乱土层的深耕要求。

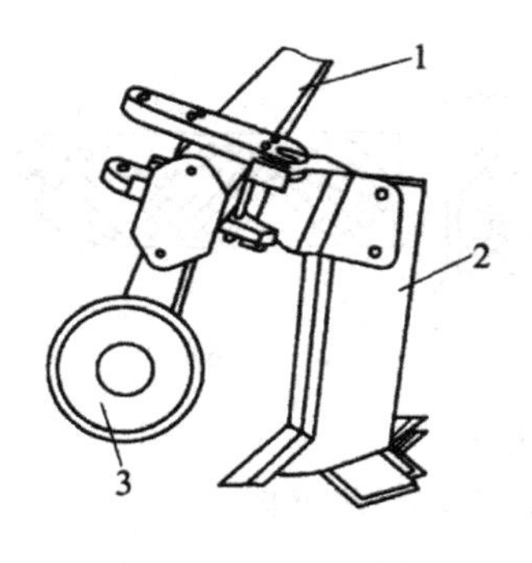

图 4-74 深松犁

1. 机架 2. 深松铲 3. 限深轮

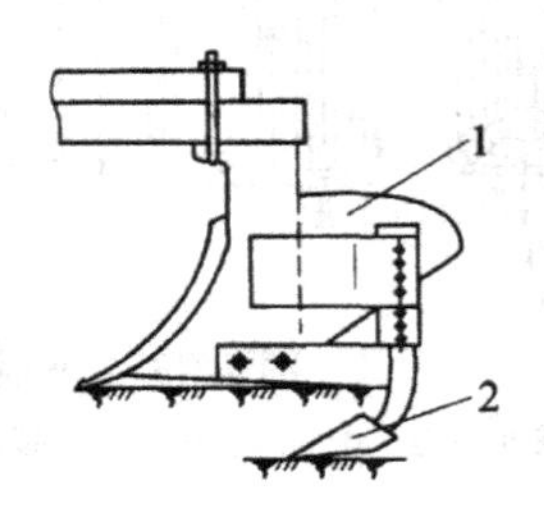

图 4-75 层耕犁

1. 主犁体 2. 松土铲

深松联合作业机在深松时能一次完成施肥、播种、中耕、喷洒农药、除草剂等两种以上的作业项目。按联合作业的方式不同可分为深松联合耕作机、深松与旋耕、起垄联合作业机及多用组合犁等多种形式。深松联合耕作机是为适应机械深松少耕法的推广和大功率轮式拖拉机发展的需要而设计的,主要适用于我国北方干旱、半干旱地区以深松为主,兼顾表土松碎、松耙结合的联合作业,既可用于隔年深松破除犁底层,又可用于形成上松下实的熟地全面深松,也可用于草原秸秆更新、荒地开垦等其他作业。

全方位深松机是一种新型的土壤深松机具,其工作原理完全不同于国内外现用的凿式深松机,它不仅能使 50 厘米深度内的土层得到高效的松碎,显著改善黏重土壤的透水能力,而且能在底部形成鼠道,但其深松比阻却小于犁耕比阻;作为新一代的深松机具对我国干旱、半干旱土壤的蓄水保墒、渍涝地排水、盐碱地和黏重土壤的改良,以及草原更新均有良好的应用前景。

(2)深松工作部件是深松铲,由铲头、立柱两部分组成(图 4-76)。铲头又是深松铲的关键部件。最常用的是凿形铲,它的宽度较窄,和铲柱宽度相近,形状有平面形,也有圆脊形。圆脊形碎土性能较好,且有一定翻土作用;平面形工作阻力较小,结构简单,强度高,制作方便,磨损后更换方便,行间深松、全面深松均可适用,应用最广。在它后面配上打洞器，还可成为鼠道犁，在田间开深层排水沟；若作全面深松或较宽的行间深松，还可以在两侧配上翼板，增大松土效果。铲头较大的鸭掌铲和双翼铲主要用于行间深松或分层深松时松表层土壤。

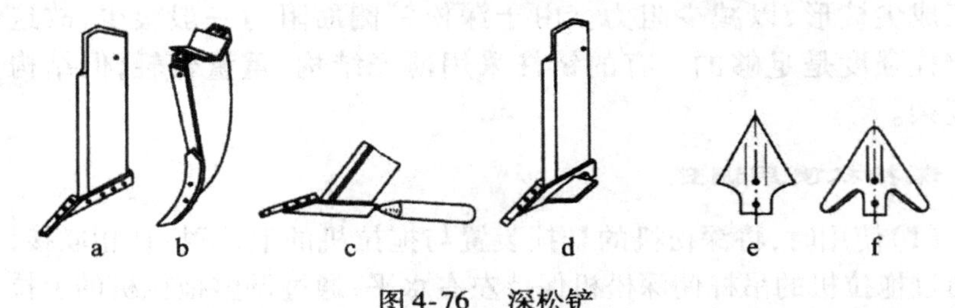

图 4-76　深松铲

a. 平面凿形　b. 圆脊形　c. 带打洞器深松铲　d. 带翼深松铲　e. 鸭掌铲　f. 双翼铲

可调翼式深松铲由铲柄和两个翼铲组成，翼铲对称安装在铲柄两侧，两个翼铲的铲尖水平距离为 60 厘米。为了便于调节安装翼铲，将铲柄主体设计为垂直而且带有多个等距安装孔的立柱；为了保证深松铲入土后，翼铲仍然具有一定的入土趋势，将翼铲固有入土角设计为 17°（图 4-77）。

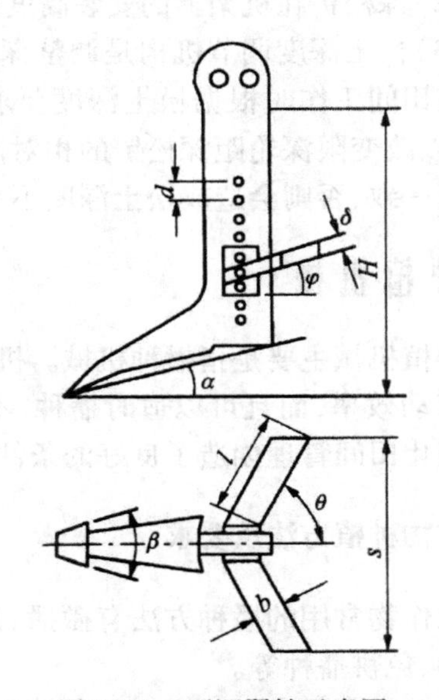

图 4-77　可调翼铲示意图

α. 翼铲固有入土角　β. 铲尖角

θ. 翼板后倾角　φ. 翼板上倾角　δ. 翼板厚度

H. 铲高　b. 翼板宽度　d. 铲柱上的孔距

l. 翼板长度　s. 两翼板外缘距离

带可调翼铲的深松机在土壤表层可以像全方位深松机一样全面疏松土壤，且保持较为平整的地表，在深层，可以像单柱凿铲一样疏松土壤。虽然在旱地深松效果比免耕差，但是相对于传统耕作，深松作业可以增加土壤含水量，增产增收，因此在保护性耕作的推广初期，深松法可以作为一项过渡性少耕技术。

深松铲柱最常用的断面呈矩形，结构非常简单，入土部分前面加工成尖棱形，以减少阻力。由于深松铲侧面阻力一般很少，故这种铲柱强度是足够的。有的铲柱采用薄壳结构，重量较轻，但结构较复杂。

深松机使用调整

（1）使用时，将深松机的悬挂装置与拖拉机的上、下拉杆相联接，并通过拖拉机的吊杆使深松机保持左右水平；通过调整拖拉机的上拉杆使深松机前后保持水平，以保持松土深度一致。

（2）深松铲在机架上的安装高度要一致，从而保持松土深度一致。

（3）松土深度调节机构是调整深松机松土深度的主要调整机构。它是在田间工作时根据松土深度要求来调整。调整方法是拧动法兰螺丝，以改变限深轮距深松铲的相对高度。调整时注意两侧限深轮的高度要一致，否则会造成松土深度不一致的情况。

二、种植机械

种植机械主要是指播种机械。机械播种不仅可以减轻劳动强度，提高劳动效率，而且可以适时播种，不误农时，保证播种质量，同时也为机械化田间管理创造了良好的条件。

1. 农作物种植方法及要求

农作物常用的播种方法有撒播、条播、穴播（点播）、精密播种、铺膜播种、免耕播种等。

播种的农业技术要求包括播种期、播种量、种子在田间的分布状态、播种深度和播后覆盖压实程度等。

（1）作物的播种期影响种子出苗、苗期分蘖、发育生长等。因此，必须根据作物的种类和当地条件，确定适宜播种期。

（2）播种量决定单位面积内的苗数、分蘖数；种子田间分布状态和播种均匀度确定了田间作物的群体与个体关系。确定上述指标时,应根据当地的耕作制度、土壤条件、气候条件和作物种类综合考虑。

(3)播深是保证作物发芽生长的主要因素之一。播得太深,种子发芽时所需的空气不足,幼芽不易出土;如果太浅,会造成水分不足而影响种子发芽。

(4)播后覆土压实可增加土壤紧实程度,使下层水分上升,使种子紧密接触土壤,有利于种子发芽出苗。适度压实在干旱地区及多风地区是保证全苗的有效措施。

播种的农业技术要求因地域、作物的不同差异很大,播种时应按当地的具体情况来确定各项指标。

2. 种植机械分类

播种机按作物种植模式可分为撒播机、条播机和点(穴)播机;按作物品种类型可分为谷物播种机、棉花播种机、牧草播种机、蔬菜播种机;按牵引动力可分为畜力播种机、机引播种机;按挂接方式可分为牵引播种机、悬挂播种机、半悬挂播种机;按排种原理可分为机械强排式播种机、离心播种机、气力播种机;按作业模式可分为施肥播种机、旋耕播种机、铺膜播种机、通用联合播种机等。随着农业栽培技术、生物技术、机电一体化技术的发展,又出现了精量播种、免耕播种、多功能联合作业等新型播种机具。

3. 条播机

一般构造

条播机一般由机架、行走装置、种子箱、排种器、开沟器、覆土器、镇压器、传动机构及开沟器深浅调节机构等组成。图 4-78 是国产 24 行谷物条播机总体结构图。

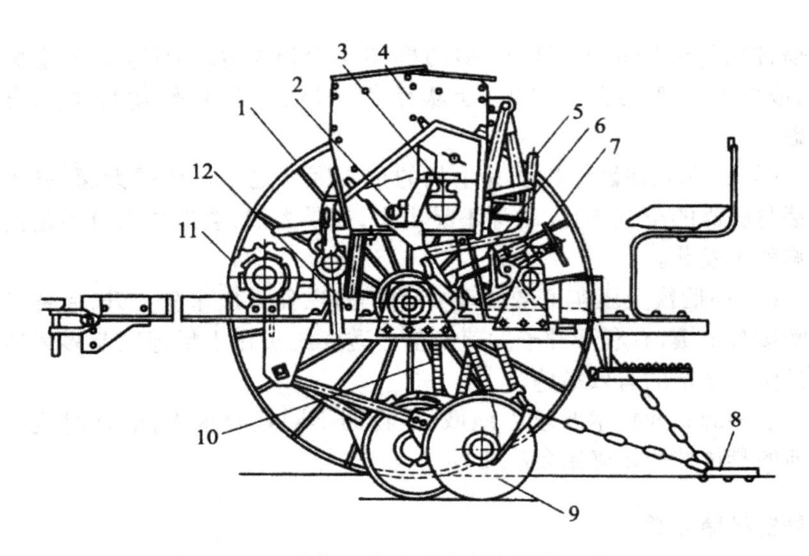

图 4-78　国产 24 行谷物条播机总体结构图

1. 地轮　2. 排种器　3. 排肥器　4. 种肥箱　5. 开沟器升降手柄　6. 起落机构　7. 播深调节机构　8. 覆土器　9. 开沟器　10. 输种肥管　11. 传动机构　12. 机架

主要工作部件

(1)排种器是播种机的主要工作部件,其性能的好坏直接影响播种机的作业质量,被誉为播种机的心脏。

外槽轮式排种器由排种杯、外槽轮、阻塞轮、排种舌、内齿形挡圈及方轴等组成(图 4-79)。其中外槽轮是排种器的主要零件,轮上有长的凹槽,可以根据播种要求采用不同尺寸和槽数的外槽轮。我国常用的外槽轮直径有 51 毫米、49.5 毫米和 40.4 毫米三种,槽数为 12 个或10 个。

外槽轮式排种器的工作过程是:当外槽轮转动时,充入凹槽内的种子随槽轮一起转动(图 4-80)。在外槽轮转动时,由于摩擦作用,槽轮外面有一层种子也随之一起转动,这一层种子称为带动层,带动层内种子的运动速度不同,距槽轮中心越远,种子的运动速度越慢,直至为零,即种子不滚动,这一层称为静止层。槽轮排出的种子包括凹槽内的种子和带动层的种子两部分,槽内种子被强制排出,带动层种子靠摩擦作用排出，因而外槽轮排种器的排种量比较稳定和均匀。

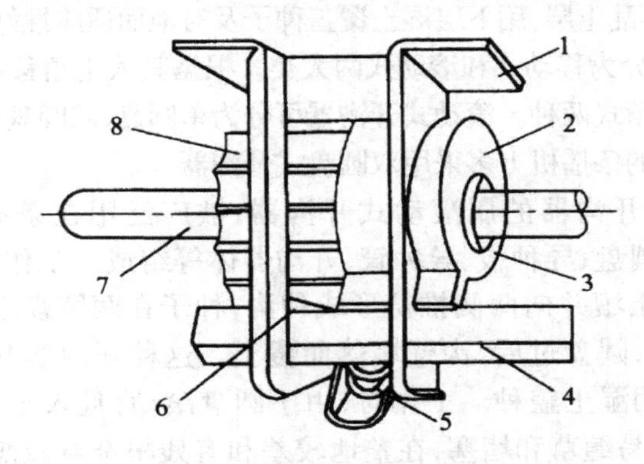

图 4-79　外槽轮式排种器

1. 排种杯　2. 阻塞轮　3. 挡圈　4. 清种方轴

5. 弹簧　6. 排种舌　7. 排种轴　8. 外槽轮

外槽轮在排种杯内的伸出长度，称为槽轮的工作长度。轴向移动排种轴，可改变外槽轮工作长度，以调节排种量。

槽轮旋转方向可变的排种器，称为上、下排式排种器（图 4-80）。下排用于播中小粒种子，上排用于播大粒种子。这种排种器排种间隙不变，无排种舌，但在排种杯下部有清种活门。国产外槽轮排种器多数采用下排式。

（2）开沟器的功用是开出种沟，将种子导入沟底并覆土。对开沟器的

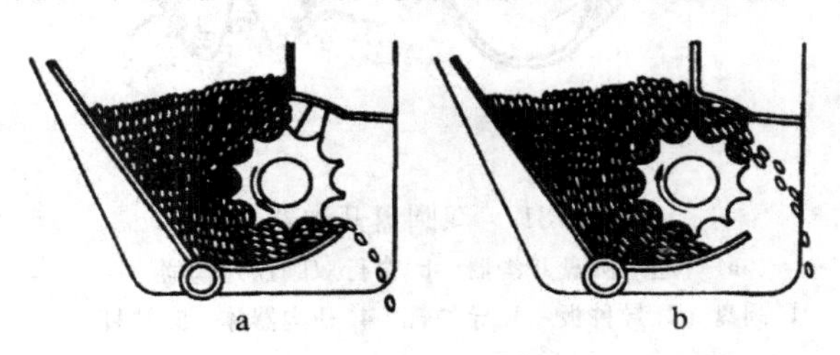

图 4-80　种子下排及上排

a. 下排　b. 上排

要求是:开沟直、行距一致,开沟深度和播种深度合乎规定要求,种子在行内分布均匀,不乱土层,用下层湿土覆盖种子及对地面适应性好。

开沟器可分为移动式和滚动式两大类。根据其入土角移动式又可分为锐角式和钝角式两种。滚动式开沟器可分为单圆盘、双圆盘和变深式开沟器。在国产的条播机上多采用双圆盘式开沟器。

双圆盘式开沟器的属滚动式开沟器,被广泛用在条播机上(图4-81)。它由圆盘、导种板、导种管、开沟器体等组成。工作时,圆盘滚动前进,切开土壤并向两侧推挤形成种沟,种子在两圆盘之间经导种板散落于沟内,圆盘过后,沟壁塌落而覆土。这种开沟器开沟时不搅乱土层,且能用湿土盖种。工作时,由于圆盘滚动,且入土角为钝角,所以工作时不易缠草和堵塞,在整地较差和有残根杂草及潮湿的土地上都可以使用,适应性较强。

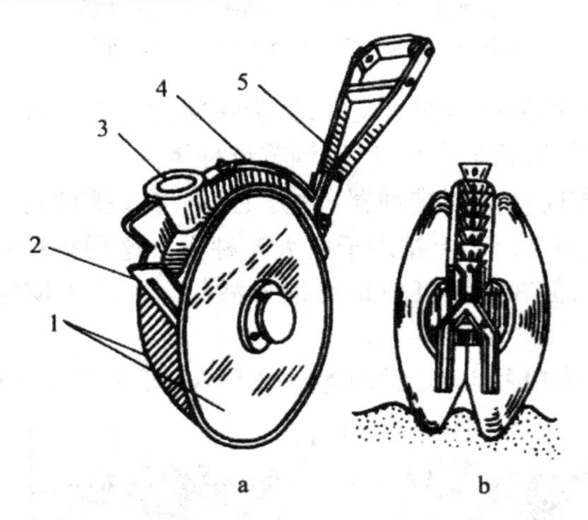

图 4-81　双圆盘开沟器

a. 普通双圆盘开沟器　b. 窄行双圆盘开沟器

1. 圆盘　2. 导种板　3. 导种管　4. 开沟器体　5. 拉杆

双圆盘式开沟器按结构不同有两种形式。图 4-81a 为普通双圆盘开沟器,它的特点是两圆盘夹角为 14°,两圆盘开出一个种沟,播种一行。图4-81b为窄行双圆盘开沟器，两圆盘夹角较大，通常为23°。工作时，两圆盘接触点位置高，因此每个圆盘能单独开出一个沟，可同时形成两个种沟，由输种管落下的种子经分种管落入两个种沟内，播成两个窄行。

（3）排肥器的种类很多，常用的有外槽轮式、转盘式、螺旋式、星轮式和振动式等几种。

星轮式排肥器目前国内外使用较普遍。它主要由铸铁星轮、排肥活门、排肥器支座和带活动箱底的肥箱等组成。工作时，旋转的星轮将星齿间的化肥强制排出。常采用两个星轮对转以消除肥料架空和锥齿轮的轴向力。星轮背面的凸棱A和B可把进入星轮下面的肥料推送到排肥口以清除积肥（图4-82）。

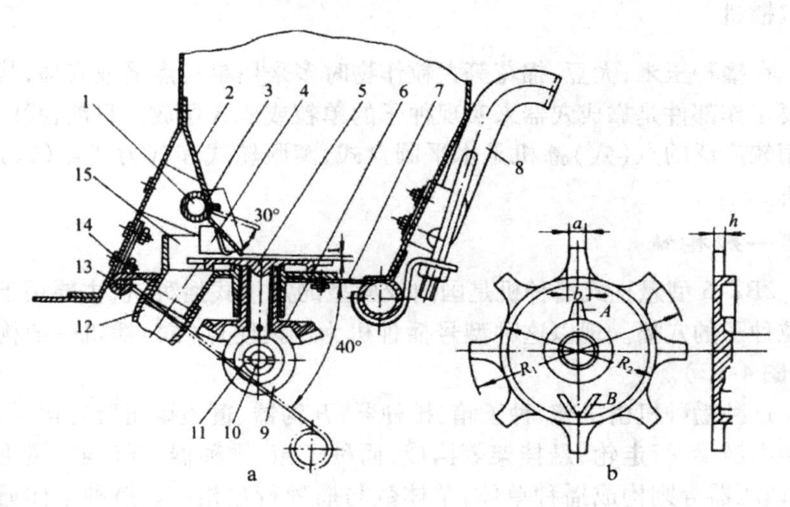

图4-82　星轮式排肥器

a. 总体　b. 星轮

1. 活门轴　2. 挡肥板　3. 排肥活门　4. 导肥板　5. 星轮　6. 大锥齿轮　7. 活动箱底　8. 箱底挂钩 9. 小锥齿轮　10. 排肥轴　11. 轴销　12. 输肥管　13. 铰链轴　14. 卡簧　15. 排肥器支座

这种排肥器的肥箱底部装有活页式铰链，箱底可以打开，便于清除残存的化肥；星轮的拆卸也很方便。排肥量的调节可以通过调节手柄改变排肥活门的开度来实现。

工作过程

条播机能够一次完成开沟、排种、排肥、覆土及压实等工序。播种机工作时，开沟器开出种沟，种箱内的种子被排种器排出，通过输种管落到种沟内，另外肥料箱内的，则由排肥器排入输种管或单独的排肥管内，与种子一起或分别落到种沟内，然后用覆土器覆土而完成播种作业。有的播种机还带有镇压轮，用以将种沟内的松土适当压实，使种子与土壤密切接触，以利于种子发芽生根。

4. 穴播机

在播种玉米、大豆、棉花等大粒作物时多采用单粒点播或穴播，其主要工作部件是靠成穴器来实现种子的单粒或成穴摆放。目前，我国使用较广泛的点（穴）播机是水平圆盘式、窝眼轮式和气力式点（穴）播机。

一般构造

2BZ-6 型悬挂式播种机是国内较典型的穴播式播种机，主要用于大粒种子的穴播。现以这种型号播种机为例说明点（穴）播机一般构造（图 4-83）。

这种播种机由机架、种子箱、排种器、开沟器、覆土镇压器等构成。机架由横梁、行走轮、悬挂架等构成，而种子箱、排种器、开沟器、覆土器、镇压器等则构成播种单体，单体数与播种行数相等。播种单体通过四杆机构与主梁联接，有随地面起伏的仿形功能。每一单体上的排种器动力来源由自己的行走轮或镇压轮传动。

主要工作部件

（1）2BZ-6 型悬挂式播种机的排种器为水平圆盘排种器，主要用于播种玉米、豆类等大粒种子的穴播，它的主要工件部件是一个位于种子筒底部的水平排种圆盘，盘的周边可根据种子粒形制成不同的型孔,圆盘在地轮驱动下旋转,将充入型孔内的种子带到排种口排出,通过导种管播入土中。在排种盘上方装有刮种器和推种器,前者将型孔上多余的种子刮去,后者将型孔内的种子推出落入排种口,以防型孔堵塞,完成排种过程(图 4-84)。

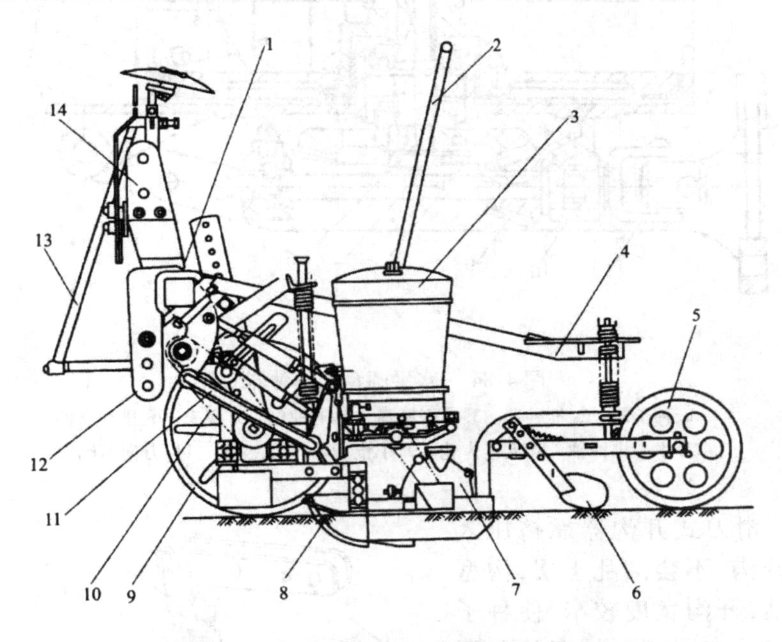

图 4-83　2BZ-6 型悬挂式播种机(播种单体)

1. 主横梁　2. 扶手　3. 种子桶及排种器　4. 踏板　5. 镇压轮　6. 覆土板　7. 成穴轮　8. 开沟器　9. 行走轮　10. 传动链　11. 四杆仿形机构　12. 下悬挂架　13. 划行器架　14. 上悬挂架

(2)2BZ-6 型悬挂式播种机的开沟器为滑刀式开沟器(图 4-85)。工作时滑刀在垂直方向切土,刀后的两个侧板向两侧挤压土壤,得到所需的种沟宽度,以便种子落入种沟,两侧板的斜边能使湿土先落入沟内覆盖种子。有的开沟器在滑刀后面装有底托,用来压实沟底土壤,还可用限深板控制深度,使播深一致。

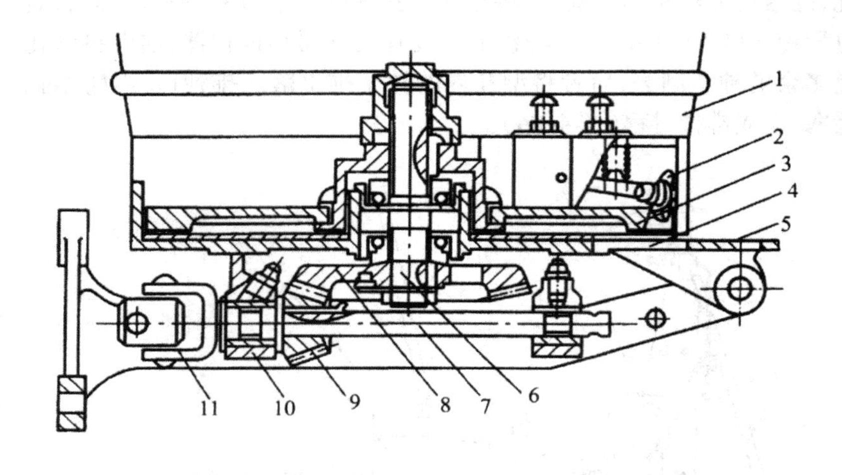

图 4-84　水平圆盘式排种器

1. 种子筒　2. 推种器　3. 水平圆盘　4. 下种口　5. 底座　6. 排种立轴
7. 水平排种轴　8. 大锥齿轮　9. 小锥齿轮　10. 支架　11. 万向节轴

滑刀式开沟器靠挤压入土开沟，不会翻乱土层，沟型整洁，开沟宽度较窄，使种子横向分布限制在较窄的范围内，有利于覆土和中耕管理。滑刀式开沟器要求播前整地良好，在土壤松软的条件下使用，适用于播种深度要求较严格的开沟作业。

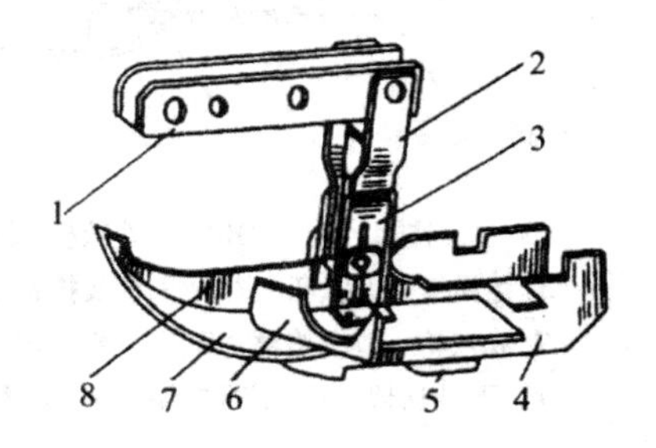

图 4-85　滑刀式开沟器

1. 拉杆　2. 开沟器体　3. 调节齿座　4. 侧板
5. 底托　6. 推土板　7. 限深板　8. 滑刀

(3) 开沟器只能使少量湿土覆盖种子，不能满足覆土厚度的要求，通常还需要在开沟器后面安装覆土器。对覆土器的要求是覆土深度一致、在覆土时不改变种子在种沟内的位置。

播种机上常用的覆土器有链环式、弹齿式、爪盘式、圆盘式、刮板式等。2BZ-6 型悬挂式播种机的覆土器为刮板式覆土器(图 4-86)。

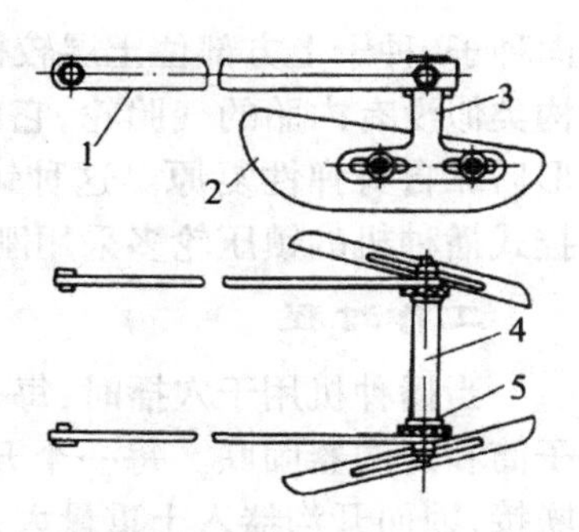

图 4-86　刮板式覆土器

1. 拉杆　2. 覆土板　3. 支架　4. 间管　5. 棘齿式调整盘

(4) 镇压轮的作用是适度压实土壤,使种子与土壤间有一定的紧密度,以利于种子发芽。有些镇压轮兼有一定的覆土作用。

镇压轮的类型如图 4-87 所示。平面和凸面镇压轮的轮辋较窄,主要用于沟内镇压,凹面镇压轮从两侧将土壤压

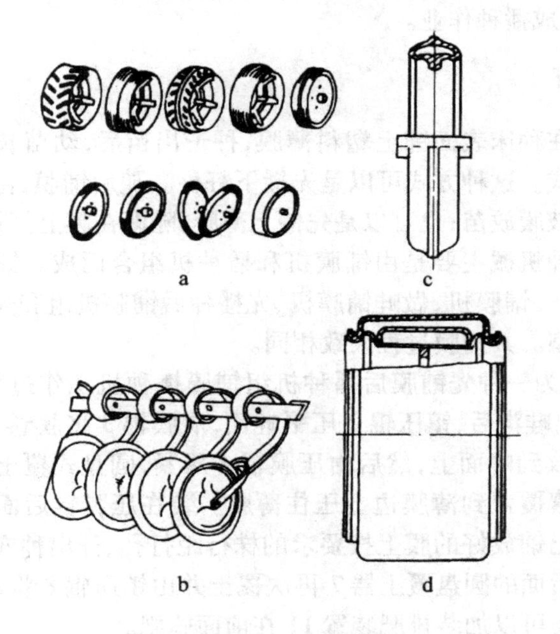

图 4-87　各种镇压轮

a. 硬质刚性轮　b. 带弹性柄的镇压轮　c、d. 空心弹性橡胶轮

向种子，种子上方部位土层较松，有利于幼芽出土。空心橡胶轮，其结构类似没有内胎的气胎轮，它的气室与大气相通（零压），胶圈受压变形后靠自身弹性复原。这种镇压轮的优点是压强恒定。2BZ-6 型悬挂式播种机的镇压轮多采用刚性轮。

工作过程

当播种机用于穴播时，每一行有一个单独的种子筒和排种器。种子筒和开沟器固联。每一个开沟器有一个单独的仿形机构与机架相联接，因而开沟器入土重量大，入土能力强，仿形性能较好。

工作时，驱动轮通过传动链条带动排种器转动，排种器将种子桶内的种子成穴或单粒排出，经导种管流入开沟器所开的种沟内，再由覆土装置覆土。最后通过镇压轮对地表进行略微的压实，以保证种子发芽，从而完成播种作业。

5. 铺膜播种机

播种时在种床表面铺上塑料薄膜，种子出苗后，幼苗长在膜外的一种播种方式。这种方式可以是先播下籽种。随后铺膜，待幼苗出土后再由人工破膜放苗；也可以是先铺上薄膜，随即在膜上打孔下种。

铺膜播种机械主要是由铺膜机和播种机组合而成。铺膜机种类较多，包括单一铺膜机、做畦铺膜机、先播种后铺膜机组和先铺膜后播种机组等类型。其铺膜过程大致相同。

图 4-88 为一种先铺膜后播种机组铺膜播种机工作过程示意图。开沟器 1 开出畦沟后，镇压辊 2 压平畦面，展膜辊 3 将膜卷 10 上的塑料薄膜 9 展放到畦面上，然后由压膜辊 4 压紧，圆盘式覆土器 5 在畦的两侧将土壤覆盖到薄膜边上压住薄膜。装在压膜辊后面的穿孔播种装置 6 在已铺放好的膜上按要求的株行距打孔、开出种穴并播下种子。最后由后面的圆盘覆土器 7 再次覆土并由镇压辊 8 将浮土压实。这种播种机还可以加装排肥装置 11 在前面施肥。

先播种后铺膜机组是在播种机的后部安装铺膜装置，作物出苗时再人工破口或机械打孔。

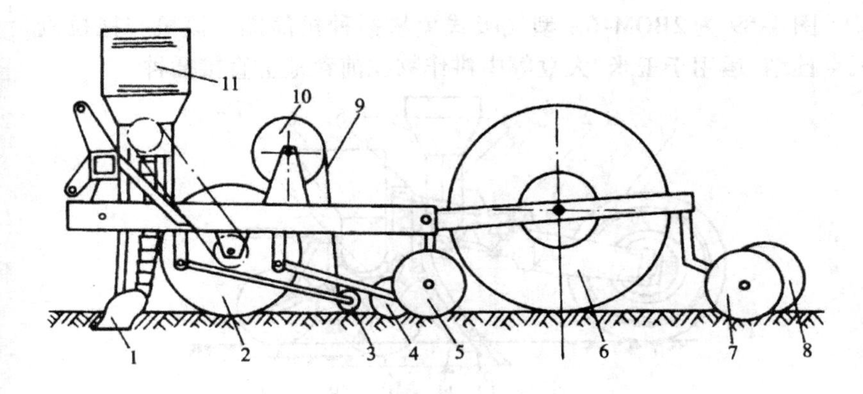

图 4-88　铺膜播种机工作过程

1. 开沟器　2. 镇压辊　3. 展膜辊　4. 压膜辊　5. 圆盘覆土器(前)　6. 穿孔播种装置
7. 圆盘覆土器(后)　8. 镇压辊　9. 塑料薄膜　10. 膜卷　11. 施肥装置

铺膜时要求薄膜平展、折皱少、破损率低、压得紧。为此,畦面土壤应平整松碎,薄膜在挂膜机构及压膜辊作用下,具有纵向及横向拉伸,提高铺膜平整度,节约用膜量。

地膜栽培有许多优点,但成本较高、消耗费力较多,技术要求也较高。作物收获后,残膜回收问题也未完全解决。所以目前主要用在花生、棉花、蔬菜等经济价值较高的作物栽培上。

对地膜覆盖种植所采用农用膜的质量应有严格的要求,除要求选用透光、透气性能好的地膜外,最好选用质量好的降解膜,否则需要配套地膜回收技术和措施,以免造成土壤污染。

6. 免耕播种机

免耕播种是近年来发展的保护性耕作中一项农业栽培新技术,它是在未耕整的茬地上直接播种,与此配套的机具称为免耕播种机(或称直接播种机)。免耕播种机的主要特点就是具有较强的切断覆盖物和破土开种沟的能力,其他则与传统播种机相同。为了提高破土开沟能力,免耕播种机的开沟器,一般都在前面加设一个破茬圆盘刀,或采用驱动式窄形旋耕刀,以破碎残茬或疏松种沟土壤。

图 4-89 为 2BQM-6A 型气吸式免耕播种机简图。该机与拖拉机三点挂结,运用于玉米、大豆等中耕作物在前茬地上直接播种。

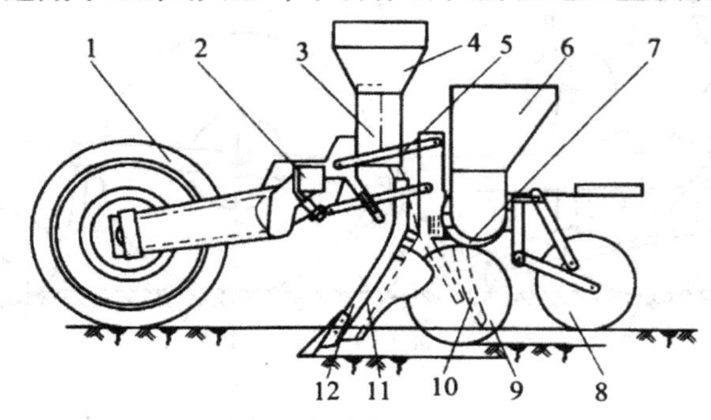

图 4-89　2BQM-6A 型气吸式免耕播种机

1. 地轮　2. 主梁　3. 风机　4. 肥料箱　5. 四杆机构　6. 种子箱　7. 排种器
8. 覆土镇压轮　9. 开沟器　10. 输种管　11. 输肥管　12. 破茬松土器

工作时,破茬松土器开出 8 ~ 12 厘米的沟,外槽轮式排肥器将肥料箱中的化肥排入输肥管,肥料经输肥管落入沟内,破茬松土器后方的回土将肥料覆盖。排种部件的气吸式排种器排出的种子经输种管落入双圆盘式开沟器开出的沟内,随后,靠“V”形覆土镇压轮覆土并适度压密。

常用的破茬部件有波纹圆盘刀、凿形齿或窄锄铲式开沟器和驱动式窄形旋耕刀(图 4-90)。波纹圆盘刀具有 5 厘米波深的波纹,能开出 5 厘米宽的小沟,然后由双圆盘式开沟器加深。其特点是适应性广,在湿度较大的土壤中作业时,也能保证良好的工作质量,并能适应较高的作业速度。凿形齿或窄锄铲式开沟器结构简单,入土性能好,但易堵塞,当土壤太干而板结时,容易翻出大土块,破坏种沟,作业后地表平整度差。驱动式窄形旋耕刀有较好的松土、碎土性能,需由动力输出轴带动,结构较为复杂。

应注意的是采用免耕播种时,为防止未耕地残茬杂草和虫害的影响,播种的同时应喷施除草剂和杀虫剂。若播种机无上述功能,则需将种子拌药包衣,以防虫害。

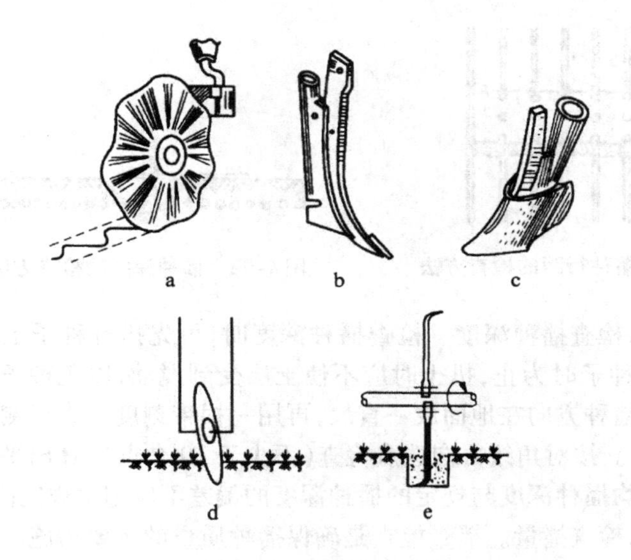

图 4-90　破茬工作部件

a. 波纹圆盘刀　b. 凿形齿　c. 窄锄铲式　d. 斜圆盘式　e. 窄形旋耕刀

7. 播种机工作质量要求与检验方法

(1)对播种机的工作质量要求一般是:播种量符合规定、种子分布均匀、种子播在湿土层中且用湿土覆盖、播深一致、种子破损率低;对条播机还要求行距一致、各行播量一致;对点播机还要求每穴种子数相等,穴内种子不过度分散;对单粒精密播种机,则要求每一粒种子与其附近的种子间距一致。

(2)播种机播种质量的检查项目主要有检查行距、检查播种深度和检查播量等,其方法如下:

第一,检查行距。扒开相邻两行的覆土直至发现种子,再用直尺测量(图 4-91)。要求同一机组内两台播种机相邻行距的误差不超过 ±1.5 厘米,相邻两行程之间邻接行距的误差不应超过 ±2.5 厘米。

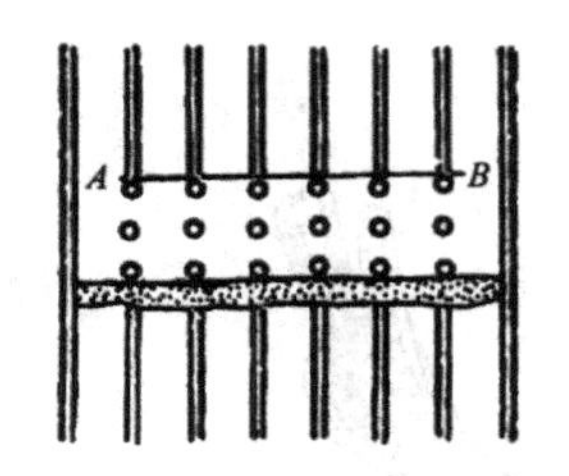

图 4-91　播种行距的检查方法

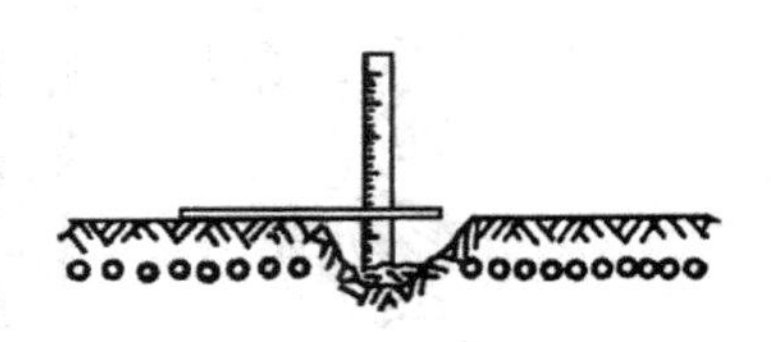

图 4-92　播种深度的检查方法

第二,检查播种深度。检查播种深度时,可先扒开种子上的覆土直到发现种子时为止,扒土时应不使土层受到搅动,以免种子移动位置。顺着播种方向在地面放一直尺,再用一根带刻度的直尺测量播深(图 4-92)。按对角线方向选点检查(不少于 10 个点),算出平均播种深度。平均播种深度与规定的播种深度的偏差不应超出规定范围。

第三,检查播量。播量检查是确保播种质量的重要措施。可用以下方法:

a. 测量已播面积和种子箱内种子的消耗量,算出每公顷实际播种量,看其是否符合规定的播种量。

b. 一米落粒检查法——即检查每米长的播行内实播种子粒数,与根据每公顷播量计算出来的每米长度播行内应播种子粒数相对比。采用此法检查时,可以任意挖开已播种子行,检查每米长度播行内实播种子的粒数。每米长度播行内应播种子的粒数 n 可用下式计算:

$$n = bQ/\delta$$

式中:Q——每公顷播量(千克)

b——行距(厘米)

δ 一种子千粒重(克)

第四,目测有无露种子及覆土情况。

三、秸秆综合利用机械

1. 秸秆粉碎还田机

秸秆切碎还田机械一般包括秸秆切碎机和灭茬机两部分，合称秸秆还田机，是一种由动力驱动工作部件，以直接（或间接）粉碎田间农作物秸秆的与拖拉机配套的农业机械。一次作业即可将田间直立或铺放秸秆的切碎还田。可对玉米、小麦、水稻、豆类等作物的秸秆切碎还田，碎秸秆自然均匀撒布田间，一次完成切碎抛撒工序。

采用机械使秸秆切碎直接还田，减少了手工作业的工序，提高了生产效率，争抢了农时，促进了收获作物的增产。另外，秸秆还田可避免焚烧造成的空气污染和发生火灾的损失，以及资源的浪费。

秸秆还田机近年来发展很快，种类也很多，按挂接方式分全悬挂式和半悬挂式；按工作部件的结构形式可分为锤片式还田机和甩刀式还田机两大类。按工作部件的作业方式可分为卧式还田机和立式还田机，前者的工作部件绕与机器前进方向垂直的水平轴旋转粉碎秸秆；后者工作部件绕与地面垂直的轴旋转粉碎秸秆。目前国内生产的还田机大都为卧式还田机。

构造与工作过程

（1）秸秆还田机主要由机架、刀轴、护罩、悬挂（牵引）装置、传动系统、限深轮等部件组成（图 4-93）。

（2）秸秆还田机的主要工作部件是刀片。刀片的形状和参数对还田机的工作质量及功率消耗有很大影响。为适应对粉碎各类作物秸秆的需要，近年来国内研制了多种形式的刀片，大致可归纳为以下几类。

锤片式刀片。这种刀片（图 4-94）是采用高强度耐磨铸钢制成，其特点是强度高，耐磨损。由于锤爪自身质量较大且重心靠外，因而作业时转动惯量较大。适宜粉碎玉米、小麦、棉花等作物秸秆，且在作业时机具遇到石块等硬物时锤爪不易损坏。配置此类刀片的机具如石家庄市农机厂生产的 4Q-1.5 型和 4Q-2 型还田机。

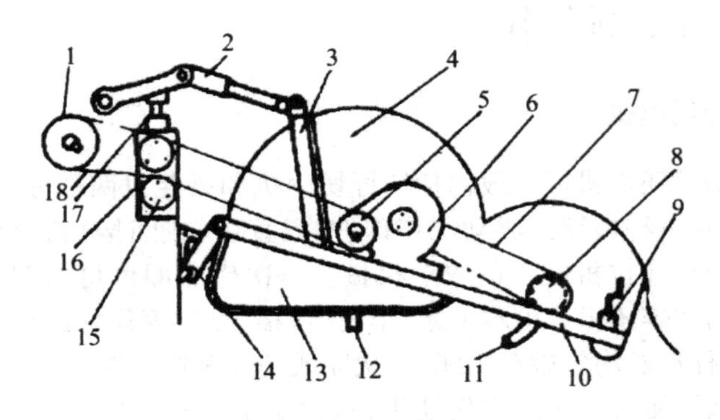

图 4-93　秸秆切碎机结构示意图

1. 大皮带轮　2. 提升拉杆　3. 提升架　4. 上护罩　5. 小皮带轮
6. 齿轮箱 7. 链条　8. 链轮　9. 地轮总成　10. 机架　11. 灭茬刀　12. 切碎刀
13. 下护罩　14. 支撑架　15. 张紧轮　16. 张紧架　17. 限位螺钉　18. 三角皮带

“L”形刀片。这类刀片(图 4-95)一般采用 45 或 65Mn 扁钢淬火热处理制成。安装时单片装成“L”形或两片相对装成“Y”形,适宜粉碎玉米等作物秸秆。配置此类刀片的机具如栾城县农机二厂生产的 4F-1.5 型还田机等机型。

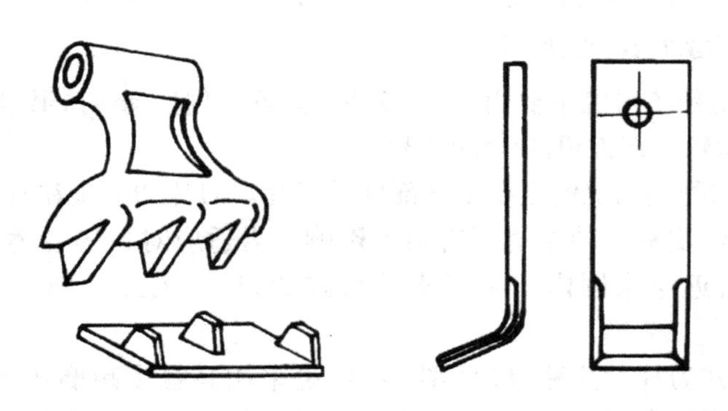

图 4-94　锤片式刀片　　图 4-95　“L”形刀片

“T”形刀片。该类刀片(图 4-96)由刀柄和刀片组成,刀柄采用

45 号钢,刀片采用 T9 钢制成。"T"形刀配置在玉米联合收割机的秸秆切碎装置上,用于粉碎玉米秸秆。

"Ⅱ"形刀片。此类刀片由两个直刀片与套管焊成一体(图 4-97),刀片由 45 钢淬火热处理制成。适宜粉碎甘蔗叶,配置此类刀片的机具如石家庄市农机厂生产的 4QT-1.5 和 4QT-2 型还田机。

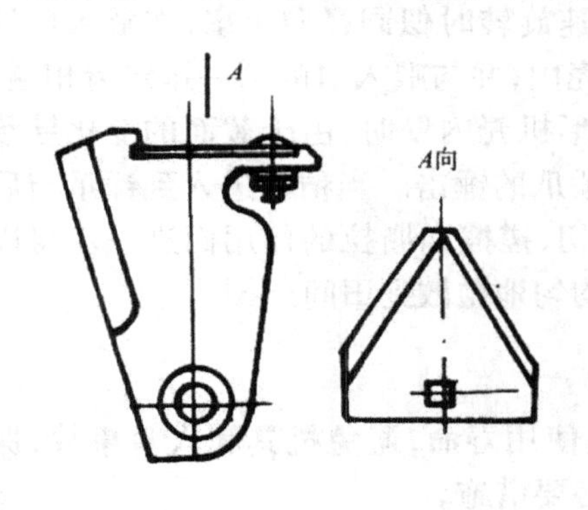

图 4-96 "T"形刀片

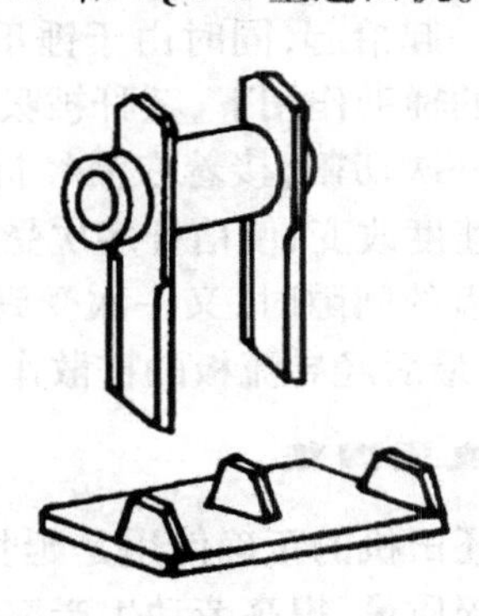

图 4-97 "Ⅱ"形刀片

"Ⅲ"形刀片。这种类型的刀片(图 4-98)由 3 个直刀片、1 个横向刀片与套管组焊而成,刀片采用 45 号钢经淬火热处理制成,并且可与锤爪在刀轴上互换,这种刀片尤其适宜粉碎麦稻类软质秸秆。

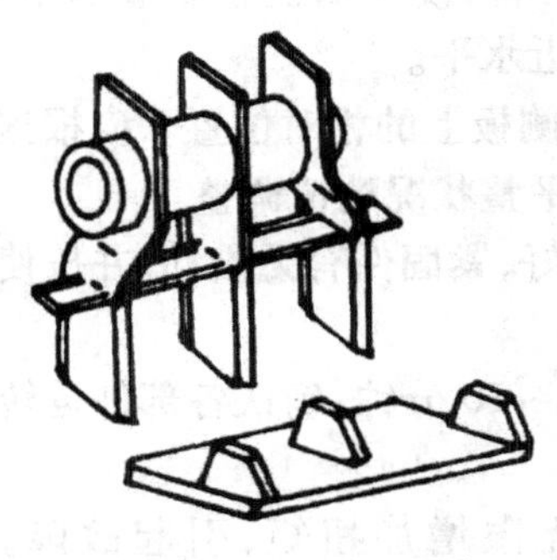

图 4-98 "Ⅲ"形刀片

还田机切碎刀片是秸秆粉碎还田机的易损部件,目前国内的生产工艺为采用 45 和 65Mn 钢淬火热处理,作业时因工况条件恶劣磨损严重,使用寿命短。国内已研制出采用在刃口部高频感应堆焊方法,使粉碎刀片的使用寿命提高 2 ~3 倍,提高工作效率 12%,耗油率降低 12%,自磨刃效果好。

(3)各种类型的还田机其工作过程基本相同。下面以锤爪式还田机为例来说明还田机的工作过程。拖拉机动力输出轴的动力经万向节传至变速箱，经齿轮、三角皮带两级增速再传给刀轴，机组作业中，均匀地铰接在刀轴上的数把锤爪式甩刀随刀轴的高速旋转切碎作物秸秆。秸秆的粉碎过程可分为冲击砍切、锤击破碎和抛散三个阶段。作业时高速、旋转的锤爪冲击并切碎直立茎秆，并连同直立或铺堆的秸秆一起拾起，同时由于锤爪高速旋转时似同径向风扇，在喂入口处负压的辅助作用下，茎秆被吸入壳内，并与喂入口的第一排定齿相遇，受到一次切割，接着在流经折线形机壳内壁时，由于截面的变化导致气流速度改变，使秸秆多次受到锤爪的锤击。当秸秆进入到锤爪与后排定齿的间隙时，又一次受到剪切、搓擦和撕拉的作用而进一步得以粉碎，最后经导流板的扩散作用均匀地抛散到田间。

使用调整

还田机的正确使用是延长其使用寿命，避免机具和人身事故，保证切碎质量，提高劳动生产率的必要措施。

(1)还田机与拖拉机联接后，应首先调整还田机的横向、纵向水平和作业留茬高度。即调节拖拉机左右提升臂，使还田机左右成水平。调节拖拉机上拉杆长度，使还田机纵向接近水平。

(2)地轮的调整是移动地轮轴在机架侧板上的相对位置。应根据土壤干湿度、坚实度、作物种植形式、地表平整状况酌情调整。

(3)作业前首先检查各部零件是否完好，紧固件有无松动，并按使用说明书要求加注齿轮油和润滑油。

(4)检查完毕后，应进行空载试运转 5 ~ 10 分钟，确认各部件运转状况良好后，方可进行作业。

(5)作业时，禁止刀片打土，防止无限增加扭矩，引起故障。若发现刀片打土时，应调整地轮离地高度或拖拉机上悬挂拉杆长度。

操作注意事项

(1)万向节的安装必须注意三点：应保证还田机在工作与提升时，方轴、套管及夹叉既不顶死，又有足够的配合长度；万向节装配位置应按如图 4-99 所示，若方向装错，则会产生响声，使还田机震动加大并易引起机件损坏；与铁牛-55 型拖拉机配套时油缸旁边的支撑杆应改为扁铁，以不影响万向节转动为宜。

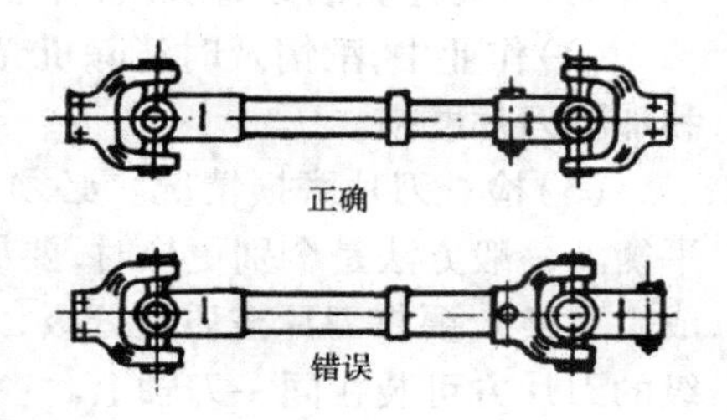

图 4-99　万向节的安装

(2)作业时，应先将还田机提升至刀片离地面约 20～25 厘米高度时(悬挂提升位置不能过高，以免万向节偏角过大造成损坏)接合动力输出轴，转动 1～2 分钟，挂上作业挡，缓慢松放离合器踏板(若用铁牛-55 型拖拉机时需使用二级离合器)，同时操作液压升降调节手柄，使还田机逐步降至所需要的留茬高度，随之加大油门，投入正常作业。

(3)转弯前应将还田机提升(注意不可提升过高)，转弯后方可降落工作。还田机提升、降落时应注意平稳，工作中禁止倒退，路上运输时必须切断拖拉机后输出动力。

(4)注意人身安全。机具运转时，机后严禁站人或靠近旋转部位。

(5)合理选择作业速度，对不同长势的作物，采用不同的前进速度。

(6)作业时应注意清除缠草，避开土埂、树桩等障碍物。地头留 3～5米的机组回转地带。

(7)作业时听到有异常声响应立即停车检查，排除故障后方可继续作业。检查万向节、刀片及齿轮箱等零部件时，必须先切断动力。

(8)作业中，应随时检查皮带的张紧程度，以免降低刀轴转速而影响粉碎质量或加剧皮带磨损。

还田机的保养

(1)齿轮箱中应加注齿轮油，添加量不允许超过油尺刻线的上限。注意工作前检查油面高度，经常保持润滑油的清洁，及时放出沉淀到齿轮箱底部的脏物。要求每年作业结束保养机具时，清洗齿轮箱更换润滑油，各需注黄油处每班次（作业10小时）应加注黄油一次。

（2）作业中，酌情及时清除机壳内壁上的粘集土层，以防加大负荷和加剧刀片磨损。

（3）检查刀片磨损情况。必须更换刀片时，要注意保持刀轴的动平衡。一般方法是个别更换时，要尽量对称更换，成组更换时（锤爪应成组更换），要将刀片按质量分级，刀片质量差不大于10克，同一质量级的刀片方可装在同一刀轴上。

（4）作业结束后，清理、检修整机，各轴承内要注满黄油，各部件作好防锈处理。机具不要悬挂放置，应将其放在事先垫好的物体上，停放干燥处，并放松皮带，不得以地轮为支撑点。

2. 麦草秸秆捡拾打捆机

麦草秸秆捡拾打捆机可将割后的秸秆打成草捆，然后用装载机具装车或直接用草捆运输车拉运到指定地点。

麦草秸秆捡拾打捆机，根据压成的草捆形状，可分为方捆活塞式压捆机和圆捆卷压式压捆机。方捆活塞式压捆机按活塞运动形式又有直线往复式和圆弧摆动式之分。根据草捆密度，还可分为低密度压捆机、中密度压捆机、高密度压捆机和特高密度压捆机。它们所能达到的草捆密度如表4-20。

表4-20　各种方捆压捆机所能达到的密度

压捆机分类	草捆密度（千克/米^3）
低密度压捆机	60～110
中密度压捆机	110～140
高密度压捆机	140～200
特高密度压捆机	200～500

中、高密度捡拾压捆机具有较高的生产率，草捆外形尺寸可调、长途运输和搬运效率较高，也可进行固定作业，广泛用于生产中。最近为了解决商品草的远距离运输问题，有些国家生产了固定式特高密度压捆机。

构造与工作过程

(1)现以我国制造的9KJ-147型方草捆捡拾压捆机为例说明其构造和工作原理。

各种方捆捡拾压捆机的构造基本相同,都由捡拾器、填充喂入机构、压缩机构、打捆机构和传动机构等主要部分组成。

9KJ-147型方捆捡拾压捆机为活塞往复运动的高密度捡拾压捆机。它可把田间条放或铺放的秸秆捡拾起来,压缩成型后用捆绳捆扎起来形成草捆。它适合于在侧向搂草机或割草压扁机搂集成的草条上捡拾压捆秸秆,也可根据用户要求与谷物联合收获机配套使用,捡拾铺放在田间的作物秸秆并压制成草捆。该机主要由捡拾器、输送喂入器、压捆室、活塞、曲柄连杆机构、打捆机构、草捆密度调节器、传动机构和机架等部分组成(图4-100)。

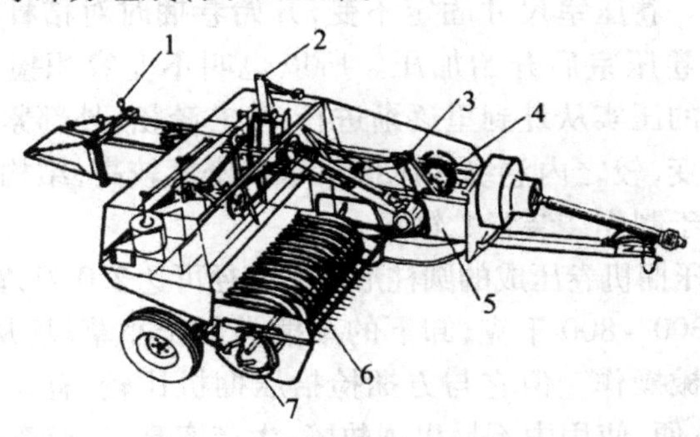

图4-100　9KJ-147型方捆捡拾压捆机

1.紧密度调节器　2.输送喂入器　3.曲柄连杆机构
4.传动机构　5.压捆室　6.捡拾器　7.捡拾器控制机构

工作时接通拖拉机动力输出轴,机器沿草条前进,在导向板的辅助作用下,捡拾器弹齿将地面上的秸秆捡拾起来并连续地输送到输送喂入器下面。在活塞空行时,输送喂入器把秸秆从侧面喂入到压捆室。在曲柄连杆机构的作用下,活塞作往复运动,把压捆室内的秸秆压缩成型,根据预先调好的草捆长度,打捆机构定时起作用,自动用捆绳将压缩成型的秸秆打成草捆。捆好的草捆被后面陆续成捆的秸秆不断推向压捆室出口，经过放捆板落在地面上或直接经过滑槽等装载机械进入拖车车厢内。

（2）圆捆捡拾压捆机是利用卷压原理工作的。现在很多国家都在使用圆捆捡拾压捆机收获牧草和农作物秸秆。

圆捆捡拾压捆机按草捆成型过程可分为内卷绕式和外卷绕式两种。按卷压室结构型式又可分为皮带式、卷辊式和带齿输送带式。

内卷绕式捡拾压捆机，其卷压室由几根长皮带和两侧壁围成。卷捆时卷压室容积由小变大，对秸秆始终保持有压力。所以也叫可变容积捡拾压捆机。这种压捆机的特点是，秸秆以卷毡方式形成草捆，芯部坚硬，外层松软。草捆直径可根据需要任意调整。

外卷绕式捡拾压捆机，卷压室由几组短皮带或若干钢制卷辊加上两侧壁所组成。卷压室尺寸固定不变，开始卷捆时对秸秆没有压力，等到秸秆充满卷压室后开始加压。所以也叫不变容积捡拾压捆机。其特点是草捆的压实从外到里逐渐进行，草芯疏松，外部紧实，草捆直径不能任意改变，较之内卷绕式压捆机草捆密度较高，结构比较简单，制出的草捆适于制作袋装青贮饲料。

圆捆捡拾压捆机卷压成的圆柱形草捆直径可达2.0米，宽度1.20～1.50米，质量300～800千克，卸下的草捆类似于小草垛，从运输到饲喂必须使用机械操作。但它与方捆捡拾压捆机比较，有5个特点：结构简单，调整方便，使用中不易出现故障；生产率高，生产率可达7.5～12.5吨/小时；草捆便于饲喂，散食时很容易铺开，架饲时又可围栏而食，损失较少；长期露天存放，不怕风吹雨淋，收获季节便于安排生产环节；对捆绳要求较低，用量也少，与方捆捡拾压捆机比较可节省45%以上。

现以国产9JY-1800型圆捆捡拾压捆机为例，阐述其简单构造和工作原理。

该机属于皮带式外卷绕式捡拾压捆机。主要由捡拾器、卷压室、打捆机构、卸草后门传动机构和液压操纵机构所组成（图4-101）。

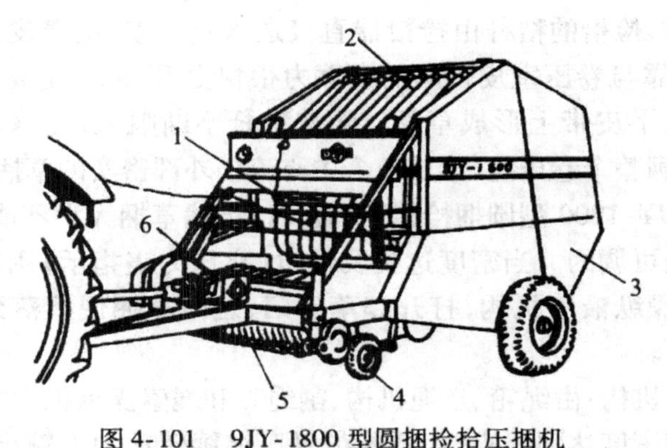

图 4-101　9JY-1800 型圆捆捡拾压捆机

1. 打捆机构　2. 卷压室　3. 卸草后门　4. 支承轮　5. 捡拾器　6. 传动机构

a. 捡拾器:构造与方捆活塞式捡拾压捆机相似。为了无遗漏地捡拾秸秆,采用五排密齿捡拾器,弹齿间距为 71 毫米。捡拾器支承轮可使弹齿尖端与地面之间的距离保持不变,从而在各种地形都能可靠地工作。内卷绕式捡拾压捆机一般采用输送喂入机构,而 9JY-1800 型压捆机无此机构,秸秆被捡拾器捡起后直接输送到卷压室,简化了结构。

b. 卷压室:由六组短皮带及两侧壁组成,其中一组短皮带水平放置,起输送秸秆和支承草捆的作用(图 4-102),而其余五组皮带均由 11 根较窄皮带(宽 120 毫米)围绕辊子所组成。

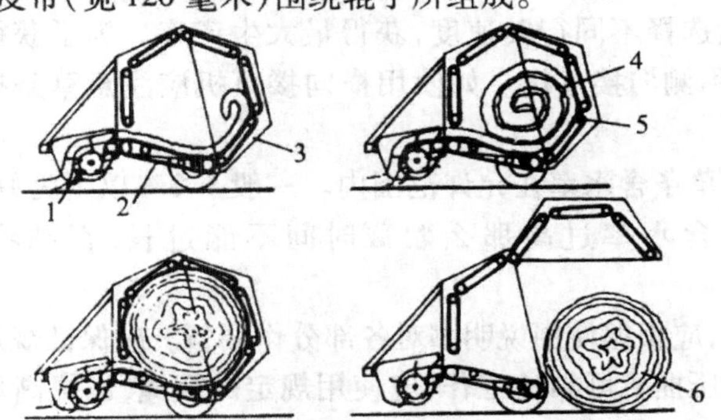

图 4-102　卷压室构造及工作过程

1. 捡拾器　2. 水平皮带　3. 卸草后门　4. 草卷　5. 滚子　6. 草捆

工作时，捡拾的秸秆由捡拾器直接送入卷压室，随着皮带逆时针旋转，秸秆靠与卷压室皮带间的摩擦力很快上升，到一定高度后因重量滚落到水平皮带上形成草卷。随着秸秆不断喂入，此草卷逐渐扩大，最后充满整个卷压室，形成一个中心疏松外部密实的草捆。

使用9JY-1800型圆捆捡拾压捆机时，虽然草捆大小不能改变，但草捆密度是可调的。当密度达到要求时（有压力表指示）用捆绳围绕草捆外表，操纵液压机构，打开卸草后门，这时草捆便滚落到地面上（图4-102）。

c. 打捆机构：由绳箱、送绳机构、割绳刀和绳索操纵机构组成。

当草捆密度达到要求时，驾驶员停车继续转动动力输出轴，从座位上拉动绳索，通过送绳机构使捆绳在捡拾器上方来回摆动，使其喂入到卷压室成螺线形地缠绕在草捆表面上，然后用割绳刀把绳子切断，无需像方草捆那样打成绳结。捆绳绕数可根据需要调整。

d. 传动机构：卷压室侧壁外面固定的链轮和链条。拖拉机动力输出轴动力通过变速箱传递到链轮，再带动捡拾器和皮带组工作。而卸草后门的打开靠液压机构。

使用调整

捡拾压捆机的生产率与草条质量有很大关系。因此，要求草条连续均匀，每米质量1.5～3.0千克为宜，宽度不大于1.3米。可根据草条重量选择不同行驶速度，获得最大生产率。为了获得理想草条，最好使用侧向搂草机。如使用横向搂草机应注意草条接缝处要联接。

作业时草条含水率在允许范围内。一般1.8%以下为好，不超过25%。如果含水率过高那么贮藏时间不能过长，否则将发生霉烂现象。

作业前，应根据使用说明书对各部分作调整。应保证规定的调整数据。为使压捆机可靠地工作，应使用规定的捆绳，以提高草捆成捆率。打结嘴表面要保持光洁，割绳刀要锋利。如使用中发现散捆现象，要找出散捆绳套，分析并找出散捆原因后再检查和调整有关部位，不要轻易调整某一部分。

捡拾压捆机使用中最容易出现故障的部件是打捆机构，其中又以打结器为甚。常见故障有：捆绳不打结、假结、捆绳拉断、打结太松、绳头留在夹绳器中、割绳不彻底等。这些故障常与打捆针、绳箱导绳器、打结嘴、夹绳器和割绳刀的调整不当有关。使用中应特别注意这些部分的正确调整和保养。

压捆机固定作业时，填草要均匀连续，并注意人身和机具的安全。

3. 秸秆青贮机

秸秆制作青贮饲料所需的机械与设备包括：收割机械、切碎机、青贮设备及装料和卸料设备。这里重点介绍秸秆切碎使用的饲草切碎机。

饲草切碎机主要用来切断茎秆类饲料，如谷草、稻草、麦秸、干草、各种青饲料和青贮玉米秆等。饲草切碎机按机型大小可分小型、中型和大型三种。小型饲草切碎机常称铡草机，在农村应用很广，主要用来铡切谷草、稻草和麦秆，也用来铡切青饲料和干草。大型饲草切碎机常用在养牛场，主要用来铡切青贮料，故常称为青贮料切碎机。中型饲草切碎机一般可以铡草和铡青贮料两用。

饲草切碎机按切割部分型式又可分为滚刀式和轮刀式两种。大中型饲草切碎机为了便于抛送青贮料一般都为轮刀式；而小型铡草机则两者都有，但以滚刀式为多。

饲草切碎机按固定方式可分固定式和移动式。大中型饲草切碎机为了便于青贮作业常为移动式；小型铡草机常为固定式。

构造与工作过程

(1) 轮刀式饲草切碎机一般构造：

图 4-103 表示了轮刀式饲草切碎机的工作示意图。它由链板式输送器、上喂入辊、下喂入辊、定刀片、刀盘、刀片、抛送叶板等组成。

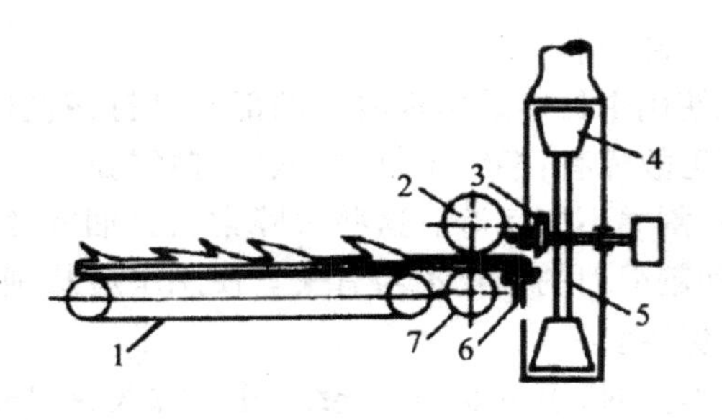

图 4-103　轮刀式饲草切碎机工作示意图

1. 链板式输送器　2. 上喂入辊　3. 刀片　4. 抛送叶板
5. 刀盘　6. 定刀片　7. 下喂入辊

(2)主要工作部件:

a. 喂入辊的主要功用是喂入饲料,由 HTl80 灰铸铁铸造。常用的喂入辊形状有棘齿形和沟槽形两种(图 4-104a),个别有用圆辊者。棘齿形喂入辊的抓取能力较强,但容易缠草,因此在其后面必须安装与其相配合的梳状齿板,同时齿尖必须朝向与运动相反的方向。沟槽形喂入辊不易缠草,且容易铸造,但其抓取能力较差,为了改善其抓取能力。其槽尖朝向运动方向,喂入辊的直径一般为 80 ~ 160 毫米,辊径过小,喂入能力差。

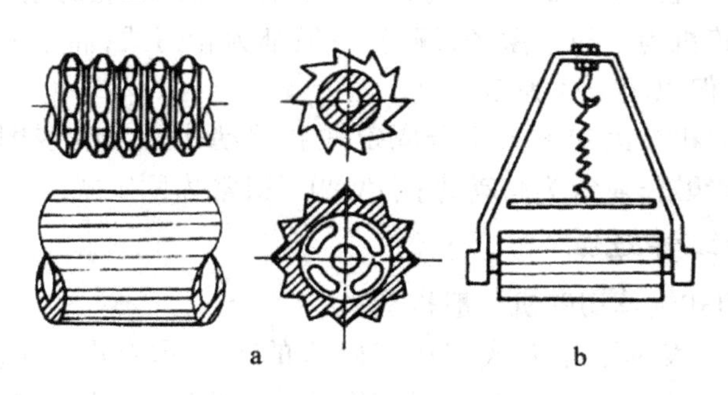

图 4-104　喂入辊

a. 喂入辊形状　b. 喂入辊压紧机构

为了适应饲料层厚薄的变化，以及为了使饲料压紧均匀，应采用上喂入辊的压紧机构。常用的压紧机构为弹簧式（图 4-104b），上喂入辊轴承与弓形架相连，后者又通过钩子与弹簧相连，使上喂入辊能随饲料层的厚薄而上下活动。并能保证对饲料的压紧力。对饲料的压紧力可由钩子上的螺帽调节。

b. 轮刀式饲草切碎机的切碎器包括刀盘和定刀片。刀盘是一个圆盘或刀架，上面固定了动刀片 2～3 片，并于外侧安有 2～6 片抛送叶板。

根据刃口形状的不同，动刀片分为直线形、折线形、凸曲线形（又分圆弧形和螺线形）、凹曲线形等（图 4-105）。其中凸曲线形和凹曲线形用于中小型饲草切碎机；直线形用于大型饲草切碎机。

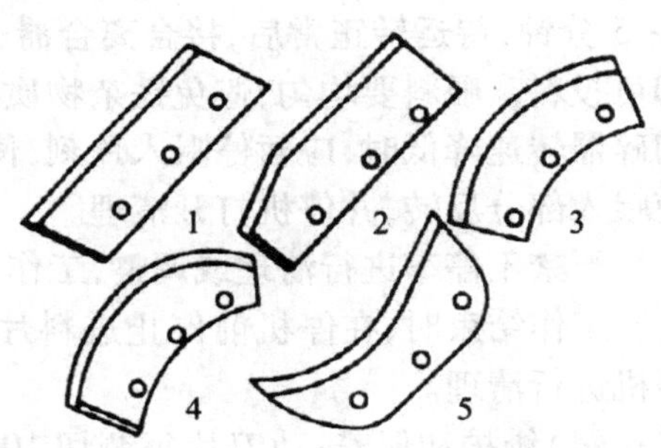

图 4-105　各种刀片形状

1. 直线形　2. 折线形　3. 圆弧形
4. 阿基米德螺线形　5. 凹曲线形

（3）工作过程：

工作时，放在链板式输送器上的草料由输送器送向喂入辊，由喂入辊将其压紧卷入，由动刀片配合定刀片将其切成碎段。切碎后的草料被抛送叶板抛送到贮存地点或青贮建筑物。

使用调整

（1）工作前安装：对于移动式大中型切碎机切碎青贮饲料时，应将轮子一半埋入土中。动力机与切碎机中心距 3～6 米。切碎机出口处可安装弯槽（转向槽）和控制板，调节落料点位置。并应根据抛送距离要求，配备和安装抛送筒数个。

（2）使用前的检查和调整：工作前检查机器状态是否良好，螺旋是否松动，润滑是否充足。

检查调整切割间隙：一般中型切碎机要求间隙为 0.5～1.0 毫米，相当于刀片刃线轻轻从底刃上划过，又不相碰刮为准。大型切碎机为

1.5 ~2.0 毫米,茎杆粗者可用最大值。

根据饲养要求调整切碎段长度,更换齿轮啮合齿数,改变喂入辊转速调节。

检查并磨锐刀片,一般要求刃线厚度保持在0.2 ~0.3 毫米。

(3)启动和工作:先用手试转,再将离合器分离,开动电动机,空转3 ~5 分钟,待运转正常后,接合离合器,使喂入部分正转,如机器正常,即可投料。喂料要均匀,避免铁杂物质进入机内。如喂入量过多而使切碎器转速降低时,应暂停喂入片刻,使其转为正常。如堵塞严重,应使喂入部分反转,并停机打开清理。

严禁不停车进行清理或调整,工作人员应穿紧袖服装。

工作结束时,在停机前停止进料片刻,以清出内部饲料。然后再停机进行清理。

(4)维护和保养:动刀片每铡切 10000 千克饲草,应磨刀一次,可在机器上用磨刀石或油石进行磨锐。底刃也可磨锐,有的定刀四个棱刃线可替换使用。

机器的润滑:无油嘴的主轴承可每工作 4 ~5 月拆洗换一次黄油。有油嘴的应每天加一次黄油。有传动箱的大中型机器应定期更换润滑油。

常见故障及排除方法(表 4-21)

表 4-21　常见故障及排除方法

故障名称	产生原因	排除方法
切草不均,有长叶子	动定刀间隙大,刀刃磨钝	调整间隙,换刀刃或刃磨
喂入部分不工作	棘轮滑转,棘爪翘起	修配棘轮键,校正棘爪
链条脱落	链条太松,链轮不在同一平面	调整松紧,调整使两轮在同一平面内工作
噪声过大	防护罩部位松动	找出部位,固紧
工作吃力段长,伴有撕裂现象	刀刃磨钝,刃角不对,定动刀间隙大	修磨刀刃,调整间隙

四、其他配套机具

1. 植保机械

植保机械的种类很多，按动力不同可分为手动式和机动式两大类；按施用化学药剂方法不同可分为喷雾机、喷粉机、弥雾机、超低量喷雾机、烟雾机及土壤处理机等；按其作业时移动方式的不同可分为背负式、担架式、机引式、悬挂式、自走式和航空式等。

液力式喷雾机一般构造和工作过程

液力式喷雾机有手动和机动两种。液力式喷雾机一般由药箱、压力泵、空气室、喷头和安全调压装置等组成(图 4-106)。其工作过程是：压力泵将药箱内的药液吸出，并压至空气室，具有一定压能的药液从空气室流出，经管道输送至喷头并高速喷出，与空气撞击、摩擦，被粉碎成细小雾滴，均匀地黏附在作物上。

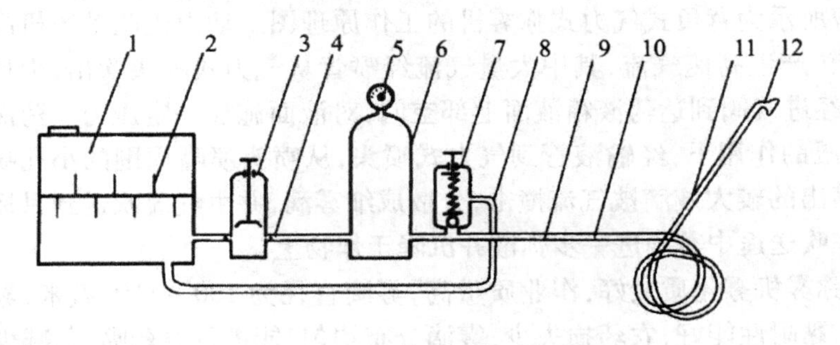

图 4-106　液力式喷雾机工作示意图

1. 药液箱　2. 搅拌器　3. 压力泵　4. 阀门　5. 压力表　6. 空气室　7. 调压安全阀　8. 回液管　9. 开关　10. 出液管　11. 喷杆　12. 喷头

气力式喷雾机一般构造和工作过程

气力式喷雾机又称弥雾机，有背负式、担架式等多种类型。它主要由药箱、风机与喷头组成。弥雾机利用运载气流进行作业。图

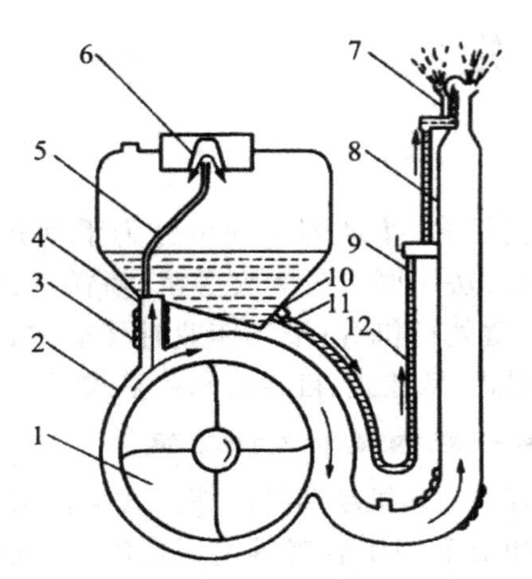

图 4-107　背负式弥雾机工作原理

1. 叶轮　2. 风机壳　3. 进气阀　4. 进气塞　5. 进气管　6. 滤网　7. 喷头
8. 喷管　9. 开关　10. 粉门　11. 出液塞接头　12. 输液管

4-107所示为背负式气力式弥雾机的工作原理图。动力机驱动风机高速旋转产生高速气流，其中大量气流经喷管从气力式喷头吹出；少量气流经进气阀到达药液箱液面上部空间，对液面施加一定压力。药液在气压的作用下，经输液管到气力式喷头，从喷头喷嘴周围的小孔喷出，喷出的较大液滴被气流撞击，分散成细雾滴，并由气流吹送到目标物，在吹送途中雾滴进一步弥散并沉降于作物上。

弥雾机雾化质量好，作业质量高，雾滴直径为 100 ~ 150/微米，雾滴细，黏附性能好，农药损失少；雾滴分布均匀，能进行原药喷洒，减少用水量，节约劳力，提高工效，降低作业成本；同时由于气流对作物枝叶的吹动，提高了雾滴的穿透能力，增强了防治效果。此外，弥雾机还具有结构简单、轻便，药液不接触风机，避免腐蚀和磨损，经久耐用等优点。

植保机械的维护保养与安全技术

(1)维护保养：

许多农药都具有强烈的腐蚀性，制造药械的材料又是薄钢板、橡胶制品、塑料等。因此,要保证植保机械有良好的技术状态,延长其使用寿命,维护保养是非常重要的。

添置新药械后,应仔细阅读使用说明书,了解其技术性能和调整方法、正确使用和维护保养方法等,并严格按照规定进行机具的准备和维护保养。

转动的机件应按照规定用的润滑油进行润滑,各固定部分应固定牢靠。

各联接部分应联接可靠,拧紧并密封好,缺垫或垫圈老化的要补上或更换药液或漏药粉的地方。不得有渗漏。

每次喷药后,应把药箱、输液(粉)管和各工作部件排空,并用清水清洗干净。喷施过除莠剂的喷雾器,如用来喷施杀病虫剂时,必须用碱水彻底清洗。

长期存放时,各部件应用热水、肥皂水或碱水清洗后,再用清水清洗干净,可能存水的部分应将水放净、晾干后存放。

橡胶制品、塑料件不可放置在高温和太阳直接照射的地方。冬季存放时,应使它们保持自然状态,不可过于弯曲或受压。

金属材料部分不要与有腐蚀性的肥料、农药在一起存放。

磨损和损坏的部件应及时修理或更换,以保证作业时良好的技术状态。

(2)安全技术:

农药对人畜都有毒害,如果使用不当会造成中毒。有毒物质可以通过口、皮肤和呼吸道进入人体,对人造成毒害,有些有毒物质在人体内当时不表现,而积累于人体内造成慢性中毒。根据农药中毒的统计资料分析,中毒的原因,主要是防护不良和违反操作规程。因此,进行喷施农药的人员必须懂得农药使用的安全常识和进行必要的防护。

施药人员必须熟悉和了解农药的性能规格,按照安全操作规程操作。工作时,植保机具应具有良好的技术状态,不得渗漏农药。

施药人员应穿戴专用的防护服和面罩,如无条件,也必须戴口罩、手套、风镜,并穿鞋袜,应尽量避免皮肤与农药接触。作业时应携带毛巾、肥皂,以便在工作中农药万一接触到皮肤时,能及时清洗,施药时穿着的衣物，也应及时清洗干净。

在工作进行中禁止吃东西、抽烟、喝水，如确有必要时，一定事先用肥皂、清水将手、脸洗干净。

施药人员在作业时如出现头晕、恶心等中毒症状，应立即停止作业就医。

随时注意风向变化，以改变作业的行走方式。

混药和把药液倒人药箱时要特别小心，不要溅出来。背负式喷雾器（机）的药液箱不应装得过满，以免弯腰时，药液从药箱口溅到施药人员的身上。

超低量飘移喷雾不得使用剧毒农药，以免发生中毒事故。

2. 收获机械

收获作业是农业生产中的一个重要环节，劳动强度大，直接影响农作物的产量和质量，随着农业生产技术水平的不断提高，与大中型拖拉机配套的联合收割机也越来越多。其主要生产企业有上海向明机械厂、江苏南通农机厂、桂林联合收获机厂及和陕西富平秦丰联合收割机厂等。主要是生产喂人量 2 千克/秒以上的谷物联合收割机。这里以产销量较大的上海向明机械厂生产的 4L-2.5（上海-ⅢA）型悬挂式联合收割机为例进行介绍。

基本构造

4L-2.5 型悬挂式谷物联合收割机的主要构造分为三大部分，即工作机构、悬挂机构和割台升降装置（图 4-108）。

工作机构包括割台、输送槽、脱谷机。割台位于收割机的前方，用以收割谷物，将割下的谷物收集并送至输送槽入口处。割台主要由分禾器、拨禾轮、切割器和割台搅龙等组成。输送槽是悬挂式联合收割机的输送机构，用于将割台割下的谷物输送到脱谷机。输送槽的位置在主机侧面割台与脱谷机之间，按拖拉机的前进方向分，有的机型在左侧，有的机型在右侧。脱谷机装在拖拉机后部，完成谷物的脱粒、分离、清选、装袋（装箱）等作业。它包括凹板、脱粒滚筒、风扇、振动筛、卸粮搅龙、接粮台（接粮箱）等部件。

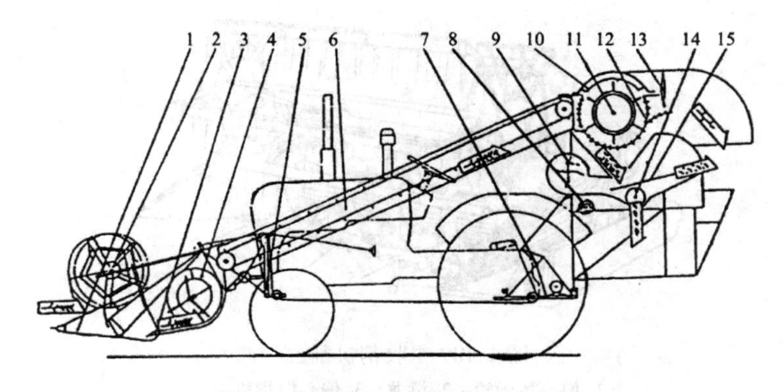

图 4-108　联合收割机的工作过程

1. 分禾器　2. 拨禾轮　3. 切割器　4. 割台搅龙　5. 前支架
6. 输送槽　7. 后支架　8. 主传动轴　9. 风扇　10. 滚筒盖
11. 脱粒滚筒　12. 凹板筛　13. 排草轮　14. 出谷搅龙　15. 清选筛

悬挂机构包括前悬挂架、后悬挂架等。前悬挂架置于拖拉机前方，用于联接割台。后悬挂架固定在拖拉机后方，用于联接脱谷机。

割台升降装置包括主机液压升降臂、联结钢丝绳、滚轮等。割台升降装置借助拖拉机液压升降系统的左右提升臂，用钢丝绳联结在提升臂和割台上，用于调节割台的升降。

主要工作部件

悬挂式谷物联合收割机主要有悬挂架、割台、输送槽和脱粒清选装置等四大部件。割台置于拖拉机前方进行切割作业；输送槽置于拖拉机一侧，把割台割下的作物输送给脱粒机；脱粒机挂接在拖拉机后面，完成作物的脱粒、分离、清选、装袋等作业；悬挂架用于把割台、脱粒机牢固平稳地配挂在拖拉机上（图 4-108）。

（1）割台机架是割台的骨架，支撑和装配着割台各部分工作部件。

（2）割台位于拖拉机前方，通过割台后方的悬挂管悬挂在前支架"U"形铁上。割台主要由拨禾轮、分禾器、切割器和割台搅龙等主要部件组成（图 4-109）。

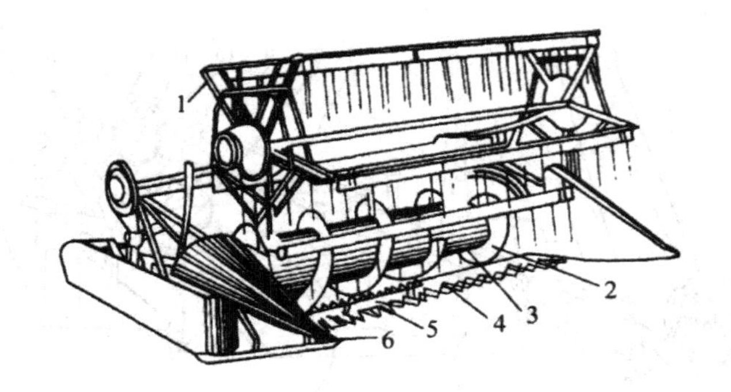

图 4-109　收割机割台

1. 偏心拨禾轮　2. 搅龙　3. 偏心拨指机构
4. 割台框　5. 切割器　6. 分禾器

悬挂式谷物联合收割机多采用偏心弹指式拨禾轮(图 4-110)。

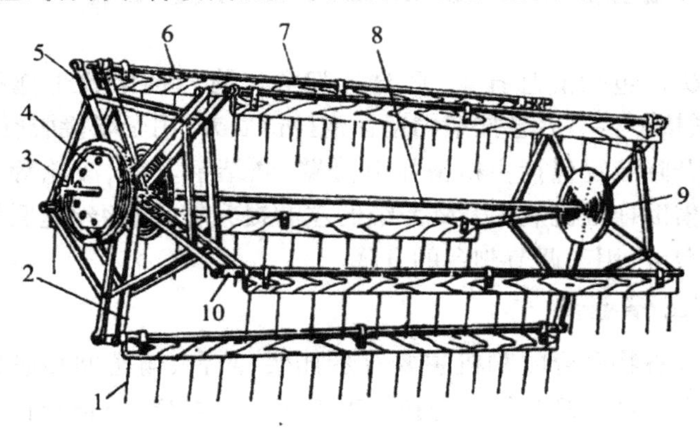

图 4-110　偏心拨禾轮

1. 弹齿　2. 固定辐条　3. 偏心环　4. 调节板　5. 辐条　6. 压板
7. 管轴　8. 拨禾轮轴　9. 辐盘　10. 曲柄　11. 滚轮

拨禾轮位于切割器上方,由套在拨禾轮臂上的木轴承支承。收割机前进作业时,拨禾轮旋转,拨禾板及弹齿把谷物扶起并向后拨。切割前,把作物导向切割器;切割时,扶持谷物支承切割;切割后,把割下的谷物整齐铺放在割台上,并清理切割器,便以割刀继续切割。

拨禾轮调整主要包括拨禾轮的高低、前后和弹齿方向角的调整。

a. 拨禾轮的高低调整:通常拨禾板转到最低位置时,应作用在谷物被切割处以上三分之二的部位,使割下的作物能顺利铺放到割台上。当收割倒伏作物时,拨禾轮可适当调低些。调整时,拧下拨禾轮臂与拨禾轮臂支承架联接螺栓,上下移动拨禾轮,调到合适的位置后再重新固紧。调整后,拨禾轮左右高度应一致。

b. 拨禾轮的前后调整:拨禾轮与切割器是配合工作的。往前调时,拨禾作用加强而铺放作用减弱;往后调时,拨禾作用减弱而铺放作用加强。调整时先松开拨禾轮传动胶带上的张紧轮,然后放松拨禾轮臂套的螺栓,便可将拨禾轮前后移动到合适位置,拨禾轮两端前后应一致;调整后,将各螺栓拧紧并张紧传动胶带。

拨禾轮弹齿方向角的调整:由于谷物生长和倒伏情况不同,作业中应当适时调整弹齿方向角。在收割一般高度且直立谷物时,弹齿一般垂直向下;若谷物生长较高、较密或逆倒伏方向收割,可将弹齿调成前倾 15° ~30°角,以利于向割台铺放谷物;若顺倒伏方向收割时,弹齿应向后倾斜,以增强扶起作物的作用。调整时,松开偏心板与偏心固定座的联接螺栓,便可把拨禾板调节到要求的倾斜角。调整后拧紧偏心固定座上的螺栓。

拨禾轮的三种调节,都应注意拨齿不得碰切割器及割台搅龙。

分禾器分左、右分禾器,分别安装在割台机架的左右两侧,工作时,分禾器最先与谷物接触,前锥部与前导板把谷物分开,割区内谷物沿下侧导板导向切割器,以便割刀切割。

切割器是收割机割台的主要工作部件,其作用是切断作物茎秆。悬挂式谷物联合收割机上采用标准Ⅱ型切割器,它由动刀组件和固定支承两部分组成。动刀组件由动刀片和刀杆铆合在一起。刀杆头与传动机构相联接,用以将动力传递给动刀片。固定支承部分包括护刃器梁、护刃器、铆合在护刃器上的定刀片、压刃器和摩擦片等组成(图4-111)。

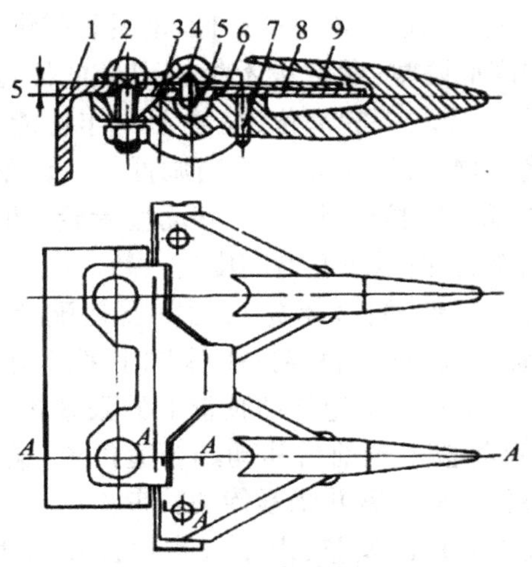

图 4-111　往复式切割器

1. 护刃器梁　2. 切割器固定螺栓　3. 压刃器　4. 动刀片铆钉　5. 刀杆
6. 动刀片　7. 定刀片固定铆钉　8. 定刀片　9. 护刃器

刀杆上装有输送齿条，协助割下的作物均匀输送，进入割台搅龙。护刃器梁上装有两块压板和五个压刀器，限制刀杆上下跳动，以保证动、定刀的正确间隙。刀头压板、压刃器与护刃器梁间夹有摩擦片，支承动刀片后部，减少动刀杆运动阻力，并承受刀杆向后的压力。如果压刃器与动刀片之间的间隙过大，可用手锤敲打压刃器来校正。摩擦片磨损，间隙变大，可将其前移。切割器工作时，应保证动刀片与定刀片的正确间隙。当动刀片与定刀片中心重合时，刀片前端应相互接触，允许有 0.5 毫米间隙，后端应有 0.3 ~ 1.0 毫米间隙，允许少量后端间隙不大于 1.5 毫米，但数量不得超过三分之一。

更换护刃器后，应保证动、定刀片的工作间隙；调整时，可在护刃器与护刃器梁结合处加减垫片。

刀杆在两端极限位置时，动刀片中心线与护刃器中心线应重合或偏离两边的距离应相等，其不重合度不大于 5 毫米。

割台搅龙（又称螺旋推运器）由筒体、螺旋叶片和偏心伸缩拨指等组成（图 4-112、图 4-113）。工作时旋转的螺旋叶片将割下的作物沿推运器轴向送到偏心伸缩拨指，拨指将作物流转过 90°送入中间输送器，其链耙将作物向后输送喂入脱粒装置。

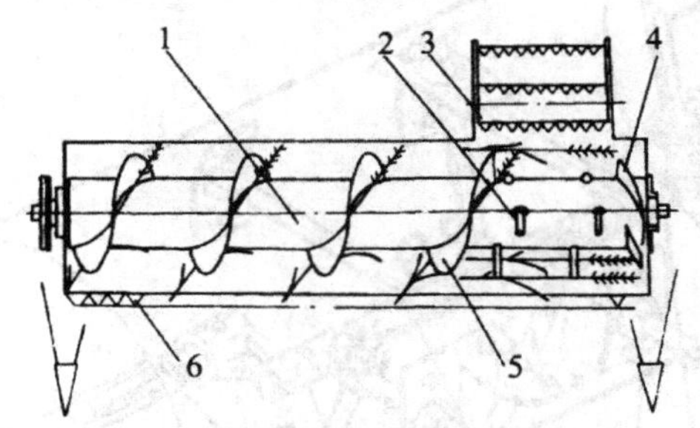

图 4-112　割台搅龙

1. 筒体　2. 伸缩拨指　3. 链耙　4. 右旋叶片　5. 左旋叶片　6. 切割器

割台搅龙位于切割器后面，将已割谷物送往输送槽入口处，偏心伸缩杆机构与输送带耙齿配合作用，把谷物送入输送槽。

割台搅龙叶片与割台底板间隙直接影响作物在割台上的输送性能，要求保证 10～20 毫米。调整时，松开割台左侧的浮动滑块下面螺栓的锁紧螺母，调节螺栓，顶起或放下滑块，保证搅龙在最低位置时叶片与底板的间隙。搅龙左端有弹簧拉住，帮助搅龙向上浮动以适应谷物量的变化，避免搅龙堵塞。调整弹簧拉力可改变搅龙浮动的程度。

偏心伸缩机构（图 4-114）是通过伸缩拨指前后伸缩把割台搅龙横向送来的作物纵向送入输送槽入口。其工作原理如图 4-113。

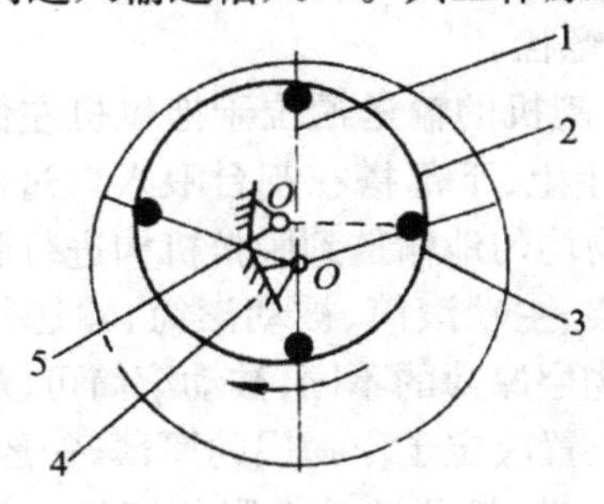

图 4-113　拨指工作原理图

1. 拨指　2. 推运器外壳　3. 木轴承　4. 拨指轴心　5. 推运器壳体轴心

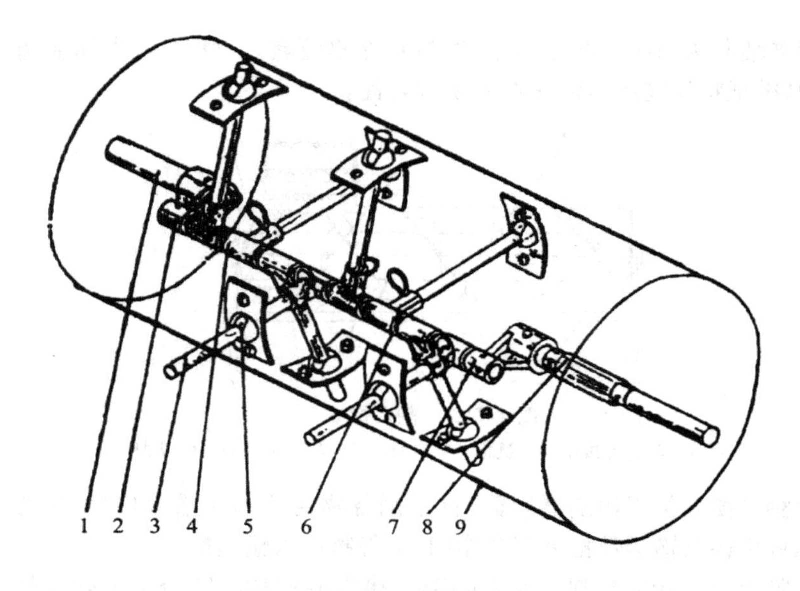

图 4-114　偏心伸缩拨指机构

1. 长轴　2. 右拐臂　3. 伸缩杆　4. 伸缩杆固定套　5. 伸缩杆导套
6. 活动轴　7. 左拐臂　8. 短轴　9. 搅龙圆筒

偏心伸缩拨指的位置可调,它影响到搅龙纵向输送性能。调整时,松开短轴左端调节块弧形槽上的紧固螺栓,转动调节块,使左、右拐臂及活动轴相对搅龙体中心转过一定角度,便可改变伸缩拨指伸出的长度。调整后,紧固螺栓。

(3)悬挂式联合收割机的输送槽位于拖拉机左侧,上部挂在脱粒机喂入口两侧的支承座上,下部搭在割台喂入口过渡板上,将割台搅龙伸缩扒杆送来的作物均匀地输送到脱粒机构进行脱粒。

输送槽由输送槽架、主动滚筒、被动滚筒、输送带等部分组成(图4-115)。为了适应作物层厚薄的不同,被动滚筒可以浮动。

被动滚筒的最低位置决定于作物层的厚薄,一般以耙齿轻轻刮到输送槽底板为准。调整时,松开被动轮限位螺杆上的锁紧螺母,调节限位螺杆高低位置,被动轮轴两端的高低要一致,注意调整后螺母紧锁。

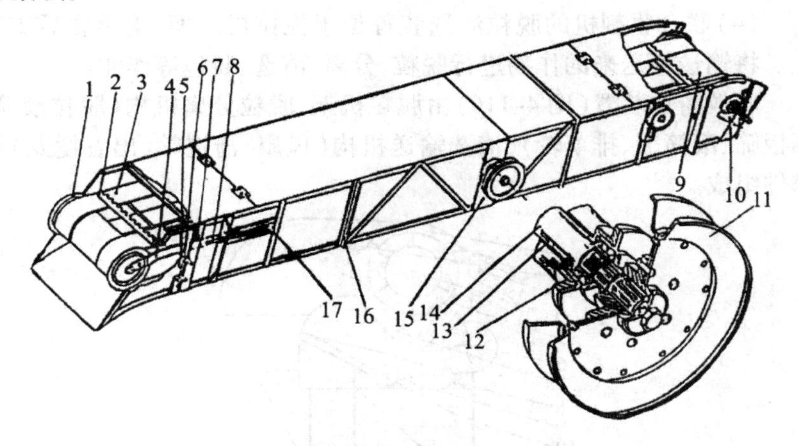

图 4-115　输送槽

1. 被动滚筒　2. 耙齿　3. 输送带　4. 张紧调节板　5. 限位调节轴
6. 限位螺杆　7. 螺栓　8. 张紧调节螺栓　9. 主动滚筒　10. 支承座
11. 中间轴皮带轮　12. 球轴承 205　13. 中间轴套管　14. 中间轴
15. 支承板　16. 输送槽架　17. 调节轴

输送带是输送谷物的主要部件,为了使输送带能正常工作,必须保证平皮带有一定的张紧程度。张紧调整时,松开张紧调节螺杆的后锁紧螺母,拧紧前锁紧螺母,使调节轴拉向前,张紧平皮带。这时应注意两侧的调节螺杆要同时调节,使两条平皮带的张紧程度一致。松弛调整时,与上述方法相反。调整后,把调整螺杆上的螺母锁紧,并作试运转,检查输送带是否跑偏。

输送带张紧调整后,还应检查:当割台升高至最高位置时,运动的耙齿不应碰到割台搅龙。若耙齿碰搅龙,可同时松开两侧调节螺杆前锁紧螺母,输送带完全松弛,拧下皮带接头螺栓,把输送带调短一截,然后接好再张紧。按作业状态调整时,被动滚筒与割台后侧板平面一致或超出 20 毫米。

收割机作业时,应控制喂入量。当超过喂入量时,易造成各个部件的堵塞。为便于排除故障,输送槽一般设计成易拆卸型的,当发生堵塞时,只要松开槽体旁的蝶形螺母,就能将盖板取下。

(4)联合收割机的脱粒清选装置位于拖拉机后面,支承在后支架上。将输送槽送来的作物进行脱粒、分离、清选、装包等作业。

脱粒清选装置(图 4-116)由脱粒机架、脱粒分离机构(脱粒滚筒、凹板筛、滚筒盖、排草轮)、清选输送机构(风扇、清选筛、出谷搅龙)等部件组成。

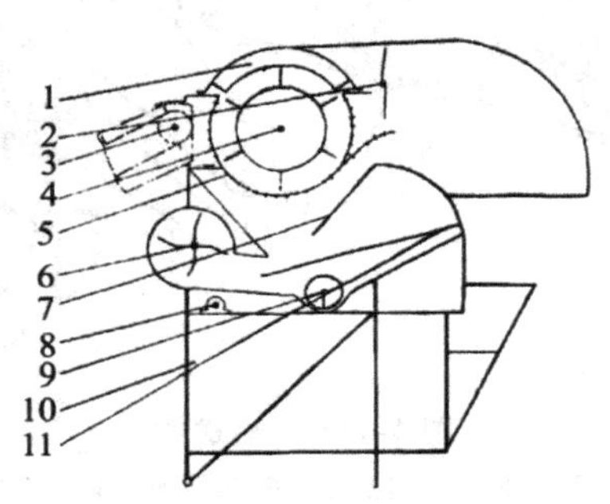

图 4-116 脱粒清选装置

1. 滚筒盖 2. 排草轮 3. 输送槽 4. 脱粒滚筒 5. 凹板筛 6. 风扇 7. 溜谷板 8. 主传动轴 9. 出谷搅龙 10. 脱粒机架 11. 清选筛

脱粒滚筒是脱粒清选装置的主要部件,采用开式轴流脱粒滚筒。滚筒支承在脱粒机架上部。工作时作物在滚筒与凹板筛、滚筒盖之间受到高速旋转的钉齿多次打击、梳刷、翻动、揉搓并作螺旋轴向移动,停留时间长,充分利用分离面积,脱粒干净,分离彻底。

凹板筛采用栅格式,分离面积大,分离性能好。在凹板筛喂入口的筛条各钻有一排孔,备作安排弓齿用,在脱籼稻等易脱品种时,可不装弓齿,减少滚筒负荷和茎秆破碎。在脱粳稻等难脱品种时,可跨两相邻筛条安装弓齿,最多可装两排 9 个弓齿。安装弓齿的数量可依据脱不净损失和破碎率来决定,当破碎率高时可减少弓齿,而脱不净时可增加弓齿。弓齿单面磨损后,可调向安装继续使用。拆装弓齿时可通过脱粒机架左侧视窗口进行。

出谷搅龙总成(图 4-117)位于脱粒分离机构的下方,其作用是把谷物输送至右端的接粮口,以便麻袋接取。

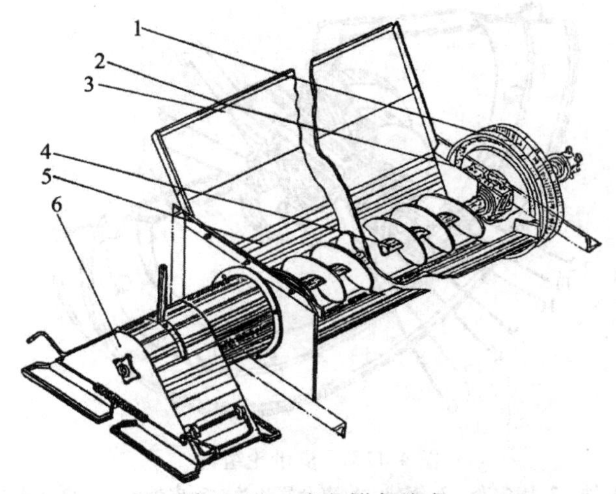

图 4-117　出谷搅龙总成

1. 皮带轮　2. 轴承座　3. 导板　4. 送谷搅龙　5. 搅龙壳体　6. 接粮口

送谷搅龙轴左端的皮带轮组合(图 4-118)带有安全离合器。在正常情况下,皮带轮通过钢球、离合器固定法兰把动力传给送谷搅龙轴。当出谷搅龙堵塞时,搅龙轴扭矩增加,超过安全值,离合器打滑,皮带轮空转,避免了传动胶带和送谷搅龙叶片的损坏。通过槽形螺母调节弹簧的压力便可调节皮带轮传动扭矩的大小。

接粮口位于送谷搅龙轴右端,固定在脱粒机架上,其下方有两个出粮口,上方有开关手柄。当手柄推向前极限位置时,关闭前出粮口,同时打开后出粮口,谷粒从后出粮口流入麻袋,此时可更换挂在前出粮口处的麻袋。

风机位于脱粒机前端,并固定在脱粒机架上,利用风量配合清选筛来达到清选的目的。

从风扇出来的风,经风道口吹向脱粒机的后方,从凹板筛分离下来的谷粒及杂余,经过前后溜谷板滑向清选筛,当谷物、杂余从溜谷板滑下的时候被风吹散,较轻的杂物被风吹得漂浮起来,越过导板,并吹出机外,较重的谷物落入出谷搅龙,达到了风选的目的,提高了谷物清洁度。

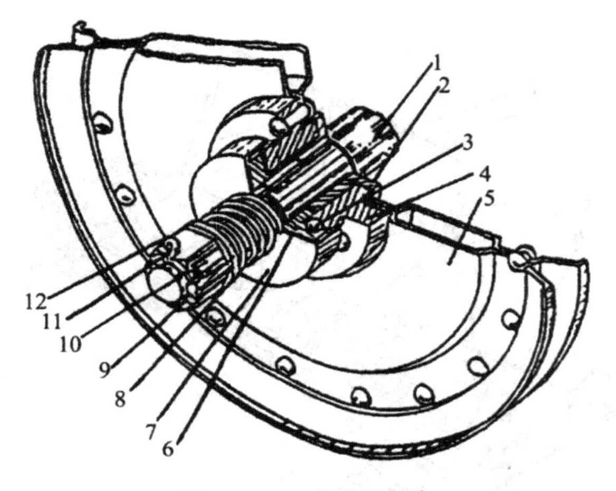

图 4-118　皮带轮组合

1. 送谷搅龙轴　2. 固定套　3. 钢球　4. 离合器法兰　5. 皮带轮　6. 离合器固定法兰　7. 护罩　8. 弹簧　9. 垫圈　10. 槽形螺母　11. 开口销　12. 键

风机的风速可以调整，在主传动轴、风扇轴上各装有一组皮带轮，使用时可视作物的品种、成熟程度、草谷比等不同情况来选择。一般收割小麦时主动轴上选用直径为 φ192 的皮带轮，而风扇轴上选用 φ160 直径皮带轮；而在收割籼稻、粳稻时则主传动轴选用 φ180 直径皮带轮，风扇选用直径为 φ172 的皮带轮。收割的作物成熟度高，风速可以选低些，反之选高些。正确的选择风扇皮带轮可提高谷物的清洁度或减少损失。

清选筛（图 4-119），由偏心皮带轮、连杆、摆杆、吊耳、筛架等组成。它安装在脱粒机的溜谷板与出谷搅龙之间，当脱出物从溜谷板滑到筛面、即被筛面抛起并向后输送，借助风机的气流作用，杂余被送出机外。

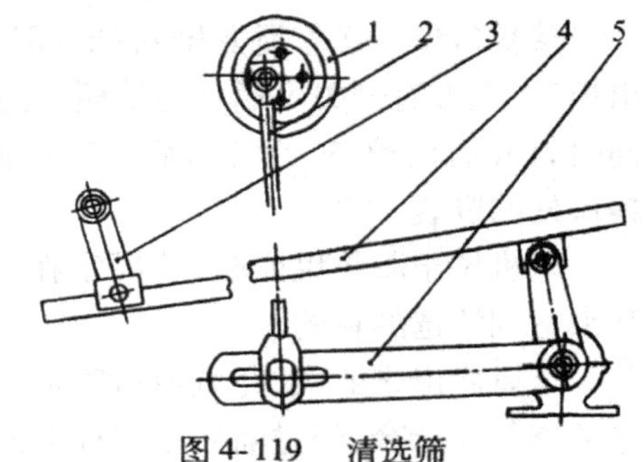

图 4-119　清选筛

1. 偏心皮带轮　2. 连杆　3. 吊耳　4. 筛架　5. 摆杆

谷粒则穿过筛孔落入出谷搅龙内,达到清选的目的。

清选筛的振幅是可调的。当作物含水量大,脱出物杂草多,清选量大时,可适当调大振幅,提高清洁率。当杂余损失偏大时,可通过调小振幅,减少损失。调整时,拧松连杆与摆杆的固紧螺母,改变摆杆与连杆的联结位置即可;向前移动,则振幅减小,向后移动,则振幅增大。

工作过程

联合收割机作业时,先由分禾器将作物分为割区和未割区。拨禾轮将待割区作物引向切割器,割刀将作物茎秆切断,割下的作物在自重、拨禾轮和拖拉机前进过程作用配合下倒向割台,由割台搅龙送至割台一侧输送槽入口处,在搅龙伸缩拨指和输送带耙齿配合使用下,作物由割台经输送槽送至脱谷机进行脱粒、分离和清选。进入脱谷机的作物在脱粒滚筒的钉齿和滚筒盖导板的配合作用下,作螺旋线运动,从滚筒一端移向另一端。作物在移动过程中,受到滚筒钉齿的屡次打击、梳刷和在凹板筛上反复揉搓而脱粒。谷物和颖壳等杂物在离心力和自重的作用下,通过凹板筛栅格孔落下,经振动筛在风扇气流的作用下,籽粒穿过筛孔进入出谷搅龙,并由搅龙送到出粮口装袋。颖壳等杂物被风从排杂口吹出机外,而滚筒内脱粒后的茎秆移至滚筒另一端,在离心力和排草轮的作用下抛出机外。这样,就完成了收割、输送、脱粒、分离、清选和集粮装袋等联合作业的全过程。

安装与调整

(1)整机安装:

收获水稻时,拖拉机后轮应换上高花纹轮胎。拆下拖拉机左、右挡泥板的尾板,右侧尾灯,将左侧挡泥板向前移一个固定螺栓位置,然后紧固两只挡泥板的螺钉。拆下拖拉机液压悬挂机构,卸下后大灯,拆去驾驶棚,卸下前托架挂钩,拧下动力输出轴的保护罩。

在拖拉机水箱座下用4颗M16×40螺栓固定前支架,前面用2颗M16×80螺栓把前支架固定在托架上,注意先拧紧前面2颗螺栓,再拧紧下面4颗螺栓。把柴油机与后桥壳体联接部位相应螺栓暂时取下,装上左、右联接座后拧回原处,而其中右联接座需换一颗随机配带的 M12×60 螺栓。

用 4 颗 M12 × 50 螺栓，把动力输出总成装在拖拉机上。在拖拉机挡泥板内侧半轴壳体上，用 4 颗 M16×120 螺栓固定后支架左、右拉杆座，将后支架的铰接挂耳挂在拖拉机下拉杆固定小轴上，拧紧铰接挂耳上的螺母，但要保持后支架能绕小轴转动。卸下上拉杆与后支架联接螺栓，用销轴把上拉杆挂在拖拉机联接板后中直径为 φ22 的孔(·联接板在后壳上装配位置如图 4-120 所示)。

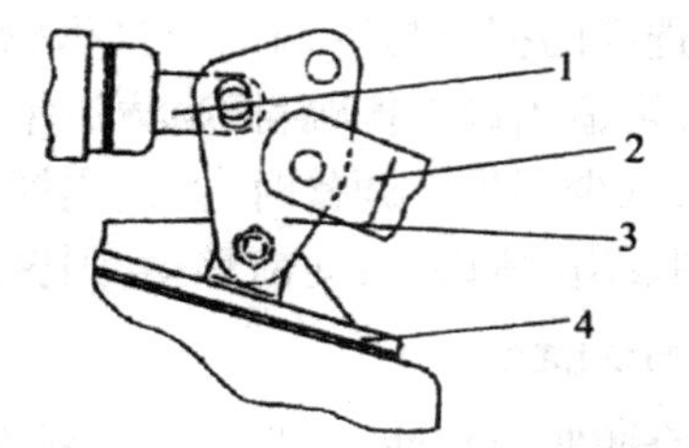

图 4-120　联接板在后壳上安装位置图

1. 力调节杆　2. 后支架上拉杆

3. 联接板　4. 后桥壳上盖

把斜拉杆锁紧螺母松开，适当调长斜拉杆，用螺栓固定在拉杆座上。用升降拉杆将后支架与拖拉机升降臂联接起来，便于利用拖拉机液压机构来挂接脱粒机。

2～3 人将脱粒机向后倾斜，放下栓在立柱下端的前支架，把脱粒机架主梁撑起，然后启动拖拉机以慢速倒车向脱粒机架靠拢，操纵液压升降手柄，使后支架后横梁托住脱粒机主梁，并利用压板压住。适当提升脱粒机，挂好斜拉杆后暂不锁紧螺母，继续操作液压手柄，将后支架升到工作位置，用 2 颗 M20×75 螺栓联接上拉杆与后支架，调整斜拉杆，使脱粒机立柱处于垂直状态，然后紧固后支加架 2 颗压板螺栓，并装上左侧的辅助拉杆，紧固所有螺栓、螺母，放松液压升降臂，取下升降拉杆，缩回前支脚。

拖拉机慢速前进靠近割台，将前支脚的“U”形铁插入割台悬挂梁的悬挂部位，插好插销，将升降钢丝绳前端套入割台上方的挂耳中，然后套在液压升降臂上，要使两根钢丝绳的长度一致。

4～5 人抬起输送槽，将输送槽主动轴两侧的支架架在脱粒机喂入口的挂耳中，其前端自由搭在割台喂入口的槽中。

移动脱粒机输出总轴上的链轮，使输出总轴上的链轮与动力输出总成上的链轮对齐,再紧固链轮,接上动力输出链条,调整链条张紧轮,使链条张紧后,再紧固链条张紧轮。将动力输出总轴至输送槽主动轮的两根传动胶带挂上,并把各传动带张紧。

(2)安装调整:

钢丝绳的调整:将液压升降臂升到最高位置,这时要保证割台拉杆能挂在前支架的滑轮轴上。如果挂不上,则说明钢丝绳太长,需要缩短钢丝绳的总长度。把割台降至平坦地面上,将割台左右两侧水平垫起,垫起高度相当于割茬高度加上拖拉机前轮下陷的深度。这时把钢丝绳同时拉紧,进行紧固。要求两根钢丝绳松紧程度一致。

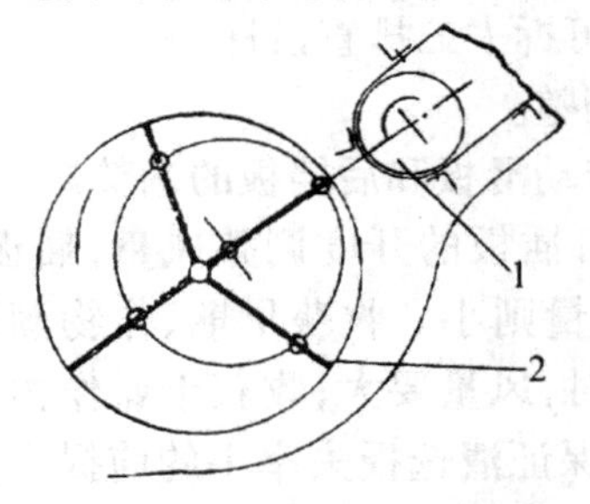

图 4-121　伸缩拨指伸缩位置

割台搅龙伸缩拨指伸缩位置调整(图 4-121):将割台下落到收割位置,调整调节块,使伸缩杆在与输送槽被动滚筒相对的方向缩至最短。

调整输送槽的位置:整机安装好后,将割台升至最高位置,在输送槽被动滚筒耙齿不与伸缩拨指碰撞的情况下,输送槽前端应伸入割台喂入口过滤板 70 ~ 100 毫米。如果伸入程度不够,在机组行走过程中,输送槽前端易滑出喂入口左右侧板,使输送槽不能再进入喂入口。伸缩程度可以通过调整后支架的斜拉杆长短来调节,但在调整时要注意保持两根斜拉杆受力均匀。

调整输送槽跑偏:把动力输出手柄板到"独立"位置,传动联合收割机以怠速油门进行空运转,打开输入槽喂入口盖板,观察输送带的运转情况,调整输送槽皮带的跑偏。输送带工作时,要求主、被动滚筒轴的中心轴线都同输送槽中心线垂直,同时还要保证两条平皮带张紧程度一致,如果不一致,输送带就会向松的一边跑偏。当出现跑偏情况时,应张紧松的一边的皮带,或放松紧的一边的皮带。有时,输送带还会出现向两边跑偏的现象,这主要是因为输送带耙齿在平皮带上安装偏斜造成的,只要不出现输送带边和滚筒挡边严重磨损,无爬到挡边上的现象，则不需要调整。

（3）脱粒清选装置的调整：

上海-ⅢA型悬挂式联合收割机的脱粒滚筒为齿杆式开式轴流型，三排直齿齿杆和三排弯头齿齿杆交错装在滚筒幅盘上。齿杆可组装成三排、四排、六排齿杆三种形式（图4-122），当收获成熟度过高的作物时，可拆去三排直齿杆。

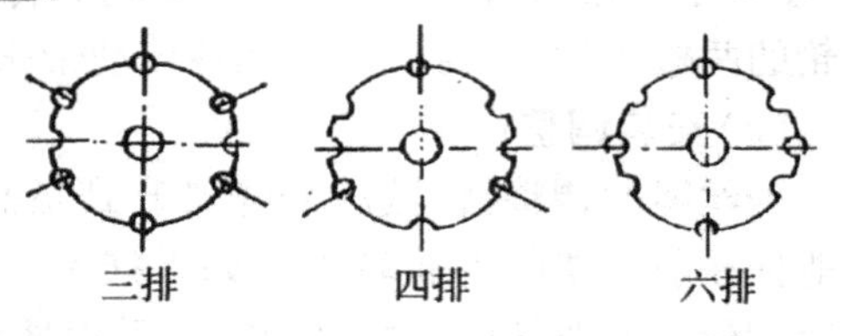

图4-122　滚筒齿杆组合图

凹板筛为整体栅格式，不作间隙调整。

清选装置的调整主要包括风扇、转动滑板和后挡板的调整。

风量调整：用改变风扇两端进风口插板的开度调整风量，插板抽出，进风口开度大，风量亦大，反之，风量则小。收获早期、作物潮湿、夜间作业、籽粒含水量大及顺风作业时，风量要大；收获干燥作物，籽粒干瘦、清选损失大时，风量要小。在保证清选损失率小的前提下，风量越大，清洁率越高。

转动滑板的调整：当清选损失率大时，将转动滑板向里调整；当清选损失率小时，将转动滑板向外调整。在无籽粒吹出，清选损失率小的前提下，转动滑板越低（越向外），清洁率越高。

后挡板的调整：在收获干燥作物或籽粒较轻的情况下，后挡板调到最低的位置，仍有籽粒吹出时，应将后挡板提高，以减少清选损失。

上海-ⅢA型联合收割机无转动滑板，排杂口下只有后挡板，因此，只能调整后挡板。

联合收割机的操作要点

联合收割机调整部件多，工作条件多变，使用季节性强，正确地使用操作联合收割机，对保证作业质量，提高时间利用率、工作效率和经济效益，都非常重要。

（1）适时收割即联合收割机一次完成收割、脱粒、清选、装袋等项作业，以在作物完全成熟初期收获为宜。收割小麦时，发黄的籽粒开始发硬,手指掐不断即可收割,过早或过晚收割都会造成作业质量降低,收获损失加大。

(2)每一块田地开始收获时,都应用低速 1 挡工作,以便进行观察、检查和调整,然后逐步提高速度,以达到作业质量好、工作效率高的目标。

(3)驾驶员除谨慎操作外,还应随时注意检查各部件的工作情况(必要时应停机下车检查)。如割台上谷物的输送是否均匀、流畅;割台掉穗落粒的情况;脱粒干净程度;排草夹带籽粒的情况;排糠口吹出籽粒的情况;气流能否将筛面上的颖糠、碎草等吹散飘起飞出筛箱;筛面有无杂物堆积;传动系统的工作情况;各部分有无异常声响和气味;各部分紧固件是否松动;轴承温度是否正常等。夜间作业时,更应注意上述情况的检查。

(4)根据有关情况的变化,及时调整联合收割机的有关工作机构。如天气变化,收获时间早、中、晚的变化,以及风大时顺风或逆风收获,驾驶员都应及时进行调整,以确保作业质量。

(5)调整工作机构时,首先要查明原因,全面考虑整机的作业质量,调整后要检查调整效果。对于有相互影响的调整部件,应逐项调整。

根据具体作业条件的需要,定时对联合收割机进行重点清理和保养,如经常清理凹板筛和抖动筛面,以防止堵塞,增加损失;加强对空气滤清器的保养,防止进气系统漏气等。

常见故障分析

(1)割台堆积是指割下的作物堆积于拨禾轮与割台搅龙之间的台面上,不能及时喂入。从理论上讲,这个搅龙与伸缩拨指均接触不到的区域叫“死区”,在正常情况下,由于作物的挂带粘连,这里不会出现堆积;但当作物稀疏矮小时,由于割茬过高、拨禾轮太高及位置太靠前,割台搅龙与台面间隙过大、分禾器损坏或不装分禾器等原因,往往会造成这种现象的出现。当出现这种现象时,应先检查分禾器是否完整,再适当降低割台,调低、调后分禾器。同时在作物稀疏时,要适当提高联合收割机的前进速度。

(2)切割器刀片损坏的原因主要是刀片铆钉松动，切割时碰撞；护刃器松动、变形，使定刀片高低不一致，以及切割过程中遇到石块、树根等硬物。因此，要注意经常检查切割器的技术状态，及时调整恢复动刀片与定刀片之间以及动刀片与压刃器之间的间隙，铆紧松动的刀片，紧固护刃器。当动刀片有缺口长度在5毫米以上或有裂纹时，应及时更换。

(3)输送槽喂入口堵塞多数是因为输送槽传动三角胶带打滑，输送带过松，输送槽喂入口间隙过小，输送耙齿脱落，输送槽被动滚筒距割台喂入伸缩拨指距离太远，或浮动不灵活造成的，应及时张紧皮带，调整喂入口间隙，装上丢掉的耙齿，调小伸缩拨指与被动滚筒之间的距离。

(4)脱粒滚筒堵塞是联合收割机常见的故障。作物太湿、太密，韧性杂草多，滚筒凹板间隙过小，发动机马力不足、转速不够，滚筒传动带打滑，滚筒上盖导流板变形、损坏，排草轮转速不够，排草不畅等原因，都会造成脱粒滚筒堵塞。

作业时一定要加大油门，保持大油门状态下工作，联合收割机要达到额定转速，根据作物的成熟程度、干湿情况，及时调整前进速度和割幅。滚筒凹板间隙可调整的，在保证脱粒质量的前提下，尽量增大滚筒凹板间隙，张紧滚筒传动胶带，修复脱落损坏的导流片等。操作时要注意听脱粒滚筒的声音，转速下降时，应及时降低前进速度或暂停前进。

(5)筛面堵塞主要有下列几种情况：

作物潮湿或杂草太多，常造成清洁率降低，这种情况下应加大风量。

作物干燥，脱粒滚筒脱出物中破碎秆太多，会将筛孔堵死，甚至筛面堆积物过多，将整个脱谷机直至凹板筛堵塞，造成排草夹带损失剧增。遇到这种情况，应将脱谷机固定钉齿全部拆除，齿杆间隔拆除，即将六排齿杆相间拆去三排。直杆齿和弯头杆齿交错安装的，要拆去三排直杆齿，留下三排弯头杆齿。

清选装置调整不当。主要是风量不足、筛孔开度太小、风向调整不当、筛箱振幅不够、筛面倾斜度不对，此时，筛面排出物中籽粒较多，使清选损失加大。遇到以上情况时，要将可调筛孔加大，增大风量，适当加大筛箱振幅。筛面倾斜度可调的，要将筛面尾部往下调整。

筛孔被残穗、麦芒、杂物堵塞，要及时清理。

排草夹带损失多是轴流滚筒脱粒装置常见的故障，其原因主要是谷物在滚筒内的脱粒、分离过程中分离不净。造成分离不净的原因主要有：滚筒转速不够，滚筒喂入量过大，分离负荷增加，或因凹板局部堵塞，使分离面积减小。因此，要适当控制喂入量，不要使喂入量骤然增加，要张紧滚筒传动皮带，注意清理凹板筛孔同筛外的堵积物，使凹板筛分离通畅。

附

实习一　基本操作与场地驾驶

一、实习目的

掌握拖拉机基本操作与场地驾驶技术。

二、实习设备

东方红-12 型拖拉机一台、桩杆若干。

三、工具、量具

皮尺、划线器、石灰等。

四、实习内容

1. 基本操作

启动

(1)将减压手柄扳到减压位置。

(2)把手摇把爪插入机罩前端的孔里与发动机凸轮轴中的销子结合,反时针方向摇动数圈,使发动机各运动得到润滑。

(3)当听到喷油器里发出“啪、啪”的喷油声时,再将减压手柄旋到“启动”位置,加速摇车,柴油机即启动。

(4)启动后,应立即减小油门,使柴油机低速运转进行预热。

停车及熄火

(1)临时停车一定要把变速杆放在空挡位置。不摘挡只踏下离合器的停车法,不仅会损坏离合器,而且很不安全。

(2)斜坡上停车应将变速杆放入空挡位置,同时应将制动器锁牢,以防溜坡。

(3)长时间停车时,应先减小油门,降低车速,踏下离合器踏板,将变速杆放在空挡,锁牢制动器,使柴油机怠速运转几分钟后熄火,熄火前不要轰油门。

(4)冬季停车后应使柴油机怠速运转,待水温降低到 60℃以下再熄火。水温降到 50℃后放净冷却水,打开水箱盖,摇动曲轴数圈,盖好排气管,必要时拆下蓄电池放入室内保管。

拖拉机的起步

(1)柴油机运转正常,水温达到40℃以上方可起步。

(2)松开制动器踏板的锁定板。如在斜坡上起步,应在拖拉机起步的同时,逐渐放松制动踏板。检查两块制动踏板的连锁情况,运输时必须联接可靠,防止单边制动。

(3)启动前鸣喇叭,并注意观察周围有无障碍物。

(4)将离合器踏板踏到底,使离合器彻底分离,将变速杆平稳的推到适当的挡位上。如挂不上挡,应放松离合器踏板,然后重新踏上再挂。松开离合器踏板要先快后慢,并轻踏油门踏板,当传动部分稍有震动、柴油机声音略有变化时,缓慢放松离合器踏板,同时逐渐加大油门,使拖拉机平稳起步。待拖拉机平稳移动后可全部松开,启动后不要将脚放在踏板上。

正确的起步,应使拖拉机无冲动、无震动,不熄火。起步时,如感到动力不足,柴油机要熄火时,应立即踏下离合器踏板,适当加大油门或换入低挡,重新起步。

换挡

(1)挡位选择。拖拉机挡位的选择随变速箱结构而异。变速箱有简单式和组合式两种。简单式变速箱的一挡只用于克服临时超负荷,五挡是运输挡位。组合式变速箱低速一、二挡可用于旋耕临时超负荷,低三、四挡和高一、二挡用于重负荷,高三挡用于中等负荷,运输作业可用高四、五挡。当负荷较小而又不允许高速行驶时,可采用高一挡小油门作业,既省油又可提高工作效率。

(2)田间换挡。田间作业一般负荷较大,行驶速度较慢,运动惯性较小,只要减小油门,踏下离合器踏板,拖拉机就会停止行进,因此变挡比较容易,不应发生打齿现象。如为了克服临时超负荷必须由高挡变为低挡时,只要减小油门,踏下离合器踏板,拖拉机即可停止行进,此时可越级换挡,重新起步。

(3)公路运输换挡。公路运输作业可实行不停车换挡,困难较大,要求操作准确,配合协调。这主要是因为车速快,运动惯性大。其中由低挡换高挡时，多用于车辆起步阶段。首先轰一下油门，提高车速，然后踏下离合器踏板，将变速杆由低挡推到高挡位置，在放松离合器踏板的同时加大油门。这一系列动作应迅速协调进行（低挡变高挡不允许越级）。由高挡变低挡多用于爬坡、转弯或遇有障碍物等情况。此时，应首先减小油门，降低车速，踏下离合器踏板，摘下高速挡，放松离合器，加大油门，再踏下离合器踏板，将变速杆推到低挡位置逐渐加大油门。

转向

轮式拖拉机的转向是通过转向机构控制前轮偏转，并在差速器的配合下实现的。田间作业时地头转弯半径较小，可采用单边制动，即先转动方向盘，后踏制动器。运输时不允许单边制动。转向时，应先减小油门，降低车速，必要时可换低挡转弯，不允许高速转急弯。要先发出转弯信号，观察是否有妨碍转向的障碍物。

倒车

倒车时要利用低挡、小油门控制车速。遇到凸起地段时，可适当加大油门，一旦越多凸起地段，马上减小油门，缓慢倒车。在接挂农具时，两脚应分别放在离合器踏板和制动器踏板上，随时做好制动准备。结合离合器时应缓慢平稳，防止冲击，并转身看车尾。

倒车起步时，要特别注意慢慢松开离合器踏板，倒车过程中，必须前后照顾，密切注意有无人员和障碍物。

拖拉机配带牵引农具作业时，一般不允许倒车。

手扶拖拉机挂倒挡时，必须先摘下旋耕挡，即挂旋耕挡时不允许挂倒挡。

倒车挂接农机具或倒车入库时，要通过踩踏离合器踏板减速，协助完成倒车过程，并随时准备踩踏制动器踏板。

2. 场地驾驶训练

按照方向盘式或手扶拖拉机驾驶员场地考试图及其要求进行训练。

甲：小型轮式拖拉机 1.5 倍车长加 0.5 米车宽。

乙：小型轮式拖拉机 1.5 倍车长加 0.75 米车宽。

丙:小型轮式拖拉机 2 倍车长。

丁:小型轮式拖拉机 2 倍车长。

桩宽间隔:轮式拖拉机宽加 40 厘米。

起点距库门 200 厘米。

(1)场地要求。用 14 根桩,按照附图 1 所示模式布置好。这种模式也叫丁字穿桩模式。

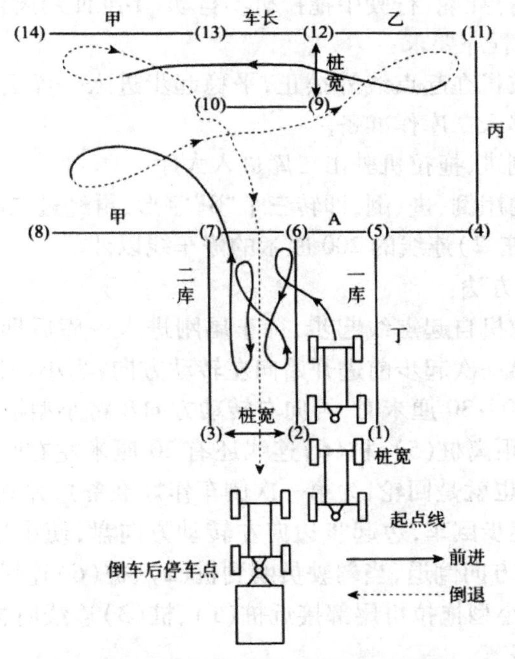

附图 1　小型拖拉机不带挂车桩考图

(2)技术要求。运用丁字穿桩模式练习和考试,能够全面了解小型拖拉机驾驶员综合操作技术水平和分析判断能力,能够达到目标判断准确,使用方向盘动作灵活,转向时机准确,起步平稳,运用油门和离合器适当,能够顺利地前进和倒退,并在规定的范围内穿行和停靠。

具体要求如下:

把小型拖拉机停在停止线以外,鸣喇叭后起步,驶入一库停正,经过二进二倒移至二库；再经两进两倒，即在大库中连续行走三个“8”字后驶出二库，将小型拖拉机停在停车线外。

由二库倒出车库时车的右侧不许超过桩⑥、桩②的连线。

穿桩过程中操作方向盘动作要敏捷，运用油门和离合器要适当，起步要平稳。

不擦杆、压线、熄火；前进和倒退中途不准停车，停车以后不准转动方向盘，即打死舵；行驶中拖拉机不抖动；不准使用离合器半联动。

(3)操作程序要求：

小型拖拉机在起点线外摆正，平稳起步进入一库后停正，再起步使拖拉机为移入二库作准备。

经两次倒进，拖拉机驶出二库进入大库。

在大库内用倒、进、倒，即转三个“8”字形，再经过二库将拖拉机停在离桩(3)、桩(2)连线的200厘米的停车线以外。

(4)操作方法：

小型拖拉机自起点线起步，待车尾刚进入一库后即摆正停稳，然后再起步。第一次起步前进开始向左转动方向；当小型拖拉机的左前轮驶进二库20~30厘米时，再向右转动方向盘将小型拖拉机向桩(5)方向驶进，当距离桩(5)、桩(6)连线还有20厘米左右时，再向左迅速转动方向盘(也就是回轮，为第一次倒车作好准备)，并立即停车。

第一次起步倒车，边起步边向左转动方向盘，使小型拖拉机尾部尽量向桩(3)方向倒退，当驾驶员刚到桩(2)、桩(6)连线时，再向右转动方向盘，当小型拖拉机尾部接近桩(1)、桩(3)连线时再向左转动方向盘并迅速停车。

第二次起步前进，向左转动方向盘，然后再向右转动方向盘，使小型拖拉机顶在桩(5)、桩(6)连线并把前轮摆直停车。

第二次起步倒车，边校正车身边倒车，待小型拖拉机尾部距桩(2)、桩(8)连线大约在0.5米左右时停车。

经过以上两次前进，两次倒退，把小型拖拉机由一库移至二库。这种方法称之为移库。只要能够熟练地掌握左右几把舵，就能够顺利地完成移库任务。

第三次起步前进，驶出二库向左转动方向盘以不碰到桩(7)为限，当小型拖拉机机体摆正时停车即可。

第三次起步倒车，向右回头，目标对准桩(11)倒车，使小型拖拉机尽量靠近桩(9)，边倒车边校正，当小型拖拉机尾部接近桩(9)时，再迅速向右转动方向盘；小型拖拉机尾部将要到桩(9)、桩(10)的中间偏左点时，向左转动方向盘(即回轮)将小型拖拉机的机体摆正，即停车。

第四次起步穿桩前进。小型拖拉机在前进过程中尽量靠近桩(11)、桩(14)的连线。当行至桩(10)，桩(13)和离合器踏板、刹车踏板成一直线时，向左转动方向盘，当桩(10)和小型拖拉机的左挡泥板中间相对时，再向右转动方向盘，使小型拖拉机头部尽量接近桩(14)，当小型拖拉机头部接近桩(14)、桩(8)连线约20厘米时迅速回轮，即向左转动方向盘，为下一次倒车做好准备，然后迅速停车。

最后一次起步停车，起步的时候向左回头，向左转动方向盘，以桩(7)为倒车的目标，用眼的余光看桩(10)即可，让小型拖拉机的外挡泥板的外边沿和桩(7)成一条直线，边倒车边校正，当小型拖拉机两个挡泥板的尾端和桩(7)成一条直线时，再迅速向左转动方向盘，使小型拖拉机进入二库。当小型拖拉机机身接近摆正还没有摆正时，再回轮，即向右转动方向盘，使小型拖拉机在二库中间倒退。

小型拖拉机进入二库后还要继续校正车位，使其顺利地倒入二库，按照规定将小型拖拉机停在停车线外。

五、实习要求

实习期间，应有教练员现场指导；

实习中要确保人身、机具安全。

实习二　机具挂接与田间作业

一、实习目的

掌握小型拖拉机与配套机具的挂接技术和田间基本作业技术。

二、实习设备

东方红-12型拖拉机一台、配套机具(当地常用机具)。

三、实习内容

1. 机具挂接(按照拖拉机挂接农具考试要求进行训练)

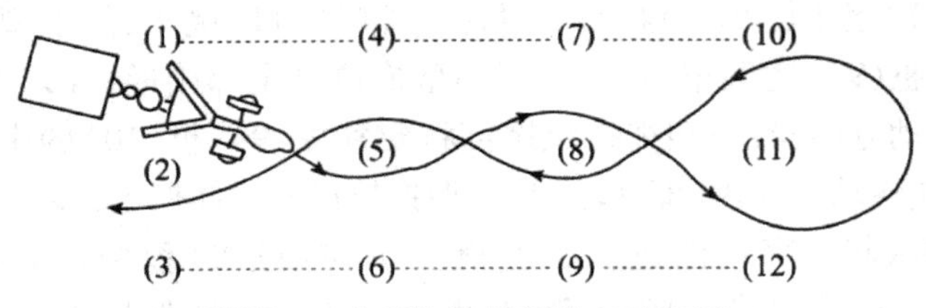

附图2　小型拖拉机带挂车桩考图

场地要求

标杆距离,标杆(1)、(2)、(3),标杆(4)、(5)、(6)标杆(7)、(8)、(9),标杆(10)、(11)、(12)的间隙为拖拉机宽加一个间隙。小型(包括手扶拖拉机)为拖拉机宽加30厘米;标杆(1)、(4)、(7)、(10)和标杆(3)、(6)、(9)、(12)诸杆之间的距离即为拖拉机车长。

操作要求

小型拖拉机从标杆(1)、(2)之间进入,按图上箭头所指的方向穿桩行驶,最后从标杆(2)、(3)之间驶出。

技术要求

桩考要求小型拖拉机起步平稳柔和,换挡及时、熟练、准确。正确使用离合器。转弯、调头角度要适当。操作中要瞻前顾后,注意仪表。中途不停车,不熄火,不压线,不碰杆,不采用离合器半联动。

2. 田间作业(按照拖拉机田间作业考试要求进行训练)

(1)田间作业考试是考核拖拉机驾驶员的一项主要内容。具体要求如下:

要求会进行正确的田间作业。根据要求能正确地在地头起落农机具及转弯,作业中能保证直线行驶。

考试方法可以在田间直接进行,也可以在场地上模拟进行。场地上设两个标杆(1)、(2),两杆相距60米。

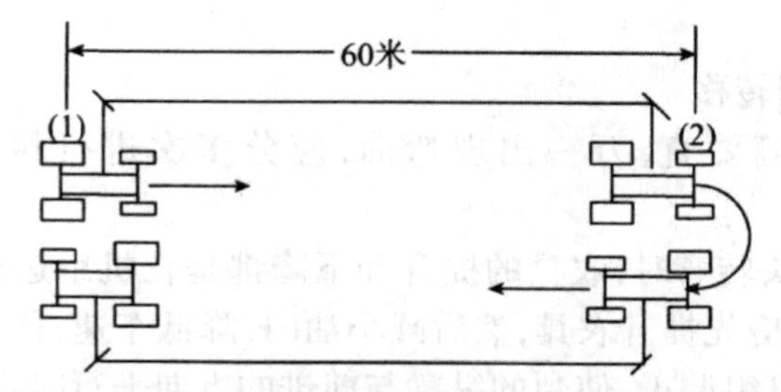

附图 3　小型轮式和履带式拖拉机农田作业模拟考试图

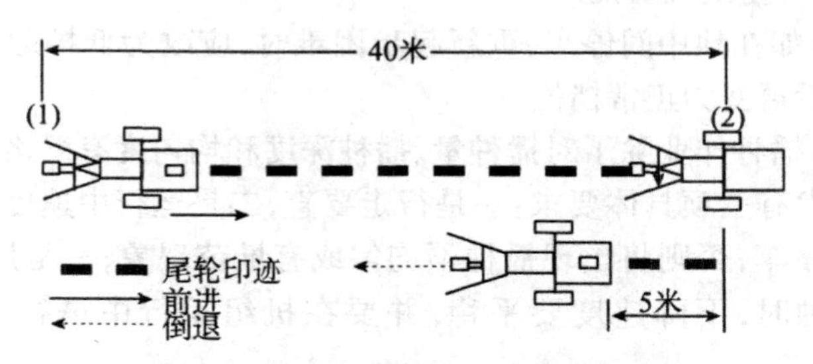

附图 4　手扶拖拉机田间作业模拟考试图

(2)田间作业的操作方法:

小型轮式和履带式拖拉机农田作业模拟考试的操作方法:拖拉机不带农机具,在后面挂一个"划线器"和拖拉机硬性联接。考试时用作业挡位从标杆(1)处开始,行驶至标杆(2)处,拖拉机行驶 50 米划出一条线,如划出的线基本是直线,即可让拖拉机调头,前轮离划出的直线保持一定距离(150 厘米左右),从标杆(2)处返回标杆(1)处,再划出一条直线,划出的两条直线与标杆(1)、(2)的连线基本平行,途中不停车、不熄火为及格。

手扶式拖拉机田间作业模拟考试的操作方法:场地上设两个标杆(1)、(2),两标杆相距 40 米。手扶式拖拉机带尾轮,考试用作业挡位从标杆(1)处开始驶至标杆(2)处,行驶 30 米,如尾轮留下的印迹基本为一条直线,即可让拖拉机向一侧移位,使前轮和前进时尾轮留下的印迹保持一定的距离(50 厘米左右),倒退 5 米。前进和倒退时尾轮留下的印迹与标杆(1)、(2)的连线基本平行。途中不停车,不熄火为及格。

3. 田间转移

(1)开墒要直，万一出现弯曲，应分多次进行纠正，防止漏耕或重耕。

(2)地头转弯时，农具的提升和下降都是在机组运行过程中进行的。转弯时应先提升农具，然后减小油门，降低车速，待犁出土后再转弯；迅速将机组调正，使犁的纵梁与前进的方向平行时再落下，同时加大油门，防止出现纺锤形。

(3)如在地中间停车，重新起步困难时，应改为低挡起步，等到地头转弯后再变为正常挡位。

(4)播种作业除了对播种量、播种深度和均匀度有严格要求外，对驾驶技术有三项具体要求：一是行走要直，二是运行中速度要均匀，中间不要停车，否则将出现播种不均匀或有堆苗现象；三是用悬挂式播种机播种时，下降速度要平稳，并要在机组运行中进行，防止堵塞开沟器。

四、实习要求

实习期间，应有教练员现场指导；

实习中要确保人身、机具安全。

实习三　道路驾驶

一、实习目的

掌握小型拖拉机道路驾驶技术。

二、实习设备

东方红-12 型拖拉机一台、挂车。

三、实习内容

在模拟道路或实际道路上按照拖拉机道路驾驶考试要求进行训练。

1. 道路驾驶的技术要求

驾驶员应做到“眼观六路耳听八方”，小型拖拉机在路面上行驶要根据路面情况选择适当挡位。

(1)上车前要检查小型拖拉机的安全设备是否安全可靠。

(2)上车就座驾驶姿势要端正,并注意观察仪表和周围情况。

(3)起步前两眼要注意道路的前方,并环视左右,通过后视镜注意后方情况,随时解除制动锁,挂上低速挡,用两快一慢一停顿的方法操纵离合器,油门配合要适当,鸣喇叭后再平稳起步。

(4)起步换挡要及时,动作要迅速,并没有异常响动,方向盘要运用自如。

(5)能根据路面情况做到反应敏捷,判断正确,处理情况果断,没有危险动作。

(6)按规定使用灯光、转弯、调头、靠边停车,按规定发出信号,选择地点要适当。

(7)遵守交通规则,文明行车,安全礼让,车速适当,减速时运用刹车平稳,停车时停得稳摆得正。

2. 道路驾驶的操作技术要求

(1)起步时使用挡位正确,行进中不脱挡行驶。

(2)停车、起步要平稳,不死打方向盘。

(3)转弯弧度不过大、过小。

(4)使用离合器半联动时间要短暂。

(5)油门、离合器、变速杆三项操作要配合好。

(6)使用制动适当。

(7)起车、回车、让车、停车以及通过交叉路口时采取的安全措施适当。

四、实习要求

实习期间,教练员必须随车指导;

实习中要确保人身、机具安全。

实习四　机具保养

一、实习目的

掌握技术保养的周期、内容及主要零部件的保养方法;掌握常用调整方法。

二、实习设备

东方红-12 型拖拉机一台、配套机具(当地常用机具)。

三、工具、量具

扳手、厚薄规、游标卡尺、油盆、毛刷等。

四、实习内容

1. 技术保养

掌握空气滤清器、柴油滤清器、机油滤清器、喷油器、离合器、操纵机构、轮胎以及配套机具主要零部件的技术保养方法。

具体保养方法见第四章小型拖拉机及配套农具技术使用章节中小型拖拉机技术保养中主要零部件保养。

2. 主要部件调整

学会小型拖拉机和当地常用配套机具主要部件的调整,如气门间隙、喷油压力、供油时间、三角皮带松紧度、传动链张紧度、操纵机构等。

具体调整方法见第四章小型拖拉机及配套农具技术使用章节中拖拉机适用技术中小型拖拉机的调整。

五、实习要求

实习期间,应有教练员现场指导;

实习中要确保人身、机具安全。